ENSEIGNEMENT POPULAIRE ET PRATIQUE

LES MAMMIFÈRES
DE LA FRANCE

ÉTUDE GÉNÉRALE
DE TOUTES NOS ESPÈCES CONSIDÉRÉES
AU POINT DE VUE UTILITAIRE

PAR

A. BOUVIER

ILLUSTRÉ DE 266 FIGURES DANS LE TEXTE

PARIS

GEORGES CARRÉ, ÉDITEUR

58, RUE SAINT-ANDRÉ-DES-ARTS, 58

1891

LES MAMMIFÈRES

DE LA FRANCE

LES MAMMIFÈRES
DE LA FRANCE

ÉTUDE GÉNÉRALE
DE TOUTES NOS ESPÈCES CONSIDÉRÉES
AU POINT DE VUE UTILITAIRE

PAR

A. BOUVIER

EX ZOOLOGISTE ATTACHÉ A L'EXPÉDITION DU MEXIQUE
CHARGÉ DE DIVERSES MISSIONS SCIENTIFIQUES A L'ÉTRANGER
PROMOTEUR DE L'EXPLORATION SCIENTIFIQUE DU GABON ET DE L'OGOUÉ
MEMBRE ET FONDATEUR DE PLUSIEURS SOCIÉTÉS SAVANTES
FONDATEUR DU MUSÉE PRATIQUE DES ÉCOLES
ETC., ETC.....

ILLUSTRÉ DE 266 FIGURES DANS LE TEXTE

PARIS
GEORGES CARRÉ, ÉDITEUR
58, RUE ST-ANDRÉ-DES-ARTS, 58
1891

Adeo nihil parens illa rerum omnium
sine ingentibus causis genuit!

(C. PLINII SECUNDI. Lib. XXIX, cap. XVII).

Tant il est vrai que la Nature, créatrice universelle,
n'a rien produit sans grands motifs!

DÉDIÉ AUX

INSTITUTEURS

INSTITUTRICES

ET A

LA JEUNESSE FRANÇAISE

DES ÉCOLES

TABLE MÉTHODIQUE

DES MATIÈRES

AVANT-PROPOS

C'est de la terre même sur laquelle nous sommes et de ses divers produits, *animaux*, *végétaux* et *minéraux*, que nous tirons toute notre vie matérielle.

C'est par une connaissance assez complète de ses produits, de leurs diverses transformations et de leurs applications utiles que nous pouvons faciliter notre existence si dure pour quelques-uns, augmenter notre bien-être pour les autres, et généralement accroître notre richesse nationale.

Il importe donc de bien connaître ce que la Nature nous présente en général, mais plus particulièrement ce qu'elle produit directement autour de nous, dans notre Pays même, afin d'en pouvoir tirer le meilleur parti possible.

Nos programmes d'enseignement, bien modifiés depuis quelques années, sont infiniment plus pratiques qu'autrefois, il faut le reconnaître. En *Sciences naturelles* cependant, c'est encore l'ANATOMIE et la PHYSIOLOGIE qui y règnent presqu'exclusivement, aux dépens de l'étude directe des animaux, végétaux et minéraux en général, et de ceux de notre sol en particulier. C'est, en d'autres termes, la **théorie** de l'histoire naturelle presque seule, que l'on apporte encore à l'ENSEIGNEMENT ÉLÉMENTAIRE même, qui, plus que tout autre, a besoin d'être **pratique**, puisqu'il s'adresse à la masse, qui doit vivre de son savoir et de son travail.

La *théorie* n'est exactement que l'explication du *fait*. — Que devient donc son utilité, si nous ne connaissons d'abord ce fait ? — Une simple gymnastique de la mémoire ! alors qu'elle ne devrait être au contraire que l'auxiliaire de l'intelligence pour mieux analyser le fait et en tirer toutes les conséquences utiles, c'est-à-dire en accroître et perfectionner les produits ; ce qui ne peut être évidemment que du domaine d'un petit nombre !

Réservons donc cette théorie, quelqu'excellente qu'elle soit, pour la suite de nos études ; mais commençons par la *pratique*, qui seule est indispensable à tous et nécessaire dès l'enfance. Apprenons d'abord à connaître les ANIMAUX qui nous entourent, les services qu'ils peuvent nous rendre durant leur vie et les produits qu'ils fournissent après leur mort ; sachons connaître nos PLANTES et toutes les ressources qu'elles nous offrent, nos MINÉRAUX et leurs diverses transformations et emplois. Connaissons enfin tout ce que la Nature nous offre gratuitement et abondamment, afin de savoir tirer parti de tout et de ne pas être exposé, comme nous le sommes actuellement, à ignorer et laisser perdre une partie de ce que nous pouvons trouver ou produire sans frais autour de nous, pour aller trop souvent l'acquérir chèrement à l'étranger.

Une mère qui veut apprendre à marcher à son enfant lui tend les bras sans lui raconter les lois de la pesanteur ou la théorie des mouvements. — L'ouvrier ou l'employé, qui a besoin d'être à heure fixe à son travail, achète une montre sans étudier d'abord les lois de la mécanique ou de l'horlogerie. — Il en est de même de celui qui a une mauvaise vue et qui prend des lunettes avant de s'inquiéter des lois de l'optique.— La **pratique** doit donc ordinairement précéder la théorie, et surtout dans l'étude de la Nature, puisque c'est de ses produits seuls que nous devons et pouvons tirer toute notre existence.

Réduit à des notions utilitaires, pratiques et locales, *l'enseignement de l'Histoire Naturelle* est donc non seulement utile, mais indispensable à tous et plus encore aux classes laborieuses qu'à toutes autres.

Si, dans la patrie des Buffon, des Lamarck, des Georges et Frédéric Cuvier, des Etienne et Isidore Geoffroy Saint-Hilaire, des Bernard et Laurent de Jussieu, des Daubenton, des Lacépède, des Latreille, des Le Vaillant, des Chevreul et de tant d'autres, les études d'*Histoire Naturelle descriptives* et *appliquées* avaient toujours progressé comme elles l'avaient fait avec eux, et comme l'anatomie et la physiologie l'ont seules continué depuis lors, nous aurions depuis longtemps mieux connu nos ressources ; nous aurions mieux appris à protéger nos auxiliaires, à utiliser tout ce que la Nature nous offre ou que nous pouvons lui faire donner ; nous n'aurions pas tant et si souvent demandé à nos voisins ce que nous pouvions trouver ou produire chez nous ; nous n'aurions pas de luttes économiques si dures à soutenir avec l'étranger, et nous ne serions pas obligés à devenir *protectionnistes* après avoir été *libres-échangistes*, ce qui, pour notre fin de siècle, est un recul dans le progrès et la civilisation.

AVIS AU LECTEUR

Dans cette étude générale de notre **faune** — que nous poursuivrons ultérieurement dans d'autres volumes, sur les *Oiseaux, Reptiles, Batraciens* et *Poissons* — nous avons cherché à vulgariser la connaissance des animaux qui nous entourent, à donner scientifiquement et vulgairement la liste de toutes les espèces de la France continentale, avec son littoral, y compris la Corse et l'Alsace-Lorraine provisoirement séparées ; puis aussi, à faire connaître pratiquement en quoi ses animaux sont *utiles* ou *nuisibles*.

Scientifiquement ce CATALOGUE DE NOS MAMMIFÈRES FRANÇAIS n'est pas définitif, car nous ne nous dissimulons pas que les limites de variations dans les *formes* ou *espèces* de plusieurs de nos Chéiroptères, Rongeurs et Cétacés ne sont encore qu'imparfaitement connues et que même certaines formes ou espèces ont aussi pu échapper à l'observation ; néanmoins nous le pensons bien près d'être complet.

Nous n'avons pas cru devoir nous rallier à la classification par trop radicale, selon nous, **d'animaux utiles**

B

et d'animaux nuisibles ; classification adoptée depuis le jour où l'on s'est aperçu que nos programmes étaient vides d'*enseignement pratique*, et dont l'application sans discernement pourrait avoir de funestes conséquences. Nous estimons, au contraire, que *toutes les créations ont eu un* BUT *dans la nature, et que chaque animal a eu son* RÔLE *à remplir dans ses vastes et belles harmonies* (1) ; mais que l'homme, par la civilisation et toutes ses conséquences (défrichement, dessèchements, cultures, etc.), est venu modifier et détruire cet équilibre pour en tirer son profit particulier. Quelques animaux n'ont donc plus eu de rôle utile chez nous ; quelques autres sont devenus tout à fait inutiles et par conséquent nuisibles ; mais le plus grand nombre sont restés nos *auxiliaires* plus ou moins constants. A ce titre, nous devons savoir subir certaines de leurs déprédations, car on ne peut espérer avoir des serviteurs sans avoir aussi des gages à payer.

Tout en restant aussi succinct que possible, nous avons cherché à bien distinguer chaque animal, par quelques caractères propres aux Ordres d'abord, puis aux Familles, aux Genres et enfin aux Espèces elles-mêmes. Au point de vue pratique nous avons aussi en quelques mots cherché à *faire connaître leurs mœurs*

---

(1) Une observation attentive au milieu de nos forêts ou de nos montagnes incultes, ou mieux, un séjour de quelques mois, comme nous l'avons fait, au milieu des forêts vierges du nouveau monde, convaincrait facilement l'*observateur* le plus incrédule.

et les avantages qu'ils nous procurent ; les services qu'ils nous rendent en agriculture, dans nos jardins et jusque dans nos demeures ; les dégâts qu'ils peuvent causer, et conséquemment, les moyens d'y remédier ; les produits qu'ils fournissent au commerce ; les ressources qu'ils offrent à l'alimentation et à la médecine ; l'emploi des diverses parties de leurs dépouilles dans les arts et l'industrie.

Cette étude nous a démontré que leur **utilité** ou leur **nuisibilité** (1) étaient VARIABLES suivant leur *nombre*, suivant les *temps*, les *lieux* et les *cultures* (2).

Aussi nous estimons que, sauf de rares exceptions, tous les animaux classés comme *utiles* commettent souvent des dégâts, et que ceux qui sont considérés comme *nuisibles* nous rendent souvent aussi plus d'un service. C'est pour cela qu'il est bon de bien connaître leurs mœurs, afin de savoir quand et comment ils sont utiles, quand et comment ils sont ou deviennent nuisibles ; et c'est pour cela encore qu'on ne peut les classer, d'une façon absolue, comme on l'a fait tout récemment, en **animaux utiles** et **animaux nuisibles.**

Quelques exemples, pris au hasard parmi nos espèces, suffiront pour s'en convaincre.

(1) Ce mot quoique n'étant pas encore reconnu par l'Académie, exprime trop bien ce qu'il veut dire pour n'être pas employé ici en opposition au mot *utilité*.

(2) Ce n'est que sur des observations de ce genre, mais très approfondies, que les *chasses* et *pêches* devraient être autorisées et réglées dans un pays appauvri, comme le nôtre, d'animaux de toutes sortes·

Les *Cerfs* et les *Chevreuils,* utiles comme animaux d'agrément par excellence et gibiers de choix, deviennent nuisibles par leur nombre dans les grandes forêts qu'ils ébourgeonnent, mais le sont toujours au voisinage des pépinières et des cultures qu'ils détruisent.

La *Taupe*, très utile en dévorant des quantités de Vers blancs, et en drainant certains terrains, devient nuisible par son abondance dans les prairies qu'elle bouleverse et détruit.

La *Musaraigne*, un de nos meilleurs auxiliaires pour la destruction de nombreux Insectes, de Courtilières et de petits Rongeurs, qu'elle poursuit jusqu'au fond de leurs galeries, est très nuisible aux éleveurs d'Abeilles, par les dégâts qu'elle commet dans les ruchers.

La *Buse* (1) rend de grands services en détruisant en été dans les bois et les champs de nombreux petits Rongeurs et Reptiles ; mais l'hiver, près de nos fermes, elle dévore nos Poules et Canards.

La *Perdrix*, très utile pour notre agrément comme chasse et comme alimentation, dévore nos grains lors des moissons et fait de plus grands dégâts encore à l'époque des semailles.

Beaucoup d'*Oiseaux d'eau* très estimés comme gibier se nourrissent surtout de frai de Poissons dont ils

---

(1) Ce sera surtout à l'occasion des *Oiseaux,* que plus tard nous pourrons citer de nombreuses espèces rendant à la fois beaucoup de services, et causant aussi beaucoup de dommages suivant la saison et l'état des cultures.

détruisent d'"immenses quantités et dépeuplent nos cours d'eau.

Le *Crapaud*, dont on recommande l'introduction dans nos jardins pour détruire les Insectes et les Limaces, aime encore beaucoup les fraises, et devient très nuisible au milieu de leur culture, vers le temps de leur maturité.

Le *Brochet*, que l'on introduit ordinairement dans nos étangs pour notre alimentation, y devient un fléau lorsqu'il s'y multiplie trop. Etc. etc...

Chacun, connaissant bien les mœurs des animaux qui l'entourent, pourra, suivant la saison, suivant le milieu où il vit, suivant sa profession et ses besoins ou celui des cultures qui l'environnent, protéger, attirer, éloigner ou détruire telles ou telles espèces.

Les INSTITUTEURS, à qui s'adresse plus particulièrement ce travail, pourront l'appliquer dans leurs leçons, suivant les lieux de leur résidence, et concourir ainsi efficacement à la production de leur région par la protection des espèces utiles, la destruction et l'utilisation des espèces qui sont nuisibles autour d'eux.

Quoique d'une utilité moins directe pour les INSTITUTRICES, nous espérons qu'elles pourront aussi puiser dans ces pages quelques renseignements profitables à leurs élèves : ne serait-ce qu'en les aidant à détruire autour d'elles de nombreux préjugés qui faisaient perdre le concours de précieux auxiliaires, et l'emploi de nombreux produits utilisables, alimentaires ou autres.

Enfin, nous pensons que ce volume rendra encore service non seulement à la JEUNESSE DES ÉCOLES en général, mais aussi aux JEUNES GENS, qui ne cherchant qu'une distraction agréable dans l'étude de l'Histoire Naturelle, y trouveront du même coup de nombreuses notions utilitaires qui les intéresseront au moins, s'ils n'ont l'occasion de les mettre à profit dans la suite.

Pour rendre notre travail plus assimilable et profitable au lecteur nous avons réduit le plus possible les descriptions, dont les meilleures ne représentent jamais que bien imparfaitement à l'imagination le sujet qu'on lui expose et dont la lecture fastidieuse ne laisse ordinairement qu'un souvenir très confus à la meilleure mémoire. Mais nous avons éclairé notre texte d'un fort grand nombre de gravures afin de frapper plus vivement, sans fatigue et d'une façon durable, *la mémoire des yeux*, ordinairement si persistante dans la jeunesse surtout. La majeure partie des figures ont été gravées pour le volume même, et cela n'a pas été sans nous imposer de lourds sacrifices, car nous voulions laisser le volume à bas prix et accessible à toutes les bourses. — Nous aurions aimé à donner à ces figures des dimensions relatives ou proportionnelles, mais l'exiguïté de notre format ne nous l'a pas permis, car ne pouvant pas bien grandir nos grands animaux, il nous aurait fallu trop réduire les petites espèces. Nous avons cherché à pallier ce défaut en conservant des dimensions relatives dans quelques familles : *Mustélidés, Soricidés, Arvicolidés, Muridés*, etc., ou bien en faisant suivre souvent le nom de l'espèce de sa dimension moyenne, comptée depuis le bout du museau jusqu'à la base de la queue pour les *Quadrupèdes* et jusqu'au bout de celle-ci pour les *Amphibies* et *Cétacés* (1).

Nous aurions aimé aussi nous étendre un peu sur la synonymie latine pour rattacher cette étude à celle des zoologistes qui ont écrit sur nos Animaux ; mais nous serions sorti du cadre restreint que nous nous sommes imposé ; et, si nous avions pu être ainsi agréable à quelques érudits — qui n'ont du reste pas besoin de nos travaux — nous aurions effrayé le plus grand nombre des lecteurs (ceux surtout auxquels nous désirons être utile), par le chaos que certains savants ont introduit dans la dénomination de nos espèces animales, soit pour les besoins de leur méthode particulière, soit par le désir trop fréquent d'attacher leur nom à une dénomination nouvelle, soit aussi quelquefois par confusion avec des espèces voisines. Nous avons donc ré-

(1) Pour ces derniers, nous avons ordinairement donné la dimension des *adultes*, qui s'éloigne quelquefois beaucoup de celle des jeunes qui abordent plus fréquemment sur nos côtes.

duit chaque espèce à un seul nom latin, le plus généralement adopté.

Mais pour éviter une confusion au lecteur, qui n'a pas
le temps de faire des recherches, et pour servir surtout
à celui qui, éloigné de nos centres d'enseignement, n'a
pas de bibliothèque à sa disposition, nous avons recueilli
et groupé pour chaque espèce les *noms patois* (1) ou
locaux sous lesquels on distingue nos Mammifères dans
les différentes régions de la France. Malheureusement
ces noms sont encore bien incomplets (2); mais nous
comptons beaucoup sur nos lecteurs pour nous aider à
les compléter et nous ferons profit de tous les renseignements qu'ils nous donneront pour une prochaine
édition (3).

(1) Ce que nous croyons être un des meilleurs moyens pour faciliter dans les campagnes — où chacun connaît les animaux par
leur nom du pays et les observe infiniment plus qu'on ne le suppose
à la ville — les connaissances d'histoire naturelle *pratique,* que tout
le monde devrait posséder.

(2) Quoiqu'ayant fait de nombreuses recherches personnelles dans
diverses localités, des emprunts aux faunes régionales de MM. Gadeau
de Kerville (Normandie), Gérard (Alsace), Réguis (Provence), etc...,
aux dictionnaires de nos diverses dialectes de MM. Sleeckx et van de
Velde (*flamand*), de Sailly (*picard*), Héricart (*rouchi*), Oberlin (*lorrain*), Le Gonidec (*breton*), Bouquot (*champenois*), Brun et Petit
Benoit (*franc-comtois*), comte Jaubert (*centre de la France*), Charbot
(*dauphinois*), Honnorat, Hachard et Avril (*provençal*), van Eys
(*basque*), etc. etc... et à l'intéressante publication de M. E. Roland,
chercheur infatigable et philologue érudit, nous restons encore bien
incomplets pour de nombreuses régions.

(3) Nous adresserons gratuitement, un double exemplaire de la
classification de nos espèces françaises, aux personnes qui voudront
bien nous en faire la demande et se charger de nous retourner l'un
d'eux avec les noms vulgaires ou *patois* de leur pays.

Nous ne nous dissimulons pas que ce *résumé* de connaissances pratiques sur nos animaux ne laisse encore bien des lacunes, soit parce qu'il demanderait souvent des redites pour diverses espèces, soit par oubli, soit aussi par ignorance, car bien des industriels cachent avec un soin jaloux l'emploi qu'ils font de certains produits ; puis enfin parce qu'en l'absence de publications antérieures de ce genre, nous n'avons guère pu en puiser les éléments qu'autour de nous et surtout dans nos recherches et observations personnelles, qui n'ont pu être encore aussi complètes que nous l'aurions désiré. Nous 'avons toutefois l'intime persuasion d'avoir déjà commencé à combler une lacune regrettable dans notre enseignement, mais surtout d'avoir tracé un sillon fructueux pour l'avenir.

Nous serons, en attendant, très reconnaissant au lecteur qui voudra bien nous indiquer quelque *nouvelle utilité* ou *emploi de nos animaux*, ainsi que les *noms* sous lesquels ils sont connus dans leur région.

Dans le but aussi de poursuivre l'étude de nos espèces françaises, d'enrichir les collections du *Musée pratique des Écoles* (1) et d'en faire profiter également quelques écoles, nous recevrons encore avec grand plaisir tous les petits animaux, plantes, minéraux ou produits locaux, que l'on voudra bien nous adresser.

(1) *Tous les noms des* DONATEURS *seront inscrits sur un tableau et figureront encore sur les étiquettes mêmes des objets exposés dans le Musée.*

Nous nous mettrons volontiers aussi à la disposition des lecteurs qui éprouveront quelques difficultés à classer leur chasse, pour leur étiqueter avec soin les espèces qu'ils nous adresseront, en y joignant une indication des lieux et époques de leurs captures.

A. Bouvier,
Fondateur du Musée pratique des Écoles,
(*provisoirement*) Bastion 49,
Boulevard Gouvion-Saint-Cyr,

PARIS.

novembre 1890.

———

Nota. — Nous avons cru bien faire aussi en terminant ce volume par un *glossaire* explicatif de quelques termes spéciaux ou techniques peu familiers à quelques-uns de nos jeunes lecteurs.

INTRODUCTION

L'étude de l'*Histoire naturelle* comprend la connaissance de tout ce qui nous entoure, de tout ce qui existe sur terre et n'est pas le résultat de l'industrie de l'Homme.

On la divise en trois grandes sections que l'on appelle *règnes*.

Le règne animal comporte l'étude de tout ce qui est animé, tout ce qui se meut autour de nous.

Le règne végétal comprend l'étude de toutes les plantes, depuis les plus grands arbres jusqu'aux plus petites mousses et moisissures.

Le règne minéral s'étend à tout le sol qui nous supporte. — La *géologie* traite particulièrement de la conformation de ce sol et de son mode de formation.

RÈGNE ANIMAL

On peut diviser le règne animal en deux grands groupes. Celui des animaux ayant un squelette interne caractérisé par la présence d'un axe osseux formé par une série continue d'os nommés *vertèbres*. — Nous les appelons **Vertébrés.** — Leur organisation se rapproche davantage de celle de l'Homme : ce sont les ANIMAUX SUPÉRIEURS.

Tous les autres, plus disparates dans leur formes et dans leur organisation tantôt très simple, tantôt compliquée, mais toujours dépourvus d'un squelette interne et de l'axe vertébral, forment le second groupe appelé ANIMAUX INFÉRIEURS ou **Invertébrés,** qui se divisent eux-mêmes en diverses sections ou *embranchements*.

LES VERTÉBRÉS

Ces animaux peuvent acquérir un grand développement par suite du squelette interne qui soutient leur corps. Ils se font remarquer par la supériorité de leur structure anatomique, ainsi que par le développement de leur système nerveux, qui donne à leur volonté plus de durée, plus d'énergie, et d'où il résulte chez eux une intelligence supérieure et plus de perfectibilité.

Leur squelette s'articule sur l'axe osseux formé par les vertèbres qui, évidées intérieurement, forment une gaine continue renfermant le faisceau commun du système nerveux appelé moelle épinière et se termine en avant par la tête et le crâne abritant le cerveau, qui perçoit les impressions des sens, et auquel obéissent les muscles.

A la suite de la tête, soutenue par les vertèbres, se trouve le tronc renfermant tous les organes essentiels à la vie et sur lesquels s'articulent des membres très variables de formes suivant qu'ils doivent servir à la locomotion sur terre, dans l'air ou dans l'eau. De deux paires ordinairement, ils peuvent se réduire à une seule et même disparaître entièrement.

Leur corps revêt toujours une apparence symétrique de chaque côté de la colonne vertébrale.

Suivant leur conformation, on les divise en cinq classes, qui sont : les **Mammifères,** les **Oiseaux,** les **Reptiles,** les **Batraciens,** et les **Poissons.**

Les Mammifères

Animaux vivipares à sang chaud, nourrissant leurs
petits avec du lait sécrété par des glandes spéciales
appelées *mamelles*. Ils ont ordinairement la peau
recouverte de poils et quatre membres appelés pattes.

FIG. A. — Vache allaitant son Veau.

Chez quelques espèces marines la peau est nue, les
membres postérieurs disparaissent et les antérieurs sont
transformés en nageoires.

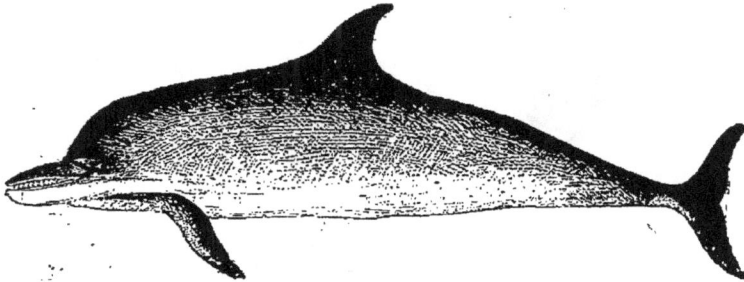

FIG. B. — Dauphin vulgaire.

Les Oiseaux

Animaux ovipares, à sang chaud, ayant deux pattes, deux ailes et la peau couverte de plumes.

Fig. C. — Hibou.

Fig. D. — Héron.

Fig. E. — Canard, Canes et Canetons.

Les Reptiles

Animaux ovipares, ou ovovivipares sans métamorphoses, à sang froid, ayant la peau revêtue d'écailles
et respirant par des poumons. Les uns sont pourvus
de quatre pattes, les autres en sont privés et se meuvent en rampant.

Fig. F. — Tortue.

Fig. G. — Lézard.

Fig. H. — Serpent, Couleuvre.

Les Batraciens

Animaux ovipares, à métamorphoses (c'est-à-dire naissant sous une forme imparfaite qu'ils ne gardent pas à l'état adulte), à sang froid, pourvus de quatre pattes, ayant la peau nue, respirant avec des branchies dans leur premier état et avec des poumons à l'état adulte.

Fig. I. — Grenouille.

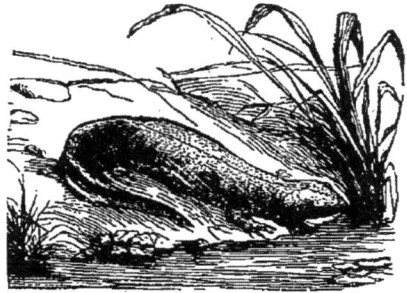

Fig. J. — Triton.

Fig. K. — Salamandre.

Les Poissons

Animaux généralement ovipares, à sang froid, à peau plus ou moins écailleuse, pourvus de nageoires en guise de membres, et ne respirant à tout âge qu'avec des branchies.

Fig. L. — Anguille.

Fig. M. — Raie.

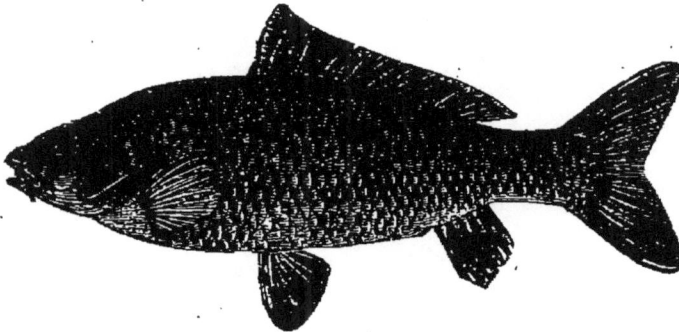

Fig. N. — Carpe.

c

MAMMIFÈRES

On appelle ainsi du latin (*mamma*, mamelle ; *fero*, je porte) les animaux dont les femelles sécrètent du lait pour nourrir leurs jeunes, au moyen d'un organe spécial appelé *mamelle*.

Ils sont *vivipares*, c'est-à-dire ils naissent vivants sans passer extérieurement par la forme d'œufs comme les Oiseaux.

Leur *sang est chaud*, c'est-à-dire se maintient à une température plus élevée que celle de l'air extérieur, ou de l'eau où ils sont plongés.

Ils respirent, à tout âge, avec des *poumons* situés dans la poitrine.

Tous (à l'exception des Cétacés qui ont des nageoires comme les Poissons) sont pourvus de *quatre membres* appelés : bras, ailes, jambes ou pattes.

Ils sont ordinairement recouverts de *poils* ayant des consistances variables, et appelés suivant leur structure : poil, cheveu, crin, soie, piquant, laine ou duvet.

Ils prennent encore, dans leur ensemble et suivant leur

situation sur le corps, les noms de : chevelure, crinière, cils, sourcils, moustaches, favoris, barbe, fanon, jarre, bourre, toison ou fourrure.

Leur mâchoire est ordinairement pourvue de dents qui varient beaucoup avec le régime de l'animal, mais qui peuvent se diviser en trois sortes : les *incisives*, situées en avant et taillées en biseau, destinées à saisir et couper ; les *canines*, plus hautes que les autres, situées un peu sur les côtés et destinées à saisir et à déchirer ; puis, les *molaires*, plus larges, situées davantage sur les côtés et vers le fond de la bouche ; elles sont destinées à broyer et sont armées de tubercules tranchants chez les Carnassiers, de pointes coniques s'emboîtant chez les Insectivores, de tubercules mousses chez les Frugivores et de couronnes plates chez les Herbivores. Quelques Cétacés font exception à cette règle, et ont des *fanons*, sortes de lames flexibles qui descendent sous forme de peigne de chaque côté de la mâchoire supérieure des Baleines et Baleinoptères, ou des sortes de dents cylindro-coniques destinées à arrêter leur proie et quelquefois aussi à les sectionner.

Ils sont pourvus de cinq sens : la *vue*, l'*ouïe*, l'*odorat*, le *goût* et le *tact*, qui fonctionnent ordinairement au moyen des yeux, des oreilles, du nez, du palais et de la langue, des mains et de la peau ; mais suivant les ordres, les familles et même les espèces, ils sont plus ou moins développés ou atrophiés et subissent de nombreuses et profondes modifications.

DISTRIBUTION EN ORDRES (1)

Cuvier, au milieu du chaos qui régnait encore au commencement du siècle dans nos classifications, voulut simplifier et réduire autant que possible les divisions ; il créa neuf Ordres pour les Mammifères :

1° LES BIMANES ;

2° LES QUADRUMANES ;

3° LES CARNASSIERS,

4° LES MARSUPIAUX,

5° LES RONGEURS ;

6° LES ÉDENTÉS ;

7° LES PACHIDERMES ;

8° LES RUMINANTS ;

9° LES CÉTACÉS.

Mais, pour cela, il lui avait fallu réunir, dans l'ordre des CARNASSIERS, par exemple, des animaux de conformation et de mœurs bien différentes ; les *Chéiroptères*, les *Insectivores* et les *Phoques ;* il en était de même de l'ordre des MARSUPIAUX, des PACHIDERMES et des CÉTACÉS.

Les Blainville, les E. et I. Geoffroy Saint-Hilaire et Gervais ont heureusement modifié cette classification,

(1) Ce mot *Ordre* ne signifie pas ici, comme dans son acception générale : *succession de choses ou arrangement des parties d'un tout ;* mais, suivant l'expression du grand Linné, c'est le GENRE DES GENRES, *Generum genus est Ordo.* Autrement dit, c'est la première grande division qui, au milieu des animaux de chaque classe, *Mammifères, Oiseaux, Reptiles,* etc., groupe ensemble les espèces ayant des affinités générales ou certains rapports de conformation.

et fait ressortir surtout les différences de gestation qui les ont amenés à créer les deux grandes sous-classes de MONODELPHES et de DIDELPHES suivies, bientôt, d'une troisième : les MONOTRÈMES OU ORNITHODELPHES.

Une classification très suivie actuellement, nous dirons même *à la mode en France*, comme l'est depuis quelques années chez nous — et surtout dans certaines classes de la société — tout ce qui nous vient de l'étranger, c'est la classification du professeur Claus de Vienne.

Il divise en treize ordres les Mammifères qui viennent par les *Marsupiaux* et *Monotrêmes* s'enchaîner naturellement avec la classe des Oiseaux ; mais cette classification a le tort de réunir, comme au temps de Linné, les *Ruminants* aux *Porcins* ou *Suidés* sous prétexte qu'ils sont BISULQUES comme eux (OU PARIDIGITÉS, comme dit Claus) et sans tenir suffisamment compte de cette importante fonction de *rumination*, qui permet de former un groupe bien homogène avec des types déjà bien séparés par les formes et les habitudes.

Avec l'illustre professeur Gervais, notre compatriote et ancien maître, nous diviserons les Mammifères en trois grands groupes :

1° Les MONODELPHES ou Mammifères à développement embryonnaire régulier, comme celui de l'Homme et de la plupart des espèces animales de l'ancien monde ;

2° Les DIDELPHES ou *Marsupiaux*, Mammifères à double gestation : les *Sarigues*, *Kanguroos*, etc., animaux Américain et Australien ;

3° Les ORNITHODELPHES ou *Monotrêmes*, animaux qui, par certains détails de leur organisation, forment l'anneau régulier reliant les Mammifères avec les Oiseaux : les *Ornithorhynques* et *Echidnés*, animaux Australiens.

Ces deux derniers groupes n'ayant pas de représentants dans notre pays, ni même en Europe, nous les laisserons de côté pour ne parler que des premiers qu'il divise en treize Ordres.

Terrestres.	QUADRUMANES
	CHÉIROPTÈRES
	INSECTIVORES
	RONGEURS
	CARNIVORES
	PROBOSCIDIENS
	JUMENTÉS
	RUMINANTS
	PORCINS
	ÉDENTÉS
Marins	AMPHIBIES ou PHOQUES
	SIRÉNIENS
	CÉTACÉS

Parmi ces Ordres, neuf seulement se rencontrent actuellement sur notre sol, quoique tous y aient eu des représentants aux époques géologiques.

Depuis lors l'accroissement de la population, et le développement de la civilisation, entraînant avec eux les défrichements et les déboisements, sont encore venus réduire notre faune Le *Renne*, le *Bison*, l'*Auroch* et l'*Élan*, chassés par nos pères, ont peu à peu disparu, et ne se rencontrent plus depuis déjà des siècles chez nous ; mais trois d'entre eux se retrouvent encore sur divers points de l'Europe.

D'autres disparaissent encore actuellement : le *Daim* n'existe presque plus qu'en demi-domesticité dans des parcs, le *Lynx*, l'*Ours* et les *Bouquetins* ne sont plus qu'en bien petit nombre et relégués sur les points les plus sauvages des Alpes et des Pyrénées. Le *Castor* ne se rencontre plus que bien rarement dans quelques localités du Bas-Rhône, de l'Isère et de la Drôme ; la *Genette* se voit de moins en moins ; le *Loup* disparaîtra bientôt.

Nous adopterons donc ici, avec une légère modification dans leur suite, les ORDRES suivants :

Terrestres	Pourvus d'ongles	1° **Chéiroptères** 2° **Carnivores** 3° **Insectivores**	à dentition complète (1) et régulière (2).
	Pourvus de sabots	4° **Rongeurs** 5° **Jumentés** 6° **Ruminants** 7° **Porcins**	à dentition incomplète (3). ou au moins irrégulière (4).
Marins......		8° **Amphibies**	pourvus encore de membres.
		9° **Cétacés.**	n'ayant plus que des nageoires.

(1) C'est-à-dire pourvus de trois sortes de dents.

(2) Formée de dents actives concourant toutes à la manducation.

(3) Manquant d'une sorte de dents sur l'une ou les deux mâchoires.

(4) Détournées plus ou moins de leur fin première, et ne concourant plus toutes à l'acte de la manducation.

PRINCIPAUX TYPES

ET

CARACTÈRES DES ORDRES.

1er Ordre. — Chéiroptères

Ces animaux sont bien caractérisés par des sortes d'ailes qui unissent leurs membres antérieurs aux membres postérieurs et se continuent encore entre ces derniers par une large membrane qui les unit avec la queue.

Ce sont : nos *Chauves-souris*, qui rendent d'immenses services comme destructeurs d'Insectes.

2e Ordre. — Carnivores

Ils se nourrissent de chairs comme leur nom l'indique et font la chasse aux autres animaux : aussi sont-ils armés de grandes dents canines leur permettant de bien saisir et déchirer leurs proies. Nous avons heureusement su utiliser à notre profit les instincts de quelques-uns pour la chasse et d'autres nous fournissent des fourrures.

Leurs principaux types sont : les *Chiens*, *Loups*, *Renards*, *Chats*, *Fouines*, *Belettes*, *Furets*, *Loutres*, *Blaireaux* et *Ours*.

3ᵉ Ordre. — **Insectivores**

N'ayant à éliminer que de petites proies, ces animaux sont naturellement petits. Leur dentition est caractérisée par des molaires armées de pointes aiguës destinées à briser les dures élytres des Insectes. Ils nous rendent d'immenses services en continuant sur terre ou sous terre, et même dans l'eau, la chasse que les Chauves-souris font aux Insectes dans les airs.

Ce sont : les *Hérissons, Taupes, Desmans, Musaraignes*.

4ᵉ Ordre. — **Rongeurs**

Ils vivent en rongeant, comme leur nom l'indique, et sont pour cela armés d'incisives tout particulièrement tranchantes et dont l'usure se compense par une croissance continue. Nous sommes obligés de nous défendre d'eux par suite des dégâts de toutes sortes qu'ils font dans nos récoltes et jusque dans nos demeures. Nous en utilisons heureusement quelques-uns comme alimentaires et ils nous fournissent également de bonnes matières premières en poils ou fourrures.

Ils sont particulièrement représentés par les *Campagnols, Rats, Souris, Écureuils, Loirs, Castors, Marmottes, Lièvres* et *Lapins*.

5ᵉ Ordre. — **Jumentés**

Tous ces animaux, qui sont de grande taille, sont

domestiqués et nous servent surtout comme bêtes de selle, de trait, ou de charge.

Ce sont : les *Chevaux*, *Anes* et *Mulets*.

6ᵉ Ordre. — **Ruminants**

Ce sont des animaux domestiques ou gibiers de grande ou moyenne taille, utiles surtout par leurs chairs, lait, cuirs ou toisons. Quelques-uns sont aussi employés comme animaux de trait.

Ils sont représentés par les *Bœufs*, *Bouquetins*, *Chèvres*, *Mouflons*, *Moutons*, *Chamois*, *Cerfs*, *Daims* et *Chevreuils*.

7ᵉ Ordre. — **Porcins**

Comme les précédents, ce sont des animaux domestiques ou gibiers, mais de moyenne taille et servant surtout pour l'alimentation de l'Homme, qui utilise tout chez eux, jusqu'à leurs intestins.

Ce sont : les *Sangliers* et *Porcs*.

8ᵉ Ordre. — **Amphibies**

Ces Mammifères marins ont bien disparu de nos côtes, où ils ne trouvent plus la tranquillité nécessaire à leur existence. Ils ne sont plus pour nous qu'un objet d'étude ou de curiosité; mais sont d'une précieuse utilité pour les habitants des régions désolées du Nord où ils se sont retirés.

Ce sont les diverses espèces de *Phoques*.

9ᵉ Ordre. — Cétacés

Mammifères aussi comme les précédents et allaitant leurs jeunes, quoi qu'en pense le public, qui les prend le plus souvent pour des Poissons. Réunissant des animaux de tailles moyennes, cet ordre renferme aussi les animaux les plus monstrueux de la création, atteignant jusqu'à 35 mètres de longueur. Leur principal produit est l'huile que certaines espèces fournissent en grande abondance. Un certain nombre d'entre eux ont, comme les précédents, bien disparu de nos côtes pour se réfugier dans la haute mer ou dans l'extrême Nord, loin enfin de la civilisation qui leur fait une guerre acharnée pour les produits qu'elle en retire.

Ce sont : les *Dauphins*, *Marsouins*, *Ziphiens*, *Orcins*, *Cachalots*, *Baleinoptères* et *Baleines*, avec qui se termine cette importante classe des Mammifères.

Nous allons maintenant donner la liste méthodique des cent trente et quelques espèces françaises réparties dans les divers Ordres que nous venons d'indiquer brièvement comme caractères et comme composition, après quoi nous les passerons individuellement en revue, signalant pour chacun leur principal rôle dans la Nature ainsi que leurs divers produits.

OBSERVATIONS

NOMENCLATURE ZOOLOGIQUE

ADOPTÉE DANS LA CLASSIFICATION QUI SUIT

Pour ne pas trop multiplier les noms de GENRES, — qui n'ont pas été créés pour nos seules espèces françaises, mais pour l'universalité des espèces, et — qui dans certains groupes deviendraient aussi nombreux que nos espèces mêmes, nous nous sommes restreint ici à un certain nombre des principaux, généralement anciens, et nous les avons reproduits en *gros caractères;* mais pour satisfaire les personnes qui poussent plus à fond les études zoologiques nous avons aussi indiqué en *petits caractères* les principaux genres adoptés plus récemment, aux dépens des premiers, et que l'on peut, si l'on veut, considérer comme des sortes de SOUS-GENRES, pour notre Faune. Le nom d'Homme qui suit ce nom est le nom de leur auteur.

Ex. p. XLVII : — Genre **Cerf,** CERVUS, Linné.
Genre DAIM, Dama, H. Smith.
Genre CHEVREUIL, Capreolus, H. Smith.

Quelquefois le nom d'auteur qui suit est le nom d'un auteur qui a repris toute la classification du groupe et réduit le genre primitif. — Exemple, page XXXVI :

Genre **Vespertilion,** VESPERTILIO, Keys. et Blasius, *ancien genre Linnéen* refondu et réduit par Keys. et Blasius.

Le plus souvent le genre primitif a été réduit par de nombreux auteurs (qu'il serait difficile et compliqué de signaler) et devient un genre *réduit* de l'ancien ou un sous-genre. Cela est indiqué par le nom d'auteur entre parenthèses.

Ex. p. XLII : — Genre **Souris,** MUS, (Linné).

ou p. XLXVII : — Genre **Chat**, FELIS, Linné.

Genre CHAT, *Felis*, (Linné).

Les noms d'ESPÈCES sont aussi suivis de noms d'auteurs sans parenthèses ou avec parenthèses. — Dans le premier cas, cela indique que l'auteur a publié l'espèce avec le nom de genre qui y est joint (qu'il soit ou non auteur lui-même du *genre*).

Ex. p. XXXVII : — Canis familiaris, LINNÉ.

p. XLIII : — Castor gallicus; Fr. CUVIER.

p. L : — Dioplodon europæus, GERVAIS.

Dans le second cas, l'espèce de l'auteur avait d'abord été publiée avec un autre nom de genre que le progrès des études, ou des découvertes plus récentes ont fait modifier.

Ex. p. XXXV : — Plecotus auritus, (LINNÉ).

p. XLIII : — Arctomys marmotta, (LINNÉ).

p. L : — Orca Duhameli, (LACÉPÈDE).

que leurs auteurs avaient primitivement appelés ;

Vespertilio auritus, Linné.

Mus marmotta, Linné.

Delphinus Duhameli, Lacépède.

Ce genre d'annotation très suivi à l'étranger n'est pas assez observé chez nous, où bien des ouvrages nous montrent tous les noms d'auteurs indistinctement entre parenthèses, tandis que d'autres n'en mettent aucunes, et cela au grand détriment des recherches que l'on peut avoir à faire dans les auteurs des genres mêmes ou espèces.

Bien des espèces, comme bien des genres ont reçu successivement plusieurs noms. — Il est de règle, dans ce cas, de n'adopter que le premier et de considérer tous les noms postérieurs comme de simples synonymes.

On ne doit aussi dans aucun cas, quand un auteur crée un nouveau nom de genre, transporter au nom de l'auteur toutes les espèces qui viennent y prendre rang. — Le nom d'une espèce restant toujours acquis à celui qui le premier l'a décrite.

CLASSIFICATION

ORDRE I. — CHÉIROPTÈRES

FAMILLE DES RHINOLOPHIDÉS

Genre **Rhinolophe**, RHINOLOPHUS, Geoffroy

Le Rhinolophe g^d fer à cheval	Rhinolophus ferrum equinum, (SCHREB.)		

Le Rhinolophe g^d fer à cheval Rhinolophus ferrum equinum, (SCHREB.)
Le — p^t fer à cheval — hipposideros,(BECH.)
Le — de Blasius, — Blasii, PETERS.
Le — Euryale, — Euryale, BLASIUS.

FAMILLE DES VESPERTILIONIDÉS

Genre **Oreillard**, PLECOTUS, E. Geoffroy
L'Oreillard vulgaire, Plecotus auritus, (LINNÉ).

Genre **Barbastelle**, SYNOTUS, Keys. et Blasius
La Barbastelle commune, Synotus barbastellus, (SCHREBER).

Genre **Minioptère**, MINIOPTERUS, Bonaparte
Le Minioptère de Schreibers, Miniopterus Schreibersii, (NATT.)

Genre **Vespérien**, Vesperugo, Keys. et Blasius

Genre VESPÈRE, *Vesperus*, Keys. et Blasius.

Le **Vespérien sérotine**,		Vesperugo serotinus, (SCHREBER)
Le	—	**boréal**,	— borealis, (NILSON).
Le	—	**discolore**,	— discolor, (NATTERER).

Genre VESPÉRIEN, *Vesperugo*, (Keys. et Blasius).

Le	—	**noctule**,	— noctula, (SCHREBER).
Le	—	**de Leisler**,	— Leisleri, (KUHL).
Le	—	**maure**,	— maurus, BLASIUS.
Le	—	**pipistrelle**,	— pipistrellus, SCHREB.
Le	—	**abrame**,	— abramus, (TEMMINCK)
Le	—	**de Kuhl**,	— Kuhlii, (NATTERER).

Genre **Vespertilion**, VESPERTILIO, Keys. et Blasius

Genre LEUCONOE, *Leuconoë*, Boie.

Le **Vespertilion des marais**,		Vespertilio dasycneme, BOIE.
Le	—.	**de Capaccini**,	— Capaccini, BONAPARTE
Le	—	**de Daubenton**,	— Daubentonii, LEISLER

Genre VESPERTILION, *Vespertilio*, (Keys. et Blasius).

Le	—	**échancré**,	— emarginatus, GEOFFR.
Le	—	**à moustaches**,	— mystacinus, LEISLER.
Le	—	**de Natterer**,	— Nattereri, KUHL.
Le	—	**de Bechstein**,	— Bechsteinii, LEISLER.
Le	—	**murin**,	— murinus, SCHREBER.

FAMILLE DES EMBALLONURIDÉS

Genre **Nyctinome**, NYCTINOMUS, E. Geoffroy

Le **Nyctinome de Ceston**, Nyctinomus Cestonii, (SAVI).

Ordre II. — CARNIVORES

Famille des CANIDÉS

Genre **Chien**, Canis, Linné

Le Chien domestique,   Canis familiaris, Linné.

     Les Matins,

     Les Dogues,

     Les Terriers,

     Les Barbets ou Caniches,

     Les Griffons,

     Les Epagneuls,

     Les Braques,

     Les Bassets,

     Les Chiens courants,

     Les Levriers,

     Les Chiens-Loup.

Le Loup vulgaire,   Canis lupus, Linné.

Le Renard commun,   — vulpes, Linné.

     Renard charbonnier,

     — argenté, etc.

Famille des FÉLIDÉS

Genre **Chat**, Felis, Linné

Genre Chat, *Felis*, (Linné).

Le Chat sauvage,   Felis catus, Linné.

Le Chat domestique,   Felis domesticus, LINNÉ.
    LE CHAT ANGORA,
    LE — D'ESPAGNE,
    LE — DES CHARTREUX.

       Genre LYNX, *Lynchus*, Rafinesque.

Le Lynx *ou* Loup cervier,   — lynx, LINNÉ.
? — Le — d'Espagne,   — pardina, TEMMINCK.

FAMILLE DES VIVERRIDÉS

Genre **Genette**, GENETTA, Cuvier

La Genette ordinaire,   Genetta vulgaris, LESSON.

FAMILLE DES MUSTÉLIDÉS

GROUPE DES MUSTÉLIDÉS VRAIS

Genre **Marte**, MARTES, Ray

La Marte des pins,   ·   Martes abietum, RAY.
La Fouine vulgaire,   — foina, GMÉLIN.

Genre **Belette**, MUSTELA, Linné

La Belette commune,   Mustela vulgaris, BRISSON.
L'Hermine ordinaire,   — erminea, LINNÉ.
      Genre PUTOIS, *Putorius*, Cuvier
Le Putois commun,   — putorius, LINNÉ.
Le Furet domestique,   — furo, LINNÉ.
      Genre VISON, *Lutreola*, (Auct.)
Le Vison du Nord,   — vison, BRISSON.

GROUPE DES MUSTÉLIDÉS NAGEURS

Genre **Loutre**, Lutra, Ray

La Loutre vulgaire,   Lutra vulgaris, Erxlében.

GROUPE DES MUSTÉLIDÉS FOUISSEURS

Genre **Blaireau**, Meles, Brisson

Le Blaireau d'Europe,   Meles europæus, Desmarest.

Famille des URSIDÉS

Genre **Ours**, Ursus, Linné

L'Ours brun,   Ursus arctos, Linné.
L — des Pyrénées,   — pyrenaïcus, Fr. Cuvier.

Ordre III. — INSECTIVORES

Famille des ÉRINACIDÉS

Genre **Hérisson**, Erinaceus, Linné

Le Hérisson commun,   Erinaceus europæus, Linné.

FAMILLE DES TALPIDÉS

Genre **Taupe**, TALPA, Linné

La Taupe commune,	Talpa europæa, LINNÉ.
La — aveugle,	— cæca, SAVI.

FAMILLE DES SORICIDÉS

GROUPE DES DESMANS

Genre **Desman**, MYGALE, Cuvier

Le Desman des Pyrénées, Mygale pyrenaïca, E. GEOFFROY.

GROUPE DES MUSARAIGNES

Genre **Musaraigne**, SOREX, Linné

Section à pointes des dents rougeâtres

Genre CROSSOPE, *Crossopus*, Wagler.

La Musaraigne d'eau,   Sorex fodiens, GMÉLIN.

Genre MUSARAIGNE, *Sorex*, (Linné).

La	—	vulgaire,	— vulgaris, LINNÉ.
La	—	des Alpes,	— alpinus, SCHINZ.
La	—	pygmée,	— pygmæus, PALLAS.

Section à dents entièrement blanches

Genre CROCIDURE, *Crocidura*, Wagler.

La	—	aranivore,	Crocidura aranea, (SCHREBER).
La	—	leucode,	— leucodon, HERMANN.

Genre PACHYURE, *Pachyura*, De Sélys.

La	—	étrusque,	— etrusca, SAVI.

Ordre IV. — RONGEURS

RONGEURS *à deux incisives supérieures* SEULEMENT

TRIBU DES GRANIVORES

FAMILLE DES CRICÉTIDÉS

Genre **Hamster**, CRICETUS, Cuvier

Le Hamster commun,   Cricetus vulgaris, DESMAREST.

FAMILLE DES ARVICOLIDÉS

Genre **Campagnol**, ARVICOLA, Lacépède

Genre MYODE, *Myodes*, De Sélys et Gerbe.

Le Campagnol roussâtre, Arvicola glareolus (SCHREBER).
Le   —   **de Nager,**   —   Nageri (SCHINZ).

Genre HÉMIOTOME, *Hemiotomys*, De Sélys.

Le   —   **amphible,**   —   amphibius, (LINNÉ).
Le   —   **de Musignan,** —   Musignani, DE SÉLYS.
Le   —   **terrestre,**   —   terrestris, (LINNÉ).
Le   —   **des neiges,**   —   nivalis, MARTINS.

Genre ARVICOLE, *Arvicola*, Lacépède.

Le   —   **des champs,**   —   arvalis, (PALLAS).
Le   —   **agreste,**   —   agrestis, (LINNÉ).

Genre MICROTE, *Microtus*, De Sélys.

Le   —   **souterrain,**   —   subterraneus, DE SÉLYS.
Le   —   **de Savi,**   —   Savii, DE SÉLYS.

FAMILLE DES MURIDÉS

Genre **Rat**, RATTUS, Zimmerman

Le **Rat surmulot**,	Rattus decumanus, (PALLAS).
Le — d'Alexandrie,	— alexandrinus, (GEOFFR.).
Le — noir,	— rattus, (LINNÉ).

Genre **Souris**, MUS, (Linné)

La **Souris commune**,	Mus musculus, LINNÉ.
La — des jardins,	— hortulanus, NORDMANN.
La — des bois *ou* mulot, —	sylvaticus, LINNÉ.
La — rousse,	— agrarius, PALLAS.

Genre MICRÔME, *Micromys*, Dehne.

La — naine,	— minutus, PALLAS.

TRIBU DES FRUGIVORES

FAMILLE DES MYOXIDÉS

Genre **Loir**, MYOXUS, Schreber

Le **Loir commun**,	Myoxus glis (LINNÉ).

Genre LÉROT, *Eliomys*, Wagner.

Le — lérot,	— quercinus, (LINNÉ).

Genre MUSCARDIN, *Muscardinus*, Wagner.

Le — muscardin,	— avellanarius, (LINNÉ).

FAMILLE DES SCIURIDÉS

Genre **Écureuil**, SCIURUS, Linné

L'**Écureuil commun**,	Sciurus vulgaris, LINNÉ.

TRIBU DES HERBIVORES

Famille des ARCTOMYDÉS

Genre **Marmotte**, Arctomys, Schreber

La Marmotte vulgaire, Arctomys marmotta, (Linné).

Famille des CASTORIDÉS

Genre **Castor**, Castor, Linné

Le Castor d'Europe, Castor gallicus, Fr. Cuvier.

Famille des CAVIIDÉS

Genre **Cobaye**, Cavia, Klein

Le Cochon d'Inde *ou* Cobaye, Cavia porcellus, (Linné).

Rongeurs *à quatre incisives* a la machoire supérieure

Famille des LÉPORIDÉS

Genre **Lièvre**, Lepus, Linné

Le Lièvre commun,	Lepus timidus, Linné.
Le — méditerranéen,	— mediterraneus, Wagner.
Le — blanc *ou* variable,	— variabilis, Pallas.
Le Lapin de garenne,	— cuniculus Linné.
Le — domestique,	— domesticus, Linné.

ORDRE V. — JUMENTÉS

FAMILLE DES ÉQUIDÉS

Genre **Cheval**, EQUUS, Linné

Le Cheval domestique,   Equus caballus, LINNÉ.
     RACE *arabe,*
- *anglaise* dite *Pur-sang,*
- FLAMANDE,
- BOULONNAISE,
- PICARDE,
- BRETONNE,
- ARDENNAISE,
- NORMANDE,
- ANGLO-NORMANDE,
- PERCHERONNE,
- POITEVINE,
- VENDÉENNE,
- FRANC-COMTOISE,
- BOURGUIGNONE,
- LIMOUSINE,
- MORVANDAISE,
- AUVERGNATE,
- NAVARRINE, DES PYRÉNÉES *ou* DE TARBES,
- BIGOURDINE,
- CORSE.

L'Ane domestique,   — asinus, LINNÉ.
     RACE DU POITOU,
- DE GASCOGNE.

Le Mulet vulgaire,   — mulus, SCHREBER.
     LE BARDEAU.

Ordre VI. — RUMINANTS

TRIBU DES BOVINS

Famille des BOVIDÉS

Genre **Bœuf**, Bos, Linné

Le Bœuf domestique,   Bos taurus, Linné.

Races de boucherie.

Race *Durham,*
— CHAROLAISE,
— DURHAM-MÉTIS.

Races laitières.

Race NORMANDE,
— FLAMANDE,
— BRETONNE,
— JURASSIENNE.

Races de travail.

Race MANCELLE,
— VENDÉENNE,
— AUVERGNATE,
— GARONNAISE,
— BAZADAISE,
— GASCONNE,
— NAVARRINE *ou* BÉARNAISE,
— DE CAMARGUE,
— *andalouse.*

Famille des CAPRIDÉS

Genre **Chèvre**, CAPRA, Linné

Genre BOUQUETIN, *Ibex*, Pallas.

Le Bouquetin des Alpes,   Capra ibex, Linné.

TRIBU DES CERVINS

Famille des CERVIDÉS

Genre **Cerf**, Cervus, Linné

Le Cerf commun,   Cervus elaphus, Linné.
Le — de Corse,   — corsicanus, Erxlében.

Genre Daim, *Dama*, H. Smith.

Le Daim ordinaire,   — platyceros, Ray.

Genre Chevreuil, *Capreolus*, H. Smith.

Le Chevreuil vulgaire,   — capreolus, Linné.

Ordre VII. — PORCINS

Famille des SUIDÉS

Genre **Porc**, Sus, Linné

Le Porc sauvage *ou* Sanglier, Sus scrofa, Linné.
Le — domestique,   — domesticus, Brisson.

Race normande,

— lorraine *ou* vosgienne,

— craonnaise,

— bressanne,

— du Périgord,

— *anglaise,*

— *cochinchinoise, siamoise,* etc.

ORDRE VIII. — AMPHIBIES

FAMILLE DES PHOCIDÉS

Genre **Phoque**, PHOCA, Linné

Genre STEMMATOPE, *Stemmatopus*, Fr. Cuvier.

Le Phoque à capuchon,   Phoca cristata, ERXLÉBEN.

Genre PÉLAGE, *Pelagius*, Fr. Cuvier.

Le   —   moine,   — monacha, HERMANN.

Genre PHOQUE, *Phoca*, (Linné).

Le   —   commun,   — vitulina, LINNÉ.
Le   —   marbré,   — discolor, Fr. CUVIER.

Genre ERYGNATHE, *Erygnathus*, Gill.

Le   —   barbu,   — barbata, FABRICIUS.

Genre PAGOPHILE, *Pagophilus*, Gray.

Le   —   du Groënland, — groenlandica, MÜLLER.

Famille des OTARIDES

Genre OTARIE, *Otaria*, Péron.

? — L'Otarie ?   *Otaria* sp.?

ORDRE DES SIRÉNIEN

? — Lamentin? Dugong ou Rhytine?

Ordre IX. — CÉTACÉS

Sous-Ordre des DENTICÈTES

OU CÉTACÉS A DENTS

Famille des DELPHINIDÉS

GROUPE DES DAUPHINS

Genre **Delphinorhynque**, Delphinorhynchus, Lacép.

Le Delphinorhynque de Saintonge,	Delphinorhynchus santonicus,	(Lesson).	
Le	—	à long bec,	—	rostratus, (Cuvier)
Le	—	plombé,	—	plumbeus, Cuvier.

Genre **Dauphin**, Delphinus, Linné

Le Dauphin vulgaire,	Delphinus delphis, Linné.		
Variétés : Le Dauphin fuseau,	—	*fusus*, Lafont.	
Le — de Souverbie,	—	*Souverbianus*, Lafont
Le — varié,	—	*variegatus*, Lafont.
Le — baudrier,	—	*balteatus*, Lafont.
Le — musqué,	—	*moschatus*, Lafont.
Le — majeur,	—	major, Gray.
Le — de la Méditerranée,	—	mediterraneus, Loche
Le — d'Algérie,	—	algeriensis, Loche.

Genre Clymène, *Clymene*, Gray.

Le — à bandes,	—	marginatus, Duvern.
Le — de Tethys,	—	Tethyos, Gervais.
Le — douteux,	—	dubius, Cuvier.

Genre **Souffleur**, Tursiops, Gervais

Le Souffleur Nésarnack,   Tursiops tursio (Fabricius).

GROUPE DES MARSOUINS

Genre **Marsouin**, PHOCŒNA, Cuvier

Le Marsouin commun, Phocœna communis, F. CUVIER.

GROUPE DES ORCINS

Genre **Orque**, ORCA, Gray

L'Orque épaulard, Orca Duhameli, (LACÉPÈDE).

Genre **Globicéphale**, GLOBICEPHALUS, Lesson

Le Globicéphale noir, Globicephalus melas, (TRAILL).
? Le — feres, — feres, (BONNATÈRE)

Genre **Grampus**, GRAMPUS, Gray

Le Grampus gris, Grampus griseus, (LESSON).

FAMILLE DES ZIPHIDÉS

Genre **Dioplodon**, DIOPLODON, Gervais

Le Dioplodon d'Europe, Dioplodon europæus, GERVAIS.
Genre MÉSOPLODON, *Mesoplodon*, Gervais.
? Le — de Sowerby, — Sowerbiensis, (BLAIN).

Genre **Ziphius**, ZIPHIUS, Cuvier

Le Ziphius cavirostre, Ziphius cavirostris, CUVIER.
? Le — de Gervais, — Gervaisii, (DUVERNOY).

Genre **Hyperoodon**, HYPEROODON, Lacépède

L'Hyperoodon de Butzkopf, Hyperoodon Butzkopfii, LACÉP.

Famille des PHYSÉTÉRIDÉS

Genre Cachalot, Physeter, Linné

Le Cachalot à grosse tête, Physeter macrocephalus, Linné.

Sous-Ordre des MYSTICÈTES

OU CÉTACÉS A FANONS

Famille des BALEINOPTÉRIDÉS

Genre Baleinoptère, Balænoptera, Lacépède

Le Baleinoptère à museau pointu		Balænoptera rostrata, (Müller).		
Le	—	**du nord,**	—	borealis, Cuvier.
Le	—	**des anciens,**	—	musculus, (Linné).
Le	—	**de Sibbald,**	—	Sibbaldi, Gray.

Genre Mégaptère, *Megaptera*, Gray.

Le	—	**jubarte,**	—	boops, Fabricius.

Famille des BALEINIDÉS

Genre Baleine, Balæna, Linné

La Baleine des Basques,		Balæna biscayensis, Eschricht.
? La	—	franche	—	*mysticetus,* Linné.

En résumé, nous possédons :

Chéiroptères	25	espèces
Carnivores	18	—
Insectivores	11	—
Rongeurs.............	31	—
Jumentés.............	2	—
Ruminants...........	11	—
Porcins...............	2	—
Amphibies............	6	—
Cétacés...............	28	— ?
Total.......	134	—

La Faune française des Mammifères se compose donc
d'environ *cent trente-quatre espèces* sédentaires sur notre
sol ou d'apparition plus ou moins fréquente sur nos côtes.

Nota. — *Nous rappelons ici que tous les caractères
des Ordres, Tribus ou Familles que nous donnons par
la suite, se rapportent à nos espèces françaises seules,
et peuvent par conséquent ne pas renfermer la totalité
des caractères des Ordres, Tribus ou Familles s'appliquant à toutes les espèces du globe.*

ORDRE I. — CHÉIROPTÈRES (1)

On appelle ainsi nos *Chauves-souris*, animaux caractérisés par le fort développement des phalanges des
membres antérieurs,
qui soutiennent des
membranes aliformes
ou alaires que l'on
appelle vulgairement
ailes. Celles-ci s'étendent jusqu'aux mem-
bres inférieurs et se
prolongent ordinaire-
ment entre ces der-
niers, soutenues par
les *calcanéums* et la
queue qu'elles englo-
bent plus ou moins
complètement.

Fig. 1. — Chauves-souris.

Nos chauves-souris habitent les greniers, les combles,
les clochers, les ruines, les vieux troncs d'arbres, les

(1) Nous suivrons pour cet ordre, à très peu près, la classification
donnée par M. Dobson en 1878, dans son *Catalogue of the chiropte-
ra;* classification qui est aussi suivie par la plupart des naturalistes.

grottes, cavernes, caves et souterrains, où elles se réfugient le jour, et restent tout l'hiver dans un engourdissement profond, alors que le froid a fait disparaître les insectes qui constituaient leur nourriture.

Ce sont des animaux à mœurs crépusculaires ou nocturnes. Rarement ils se posent à terre où leur démarche est pénible. Pour hiberner, dormir ou se reposer, ils s'accrochent à quelque saillie et s'y suspendent la tête en bas, s'enveloppant plus ou moins complètement dans leurs ailes. Quelquefois cependant, ils se glissent et se pelotonnent à plusieurs dans quelque fissure de rochers ou de murailles, laissant à peine le passage pour leur corps.

Cet ordre très nombreux en espèces dans les pays chauds, renferme à la fois des *frugivores*, des *insectivores* et même des *carnassiers*.

Il est représenté chez nous par 25 espèces toutes *insectivores* et appartenant à trois familles : les RHINOLOPHIDÉS, les VESPERTILIONIDÉS et les EMBALLONURIDÉS.

FAMILLE DES RHINOLOPHIDÉS

Les animaux qui la composent ont le *nez* couvert, ainsi qu'une partie de la face, par un large ornement foliacé ; les *oreilles* bien séparées et dépourvues d'*oreillon ;* les *ailes* larges et courtes ; la *queue* mince, presque entièrement engagée dans la membrane interfémorale et relevée sur le dos à l'état de repos ; et les *dents* au nombre de 32.

Noms vulgaires. — Les diverses espèces de chauves-souris ne sont pas distinguées par le public, qui, dans le même pays, les confond généralement sous un même nom. — *Cate sori, Souri sauve* (Nord). — *Ca seuri, Cate seuri, Keute sori* (Somme). — *Soueri çauve, Souri gauque* (Picardie). — *Chaude séri, Saute souri, Saute sri* (Moselle). — *Seuri volage* (Meuse). — *Souri volant* (Meurthe). — *Askel-groc'hen, Logodenn-dall* (Bretagne). — *Souri chaude* (Champagne, Poitou, Charente-Inférieure). — *Volant rette, Bo-volant* (Vosges). — *Chaivon sri* (Bourgogne). — *Rata pena, Rata volate* (Jura). — *Ratte volerate, Rate voluche, Rate vouluce* (Saône-et-Loire) — *Ratta voulesse, Ratta volante* (Ain). — *Rate volage* (Rhône). — *Rata peinada* (Cantal, Haute-Loire). — *Rate plaine, Rate plane* (Isère). — *Rato perno, Rato penado* (Tarn). — *Rata penada, Rato penado* (Languedoc). — *Rata pignata* (Alpes-Maritimes). — *Rata panera* (Pyrénées-Orientales). — *Gaŭaynara, Gagaynéra, Sagusiarra, Guăaynada* (Basses-Pyrénées).

Cette famille ne renferme qu'un seul genre.

Genre RHINOLOPHE, *Rhinolophus*

Ses caractères sont ceux de la famille.
Il renferme chez nous quatre espèces.

Le Rhinolophe grand fer-à-cheval, *Rhinolophus ferrum-equinum* (Schreber) (1).

(1) Nous n'avons pas cru devoir faire entrer ici, dans ce volume de *vulgarisation*, une synonymie latine bien utile pour ceux qui ont déjà étudié notre faune dans divers auteurs, mais qui arriverait certainement à effrayer et décourager les instituteurs ou les gens du monde, qui, pour la première fois, veulent étudier ou chercher à reconnaître nos intéressants animaux français.

Répandu dans toute la France, mais plus commun dans le sud. Il vit par petites troupes et se réfugie le jour

Fɪɢ. 2. — Rhinolophe grand fer-à-cheval; 1/5 grand.

dans les ruines, les souterrains, les combles des vieux édifices et même les vieux troncs d'arbres. Ce n'est qu'assez tard qu'il sort le soir.

Son nom lui vient de la forme de la partie inférieure des appendices qu'il porte sur le nez.

C'est la plus grande de nos espèces ; elle se nourrit surtout de nos grands lépidoptères noc-

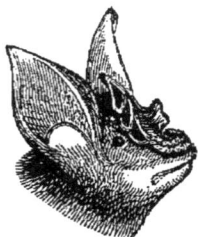

Fɪɢ. 3.— Tête vue de profil ; grand. nat.

Fɪɢ. 4. — Feuille nasale vue de face ; grand. nat.

turnes, phalènes et sphinx, et atteint de $0^m,38$ à $0^m,45$ d'envergure et son avant-bras environ $0^m,057$ (1).

(1) Nous négligeons avec intention d'indiquer les colorations de ces petits animaux, car elles sont souvent très voisines les unes des autres, et aussi très sujettes à varier; mais nous indiquerons toujours pour chacun d'eux les dimensions de leur envergure, et surtout la dimension ordinaire de leur avant-bras, qui est un très bon caractère, puisqu'il est rigide et peut difficilement être mal mesuré.

Le Rhinolophe petit fer-à-cheval, *Rhinolophus hipposideros* (BECHSTEIN).

Ainsi nommés à cause d'un ornement analogue à celui du précédent, et de sa taille beaucoup plus petite. Il est plus répandu que le grand fer-à-cheval et vit par grandes troupes dans des grottes et souterrains.

Fig. 5. — Museau vu de profil; gr. nat.

Sa taille moins grande, car il ne dépasse guère 0^m,25 d'envergure, l'oblige à chercher des proies plus petites. C'est un grand consommateur de diptères. Son avant-bras atteint 0^m,039 à 0^m,040.

Fig. 6. — Feuille nasale vue de face, gr. nat.

Le Rhinolophe de Blasius, *Rhinolophus Blasii,* PETERS.

Rare espèce méridionale, propre au littoral de la Méditerranée et voisine comme taille de la précédente avec qui elle a sans doute été plusieurs fois confondue; mais elle s'en distingue facilement par sa queue dont la pointe est libre au lieu d'être engagée jusqu'au bout dans les membranes interfémorales.

Fig. 7. — Museau vu de profil; gr. nat.

Fig. 8. — Feuille nasale vue de face; grand. nat.

Elle atteint 0^m,27 d'envergure, et 0^m,046 d'avant-bras.

Le Rhinolophe Euryale, *Rhinolophus Euryale,* BLAS.

Autre espèce méridionale, mais qui remonte davantage dans le nord. C'est par troupes
assez nombreuses qu'elle aime à vivre
dans les grottes ou souterrains qu'elle
a choisis pour de-
meure. Elle se dis-
tingue surtout de la
précédente par un
pied beaucoup plus
dégagé de la mem-
brane alaire.

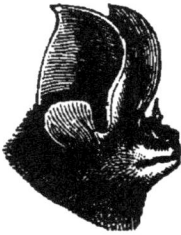

Fig. 9. — Tête vue de profil ; grand. nat.

Fig. 10.—Feuille nasale vue de face ; gr. nat.

Son envergure est d'environ 0^m,27 à 0^m,28 et son
avant-bras de 0^m,046.

Ces quatre espèces, qui se ressemblent un peu comme
formes et comme habitudes, sont les plus carnassières
de nos chauves-souris. Bien que ne se nourrissant que
d'insectes en liberté, elles s'entre-déchirent souvent
quand elles sont plusieurs captives dans la même cage.

On prétend aussi que parfois dans les pigeonniers
elles mordent et sucent le sang des jeunes encore au
nid ; mais ce dire paraît assez aventuré, car elles ne
sortent que la nuit ou le soir assez tard, dans les moments
où les pères et mères sont toujours sur leurs nids et
garantissent leurs jeunes.

Ce sont les plus frileuses parmi nos chauves-souris,
aussi habitent-elles généralement, été comme hiver, des
cavernes et souterrains où la température varie peu.

Famille des VESPERTILIONIDÉS

Les espèces de cette famille ont le *nez* dépourvu d'ornement membraneux foliacé; les *oreilles* unies ou séparées et pourvues d'un cartilage isolé appelé *oreillon* ou *tragus* (1); les *ailes* plus ou moins allongées; la *queue* mince, entièrement ou presque entièrement engagée dans la membrane interfémorale; et les *dents* au nombre de 32 à 38.

NOMS VULGAIRES. — Ce sont les mêmes noms que nous avons donné en tête de la famille des RHINOLOPHIDÉS, le public ne faisant guère de distinctions entre les espèces.

Dans la Provence et dans les Alpes-Maritimes, on distingue cependant l'**Oreillard** et quelquefois la **Barbastelle** sous les noms d'*Aurihasso*, et d'*Auregliassa*.

Cette famille, qui renferme la plus grande partie de nos espèces française, forme les cinq genres : **Oreillard, Barbastelle, Minioptère, Vespérien** et **Vespertilion**.

Genre OREILLARD, *Plecotus*

Ce genre est caractérisé par un *front* ordinaire; un *museau* conique orné de replis au fond desquels s'ouvrent les narines; des *oreilles* immenses, presque aussi

(1) Ces organes étant *caractéristiques* des espèces de cette famille, nous figurerons ici toutes leurs oreilles.

grandes que le corps, et soudées entre elles à leur base ; leurs bords externes lisses s'insérant près de l'angle de la bouche ; un *oreillon ;* des *ailes* assez larges ; et des *dents* au nombre de 36.

Fig. 11. — Oreillard vulgaire. Hauteur, 0ᵐ,083

Nous ne possédons qu'une espèce du genre.

L'Oreillard vulgaire, *Plecotus auritus* (Linné).

On l'a ainsi nommé à cause de ses oreilles démesurément grandes, presque aussi longues que son corps, mais qu'il peut ramener contre lui et qui pendant son sommeil hivernal sont en partie cachées entre son corps et ses ailes.

Quoique répandu partout en France, il n'est commun nulle part, et échappe souvent à l'observation, car il ne sort que tard de sa retraite, et son vol court et irrégulier comme celui des papillons empêche qu'on puisse le reconnaître facilement au milieu de l'obscurité. Il semble craindre le mauvais temps, car il ne sort ni par la pluie, ni par le vent. Moins délicat cependant que les *rhinolophes*, il quitte dans la belle saison les grottes et souterrains où il hiverne, mais il se hâte de les regagner au premier froid.

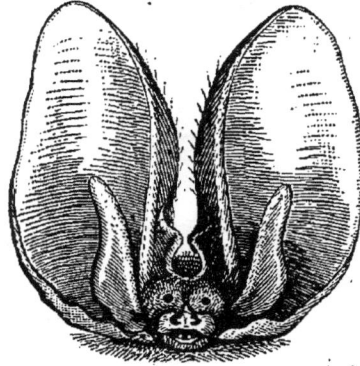

Fig. 12. — Oreilles de l'Oreillard; grand. nat.

Il supporte assez facilement la captivité, et c'est de toutes les espèces une de celles qui marche ou se traîne le plus facilement sur terre.

Son envergure est d'environ $0^m,22$ à $0^m,23$ et son avant-bras de $0^m,038$ à $0^m,040$.

Genre BARBASTELLE, *Synotus*

Les animaux qui composent ce genre ont un *front* ordinaire ; un *museau* très renflé de chaque côté des narines qui s'ouvrent au fond de profondes rainures ; des *oreilles* grandes et larges, mais beaucoup moins larges que le corps, très largement soudées ensemble vers leur base ; les bords externes dentelés s'insérant entre les yeux et la bouche ; un *oreillon ;* les *ailes* moyennes ; et les *dents* au nombre de 34.

Nous ne possédons qu'une espèce du genre:

La Barbastelle commune, *Synotus barbastellus* (SCHREBER).

Elle sort le soir de bonne heure et parcourt le voisinage de nos habitations d'un vol élevé, très sinueux et plus rapide que l'Oreillard. Plus rustique aussi que lui,

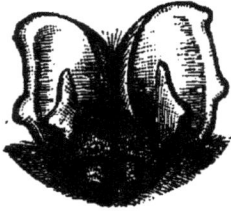

elle sort par tous les temps. Quoique répandue partout, elle n'est commune nulle part, mais se montre surtout dans les endroits montagneux. — Prise jeune elle s'apprivoise aisément.

Fig. 13. — Tête et oreilles de la Barbastelle ; gr. nat.

Elle atteint 0ᵐ,27 d'envergure et 0ᵐ,037 à 0ᵐ,039 d'avant-bras.

Presque aussi frileuse que l'*Oreillard*, elle quitte de bonne heure ses abris aériens pour se réfugier dans les grottes et souterrains où elle hiverne.

Genre MINIOPTÈRE, *Miniopterus*

Son *front* est très élevé ; son *museau* large, avec d'assez grosses proéminences glandulaires ; ses *oreilles* séparées, courtes, larges, triangulaires ; ses *oreillons* courts, obtus, et recourbés vers le front ; ses *ailes* très allongées ; ses *calcanéums* bordant la membrane interfémorale ; sa *queue* très allongée dépassant la longueur de la tête et du corps réunis ; et ses *dents* au nombre de 36.

Nous ne possédons aussi qu'une espèce du genre.

Le Minioptère de Schreibers, *Miniopterus Schreibersii*, NATTÉRER.

Cette espèce bien distincte de toutes les autres par la hauteur de son front, l'écrasement de ses oreilles, l'allongement de ses ailes et la longueur de sa queue

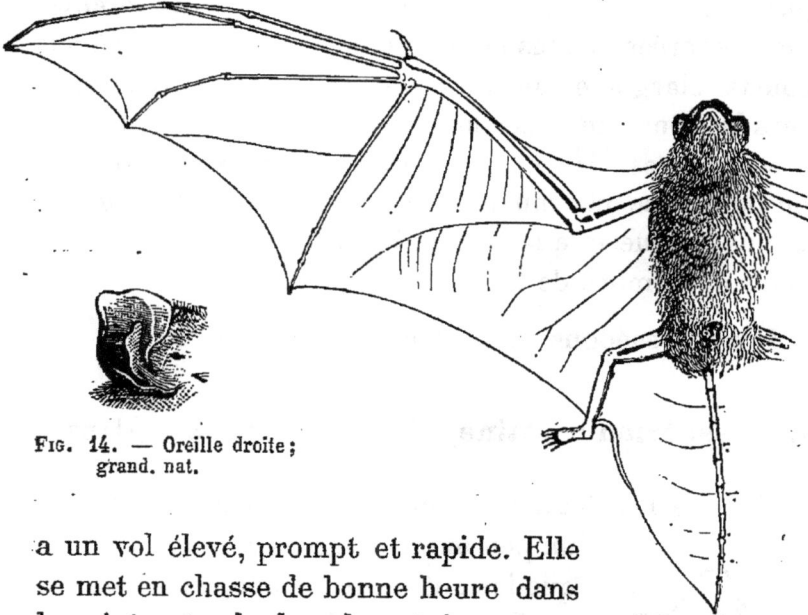

FIG. 14. — Oreille droite ; grand. nat.

a un vol élevé, prompt et rapide. Elle se met en chasse de bonne heure dans la soirée, et vole dans les régions montagneuses et sauvages où elle habite des grottes profondes; ses mœurs sont encore peu connues. Elle atteint de 0ᵐ,28 à 0ᵐ,30 d'envergure et 0ᵐ,043 à 0ᵐ,045 d'avant-bras.

FIG. 15. — Aile droite du Minioptère de Schreibers; 1/2 gr.

NOTA. — Dans la figure ci-dessus, la queue ne paraît pas avec tout son développement, car elle est maintenue *cintrée* par la membrane interfémorale resserrée sur ses bords et développée en parachute.

Genre VESPÉRIEN, *Vesperugo*

Les caractères de ce genre sont : un *front* ordinaire ;
un *museau* gros, court et couvert d'assez fortes proéminences glandulaires, se terminant vers son extrémité
par des narines en forme de croissant ; des *oreilles*
bien séparées et plus courtes que la tête ; des *oreillons*
courts, élargis et de formes variables, mais recourbés
vers le front ; des *ailes* longues, étroites, à membranes
assez minces ; les *calcanéums* laissant extérieurement
un petit lobe charnu plus ou moins développé ; *queue*
moins longue que la tête et le corps réunis ; enfin les
dents au nombre de 32 ou 34.

Nous possédons neuf espèces de ce genre.

Le Vespérien sérotine, *Vesperugo serotinus* (DAUB.).

Comme les deux suivantes, cette espèce a des ailes
un peu moins longues et moins étroites
que les autres du groupe, aussi son vol
est-il moins rapide.

Quoique peu commune elle est assez
répandue et se rencontre même à Paris,
où elle se réfugie surtout dans les
chantiers de bois.

Elle atteint une envergure de $0^m,38$

FIG. 16. — Oreille
droite du Vespérien
sérotine ; gr. nat.

comme la *noctule*, mais s'en distingue facilement par les poils longs et frisés de son dos, ses deux
dernières vertèbres caudales libres et l'étroitesse de son

lobe calcanéen. Son avant-bras mesure 0^m,038 à 0^m,039.

Fig. 17. — Vespérien sérotine ; 2/5 grand.

Le Vespérien boréal, *Vesperugo borealis* (NILSON).

Espèce du nord, à pelage très foncé et habitudes montagnardes ; elle pousse ses excursions jusque dans l'Italie méridionale, aussi doit-elle par conséquent se rencontrer chez nous, quoiqu'elle n'ait été encore signalée par aucune capture authentique.

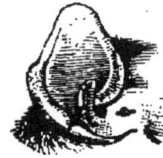

Fig. 18. — Oreille droite du Vespérien boréal ; gr. nat.

Elle atteint de 0^m,24 à 0^m,25 d'envergure, et son avant-bras environ 0^m,039.

Le Vespérien discolore, *Vesperugo discolor* (NATT.).

Rare chez nous, cette espèce affectionne comme la précédente le séjour des montagnes et se rencontre plus particulièrement dans nos régions de l'est où elle vit par petites troupes.

Fig. 19. — Oreille droite du Vespérien discolore ; gr. nat.

Son avant-bras mesure de 0^m,041 à 0^m,042 et son envergure environ 0^m,27.

Ces trois espèces assez distinctes, par leur dentition qui ne comporte que 32 dents, par leurs ailes moins étroites et leurs oreilles plus allongées, ont formé pour quelques auteurs un genre distinct sous le nom de VESPÈRE (*Vesperus*).

Toutes les espèces suivantes qui forment le vrai genre VESPÉRIEN (*Vesperugo*) ont 34 dents, des ailes plus allongées et des oreilles plus ramassées.

Le Vespérien noctule, *Vesperugo noctula* (SCHREBER).

Elle atteint et dépasse quelquefois de beaucoup la taille de la *Sérotine* dont elle diffère bien par la disposition du tragus beaucoup plus court et plus large.

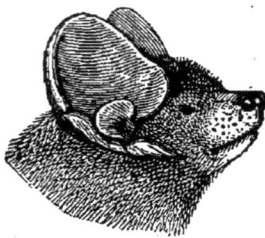

FIG. 20. —Tête et oreille droite du Vespérien noctule ; gr. nat.

Elle vit par petites colonies surtout dans les forêts et établit sa demeure dans les vieux troncs d'arbres creux ou vermoulus. Ses chasses, qu'elle commence de bonne heure, cessent aussi assez tôt; mais pendant ce temps-là son appétit est insatiable et elle dévore des quantités de *Phalènes*, *Bombyx processionnaires*, *Cossus gâte-bois* et autres, qui nous causent souvent de très grands préjudices.

On devrait, pour faciliter la multiplication de cette espèce dans toutes les forêts où elle serait si utile, laisser d'espace en espace quelques vieux troncs vermoulus pour les abriter, car les petits oiseaux insectivores (que l'on cherche même quelquefois à attirer par

des nids factices) ne suffisent pas à protéger nos bois
contre les insectes destructeurs, et ne peuvent du reste
pas s'attaquer, comme les chauves-souris, aux grosses
espèces de lépidoptères dont la vie active n'a lieu qu'au
crépuscule ou avant l'aube.

FIG. 21. — Le Vespérien noctule ; 1/3 grandeur.

D'une envergure ordinaire de $0^m,32$ à $0^m,36$ et même
$0^m,38$, elle atteint dans les Alpes jusqu'à $0^m,45$ et $0^m,46$
et son avant-bras varie de $0^m,051$ à $0^m,064$.

Le Vespérien de Leisler, *Vesperugo Leisleri* (KUHL).

Bien plus rare et petit que le précédent, ce Vespérien ne dépasse guère
$0^m,26$ à $0^m,27$ d'envergure et se rencontre plutôt dans l'est et le nord-est
de la France, où il s'installe surtout
dans des troncs d'arbres à proximité
d'eaux stagnantes.

FIG. 22. — Oreille
droite du Vespé-
rien de Leisler ;
grand. nat.

Son avant-bras atteint environ $0^m,041$.

Le Vespérien Maure, *Vesperugo maurus,* BLASIUS.

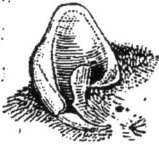

FIG. 23. — Oreille droite du Vespérien Maure; grand. nat.

Espèce méridionale à peau très noire mais dont les poils très foncés dans leur plus grande partie sont grisâtres à leur extrémité.

Elle habite surtout le sud-est de la France, et atteint environ $0^m,22$ d'envergure, avec un avant-bras de $0^m,035$.

Le Vespérien pipistrelle, *Vesperugo pipistrellus* (SCH.).

Petite espèce très rustique et commune surtout dans le nord et le centre de la France, où elle se montre dans les villes aussi bien que dans la campagne. Elle suit un peu l'homme partout où il se trouve comme le moineau, ou plutôt comme l'hirondelle, attirée par les insectes que la vie matérielle fait développer autour de nous, dans les matières animales en décomposition, les fumiers, etc.

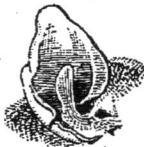

FIG. 24. — Oreille droite du Vespérien pipistrelle; grand. nat.

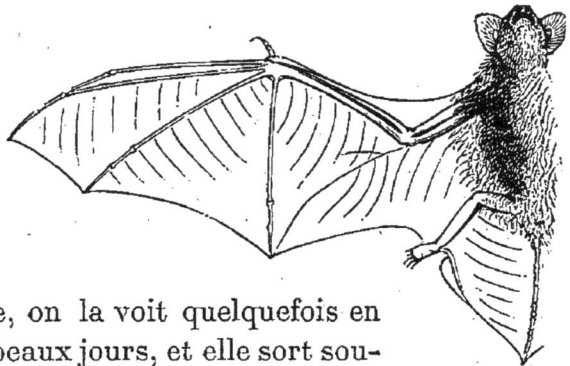

Peu frileuse, on la voit quelquefois en hiver par les beaux jours, et elle sort souvent en plein midi lorsque le temps est couvert. Son pelage noirâtre est très variable et plus foncé chez les jeunes.

FIG. 25. — Aile droite du Vespér. pipistrelle; 1/2 grand.

Comme plusieurs autres espèces, elle vit facilement

en captivité, et se nourrit alors de mouches, d'insectes divers, de vers de farine ou de viande hachée, qu'il faut d'abord lui introduire dans la bouche avec une petite pince, mais qu'elle vient bientôt prendre entre les barreaux de sa cage lorsqu'on les lui présente.

Elle ne dépasse guère 0^m,17 à 0^m,18 d'envergure et son avant-bras 0^m,031.

Le Vespérien abrame, *Vesperugo abramus* (TEMM.).

Espèce voisine de la précédente, mais beaucoup plus rare en France. Elle remplit dans l'O-rient, son pays d'origine, les mêmes services que la *Pipistrelle* chez nous, où elle ne se trouve que par suite d'une sorte d'émigration, constatée depuis un certain temps déjà. Plus grande que sa congénère, elle atteint de 0^m,230 à 0^m,245 d'envergure, et un avant-bras de 0^m,033 à 0^m,034.

FIG. 26. — Oreille droite du Vespérien abrame; grand. nat.

Le Vespérien de Kuhl, *Vesperugo Kuhlii* (NATTERER).

Cette espèce qui a les mêmes mœurs que la *Pipistrelle* se trouve très communément dans le midi où cette dernière est rare. Elle remplit autour de l'homme le même rôle que cette dernière, et se distingue des autres espèces par une bordure blanche plus ou moins accentuée sur le bord de l'aile et surtout sur le bord de la membrane interfémorale. Elle atteint 0^m,22 d'envergure et 0^m,034 d'avant-bras.

FIG. 27. — Oreille droite du Vespérien de Kuhl; gr. nat.

2

Tous les Vespériens sont plus rustiques et moins frileux que les autres espèces. Ils ne se rencontrent presque jamais, même en hiver, dans les grottes ou souterrains. C'est toujours dans les clochers, les combles, les greniers, les trous d'arbres et de murailles qu'ils se retirent.

Leur vie est très active, et leur vol rapide par suite de la disposition de leurs ailes très allongées. Ils rendent tous de très grands services soit près, soit loin de l'homme.

Quelques-uns, sous l'influence de la température (et de l'éclosion des insectes qui s'ensuit) semblent émigrer du nord au midi, de la montagne à la plaine et vice-versa. D'autres paraissent émigrer de l'est à l'ouest sous des influences qui nous échappent encore.

Genre VESPERTILION, *Vespertilio*

Les animaux de ce genre ont le *front* peu élevé, le *museau* long, conique, couvert de petites proéminences glandulaires, et se terminant un peu latéralement par des narines en forme de croissants ; les *oreilles* bien séparées, aussi longues ou plus longues que la tête ; les *oreillons* allongés, plus ou moins pointus, ordinairement droits ou recourbés vers le côté extérieur de la tête ; *ailes* courtes et larges ; membranes assez épaisses ; les *calcanéums* bordant la membrane interfémorale, ou ne laissant extérieurement qu'un petit lobe charnu peu apparent ; la *queue* ordinairement moins longue que la tête et le corps réunis ; et les *dents* au nombre de 38.

Nous possédons huit espèces de ce genre.

Le Vespertilion des marais, *Vespertilio dasycneme*, Boie.

Cette espèce et les deux suivantes se distinguent aisément des autres du même groupe par l'allongement du pied et un long calnanéum dépassant le milieu de la membrane interfémorale, qui laisse libres les deux dernières vertèbres de la queue.

Elle rappelle encore par la forme et la disposition de son oreillon les espèces précédentes dont elle se distingue bien d'autre part.

On la rencontre surtout dans le nord de la France, où elle n'est du reste pas commune. Elle poursuit les insectes sur l'eau jusqu'au milieu des joncs et des roseaux, et atteint environ 0^m,27 à 0^m,28 d'envergure. Son avant-bras mesure 0^m,046.

Fig. 28. — Oreille dr. du Vespertilion des marais; gr. nat.

Le Vespertilion de Capaccini, *Vespertilio Capaccini*, Bonaparte.

Voisin, mais bien distinct du précédent par la forme de ses oreillons très allongés, aigus et recourbés en dehors. Son calcanéum s'étend aux trois quarts de la membrane interfémorale.

Il remplace le *Vespertilion des marais* dans le midi de la France où il poursuit ses chasses dans les mêmes conditions et de la même façon que lui; mais il n'atteint que 0^m,23 à 0^m,24 d'envergure et 0^m,04 de longueur d'avant-bras.

Fig. 29. — Oreille dr. du Vespertilion de Capaccini; g. n.

Le Vespertilion de Daubenton, *Vespertilio Daubentonii*, Leisler.

Ce vespertilion connu quelquefois sous le nom de *Vespertilion aquatique* est assez répandu chez nous dans les plaines et régions basses, mais a souvent été confondu avec l'espèce suivante et même le *Vespertilio mystacinus*, dont il a un peu les dimensions et les mœurs. Il reste de la même taille que le précédent et ne dépasse pas $0^m,24$ d'envergure, avec $0^m,037$ d'avant-bras.

Fig. 30. — Oreille droite du Vesp. de Daubenton ; gr. n.

Son calcanéum s'étend aussi aux trois quarts de la membrane interfémorale.

Ces trois espèces, caractérisées par la longueur de leur calcanéum, habitent le voisinage des eaux, marais et cours d'eaux, au-dessus desquels elles commencent leurs chasses assez tard dans la soirée et seulement par le beau temps.

Le Vespertilion échancré, *Vespertilio emarginatus*, E. Geoffroy.

Il a des mœurs marécageuses comme les précédents, mais en diffère ainsi que les suivants par des pieds plus petits ; un calcanéum long encore, mais ne dépassant pas le milieu de la membrane interfémorale entre le pied et la queue, qui ne dépasse elle-même cette membrane que de son extrême pointe.

Fig. 31. — Oreille dr. du Vespertilion échancré ; gr. nat.

Il est de plus reconnaissable à ses moustaches dépassant de beaucoup les poils courts et serrés de sa face et surtout à l'échancrure de ses oreilles, qui paraissent comme coupées et qui lui ont valu son nom. Il atteint $0^m,23$ à $0^m,24$ d'envergure et $0^m,04$ d'avant-bras.

Le Vespertilion à moustaches, *Vespertilio mystacinus*, LEISLER.

C'est le plus rustique, le plus commun et aussi le plus petit de nos Vespertilions, que son oreille échancrée et ses moustaches peuvent faire confondre avec le précédent, mais outre que l'échancrure des oreilles est beaucoup moins accusée, il se reconnaît facilement encore aux longs poils qui couvrent toute sa face et masquent un peu la forme conique de son museau.

FIG. 32. — Oreille dr. du Vespertilion à moustaches; g. n.

Comme le *Vespertilion échancré*, il chasse à la fois sur terre et sur l'eau.

Son pelage comme sa taille sont assez variables ; du brun roux, il passe au noirâtre et son envergure varie entre $0^m,19$ à $0^m,22$ avec $0^m,034$ à $0^m,035$ d'avant-bras.

Le Vespertilion de Natterer, *Vespertilio Nattereri*, KUHL.

Ses mœurs sont beaucoup plus terrestres que celles des précédents dont il se distingue très facilement par la série de très petits poils raides qui bordent sa membrane interfémorale de chaque côté de sa queue. L'allongement de l'oreillon dans son oreille qui a une faible apparence d'échancrure le distingue encore du *Vespertilion échancré*.

Il atteint 0^m,24 à 0^m,26 d'envergure avec 0^m,038 à

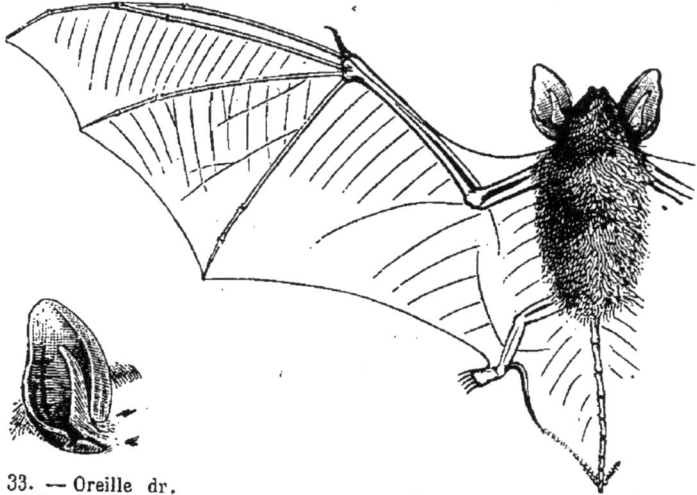

FIG. 33. — Oreille dr. du Vespertilion de Natterer; grand. nat.

FIG. 34. — Aile droite du Vespertilion de Natterer; 1/2 grand.

0^m,040 d'avant-bras. Sa queue est aussi longue que sa tête et son corps réunis.

Le Vespertilion de Bechstein, *Vespertilio Bechsteinii*, LEISLER.

Ce Vespertilion peu commun, mais répandu sur toute la France, se reconnaît facilement à ses oreilles longues et étroites (qui l'ont quelquefois fait prendre pour un *Oreillard*), à son long oreillon pointu et recourbé en dehors, et à son pelage roux clair en dessus, et blanc sur ses parties inférieures.

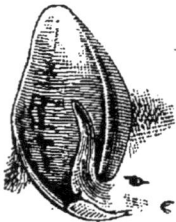

FIG. 35. — Oreille droite du Vespertilion de Bechstein ; grand. nat.

Il habite les arbres creux dans les forêts ou leur voisinage et ne dépasse pas 0^m,26 d'envergure, avec 0^m,04 d'avant-bras.

Le Vespertilion murin, *Vespertilio murinus,* Schr.

Voisin un peu comme nuance du précédent, il s'en distingue facilement par sa grande taille, ses oreilles plus larges et relativement moins longues, et son oreillon tout droit.

Beaucoup plus commun que ce dernier, ses habitudes sont aussi toutes différentes, car il ne vit que près des habitations, dans les tours, clochers et masures, où il se réunit par petites troupes.

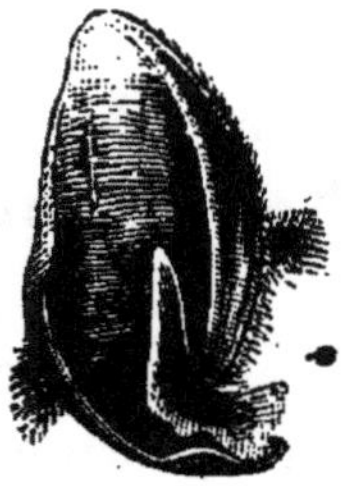

Plus que les autres, il accuse assez fortement cette odeur musquée particulière aux Chéiroptères et que l'on sent surtout lorsqu'ils ouvrent leur petite gueule. Comme les *Rhinolophes*, il est querelleur et brutal pour ses compagnons de captivité qui deviennent ordinairement ses victimes.

Fig. 36. — Oreille droite du Vespertilion murin ; grand. nat.

D'une envergure moyenne de 0^m,36 en plaine, il atteint fréquemment jusqu'à 0^m,40 dans les régions montagneuses, avec 0^m,058 à 0^m,060 d'avant-bras.

Ces cinq dernières espèces qui diffèrent des trois premières par la longueur de leur calcanéum ne dépassant pas la moitié de la longueur de la membrane interfémorale, en diffèrent aussi par leurs mœurs ou genre de chasse qui est surtout terrestre au lieu d'être aquatique. Cependant les *Vespertilions échancrés* et *à moustaches* participent des mœurs des précédents et de ceux-là en chassant à la fois sur terre et sur l'eau.

Tous les *Vespertilions* sont moins rustiques que les *Vespériens* et redoutent l'hiver. Bien que vivant l'été dans les clochers, les tours, les combles, les greniers, les masures, sous les chaumes et chevrons des toits, dans les fissures de murailles ou de rochers ainsi que dans les troncs d'arbres, ils s'empressent dès les premiers froids de se réfugier dans les caves, grottes, souterrains et aqueducs, où le froid se fait moins sentir et s'y réunissent quelquefois en très grand nombre.

FAMILLE DES EMBALLONURIDÉS

Elle est caractérisée par une *tête* grosse ; un *nez* dépourvu d'ornement foliacé, mais dépassant fortement la lèvre inférieure ; des *oreilles* largement soudées par leurs bords internes et pourvues d'*oreillon* ou *tragus ;* des *ailes* longues et très étroites ; une *queue* épaisse, dépassant la membrane fémorale de la moitié de sa longueur ; et des *dents* au nombre de 32.

Cette famille est représentée par un seul genre.

Genre NYCTINOME, *Nyctinomus*

Ses caractères sont ceux de la famille.

NOMS VULGAIRES. — .....?

Ce genre n'est représenté que par une seule espèce qui habite bien certainement notre sol (quoique aucune capture authentique ne l'ait encore signalée), puisqu'elle se rencontre en Espagne, en Italie, en Suisse et qu'elle a été capturée sur notre frontière près de Belfort, et jusque dans l'île de Jersey où on en a aussi signalé une autre capture.

Le Nyctinome de Cestoni, *Nyctinomus Cestonii* (SAVI).

Cette espèce, seule de son genre et de sa famille en Europe, habite surtout la région méditerranéenne où elle est assez rare. Sa grosse tête avec sa lèvre supérieure plissée et son nez proéminent lui donnent une vague apparence de boule-dogue. Dans le repos ses oreilles soudées par leurs bases se rabattent sur ses yeux comme une sorte de casque ou capuchon.

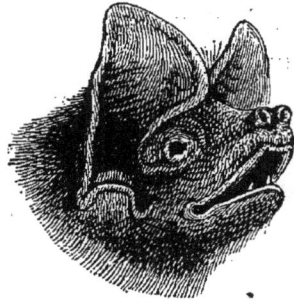

FIG. 37. — Tête du Molosse de Cestoni ; grand. nat.

Conformé pour un vol rapide, et armé de fortes

FIG. 38. — Le Nyctinome de Cestoni ; 2/9 grand.

dents elle doit probablement se nourrir de gros coléoptères à élytres dures et épaisses. On ne connaît du

reste rien de ses mœurs ; elle atteint environ 0ᵐ,37 d'envergure et 0ᵐ,058 d'avant-bras.

Autrefois chez les Grecs, les chauves-souris symboli-
saient les Harpies. Les Égyptiens, par crainte d'elles,
sans doute, les mettaient au rang de leurs dieux, comme
le crocodile, ainsi que l'attestent les nombreuses momies
qu'ils nous en ont laissées. Moïse les dénonçait comme
animaux impurs, et plus tard le Christianisme voulant
figurer Satan, nous le montrait couvert de leurs ailes,
alors qu'il donnait aux Anges des ailes d'oiseaux. Pendant tout le moyen âge, elles restèrent donc un objet de
crainte, de terreur superstitieuse et devinrent, comme
le hibou, un des attributs du diable et de la sorcellerie.

Chez nous encore, par suite de leur séjour dans les
vieilles ruines et les cavernes, de leurs habitudes nocturnes, de leurs formes étranges, de leurs faces grima-
çantes et de la vieille tradition de terreur qu'elles avaient
inspirée autrefois, le public est assez disposé dans
quelques campagnes, à voir en elles des animaux diabo-
liques, et à les accuser de nombreux méfaits, tels que de
se précipiter dans les coiffures de femmes en cheveux, de
causer la teigne, d'être venimeuses et surtout de jeter
des sorts ; aussi les cloue-t-on impitoyablement contre
les portes des granges et celliers, quand on ne les brûle
pas toutes vives.

Ces absurdes croyances sont malheureusement trop
répandues, alors qu'au contraire, nous n'avons pas de
meilleurs auxiliaires qu'elles comme *insectivores.*

L'habitude que l'on a souvent de ne s'occuper que de
ce qui plaît, charme ou attire, nous a fait réserver toutes

nos affections et nos sollicitudes pour les petits oiseaux dont un grand nombre nous font payer assez chèrement leurs services, tandis que notre ignorance ou nos préjugés nous faisaient négliger ou détruire ces pauvres bêtes qui nous offraient tout gratuitement leurs concours le plus actif. Reconnaissons donc un peu leurs mérites ; ne les tracassons plus, mais ne les oublions pas aussi, parce que ce n'est pas au grand jour, mais modestement le soir et la nuit, qu'elles accomplissent leurs travaux, alors que nous reposons tranquillement, croyant qu'il ne reste plus rien à faire jusqu'au lendemain. Rendons-leur la justice qui leur est due ; attirons-les, protégeons-les, ce qui sera en même temps le meilleur moyen de diminuer nos pertes en agriculture et d'accroître ainsi nos ressources.

Comme nous l'avons vu, en effet, les unes vivent dans les villes et notre voisinage où elles nous débarrassent d'hôtes désagréables et de moucherons qui prennent naissance au milieu de matières en décomposition ; les autres vivent dans les campagnes et s'attaquent à la foule d'insectes qui détruisent nos récoltes ; d'autres encore vivent au voisinage des eaux et dévorent des myriades de cousins et de moustiques qui nous incommodent tant ; puis, un grand nombre enfin, résident dans les forêts où leur rôle est considérable, puisque à peu près seules, elles sont organisées pour détruire à l'état parfait, et au moment même où ils s'élancent à la recherche de leurs semblables pour multiplier leur race, ces noctuelles, phalènes, bombyx ou cossus (tous animaux crépusculaires ou nocturnes), dont les larves causent tant de dégâts chez nous, depuis surtout que pour rajeunir les plantations, on a fait disparaître tous les vieux arbres dont les troncs vermoulus servaient d'abri et de retraite aux chauves-souris. — Laissons-leur donc à l'avenir ces demeures sans lesquelles elles ne peuvent plus nous protéger, et partout où c'est nécessaire, comme dans nos promenades et jardins publics, rétablissons-en de factices, pour les faire revenir et nous donner leur très sérieux et infatigable concours.

En dehors des services qu'ils nous rendent directement, ces animaux nous sont encore utiles par leurs excréments qui abondent dans les grottes et retraites où ils habitent en grand nombre, et qui forment un *guano* très estimé comme engrais; malheureusement ces grottes et réduits sont assez souvent situés dans des endroits d'un accès difficile pour leur exploitation.

Ordre II. — CARNIVORES

Ce sont des animaux qui se nourrissent de chairs, et qui ont été destinés, dans l'harmonie générale de la nature, à venir mettre obstacle à la trop grande multiplication des espèces herbivores. Ce sont eux aussi qui doivent disparaître les premiers devant la civilisation, venant utiliser à son profit ces mêmes herbivores. — Dans les pays chauds qui nourrissent surtout de grands ruminants se trouvent aussi les grandes espèces carnivores : lions, tigres, panthères, etc...; chez nous où les petits rongeurs sont seuls en grand nombre, nous avons surtout pour les réduire de petits carnivores.

Ils sont pourvus de trois sortes de *dents* avec des canines puissantes et des molaires plus ou moins émoussées, tranchantes ou aiguës.

Les uns très *carnassiers* sont rapides à la course et marchent sur l'extrémité des doigts ; ils sont *digitigrades*. — Parmi eux, ceux qui saisissent leur proie d'un bond et par surprise, ont les ongles rétractiles, c'est-à-dire pouvant à volonté être très saillants pour maintenir leur proie, ou tout à fait rentrés pour pouvoir trouver, par un appui direct des parties charnues sur le sol, toute l'élasticité nécessaire au bond. — Ceux au contraire qui saisissent leur proie à la course, ou au repos, et par surprise n'ont que des ongles ordinaires.

Les autres plus *omnivores*, s'appuyent pour marcher sur tout le pied, tels que l'Ours et le Blaireau sont des *plantigrades*. Ils n'ont plus besoin d'une course aussi rapide, puisqu'à défaut de chairs ou proies, ils peuvent se nourrir de substances végétales. Leurs molaires n'ayant plus le même rôle à remplir sont moins aiguës, et présentent des tubercules.

L'homme s'attache comme auxiliaire quelques-uns de ces animaux et fait tourner à son profit leur instinct carnassier. Ce sont : le *Chien* et le *Furet* comme auxiliaires de chasse, le premier aussi comme gardien, et le *Chat* comme destructeur de souris.

On les divise en cinq familles: les CANIDÉS, les FÉLIDÉS, les VIVERRIDÉS, les MUSTÉLIDÉS et les URSIDÉS.

FAMILLE DES CANIDÉS

Ces animaux ont cinq *doigts* aux pieds de devant et quatre seulement aux pieds de derrière. — Leur mâchoire est garnie de quarante-deux *dents*. Essentiellement carnivores, ils ne sont cependant pas aussi sanguinaires que les FÉLIDÉS, VIVERRIDÉS ou MUSTÉLIDÉS. Beaucoup ne dédaignent pas les chairs avancées qu'ils préfèrent même souvent à la viande fraîche.

En général ils chassent la nuit ou le soir, et au flair, qui est merveilleusement développé chez eux, bien plus qu'à la vue ou à l'ouïe comme certains autres animaux;

c'est aussi de compagnie, par couples ou même par bandes, qu'ils recherchent leur nourriture.

Ils répandent ordinairement une odeur forte et désagréable. — Les uns ont la pupille ronde, *Chiens* et *Loups;* les autres l'ont ovale et verticale, *Renards*. — L'un d'eux est devenu le compagnon de l'homme par excellence, et a par suite, fortement modifié ses mœurs primitives.

Cette famille ne renferme chez nous qu'un seul genre.

Genre CHIEN, *Canis*

Ses caractères sont ceux désignés ci-dessus pour la famille.

Le Chien domestique, *Canis familiaris*, Linné.

Noms vulgaires. — (1)

Dès la plus haute antiquité, le chien est devenu le meilleur auxiliaire de l'homme pour la chasse, pour la garde de ses troupeaux et pour sa propre garde ou défense personnelle.

Il nous offre de très nombreuses races ou variétés par sa taille, ses formes, sa couleur, ainsi que par la nature de son poil, et se distingue de tous ses congénères par sa queue plus ou moins recourbée en l'air.

Parmi nos types de races on peut surtout citer :

---

(1) Nos animaux domestiques sont tous trop connus des lecteurs pour que la liste fort nombreuse de tous leurs noms vulgaires soit ici de quelque utilité; cette liste n'aurait donc d'autre intérêt qu'une curiosité philologique que notre cadre restreint ne nous permet pas de satisfaire, aussi nous la supprimerons ici comme pour chaque autre espèce domestique suivante.

Les **Mâtins,** à tête un peu allongée, front plat et corps assez massif, qui sont des animaux d'une vigueur remarquable, assez intelligents et attachés à leurs maîtres. Quelquefois on les emploie à la chasse au sanglier ou au loup avec qui ils se battent courageusement, mais c'est surtout comme chiens de garde qu'ils sont appréciés dans les fermes et maisons isolées. Une de leur race fournit d'excellents *Chiens de trait,* fort utilisés par nos voisins les Belges, et qu'il est regrettable de ne pas voir employer chez nous, où une Ordonnance de Police du 27 mai 1845 interdit leur emploi (1).

Fig. 39. — Mâtin.

(1) La *Société protectrice des Animaux,* si pleine de sollicitude pour tous ses clients, devrait s'occuper de faire rapporter cette ordonnance qui va tout à l'encontre de son but humanitaire. — Sans parler des enfants qui ont dû souvent prendre la place qu'un fort chien aurait bien mieux tenue qu'eux, cette loi est encore cause de fatigues et de souffrances terribles pour les animaux qu'elle prétend protéger. Certains individus ne pouvant mettre à leur chien un *harnais,* leur permettant de développer toutes leurs forces avec commodité et peu de fatigues, mais voulant cependant les utiliser, les attachent simplement par leur collier à la voiture qu'ils sont chargés de traîner, partiellement au moins. Ces chiens n'ont l'air de n'en être que les gardiens, mais c'est au milieu d'efforts perdus en partie, de suffocations et d'étranglements fort douloureux, causés par la pression du collier sur la trachée, qu'ils doivent s'acquitter de leur tâche. — Autre ironie de cette loi : elle autorise (puisqu'elle ne le défend pas) l'attelage des *Autruches,* tel qu'on le voit au Jardin d'Acclimatation, et celui des *Chèvres* de nos promenades publiques, qui sont assurément beaucoup moins des animaux de trait que le Chien, qui fournit les si vaillantes races de *Chiens esquimaux* et de *Chiens de trait belges.*

Les **Dogues** ont le museau raccourci et l'intelligence assez bornée. Ils sont très courageux et opiniâtres dans la lutte ; aussi c'étaient eux que l'on employait autrefois dans les combats d'animaux. Très variables dans leur taille, ils fournissent d'excellents et forts chiens de garde, des chiens de voi

Fig. 40. — Dogue.

tures et jusqu'à de très petits chiens de salon.

Les **Terriers,** de plus petite taille, à museau raccourci et peu intelligents comme les dogues, fournissent aussi d'assez nombreuses races. Autrefois, lorsqu'on n'était pas dans l'habitude de faire boucher de nuit ou de grand matin les terriers des Blaireaux et des Renards que l'on voulait chasser, ils étaient tous employés pour pénétrer dans les terriers et en faire déloger les habitants. Ac

Fig. 41. — Terrier.

tuellement c'est surtout comme chiens de garde, chiens d'écurie et destructeurs de rats, qu'ils sont utilisés.

Les **Barbets,** qui sont appelés aussi **Caniches,** ont de longs poils, fins et frisés ; aiment l'eau, nagent

3

avec facilité et rapportent bien, mais ont peu de nez.
Ils sont doués d'un grand attachement pour leurs maîtres et font d'excellents *Chiens d'aveugles*. Ce sont les plus intelligents de nos chiens, aussi c'est surtout parmi eux que se recrutent ceux dressés par des banquistes ou forains sous le nom de « *Chiens savants* ».

FIG. 42. — Barbet.

Les **Griffons** sont assez voisins des *Barbets* auxquels ils ressemblent encore par leurs goûts et leurs aptitudes. Leur intelligence est moindre, mais leur nez bien meilleur, aussi les emploie-t-on pour la chasse. Leurs poils qui ne sont plus frisés, mais longs, durs, taillés en aiguilles et incultes, forment

FIG. 43. — Griffon.

comme une sorte de cuirasse qui les protège assez contre les ronces et les épines. Leur aptitude pour aller à l'eau les fait aussi rechercher pour la chasse au marais.

Les **Épagneuls,** originaires d'Espagne comme l'altération de leurs noms l'indique, sont aussi à longs poils, et ont quelques rapports avec les précédents, mais ont meilleur nez et sont mieux doués pour la chasse. Ils forment de bonnes races de *Chiens d'arrêt,* bons, doux et dociles, mais mous et plus lents que les suivants. Comme

Fig. 44. — Épagneul.

tous les chiens d'arrêt ils ne donnent pas de voix en chassant.

Les **Braques,** à poils ras, sont des chiens de chasse par excellence, et représentent les types de nos *Chiens d'arrêt,* les plus communs et les meilleurs. Ils chassent le poil et la plume, et le nez sur la piste.

Quelques races dérivées, comme le *Pointer*, chassent le nez au vent. — C'est du nom de braque qu'est dérivé celui de *braconnier*, nom donné primi-

Fig. 45. — Braque.

tivement aux valets qui soignaient les chiens, puis, qui a passé à toute personne qui chassait avec eux, et par altération est enfin attribué aux gens chassant clandestinement et en fraude avec ou sans leur concours. — Dans certaines régions, les chasseurs appellent encore braconniers leurs collègues qui font de la chasse un métier et qui vendent leurs gibiers.

Fig. 46. — Pointer.

Les **Bassets,** appelés ainsi à cause de leur physiono- mie étrange, donnée par une grosse tête, un fort et long corps monté sur de très petites jambes. Ce sont des

Fig. 47. — Basset ordinaire.

Chiens courants donnant de la voix lorsqu'ils sont sur la piste du gibier. Avec eux on chasse le Lièvre et aussi le Renard qu'ils peuvent poursuivre jus- que dans leurs terriers pour les en déloger.

Nous avons deux races bien distinctes de bas- sets : l'une à jambes droites s'appelle *basset ordinaire ;* l'autre à jambes de devant fortement arquées en dehors s'appelle *basset à jambes torses.* Ils font d'assez bons

chiens courants malgré leurs petites jambes, et le
dernier même court assez vite malgré son apparente

FIG. 48. — Basset à jambes torses.

difformité; mais ils sont cependant bien moins rapides
à la course que les suivants.

Les **Chiens courants** proprement dits. Ce sont des
animaux à poils courts comme les Braques et les Bassets,
et doués d'un bon
nez et de beaucoup
de jarret et de vi-
gueur, donnant de
la voix lorsqu'ils
sont sur la piste du
gibier. Nous chas-
sons avec eux le
Lièvre, le Renard,
le Loup, le San-
glier, le Chevreuil,
le Cerf, et le Daim.
Ils forment en

FIG. 49. — Chiens de Vendée.

France de très nombreuses races parmi lesquelles on
peut surtout citer : les *Chiens de Gascogne, de Saintonge,*

d'Artois, de Picardie, de Vendée, de Poitou, de Saint-Hubert, de Bresse, etc...

Dans les grandes chasses, c'est par groupes qu'ils chassent ensemble, et leur réunion s'appelle une *meute ;*

Fig. 50. — Meute.

elle est ordinairement sous la direction d'un piqueur, et ces chiens sont dressés particulièrement pour chasser tel ou tel gibier; mais le Lièvre se chasse plus souvent avec un seul ou deux chiens courants.

Les femelles des chiens courants s'appellent *lices* en terme de vénerie; toutes les autres femelles de chiens, à l'exception de celles des lévriers, gardent le nom de *chiennes.*

Les **Lévriers,** très hauts sur jambes, à tête plate, museau allongé, cou long, souple, et queue mince, ont des formes sveltes et légères. Leur intelligence est assez bornée, aussi sont-ils peu susceptibles d'éducation, et ne s'attachent guère à leur maître tout en étant très sensibles aux caresses de gens qu'ils ne connaissent même pas. Ils n'ont pas de nez, mais leur vue est excellente et leur ouïe très fine. Leur légèreté et leurs grandes jambes leur permettent une course très rapide ; aussi quel-ques grandes espè-ces arrivent-elles à parcourir 25 et même 30 mètres par seconde, ce qui leur permet facilement de forcer le gibier. Autrefois on s'en servait beaucoup pour la chasse à courre.

FIG. 51. — Lévrier.

Ils fournissent aussi de très petites races donnant d'élégants petits chiens de salon.

Leurs femelles portent le nom de *Levrettes*.

Les **Chiens loups** (1) se rapprochent des types de races sauva-ges. Ils ont le museau long et pointu, les oreilles cour-tes et droites, la queue hori-zontale et pen-dante, le pe-lage long et hérissé. Assez intelligents,

FIG. 52. — Chien loup.

(1) C'est à cette race que se rattache le chien des Esquimaux, em-ployé surtout comme *animal de trait* par les peuples de l'extrême Nord.

ils sont bons de garde, sobres, aptes à traîner des charges et à divers travaux. — Parmi leurs sous-races ou variétés on peut particulièrement citer le *Chien de berger*, très intelligent, attaché à son maître et surtout employé pour la garde des troupeaux ; puis les *Chien de Brie, de montagne*, etc...

FIG. 53. — Chiens de berger groupant un troupeau.

Le Chien est donc un des plus utiles auxiliaires de l'homme, ayant de nombreuses aptitudes ou emplois que l'on peut résumer en :

Garde de propriété, de voitures, etc. ;

Garde et conduite de troupeaux ;

Garde et défense de l'homme ;

Compagnon et ami de son maître ;

Guide d'aveugles ;

Tourneur de roue pour forgerons, cloutiers, étameurs, couteliers, rôtisseurs, etc. ;

Animal de trait pour petites voitures (1);

Destructeur de rats et d'animaux nuisibles;

Auxiliaire de chasse pour toutes sortes de gibiers, poils et plumes;

Chercheur de truffes et de morilles;

Sauveteur de noyés;

Messager et commissionnaire;

Auxiliaire de contrebandiers et aussi des douaniers;

Sujet d'expériences physiologiques et autres;

Compagnon de jeux et ami des enfants, etc. etc.

Fig. 54. — Chiens compagnons des jeux d'enfants.

A tous ces emplois divers, nos voisins les Allemands

(1) Ce moyen de transport, très usité en Belgique, est, comme nous l'avons vu plus haut, interdit en France; aussi lorsqu'un littérateur belge bien connu, M. Francis Nautet, vint visiter l'exposition de 1889 dans une charrette attelée de ses deux chiens, il se vit refuser le passage par le maire de Louvroil (Nord), s'il ne changeait pas de moyen de locomotion. Ce voyageur eut alors l'idée originale de *mettre ses chiens dans la voiture et de la traîner lui-même* jusqu'à la limite du territoire de la commune, ce qui donna pleine satisfaction à notre honorable magistrat et aussi..... à la fameuse *Ordonnance*.

et nous-mêmes venons d'en ajouter un nouveau : celui
de *Chien de guerre*, détaché aux avant-postes pour
le service des correspondances et surtout pour les
gardes de nuit. De part et d'autre on prépare et dresse
des chiens pour cet usage.

Cet emploi des Chiens à la guerre n'est du reste pas
nouveau. Non seulement ils servaient autrefois de garde
de camp ou de citadelle,
témoins ceux du Capitole
qui se laissèrent séduire
par les aliments que leur
présentèrent les Gaulois;
mais l'histoire nous ap-
prend que les Grecs et les
Romains s'en servaient
pour combattre. Strabon
ajoute que les Celtes leur
couvraient le corps d'une
sorte de cuirasse. Plus
près de nous on les em-
ployait encore à la guerre;
en 1476 à la bataille de
Morat si funeste à Charles

Fig. 55.— Chien de guerre.

le Téméraire, les deux armées avaient chacune, paraît-
il, une troupe de Chiens. — Qui ne se rappelle avoir lu
dans l'histoire l'inique emploi qu'en firent vers le même
temps Christophe Colomb et surtout Pizarre, contre
les habitants du nouveau monde ! Au siècle dernier
les Turcs et les Bosniaques les employèrent de part
et d'autre dans leurs combats. Enfin de nos jours
des Peaux-Rouges, des Patagons, des Indiens et des

Arabes s'en servent encore pour la garde de leurs camps.

Le Chien est sujet à prendre spontanément une maladie terrible, la rage, qu'il communique par la morsure à l'homme et aux animaux, et contre laquelle, jusqu'à ces derniers temps, aucun remède n'était connu. Les découvertes d'un de nos illustres savants, M. Pasteur, viennent heureusement d'en paralyser les effets.

La voix du chien s'appelle *aboiement* ou *jappement*.

La **chair** des Chiens était très prisée des anciens ; Plaute parle de son usage chez les Romains ; un poète cité par Athénée dit la même chose des Grecs ; Galien (1) écrit que son usage était commun à plusieurs autres peuples. Hippocrate (2) la recommande rôtie parmi les aliments qu'il prescrit aux malades, il préconise aussi l'usage de son bouillon. Pline (3) dit, que nos pères regardaient les petits Chiens qui tètent encore comme un mets si pur qu'on les offrait aux dieux pour les sacrifices expiatoires ; qu'on immolait un jeune Chien à la mère des dieux Lares et que l'on se servait de leur chair dans les repas offerts aux dieux.

De nos jours les Indiens du Canada en mangent encore, les Tchéremisses (tribu sibérienne) les recherchent également et les Chinois en font aussi une assez grande consommation.

Chez nous, sa chair n'était pas utilisée ; mais le siège de Paris nous a fourni l'occasion de la manger et nos observations personnelles nous permettent d'affirmer la bonté de la chair des Épagneuls, Pointers et Braques,

(1) Liv. III, *De alim.*, ch. ii.
(2) Liv. II, *De morb.*
(3) *Natural. Histor.* Liv. XXVIII, ch. xiv.

tandis qu'au contraire celle des Dogues et surtout des Terriers, est fade, désagréable et parfaitement indigeste.

Plusieurs amis à qui nous avons fait manger de l'épagneul et du braque sans les prévenir, ont aussi trouvé leur chair excellente, et quelques-uns, pour mieux affirmer leur dire, en ont redemandé, quoique prévenus alors de l'origine des côtelettes et du rôti qui leur était servi. — Nous apprenons aussi que pareil fait est arrivé à divers de nos officiers de marine et civils de passage en Chine, qui ont tous apprécié sa chair.

Sa *peau*, préparée en tapis ou descente de lit, n'est pas d'un long usage, car le poil très couché naturellement et assez doux, ne se retourne pas sous le pied qui le foule, et se brise ou s'use rapidement. Cependant il existe en Mandchourie une sorte de Chien élevé spécialement pour sa fourrure et donnant lieu à un commerce assez important soit avec la Chine, soit même avec les États-Unis.

Son *cuir*, très solide et compact, fait d'excellentes chaussures et est très employé dans la ganterie forte, pour conduire ou monter à cheval. On prétend aussi lui trouver des propriétés particulières pour son emploi en orthopédie, ceintures, bas de varices, etc.

La médecine ou plutôt la sorcellerie, faisait autrefois un grand emploi des diverses parties du Chien, soit en nature, soit calcinées et en poudre ; avec lui, elle guérissait ou prévenait tous les maux, donnait de la force et du courage aux hommes, et de la beauté aux femmes. On utilisait aussi l'*huile de petits Chiens*, ou décoction huileuse de ces animaux. Il y a peu de temps encore que ses excréments sous le nom d'*Album græcum* étaient fort employés en médecine, à l'extérieur en emplâtre

pour les abcès, et en poudre à l'intérieur contre la dy-
senterie et les maux de gorge ; aujourd'hui ce dernier
produit n'est employé que par quelques tanneurs pour
l'assouplissement de certaines peaux (1).

  Les *Chiens crevés* que l'on ramasse un peu partout, ou
que les eaux de la Seine entraînent chaque jour ne sont
pas perdus pour l'industrie qui les recueille avec soin
soit sur ses bords, soit à ses barrages. — Soumis à la
distillation sous l'in-
fluence d'un courant de
vapeur d'eau surchauf-
fée, on en retire direc-
tement des acides gras
pour la préparation
des bougies, et surtout
la glycérine pour les
usages industriels, mé-
dicaux, pharmaceuti-

Fig. 56. — Chien crevé.

ques et de *toilette*..... Heureusement le feu purifie tout !
—Enfin on en retire encore du noir animal, des noirs d'os,
des sels ammoniacaux, de la colle forte, du carbonate
d'ammoniaque, du prussiate de potasse et des engrais.

Le Loup vulgaire, *Canis lupus*, Linné.

Noms vulgaires. — Le mâle : *Leu* (Somme). — *Blei, Bleiz,
Blai, Blaiz, Ki-nôz, Gwilou, Gwilaou* (Bretagne). —
Laou (Meuse). — *Lowe* (Moselle). — *Lou* (Meurthe, Vosges,

(1) Ce ne sont pas indifféremment tous les excréments de chien
qui sont utilisés de la sorte, mais ceux seulement qui, en séchant,
prennent un aspect blanc et friable. Ils proviennent de chiens ayant
mangé beaucoup d'os et sont surtout composés de *phosphate de chaux*.

Haute-Saône, Doubs). — *Leu* (Ain). — *Loube* (Cher). — *Louc* (Charente-Inférieure). — *Lou* (Provence). — *Lioup* (Pyrénées-Orientales). — *Otxoá, Otxua* (Basses-Pyrénées). La femelle : *Bleiez, Bleizez* (Bretagne). — *Louffe* (Moselle). — *Leûva* (Ain). — *Loubo* (Haute-Vienne, Tarn, Provence). — *Louo* (Tarn). — *Otxô-emea* (Basses-Pyrénées). Le jeune : *Bleizik, Bleizédigou* (Bretagne). — *Louvat* (Meuse). — *Loubat* (Charente-Inférieure). — *Loubet* (Gers). — *Louaton* (Tarn). — *Loubatoun* (Provence).

Il diffère surtout du Chien par son pelage fauve, son museau pointu, sa queue pendante ou droite, et ses oreilles toujours droites. C'est un animal farouche, rusé, défiant et peu courageux malgré sa force.

Fig. 57. — Loup.

Ordinairement il se nourrit de Chrevreuils, Lièvres, Lapins, Mulots et autres petits mammifères, mais il mange tout, chair fraîche et charogne. Il semble même affectionner cette dernière. Tout ce qui peut se manger lui est bon, même la morue salée que l'on sèche à l'air dans le nord. Dans la disette, il ne dédaigne, dit-on, ni les hannetons et autres gros insectes, ni les courges ni le maïs.

La femelle porte le nom de *Louve*.

Le jeune jusqu'à un an s'appelle *Louveteau*, puis *Louvard* jusqu'à deux ans, après quoi il devient *Loup*.

Leurs cris s'appellent *hurlements*.

Quoiqu'ayant bien diminué depuis quelques années, on en rencontre encore un peu partout dans les régions boisées et montagneuses. Plus de 1,300 Loups ont été abattus en France en 1883 et 701 en 1887.

C'est en hiver surtout qu'on les tue, lorsque pour trouver leur nourriture devenue plus rare, ils abandonnent les retraites qu'ils s'étaient choisies dans la forêt. Ils se réunissent alors par petites troupes, attaquent nos animaux domestiques, font de grands ravages dans les troupeaux, poursuivent les Sangliers, font la chasse aux Renards, aux Blaireaux et ne craignent même pas quelquefois de poursuivre la nuit les Chiens jusque dans les villages et même dans les villes. Parfois encore ils attaquent l'homme; aussi l'État a-t-il toujours payé des primes pour sa destruction. Assez réduites il y a quelques années, une nouvelle *loi du 3 août* 1882 vient d'en relever très sensiblement le taux, car elle accorde 40 francs pour un Louveteau (c'est-à-dire un animal d'un poids inférieur à 8 kilogrammes), 100 francs pour un Loup et 150 francs pour une Louve en gestation.

Autrefois son abondance chez nous avait fait créer de nombreuses compagnies de louvetiers, ayant pour premier chef le grand Louvetier de France. Aujourd'hui les compagnies et leur grand chef ont disparu, mais il reste encore dans chaque département un lieutenant de louveterie, destiné à organiser et à diriger les battues lorsqu'un ou plusieurs de ces animaux sont signalés quelque part. On en prend néanmoins un certain nombre avec des pièges, où l'on met pour appât un petit animal mort, ou quelque morceau de viande déjà avancée pour que l'odeur les attire de plus loin. C'est surtout pendant l'hiver que cette chasse réussit, et avec les jeunes Loups, car les vieux sont très défiants. On peut encore pour les détruire se servir avec succès de Musaraignes, Taupes ou Belettes (que les Chiens ne mangent pas) et que l'on jette dans les endroits qu'ils fréquentent après les avoir empoisonnées avec de la strychnine ou de la noix vomique.

Fig. 58. — Loup pris au piège.

Comme le Chien, il prend parfois spontanément la rage et devient alors un animal terrible, car ses profondes morsures faites ordinairement à découvert sur les parties nues du visage ou des mains entraînent rapidement le virus dans la circulation et laissent moins de chance de succès au vaccin rabique.

Quelquefois, dans des fermes isolées, on a vu des chiennes mettre bas des produits du Loup ; l'inverse, beaucoup plus rarement, a aussi lieu. Nous possédions autrefois un beau métis de cette dernière sorte provenant de la forêt de la Braconnè, dans la Charente.

Les anciens attribuaient beaucoup de vertus aux différentes parties de cet animal, même à ses crottes. Sa graisse entre autres passait pour écarter les maléfices et les nouvelles mariées en frottaient pour cette raison la porte de leur demeure (1). Ils croyaient qu'une de ses canines attachée au cou d'un Cheval le rendait infatigable à la course. Cette croyance régnait encore au XVIIᵉ siècle (2). La même dent attachée au cou d'un enfant devait le préserver de la peur et des maladies de la dentition (3), ce que croient encore certains de nos paysans. De nos jours aussi, en Sicile, dans la province de Girgenti, on fait porter des souliers en peau de Loup aux enfants que l'on veut rendre forts et courageux.

Toutes ces superstitions sont heureusement prêtes à disparaître comme les loups eux-mêmes dont le nombre diminue de jour en jour.

La *chair* de Loup que les Chiens ne mangent que cuite (de même qu'ils refusent la chair crue d'un autre Chien) a un fumet spécial qui déplaît ordinairement à nos palais, mais qui est très apprécié par beaucoup de peuplades de l'Asie.

La *fourrure* du Loup du midi de la France n'est pas estimée, mais les peaux provenant du nord ou des grandes montagnes, quoique un peu rudes et d'un gris fauve et terne, sont très employées en couvertures de voitures ou de traîneaux, tapis et quelquefois paletots de chasseurs et même manchons.

On prétend que l'odeur de l'animal, que sa peau con-

---

(1) Pline, *Natur. histor.*, liv. XXVIII, ch. xxxv.
(2) Thiers, *Traité des superstitions.*
(3) Pline, *ibid.*, ch. lxxviii.

serve un peu malgré sa préparation éloigne les puces ;
aussi quelques fourreurs bien avisés en recommandent-
ils l'emploi à leurs clients comme tapis d'appartement.
— Quoi qu'il en soit, il est certain qu'elles sont moins
attaquées par les insectes que les autres peaux.

Leur valeur varie suivant leur état, de 10 à 12 francs,
et au delà.

. On emploie aussi la peau, dépourvue de ses poils, à
faire des gants, des peaux de tambour, des cribles, etc.

.. Une variété noire très rare, fournissant une jolie fourrure, a longtemps été prise comme espèce sous le nom
de *Canis lycaon* et passait pour très redoutable.

Le Renard commun, *Canis vulpes*, LINNÉ.

NOMS VULGAIRES. — *Renair* (Somme). — *Louarn* (Bretagne).
— *Leern* (Finistère). — *Loarn, Alanik* (Morbihan). —
Renaud (Ardennes). — *Renâ, R'na* (Moselle, Meurthe,
Vosges). — *Renai* (Doubs). — *Sapias* (Maine-et-Loire). —
Renar, Renarda (Ain). — *Réna* (Ardèche). — *Mandro*
(Aude, Hérault). — *Reynal* (Haute-Garonne). — *Abou*
(Pyrénées). — *Guilla* (Pyrénées-Orientales). — *Reynart*
(Provence). — *Rinart* (Alpes-Maritimes). — *Archeria,
Azeria* (Basses-Pyrénées).

Voisin aussi du Chien, comme le Loup, il en diffère par
une taille plus petite, une peau plus fournie, une tête
plus large, un museau plus effilé, des oreilles assez
grandes, droites, pointues et noires par derrière, une
queue longue, droite et touffue, et surtout des pupilles
en fentes verticales.

Sa fourrure d'un joli fauve en dessus est plus ou
moins jaune sur les côtés et cendrée inférieurement.

Quelques individus plus roux sont dits *dorés;* d'autres plus gris, *argentés* ou *nobles;* d'autres plus noirs, *charbonniers;* ou ayant seulement une raie noire sur le dos traversée par une autre sur les épaules, *croisés.*

Les jeunes, jusqu'à un an prennent le nom de *Renardeaux.*

Son cri s'appelle *glapissement.*

Cet animal, aux mœurs nocturnes, ou au moins crépusculaires, est très répandu dans nos bois; il a la pupille

Fig. 59. — Renard.

oblongue et vit dans des terriers, se nourrit de Lièvres, Lapins et de petits mammifères de tous genres, rongeurs et autres; Perdrix, Cailles, Oiseaux et œufs de toutes sortes; au besoin il mange des Serpents, Lézards, Grenouilles ou même des insectes; mais il est surtout la terreur des poulaillers des fermes isolées, et même des villages pendant l'hiver et à l'époque du sevrage de ses jeunes, où il a besoin de leur procurer une nourriture abondante. Alors il vient en plein jour guetter et enlever nos animaux de basse-cour; il est vrai qu'en même temps il est très poltron et fuirait lâchement devant un enfant, un animal domestique et même un chat qui irait à lui au lieu de se sauver; mais il oubliera rarement néanmoins d'emporter sa proie.

Lorsqu'il pénètre la nuit dans un poulailler, il en

égorge tous les habitants, les emporte successivement, et les cache sous bois ou dans quelque terrier pour les retrouver plus tard.

FIG. 60. — Renard fuyant devant un chat.

En temps de disette il se nourrit aussi de fruits mais conserve une prédilection pour les raisins et le miel s'il peut en trouver.

Il sait user de beaucoup de ruses pour ses diverses chasses (1), aussi bien que pour se soustraire aux poursuites du chasseur et des Chiens, et n'est pas sans rendre quelques services; car, très ennemi du danger, il ne s'approche pas d'une ferme qu'il sait gardée par de bons Chiens, et se contentera souvent de

(1) M. Orain, chef de division à la préfecture d'Ille-et-Vilaine, nous cite qu'un braconnier de sa connaissance et digne de foi, lui a affirmé avoir vu un renard couché sur le dos, dans un champ, entre deux sillons, où il faisait le mort. Les pies, le prenant pour un cadavre, volaient en jaccassant au-dessus et autour de lui; il ne bougeait pas. Tout à coup l'une d'elles, s'approchant plus près, fut saisie presque au vol par l'animal, qui, d'un coup de dent, la fit passer de vie à trépas.

Souris, Mulots ou Campagnols dont il fait alors une assez grande consommation.

Un bon appât pour l'attirer, quand on veut le tuer à l'affût, consiste en quelques os ou morceaux de lard à moitié grillés pour être plus odorants.

Les petits oiseaux le reconnaissent comme leur ennemi à l'égal des Chouettes et Hiboux, aussi le poursui-

Fig. 61. — Renard guettant des canards.

vent-ils souvent de leurs cris dans la journée lorsqu'ils l'aperçoivent.

Les Canards mêmes, qui, dans l'eau, ne le redoutent pas, s'approchent, paraît-il, de la rive des étangs lorsqu'ils le voient sur les bords et l'accompagnent de leurs cris discordants. Ce qui a donné aux Américains l'idée de chasser les Canards sauvages au moyen d'un Renard empaillé qu'ils placent sur le bord des eaux, et dont ils imitent le glapissement, en se tenant cachés derrière quelques buissons d'où ils peuvent facilement les tirer.

Comme le Chien et le Loup, le Renard est sujet à prendre spontanément la rage; mais c'est heureusement un fait assez rare chez cette espèce.

Sa *chair* est très peu recherchée à cause d'une odeur forte qui lui est propre ; quelques personnes la mangent cependant après l'avoir fait tremper, suivant la saison, de deux à six jours dans une eau vive et courante, ou bien après l'avoir fait geler pendant l'hiver. Il est nécessaire pour lui, plus que pour tout autre animal, de vider sa vessie de suite après sa mort, par une pression exercée le long du ventre, si l'on ne veut pas que sa chair soit imprégnée d'une odeur d'urine qui en rend l'alimentation tout à fait impossible.

Autrefois cependant les Romains appréciaient son rôti, et le faisaient nourrir avec des raisins pour le préparer à leur table.

Sa *graisse* était, et est encore assez recherchée dans quelques localités pour frictionner les foulures et meurtrissures.

L'ancienne pharmacopée utilisait ses *poumons* en diverses préparations toutes absolument laissées de côté de nos jours.

Sa *fourrure* qui est très commune n'est pas recherchée, quoique assez bonne; elle reste dans les prix de 3 francs à 3 francs 50; cependant de très belles peaux vont parfois jusqu'à 6 francs. Elle est employée en garniture de chancelière, en tapis de voiture, couverture, tapis ordinaire, descente de lit, cols et parements de vêtements ou de paletots de chasseurs. On la teint ainsi que sa queue en noir et en marron; cette dernière est alors particulièrement employée en boas et tours de cou.

De sa *queue*, les bourreliers et selliers font aussi des sortes de *chasse-mouches*, des ornements de têtières ou de plumeaux de voitures et de harnais.

C'est un animal très commun et très nuisible que les chasseurs et les cultivateurs ont grand intérêt à détruire, mais contre lequel ils n'osent souvent pas employer les pièges ou le poison, de crainte que les chiens n'en soient victimes. Ils peuvent alors se servir avec succès des corps de Musaraignes, Taupes ou Belettes empoisonnés avec de la strychnine ou de la noix vomique, comme nous l'avons déjà dit précédemment à propos du Loup, et les jeter dans les environs de leurs terriers, où ils les auront bientôt découverts.

Nous n'avons rien à dire ici du *Chien*, animal domestique que nous dirigeons au gré de nos désirs. Quant aux *Loups* et aux *Renards*, tous deux font partie du petit nombre de ces animaux que nous signalions dans l'*Avis au lecteur* placé en tête de ce volume, comme n'ayant plus actuellement de rôle utile chez nous, et devenus par conséquent nuisibles, puisqu'ils consomment à nos dépens, sans aucun profit pour nous. Les quelques mulots, rongeurs, reptiles et insectes divers qu'ils détruisent au temps de la disette ne peuvent, en effet, entrer en ligne de compte, avec les oiseaux, gibiers et animaux de basse-cour qu'ils égorgent en tout temps.

.Nous pouvons donc les proscrire sans aucun regret,

nous ne perdrons que leur fourrure qui vaut moins que ce dont ils nous privent. Déjà le Loup proscrit en Angleterre a disparu de son sol ; nous ne pouvons que gagner également à ce que pareille chose arrive aussi en France pour le Loup, ainsi que pour le Renard son voisin.

Famille des FÉLIDÉS

Carnassiers par excellence, ces animaux unissent la grâce et la souplesse à l'audace et à la ruse, la force et la férocité à la douceur et à la câlinerie.

Ils ont la *tête* forte et arrondie, les *pupilles* verticales, les *jambes* fortement musclées avec les *ongles* rétractiles ; trente *dents* seulement ; cinq *doigts* aux pieds de devant et quatre à ceux de derrière.

A l'inverse des Canidés, ils ne se guident pour leurs chasses que sur l'ouïe et la vue, et attaquent leurs proies par surprise et d'un bond. — Ils préfèrent les proies vivantes et la chair fraîche à la charogne

Toujours très propres et soigneux de leur fourrure, ils ne produisent aucune mauvaise odeur.

Cette famille ne comporte qu'un seul genre.

Genre CHAT, *Felis*

On le divise en Vrais Chats et en Lynx.

Les Vrais Chats

Ils diffèrent des *Lynx* par des oreilles courtes à poils uniformément courts, de longues moustaches, une taille assez petite, des jambes courtes et une queue longue.

Le Chat sauvage, *Felis catus,* Linné.

Noms vulgaires. — *Ca sauvège, Co sauvège* (Somme). — *Chète sauvège* (Moselle). — *Chailte sauvège, Chette sauvège* (Vosges). — *Tchait sauvège* (Doubs). — *Chai sauvège* (Côte-d'Or). — *Chat sarvazou* (Ain). — *Cat-fer, Cat souvagi* (Provence). — *Gat souvage* (Pyrénées-Orientales).

Plus grand et plus vigoureux que notre Chat domestique, il est toujours uniformément rayé de fauve, de noir et de gris; son poil, plus long et plus doux, est

Fig. 62. — Chat sauvage et sa petite famille.

aussi plus laineux en dessous; sa queue touffue est toujours régulièrement rayée surtout vers son extrémité et se termine plus brusquement que chez le Chat vulgaire.

Il habite surtout les grands bois montagneux et les

sombres forêts de sapin, où il se plaît d'autant mieux qu'ils sont plus sauvages et solitaires. C'est là, dans des crevasses ou anfractuosités de rochers qu'il se gîte et élève sa petite famille. Ses chasses ont lieu le soir et la nuit; il détruit beaucoup de Rats, Mulots, Musaraignes, et Écureuils, mais aussi beaucoup d'oiseaux et de gibier plus ou moins gros, tels que Lièvres, Lapins, Gelinottes, Coqs de bruyères, Faisans, Perdrix, etc. ; parfois même, mais rarement, il s'attaquera à de jeunes Chevreuils.

Au printemps il anéantit des quantités de couvées soit à terre, soit sur les arbres où il grimpe avec facilité, et d'où il s'élance souvent sur sa proie. A l'automne il se rapproche quelquefois des lacs, étangs, rivières ou torrents et y prend encore des oiseaux d'eau et même des poissons qu'il saisit avec adresse.

Quoique devenu rare, ses captures dépassent cependant plusieurs centaines par an. — Dans le seul département d'Ille-et-Vilaine, quatre captures ont eu lieu dans l'hiver de 1885-86.

Sa *chair*, très recherchée autrefois, est passée de mode, mais n'a aucun mauvais goût.

Sa *peau* serait beaucoup plus appréciée si ce n'était pas un animal du pays; on en fait des tapis et des gants-mitaines ; mais c'est surtout chez les pharmaciens que l'on vend sa fourrure réputée bonne pour les douleurs. Son prix moyen est de 3 à 6 francs la peau, et c'est l'étranger, qui nous en fournit le plus. Quelquefois on la teint pour divers emplois de fourrures.

Les avis sont assez partagés pour savoir s'il est utile ou nuisible. C'est un grand destructeur de gibier de toutes sortes qui sera toujours l'ennemi des chasseurs ; mais il détruit aussi beaucoup de petits rongeurs, ainsi que des Hermines, Putois, Fouines et Belettes, grands ennemis des poulaillers ; ce qui lui fait trouver quelques défenseurs. Personnellement nous le croyons infiniment plus nuisible qu'utile, et nous n'hésiterions pas à lui prendre sa peau, persuadé qu'elle vaut beaucoup mieux que tous les services qu'il peut rendre, étant donnés aussi tous les dégâts qu'il commet.

Le chat domestique, *Felis domesticus*, LINNÉ.

NOMS VULGAIRES. — .....?

Très commun partout, il est devenu l'hôte de chaque maison, car l'homme a su s'en faire un auxiliaire pour se débarrasser des Souris et des Rats qui l'infestaient.

Il paraît descendre du *Chat sauvage*, quoique quelques auteurs veulent le faire provenir du *Chat Egyptien* qui aurait lui-même pour ancêtres le *Chat ganté nubien.*

Fig. 63. — Chat domestique.

Quoi qu'il en soit, l'introduction de ce défenseur de nos récoltes et provisions est plus récente que celle de nos grands auxiliaires et semble avoir succédé à celle de la *Belette domestique* qui remplissait autrefois son rôle chez divers peuples circa-méditerranéens.

A la ville, il perd ordinairement son caractère de sau-

vagerie et devient un ami de la maison, gardien plus
ou moins fidèle de nos provisions ; mais à la campagne
il est souvent imparfaitement rallié ; c'est un hôte bien
plus qu'un serviteur, qui ne sert que ses goûts propres
et trop souvent plus au dehors qu'en dedans ; aussi devient-il parfois aussi nuisible que le Chat sauvage.

Fig. 64. — Chat gardien des provisions.

Autrefois Cambyse s'en servit dans la guerre contre les
Égyptiens. Ne pouvant se rendre maître de Péluse, il fit
porter par ses hommes tous les chats qu'il put se procurer
et que ses ennemis regardaient comme sacrés, aussi
rendirent-ils la place plutôt que de s'exposer à blesser
ces animaux.

Au moyen âge, ils eurent aussi un rôle dans nos armées, alors qu'elles étaient surtout composées d'archers

et d'arbalétriers. Ils touchaient une solde et vivaient dans les camps où ils servaient à défendre les cordes à boyaux des arcs et arbalètes de la dent des Souris et des Rats qui y foisonnaient.

Actuellement nos Turcos en ont aussi quelquefois, et il n'était pas rare pendant la campagne de 1870-71, d'en rencontrer avec un chat juché sur leur sac. — Était-ce par simple amitié pour cet animal, ou pour défendre leurs pains et biscuits contre les Rats ou Souris du quartier? — Désireux de nous renseigner, nous le leur avons demandé, mais n'avons pu obtenir d'eux d'autre réponse que : « *Cato bono* ».

Sa *chair*, qui n'est pas recherchée sous son nom, fait néanmoins d'excellentes *gibelottes de lapin* dans tous les faubourgs des grandes villes et a de réelles qualités lorsqu'il est jeune.

Sa *peau* au naturel sert surtout à faire des gants-mitaines; ses *poils* servent aussi à faire du feutre commun pour tapis, mais ils ne sont pas employés en chapellerie, car ils sont trop durs (*aigres*, disent les fabricants) pour un bon feutrage.

Souvent sa peau est teinte toute entière en noir, en marron et diverses autres nuances pour être employée en fourrure.

Quelquefois c'est rasée à mi-poils qu'on la teint et qu'on la lustre pour imiter la loutre et la transformer en casquettes ou passe-montagne. On l'emploie aussi contre les douleurs, lorsque surtout son pelage se rapproche de celui du Chat sauvage. Dans les cabinets de physique elle sert encore à développer l'électricité sur le gâteau de résine de l'électrophore.

Il existe de très nombreuses variétés de chats, dont les principales sont :

Le **Chat angora** originaire de l'Asie-Mineure, qui a été introduit en France, vers 1620, par De Peiresc, conseiller au Parlement d'Aix. Il a une belle fourrure à poils longs et doux ; lorsqu'elle est entièrement blanche, elle est souvent employée, au lieu de Renard blanc (du nord), pour bordures de pelisse et autres ; mais elle n'est ni aussi douce ni aussi fournie. On la teint aussi pour imiter le Lynx et surtout le Renard bleu.

Fig. 65. — Tête de Chat angora.

Le **Chat d'Espagne** semble provenir du croisement de notre chat domestique avec le Chat égyptien, répandu dans tout le nord de l'Algérie et en Espagne par les Maures. Sa fourrure est agréablement mêlée de roux vif, de beau noir et de blanc éclatant. Il est peu commun chez nous.

Le **Chat des Chartreux** à fourrure d'un gris cendré luisant et bien uniforme, quelquefois plus foncé sur le dos, est fréquemment employé pour du *Petit-gris*.

En réunissant des peaux de chat assorties de nuances, on fait d'assez bons tapis, car les poils profondément fixés dans la peau résistent aux frottements les plus forts sans s'arracher, et restent toujours moins attaquables aux insectes que ceux d'autres animaux.

Sa peau brute ne se paie guère que 0 fr. 50 centimes.

Comme pour les peaux de Lapins, l'art du fourreur arrive à modifier et embellir leur apparence ; aussi voit-on

parfois dans le commerce des peaux de Chats de gout-
tières vendues sous les noms les plus fantaisistes.

Les *poils* de l'arête (dos) sont aussi employées pour
la fabrication de pinceaux spécialement utilisés par les
peintres en voitures.

Ses *boyaux* préparés, servent depuis quelques années
en chirurgie pour faire des ligatures.

Les *Chats crevés* dans les rues ou aux environs des
grandes villes industrielles subissent la destinée des
Chiens, et comme eux nous fournissent, outre divers produits chimiques et engrais, de la glycérine pure recherchée de nos élégantes pour maintenir la fraîcheur et la
souplesse de leur peau.

Son utilité à la ville n'est pas à discuter, car on
le garde souvent comme animal d'agrément ; mais à
la campagne où on ne lui demande que des services, il
ne faut conserver que les Chats, qui vivent dans nos
maisons, parcourent nos greniers, surveillent nos
grains et les défendent de la dent des souris. Ceux qui
vivent au dehors détruisent les nichées d'oiseaux autour
de nos demeures ; s'ils s'éloignent un peu plus ils deviennent destructeurs de gibier et nuisibles à l'égal des
Chats sauvages; aussi on ne peut qu'approuver les
chasseurs qui tirent impitoyablement sur tout chat
rencontré dans les champs.

LES LYNX

Les lynx se distinguent des *chats* par une taille plus
grande, mais un corps relativement plus court et trapu,
la queue courte et toujours noire à son bout, les oreilles

grandes, terminées par un pinceau de poils raides et les joues garnies de grands favoris.

Le Lynx ou Loup-cervier, *Felis lynx*, LINNÉ.

NOMS VULGAIRES. — *Luxe* (Alsace). — *Liñs* (Bretagne). — *Bleiz vôr* (Finistère). — *Lins, Leu-cervi* (Ain). — *Lins, Loup cervié* (Basses-Alpes, Var). — *Lioup cerver* (Pyrénées-Orientales). — *Lincea, Ugotxôa* (Basses-Pyrénées).

Il est à peu près disparu de la France, et ne se retrouve guère actuellement que sur sés confins, le Jura,

FIG. 66. — Lynx ou Loup-cervier.

les Alpes et les Pyrénées où il habite les gorges sauvages et rocheuses. Cet animal du genre Chat, mais d'une taille bien plus forte, est brun fauve l'été avec de nombreuses taches plus foncées sur le dos, plus fondues sur les flancs ; ses parties inférieures sont blanchâtres. En hiver son poil devient plus long et plus gris. Sa tête grosse et ronde est surmontée de fortes oreilles triangulaires, terminées par un pinceau de poils raides et noirs. Sa queue courte et droite est aussi toujours terminée de noir.

Sa taille varie entre $0^m,80$ et $1^m,10$ de longueur, avec $0^m,19$ à $0^m,22$ de queue.

Sa *chair* est réputée très bonne par les quelques personnes qui ont eu occasion d'en manger. Les médecins lui attribuaient autrefois une foule de propriétés particulières ; en 1819, ils l'ordonnaient encore au roi de Bavière comme remède contre le vertige.

Sa *fourrure* d'été est jolie ; mais celle d'hiver est très recherchée comme tapis et couvertures ; elle passe cependant pour se détériorer rapidement. C'est le *Loup-cervier* des fourreurs.

Cet animal est fort heureusement devenu très rare (1), car c'est un grand destructeur de gibier, se nourrissant principalement de Lièvres, Tétras et Gélinottes, sur lesquels il bondit depuis une forte branche où il se tient accroupi et aux aguets. Il détruit aussi beaucoup de Biches, Chevreuils et Faons, ainsi que des Chamois dont il brise souvent les reins d'un seul coup malgré sa taille bien inférieure à eux. On lui a vu, en une seule nuit, égorger plus de trente Moutons, car il détruit par instinct

---

(1) Le dernier signalé dans le département de l'Ain, le fut vers 1850, et a été tué par un chasseur de Collonges, du nom de Mantel, au lieu dit « Château de la Folie », près du fort de l'Écluse. Il a été vendu à Genève, et doit actuellement faire partie des collections de son Musée.

5

et sans y être poussé par la faim. C'est un grand ennemi du Chat sauvage et un exterminateur de lapins lorsqu'il découvre une garenne.

Nous devons sans doute aussi posséder soit en Corse, soit encore dans les Pyrénées le **Lynx d'Espagne,** *Felis pardina* (Temminck) que l'on rencontre dans la Sardaigne et une grande partie de l'Espagne et du sud de l'Europe. Il est plus petit que le précédent, mais assez élevé sur jambes ; sa queue est plus longue et sa barbe

Fig. 67. — Lynx d'Espagne.

peu développée. Sa nuance générale est fauve rougeâtre avec de petites taches irrégulièrement dispersées. En Espagne où il s'aventure quelquefois assez près des villes, sa *chair* a une certaine réputation, mais sa *fourrure* lâche et peu fournie a beaucoup moins de valeur que celle du précédent.

Chez les anciens cet animal, qui comme le Chat, y voit mieux au crépuscule et par les nuits claires qu'en plein jour, passait pour avoir une vue tellement perçante, qu'il

voyait, croyait-on, même au travers des corps opaques.
De là, le dicton populaire qui a passé jusqu'à nous :
Avoir des yeux de lynx, pour indiquer une très bonne
vue, ou se moquer de quelqu'un prétendant avoir aperçu
une chose impossible à voir, ou même n'existant pas.

Tous les animaux de cette famille sont éminemment
nuisibles au dehors et malgré les services sensibles que
quelques-uns peuvent nous rendre dans nos demeures,
on doit impitoyablement les détruire chaque fois que
l'on en rencontre dans la campagne.

Famille des VIVERRIDÉS

Très carnassiers aussi, ces animaux diffèrent des précédents de même que dés espèces des familles suivantes
par cinq *doigts* à chaque patte.

Leur dentition se compose de quarante *dents*.

Doués d'une très grande souplesse de mouvements,
ils tiennent des Félidés par les bonds ou sauts et des
· Mustélidés par la marche.

Leurs *pupilles* sont en fentes verticales, et leurs
ongles sont en très grande partie rétractiles comme
ceux des Chats.

Un seul genre représente cette famille chez nous.

Genre GENETTE, *Genetta*

Ses caractères sont ceux de la famille, et nous n'avons
qu'une espèce de ce genre.

La Genette ordinaire, *Genetta vulgaris*, LESSON.

NOMS VULGAIRES. — *Chat pitois* (Charente). — *Chainet* (Provence). — *Zénetto* (Gard). — *Janeita* (Pyrénées-Orientales). — *Kataürina* (Basses-Pyrénées).

Petit animal de la taille du chat à peu près, mais à corps plus allongé, plus bas sur jambes et dont la queue presqu'aussi longue que le corps se termine en pointe.

FIG. 68. — Genette.

Son poil, doux, brillant, est parsemé de taches noires sur un fond roux safrané et cendré. Le rapprochement des taches forme une ligne continue sur le dos, et la queue est annelée de noir.

C'est un animal de mœurs nocturnes, qui se nourrit de petits rongeurs, d'oiseaux, d'œufs, de reptiles et d'insectes. Domestiqué au Maroc, il rend de grands services en détruisant les Rats et Souris, mais son odeur musquée trop pénétrante, en rend bien difficile l'introduction dans nos maisons françaises.

Devenue rare en France, la Genette ne se rencontre

pas seulement au sud de la Loire et à l'ouest du Rhône comme le pensent quelques auteurs. Nous connaissons en effet une capture faite, il y a quelques années à Molamboz, près d'Arbois dans le Jura ; une autre en 1879 faite près de Provins (Seine-et-Marne), plusieurs autres dans les départements de Vaucluse, Bouches-du-Rhône et Var, et une dernière assez récente à Puget-Théniers dans les Alpes-Maritimes.

Le département de la Gironde, qui reçoit beaucoup de peaux d'Espagne et d'Afrique, en a centralisé le commerce.

Cet animal atteint une moyenne de $0^m,45$ de longueur de corps avec $0^m,38$ à $0^m,40$ de longueur de queue.

Sa *fourrure*, légère, agréable et douce, était anciennement très recherchée. Il y a quelques années encore, elle était assez estimée et employée pour certains tapis de table, bordures, couverture, etc.; mais, la mode et les très nombreuses imitations que l'on en a faites avec des peaux de Lapin teintes, l'ont actuellement très discréditée.

Comme la Civette à qui elle ressemble du reste pas mal, la Genette porte près de la base de la queue deux *poches à musc ;* mais elles sont bien moins développées que chez la première, et leurs parfums beaucoup moins odorants. Leur rareté fait que du reste, elles ne sont guère employées en parfumerie.

Ainsi que les précédents cet animal doit être recherché pour le détruire à cause de ses nombreux méfaits, et malgré la beauté de sa robe et sa rareté relative. Sa dépouille sera du reste la bienvenue dans la plupart des cabinets d'histoire naturelle où elle est presque toujours restée assez rare.

Famille des MUSTÉLIDÉS

Avec la plupart des classificateurs nous conservons ici cette étrange famille des Mustélidés qui renferme à la fois des animaux *digitigrades*, *palmés* et *plantigrades*, qui sont en même temps *grimpeurs*, *nageurs* et *fouisseurs* et dont le régime est *carnivore*, *piscivore* et *omnivore*.

Ils possèdent tous cinq *doigts* à chaque pied, mais leurs autres caractères sont trop variables pour pouvoir être facilement groupés et subir une bonne définition générale, aussi nous les étudierons successivement sous les noms de Mustélidés vrais, qui sont *grimpeurs;* Mustélidés nageurs ou *Loutres* et de Mustélidés fouisseurs ou *Blaireaux.*

Groupe des Mustélidés Vrais

Ils sont, comme nous l'avons vu, *digitigrades*, *grimpeurs* et *carnivores*. Ils vivent dans les forêts ou près des habitations, et font un grand carnage d'oiseaux et de petits mammifères. Le dessous de leurs pattes est poilu.

On les divise en deux genres : les **Martes,** et les **Belettes** ou **Putois.**

Genre MARTE, *Martes*

Il est composé d'animaux de taille moyenne ayant 38 dents, et dont la queue atteint ou dépasse un peu la moitié de la longueur du corps. Une large tache blanche ou jaune couvre leur gorge et le haut de leur poitrine.

Ce genre ne renferme que deux espèces.

La Marte des pins, *Martes abietum,* Ray.

Noms vulgaires.— *Kaérel-vrâz, Koañtik-vrâz* (Bretagne).
— *Maltr* (Finistère).— *Marte* (Vosges). — *Maître* (Doubs).
— *Fouinna, Siblena* (Ain). — *Mâtre* (Isère, Provence). —
Martro (Tarn). — *Martré* (Gard, Provence). — *Martoula*
(Alpes-Maritimes). — *Martra* (Pyrénées-Orientales). —
Martea, Martirina (Basses-Pyrénées).

Assez semblable à la suivante, elle en diffère sur-

Fig. 69. — Marte des pins sur un nid de Loriot.

tout par la gorge qui est ordinairement jaunâtre,
tandis qu'elle est blanche chez la Fouine, et par les

pattes garnies en-dessus de poils assez longs, au lieu de courts, et une taille un peu plus forte.

Elle est beaucoup moins commune que la Fouine et ne descend pas autant qu'elle dans le Midi. Quoiqu'elle ait les mêmes mœurs et le même régime, ses dégâts sont moins appréciables, car elle fuit l'homme et ne vit que dans les grands bois, particulièrement les bois montagneux de pins ou sapins. Elle détruit de nombreux petits rongeurs, de nombreux Écureuils et beaucoup d'oiseaux, de gibier et de nids, mais recherche encore les sorbes, les cerises ainsi que le miel.

Comme la Fouine, elle peut, prise jeune, s'apprivoiser facilement, mais garde toujours un caractère sanguinaire, et il est difficile de la conserver en liberté sans qu'elle ne commette de nombreux méfaits.

Elle atteint une taille moyenne de 0^m,42 à 0^m,46, avec 0^m,26 à 0^m,30 de longueur de queue.

Sa *chair* a, comme la précédente, un fumet très désagréable, mais moins accusé.

Sa *peau* est employée comme celle de la Fouine et aux mêmes usages, mais est plus estimée encore, car les poils sont plus réguliers, plus fins et plus soyeux; il faut cependant une certaine habitude pour la reconnaître de suite, lorsque la tache jaune de sa gorge n'est pas accentuée, ce qui arrive quelquefois. Sa valeur moyenne est de 12 à 15 francs, mais peut monter aussi à 17 ou 18 francs pour de beaux sujets. Quelques peaux des hautes vallées des Alpes bien teintes et bien lustrées passent même quelquefois chez certains fourreurs pour de la zibeline et sont vendues comme telles; c'est-à-dire infiniment plus chères.

La brosserie en fait aussi d'excellents pinceaux très
recherchés par les peintres et coloristes ; mais tous ceux
qu'on vend sous ce nom sont bien loin d'en provenir.

La Fouine vulgaire, *Martes foina*, GMÉLIN.

NOMS VULGAIRES. — *Fichan, Floenne* (Nord). — *Foine,
Foigne* (Somme). — *Margotin* (Manche). — *Visso*
(Meuse). — *Fowouène, Fawouène, Fawouine* (Moselle).
— *Foïne* (Meurthe). — *Fouyne, Féyine, Fine* (Vosges).
— *Foyine* (Doubs). — *Foin, Fouin* (Aube, Cher, Jura,
Saône-et-Loire, Morbihan, Charente). — *Marlre* (Jura).
— *Pitô* (Côte-d'Or). — *Fouinna* (Ain). — *Chat-fouin*
(Cher, Charente-Inférieure). — *Matre* (Isère). — *Feïno*
(Corrèze). — *Hagino* (Gers). — *Faïno* (Tarn). — *Foïno*
(Haute-Garonne). — *Martré* (Gard). — *Fouino, Feruno,
Faguino, Fahino* (Provence). — *Fouina* (Alpes-Mari-
times). — *Fagina, Gat-fagi* (Pyrénées-Orientales). —
*Pitocha, Pitoza, Piztia, Udôa, Katakuisantchôa,
Mierlea, Gâtupitocha* (Basses-Pyrénées).

Espèce assez commune et trop connue de nos cultivateurs chez qui elle fait de nombreux dégâts. En été, elle
habite dans les bois et détruit beaucoup de petits rongeurs ainsi que quantité de gibier.

En hiver elle se réfugie dans les fermes et granges
pour y trouver un meilleur abri ; sa présence s'y décèle
quelquefois par l'odeur musquée de ses excréments.
Elle fait alors de grands carnages dans les poulaillers et
pigeonniers, car elle ne se contente pas de tuer pour
manger, mais aussi pour boire le sang. — Elle mange
également des reptiles et en temps de disette la plupart
des fruits ; elle affectionne cependant d'une façon particulière les poires tapées qui, ainsi que les œufs, servent
souvent d'appâts pour l'attirer dans quelque piège.

On prétend aussi que le grincement d'une scie que l'on aiguise lui est assez antipathique pour la faire fuir de sa retraite en plein jour, ce qui peut permettre de la voir et la tuer facilement.

En captivité, qu'elle supporte aisément, soit qu'elle ait été prise jeune, ou même n'ait été capturée que plus tard, elle plaît par la grâce et la rapidité de ses mouvements et rend tous les services d'un bon Chat pour prendre les Souris et les Rats, car elle peut mieux que lui s'in-

Fig. 70. — Fouine vulgaire.

troduire dans quelques espaces assez réduits à leur recherche ; mais ordinairement elle reprend avec l'âge ses mœurs carnassières et ses habitudes de rapine.

Le mâle exhale assez souvent une très forte odeur.

La *chair* de la Fouine est toujours mauvaise et rappelle l'odeur du mâle.

Sa taille moyenne est de 0^m,40 à 0^m,45, avec 0^m,26 à 0^m,31 de longueur de queue.

Sa *peau* forme une assez jolie fourrure qui s'emploie à l'état naturel ou teinte de nuances plus ou moins foncées, pour cols et parements de vêtements, manchons, palatines, etc. Sa queue, dont les poils sont plus longs, est plus particulièrement employée en boas et bordures.

Sa *tête* naturalisée s'emploie comme ornement de blagues à tabac, de manchons et quelquefois de toques.

Ses *poils* servent dans la fabrication des pinceaux, où l'on recherche particulièrement ceux du bout de la queue dont la valeur dépasse 100 francs le kilogramme.

Ce n'est qu'à la fin de l'automne ou en hiver, qu'elle acquiert toute sa valeur et vaut alors de 8 à 10 et 12 francs; une très belle peau, préparée pour manchon, vaut même jusqu'à 15 francs.

Les variétés entièrement blanches sont très rares; nous en avons possédé un fort bel exemplaire.

Genre BELETTE ou PUTOIS, *Mustela*

Il renferme des animaux plus petits et à taille variable, n'ayant que trente-quatre dents, et une queue très variable aussi de longueur, mais toujours plus petite que la moitié du corps.

Cinq espèces les représentent chez nous.

La Belette commune, *Mustela vulgaris*, BRISSON.

NOMS VULGAIRES. — *Margotaine* (Nord). — *Bacoulette* (Somme, Aisne). — *Mutoële, Mussoële* (Somme). — *Basecolette* (Ardennes). — *Bacoube, Bacoulotte* (Marne). — *Bas-coule, Barcolle, Barcolette* (Meuse). — *Bacale, Bacaye, Motèle, Moteille* (Moselle). — *Margolatte* (Meurthe). — *Marcolle, Moslatte, Mostalle* (Vosges). —

Musatte (Alsace). — *Bacole* (Aube). — *Motale, Motèle, Mouétèle, Voudotte, Vourpotte, Voirpatte* (Doubs). — *Moustèle* (Jura). — *Balotte* (Saône-et-Loire). — *Beletta* (Ain). — *Motèla* (Isère). — *Beleto* (Haute-Vienne, Corrèze). — *Moustiavia, Bero-ga* (Haute-Loire, Cantal). — *Pancaro* (Gers). — *Moustiolo, Mouquialo* (Ardèche). — *Poulido* (Haute-Garonne, Tarn). — *Moustèle, Moustella, Moustello* (Pyrénées-Orientales, Languedoc et Provence). — *Andereigerra, Erbindoria, Erbiñudea, Pirocha, Oghigastaya* (Basses-Pyrénées).

C'est le plus petit de nos carnivores. Il a le corps très allongé, le poil ras, roux en dessus, blanc en dessous et la queue entièrement rousse; mais c'est un des plus courageux et des plus sanguinaires. Il s'attaque à des proies bien plus fortes que lui.

Fig. 71. — La Belette, commune.

La Belette habite indifféremment en pleine campagne ou dans les fermes et même les villages; cependant elle est plus commune l'été dans les champs et l'hiver dans les granges. Sa petite taille lui permet de pénétrer partout, dans les trous de Rats comme dans les galeries de Taupes ; aussi fait-elle une grande destruction de petits rongeurs, Campagnols et Mulots, nos pires ennemis ; mais c'est aussi un animal qui tue pour détruire, et qui, sans faim, se jette sur tout être vivant dont il boit à peine quelques gouttes de sang. Elle fait un grand carnage de gibier de toute sorte, de petits passereaux aussi bien que de jeunes Lapins, Pigeons et petits Poulets, sans parler des nombreuses couvées dont elle détruit les œufs.

C'est donc un auxiliaire dangereux qu'il faut conserver ou détruire suivant les localités, suivant l'abondance ou la rareté des Campagnols et des Mulots.

La Belette qui s'apprivoise assez facilement, quoiqu'en dise Buffon, a été autrefois domestiquée, chez les Grecs pour la chasse aux Souris, pour laquelle elle est très bien organisée, car mieux que le Chat elle peut s'introduire dans une foule de trous, fentes ou abris de toutes sortes, que sa taille interdit à ce dernier, ainsi que sous les planchers entre les solives, où elle pénètre facilement par les plus petites ouvertures ; mais elle est trop faible pour s'attaquer au Surmulot et peut succomber dans la lutte.

Les anciens attribuaient beaucoup de propriétés curatives à ses diverses parties ainsi qu'à sa cendre.

Chez nous on lui prête bien à tort des vertus malfaisantes, telles que d'annoncer la mort d'un malade près de qui elle passe, de produire des ulcères de mauvaise nature par ses morsures, etc. — Par contre en Bretagne on croit qu'elle porte bonheur dans les maisons qu'elle habite, ce qui est plus exact, car elle en fait disparaître les Souris.

Sa taille ordinaire varie entre 0ᵐ,17 à 0ᵐ,19 et 0ᵐ,05 à 0ᵐ,07 de longueur de queue.

Sa *peau* teinte est utilisée en fourrures, mais son emploi est assez restreint par suite de sa petitesse et du peu de longueur de ses poils.

Trois espèces existent en Europe et probablement en France, confondues sous le même nom ; l'une, plus petite que notre Belette commune, mais de même pelage est particulière au nord, c'est le type même décrit par Linné, et reconnu après lui par tous les auteurs ; l'autre, beaucoup plus grande tachetée sous la gorge est particulière au midi.

L'Hermine, *Mustela erminea*, Linné.

Noms vulgaires. — En robe d'été : *Double margotaine* (Nord). — *Margotin* (Seine-Inférieure). — *Roseleu* (Calvados). — *Rosereu* (Orne). — *Rouvreuil* (Normandie ?). — Ainsi que la plupart des noms donnés à la belette.

En robe d'hiver : *Erminik* (Bretagne). — *Herminette* (Somme). — *Armino* (Provence). — *Armiña, Armiñoa* (Basses-Pyrénées).—Ainsi que les noms donnés à la belette suivis de l'adjectif patois *blanc* ou *blanche*.

Plus grande que la Belette, elle est d'un brun roux en été et blanche en hiver avec les parties inférieures lavées de jaunâtre, mais toujours le bout de la queue noir.

Elle varie entre 0ᵐ,27 à 0ᵐ,30 de longueur de corps avec 0ᵐ,11 à 0ᵐ,15 de longueur de queue.

Ses mœurs sont à peu près celles de la Belette, mais elle est plus sauvage, vit loin des habitations et affectionne la lisière des bois. Elle se nourrit d'oiseaux, d'œufs et de petits mammifères dont elle détruit un grand nombre (Campagnols, Mulots, Souris, Levreaux et La-

pereaux, etc.), ainsi que des poissons, Grenouilles et
Écrevisses qu'elle sait très bien atteindre sur le bord
des ruisseaux.

Inconnue autrefois en France, elle y est entrée par le
nord, et c'est peu à peu qu'elle est descendue dans le sud,
où elle est encore très rare.

Avec son *pelage* d'été elle est connue sous le nom de *Ro-
selet*, et se
teint com-
me la Be-
lette pour
être em-
ployée en
fourrure.

Dans le
nord, elle
est recher-
chée sous
sa livrée
d'hiver qui
est d'un
blanc écla-

FIG. 72. — Hermines guettant des lapins.

tant, mais n'a que peu de valeur chez nous, malgré la
même blancheur, car son poil y est plus court et beaucoup moins épais ; quelquefois aussi elle ne prend que
des teintes jaunes et conserve des taches brunes sur
la tête. Nous en avons possédé un exemple de la sorte
tué à Courbevoie (Seine) il y a quelques années.

Le clergé, la magistrature et l'enseignement l'emploient sous sa livrée blanche en épitoge sur leurs robes
comme ornements distinctifs de grades. On en fait

aussi des palatines de jeunes filles, etc. Souvent encore on fixe le bout de sa queue noire au milieu de sa fourrure dont elle fait ressortir la blancheur.

Son nom est resté à l'une des couleurs du blason.

Dans quelques villages de la Normandie, les superstitions populaires croient voir dans cet animal sous sa livrée blanche l'incarnation des âmes des enfants morts sans baptême.

Sa *chair* comme celle de tous les précédents est, dit-on, d'assez mauvais goût.

On l'élève assez facilement en domesticité, et elle s'apprivoise plus aisément que la Belette.

Le Putois commun, *Mustela putorius*, LINNÉ.

NOMS VULGAIRES. — *Fichan* (Nord). — *Ficheu, Fissieu* (Somme). — *Véheu, Vécheu, Véchou, Véchau* (Ardennes). — *Pitou* (Normandie). — *Chô* (Meuse). — *Hô. P'hô, Pchou, Véchou* (Moselle). — *V'hô, Veho* (Vosges), — *Pitieu* (Haute-Marne). — *Pistois, Pudask, Putoask* (Bretagne). — *Pitoë* (Mayenne). — *Chat putois, Pitois, Chat pitois* (Charente-Inférieure, Maine-et-Loire). — *Ptau* (Doubs). — *Putias* (Jura). — *Peteu* (Ain). — *Chat punais* (Cher, Indre). — *Cho pitouei* (Haute-Vienne, Corrèze). — *Fouin de terre* (Charente). — *Poudreau* (Tarn). — *Pudis, Gat pudis* (Hérault, Gard). — *Martoulo, Putoné* (Provence). — *Putoyo* (Var). — *Pouden* (Pyrénées-Orientales.)

Son nom lui vient de l'odeur infecte qu'il répand. Plus petit que la Fouine, il lui ressemble d'une façon générale, mais est brun noirâtre à fond jaunâtre plus foncé sur les membres; la tête le ventre sont jaunâtres; le museau, les oreilles et une tache derrière l'œil sont blancs,

M. P. Mégnin signale une variété jaune assez rare, et une autre blanchâtre assez commune en Lorraine.

Il passe l'été dans des troncs d'arbres ou sous des tas de pierres. L'hiver il se rapproche des habitations et se cache dans les vieux bâtiments, granges ou greniers à foin. Dormant tout le jour, il ne sort de sa retraite que la nuit pour aller à la recherche de sa nourriture consistant surtout en petits mammifères et reptiles, mêmes venimeux, dont le venin est, dit-on, sans action sur lui. Aussi cruel et audacieux que la Marte, il est plus défiant qu'elle et évite souvent les pièges qu'on lui tend.

Fig. 73. — Putois commun.

Comme elle, il s'apprivoise facilement lorsqu'il est pris jeune, et fait une guerre incessante aux Rats et aux Souris, mais il est toujours bon de le tenir à distance des pigeonniers et poulaillers. Lorsqu'il y entre, il y fait plus de dégâts que la Fouine ; il coupe ou écrase la tête de chaque volatile et les emporte une à une. Si l'ouverture est trop petite pour cela, il mange les cervelles ou n'emporte que les têtes.

Il aime aussi beaucoup le miel et sait profiter de l'engourdissement des abeilles pour piller les ruches.

Comme la Fouine, il a, dit-on, la même aversion pour les bruits criards et les grincements et peut se chasser comme elle.

Sa taille moyenne est de $0^m,38$ à $0^m,42$, avec $0^m,16$ à $0^m,20$ de longueur de queue.

Sa *fourrure*, douce et chaude, est assez employée pour bordure de nos vêtements d'hiver, et serait beaucoup plus estimée et recherchée si elle ne répandait pas une odeur assez difficile à lui faire perdre. Sa valeur moyenne est de 3 fr. à 4 fr. mais une belle peau pouvant être utilisée pour manchon peut aller jusqu'à 5 et 6 francs.

Les poils de sa queue sont aussi très employés dans la fabrication des pinceaux.

Le Furet domestique, *Mustela furo*, Linné.

Noms vulgaires. — *Klasker-Kounikled, Furik, Fured* (Bretagne). — *Furon* (Marne). — *Furet putois* (Charente). — *Huret* (Gers). — *Furé, Furoun* (Provence). — *Foure* (Pyrénées-Orientales). — *Udôa, Uncharta*, le mâle; *Udô'emea, Unchart'emea*, la femelle (Basses-Pyrénées).

Le Furet qui est voisin du Putois présente deux variétés; l'une à pelage semblable à ce dernier, l'autre presque blanc, ou rappelant la couleur de l'écorce de buis et à yeux roses.

Très voisin du précédent, il en diffère surtout par une taille plus faible, un corps plus élancé et une tête plus pointue.

Il nous vient de l'Espagne qui l'a reçu très anciennement de l'Afrique, et ne vit qu'en domesticité, car il ne pourrait pas supporter, dans notre climat, les froids de l'hiver au dehors.

Il est tout particulièrement élevé pour la chasse au Lapin de garenne, qu'il va relancer jusque dans le fond de ses terriers, où l'on a soin de ne le laisser entrer qu'avec une petite muselière, sans quoi il s'y gorgerait de sang et de cervelle et s'y endormirait ensuite. — S'il refuse d'entrer dans un terrier, il ne faut jamais l'y contraindre, car il s'y trouve sans doute quelque renard dont il serait bien vite la victime.

Fig. 74. — Furet domestique.

On lui met souvent au cou un grelot, qui outre que son bruit effraye les lapins et les fait sortir plus rapidement, a encore l'avantage de le faire retrouver avec plus de facilité, s'il ressort par quelque ouverture éloignée de celle où on l'attend.

Sa *fourrure* analogue à celle du Putois, sert aux mêmes usages, mais est moins recherchée lorsqu'elle est blanche ou jaunâtre. Une fois teinte, elle passe assez facilement dans le commerce pour cette dernière.

Un furet bien dressé pour la chasse vaut environ de 30 à 35 francs.

Le Vison du Nord, *Mustela vison*, Brisson.

Noms vulgaires. — Cette rare espèce est ordinairement confondue avec le *putois*, et en porte conséquemment les différents noms ; mais dans les départements de la Vendée, des Deux-Sèvres et de la Vienne où il est moins rare, il est bien distingué sous le nom de *Vison*.

Il ressemble un peu au Putois comme taille et comme couleur, mais s'en distingue par un pelage uniformément brun foncé, serré, court et luisant ; par un corps

Fig. 75. — Le Vison du Nord.

plus replet quoique allongé aussi ; par les pattes postérieures un peu palmées, les oreilles plus courtes et surtout une tache blanche sur les lèvres et le menton. Ses mœurs sont aquatiques et ressemblent un peu à celles de la Loutre ainsi que son genre de nourriture, qu'il poursuit en nageant et même en plongeant ; aussi fait-il de grands dégâts sur les bords des rivières où il est heureusement fort rare, mais qu'il dépeuple même d'Écrevisses et de Mollusques.

Moins intelligents que les précédents, il se laisse facilement prendre aux pièges, et vit aisément en captivité.

Beaucoup de naturalistes ont longtemps nié en France l'existence de cet animal propre aux régions du Nord : puis ont fini par l'admettre pour le Poitou ; mais des captures faites jusque dans le Jura et en Suisse prouvent qu'il est beaucoup plus répandu que l'on ne le suppose.

Il atteint $0^m,35$ à $0^m,40$ de taille, avec $0^m,15$ à $0^m,18$ de longueur de queue.

Sa *fourrure* est la plus précieuse que nous ayons en France ; elle est bien plus appréciée que celle de la Martre, et recherchée pour divers emplois, manchons, pelisses, garnitures de manteaux, etc. ; mais à cause de sa rareté, elle ne peut faire l'objet d'un commerce régulier chez nous.

Cet animal par suite des palmures de ses pieds, de ses mœurs et de ses habitudes forme le passage naturel avec le groupe suivant.

Tous les Vrais Mustélidés font d'immenses dégâts en gibier, oiseaux, nids de toutes sortes, et même poissons ou animaux aquatiques, ce qui doit les faire absolument proscrire ; cependant les petites espèces, la Belette surtout, peut être provisoirement protégée ou tolérée dans les endroits infestés de petits rongeurs à qui elle fait aussi une guerre acharnée.

Groupe des Mustélidés Nageurs

Il n'est représenté en France que par un seul genre.

Genre LOUTRE, *Lutra*

Palmées, nageuses et piscivores, les Loutres diffèrent beaucoup des vrais Mustélidés. Leur taille est plus forte, leur pelage plus serré ; elles ont 36 dents, la tête très aplatie, les jambes courtes et la face palmaire nue.

Une seule espèce existe chez nous.

La Loutre vulgaire, *Lutra vulgaris*, Erxleben.

Noms vulgaires. — *Lôre* (Vosges, Haute-Saône, Doubs). — *Ki-dour, Dour-gi* (Bretagne). — *Louère* (Maine-et-Loire). — *Lourre* (Cher, Jura). — *Leure* (Cher, Saône-et-Loire). — *Luiee* (Ain). — *Loueiro, Louiro* (Haute-Vienne, Corrèze, Gard). — *Louirio* (Tarn, Ardèche). — *Luri, Louio, Louyro, Loutro* (Provence). — *Uri* (Var). — *Lioudria* (Pyrénées-Orientales). — *Udagarra* (Basses-Pyrénées).

Adulte elle peut atteindre 0^m,84 de longueur du corps et 0^m,45 de longueur de queue.

Brun foncé sur le dos, gris blanchâtre sur le ventre, tête large et plate, basse sur jambes et pieds très palmés ; tels sont les principaux caractères de la loutre, qui passe généralement sa journée dans un terrier s'ouvrant sous l'eau, et sa nuit à pêcher.

Quelquefois elle s'attaque aux petits mammifères et oiseaux aquatiques ; souvent aussi à des Grenouilles ou Écrevisses ; mais elle est surtout nuisible par la grande quantité de poissons qu'elle détruit dans les rivières et cours d'eau près desquels elle habite.

C'est un animal délicat qui aime les bons morceaux et
ne se nourrira que de Truites et de poissons fins lorsqu'il en aura le choix. Comme le héron de la fable, il ne
se contentera de Grenouilles que lorsqu'il ne pourra
pas faire autrement.

Fig. 76. — Loutre vulgaire.

· Il est très susceptible d'éducation et devrait nous
servir à pêcher, comme le Chien nous sert à chasser.
Les Chinois et divers peuples sauvages ont su le
domestiquer à cet usage. En France, on n'y a point

encore songé, et ce n'est qu'un animal nuisible comme le serait, à d'autres points de vue, le Chien s'il était sauvage ; il doit donc être détruit impitoyablement partout où on le rencontre.

Sa *chair*, déclarée maigre par l'Église, est estimée de quelques personnes, mais plus généralement reconnue comme un manger médiocre surtout lorsqu'elle est très grasse, car alors elle a un goût prononcé de poisson. Elle présente du reste des différences sensibles de qualité, suivant qu'elle habite près d'un étang vaseux ou dans les eaux vives des montagnes.

Sa grande valeur réside dans sa *peau*, particulièrement estimée l'hiver. On en retire ordinairement les poils longs qui forment la surface et que l'on nomme *jarre*, et on ne laisse que la *bourre* ou *duvet* formé de poils courts, touffus, fins et moelleux, brun-gris à la racine, et brun-foncé à la pointe. Sa peau forme alors une fourrure brillante, chaude et durable, et c'est dans cet état qu'elle est employée par les fourreurs pour en confectionner des manchons, des manteaux, des bordures, etc., et par les chapeliers pour en faire des calottes, bonnets ou casquettes.

La valeur de sa peau suivant la taille et la saison est de 15 à 25 francs et au delà.

Autrefois on attribuait sans raison toutes sortes de propriétés à son sang, sa graisse, sa peau et à diverses autres parties de son corps. Actuellement, quelques pêcheurs estiment encore sa graisse et son sang, meilleurs que tous autres pour appâter le poisson.

Groupe des Mustélidés Fouisseurs

Comme le précédent, ce groupe n'est représenté chez nous que par un seul genre.

Genre BLAIREAU, *Meles*

Plantigrades, fouisseurs et omnivores, les Blaireaux diffèrent encore plus des vrais Mustélidés. Comme les Martres, ils ont trente-huit dents ; mais leur corps est gros et allongé, leurs membres trapus, leurs allures lourdes, la queue courte et la plante des pieds nue.

Nous n'en avons qu'une seule espèce.

Le Blaireau d'Europe, *Meles Europæus*, DESMAREST.

NOMS VULGAIRES. — *Grisard* (Somme). — *Tachon* (Ardennes, Moselle, Doubs, Allier). — *Téchon* (Moselle). — *Broc'h, Louz* (Ille-et-Vilaine, Côtes-du-Nord). — *Louc'h* (Finistère). — *Bourboutenn* (Morbihan). — *Tésson*, *Tesson chien, Tesson cochon* (Moselle, Vosges, Jura, Ain, Isère). — *Tahon* (Vosges). — *Tasson* (Jura). — *Tésson* (Ain). — *Teissou* (Creuse). — *Tachoun* (Gers). — *Sarvagina* (Isère). — *Taï* (Gard). — *Taïs* (Tarn, Provence). — *Teissoun, Teissoun canin, Teissoun pourcin, Rabas* (Provence). — *Tissoun* (Bouches-du-Rhône). — *Taïchou* (Pyrénées-Orientales). — *Akhüa, Askona, Askanarrûa* (Basses-Pyrénées).

Gris brun en dessus, plus clair sur les flancs et noirâtre en-dessous, le Blaireau a la tête blanche avec une large bande noire de chaque côté. Il est court sur jambes, armé de fortes griffes et vit au fond de terriers qu'il creuse dans des forêts accidentées. Il est omnivore, comme l'Ours ; ses habitudes sont surtout nocturnes et il nous rend de grands services en détruisant de petits rongeurs, des vers, larves, insectes, reptiles et particulièrement des Vipères dont le venin n'a, paraît-il, pas d'action sur lui ; mais il détruit aussi de nombreuses

Fig. 77. — Blaireaux sortant de leur terrier au clair de lune.

couvées d'oiseaux nichant à terre, et lorsque les blés, les sarrasins et surtout les maïs mûrissent, il y fait de grands dégâts sans dédaigner les racines succulantes, les truffes, certains champignons, les Limaces, les Escargots, et surtout le miel d'Abeilles ou même de Bourdons, dont il est très friand.

Beaucoup de chasseurs et la plupart des paysans croient à l'existence de deux espèces, l'une à museau de Chien, commune au printemps, l'autre à museau de Cochon, plus fréquente en automne ; mais cela tient sans doute à leur état de maigreur dans le premier cas et d'embonpoint dans le second, qui leur déforme légèrement le museau.

Sa taille varie entre 0^m,75 et 0^m,80 de longueur de corps, avec 0^m,15 à 0^m,18 de queue.

Sa *chair* est assez délicate et recherchée, surtout à la fin de l'automne lorsqu'il est gras, et s'est beaucoup nourri de végétaux.

L'ancienne pharmacopée préconisait l'emploi de sa cendre, de sa graisse, de ses dents et de diverses autres parties de son corps.

Sa *graisse* passe encore aujourd'hui dans beaucoup de localités pour avoir de grandes vertus contre les douleurs, rhumatismes et contusions.

Sa *fourrure* grossière est peu employée directement, excepté dans quelques localités où les bourreliers s'en servent pour border les colliers de Chevaux et Mulets et garnir les avaloirs de certains Chevaux de trait. On en fait aussi de grossiers tapis.

Coupée en bandes plus ou moins étroites ils l'emploient aussi pour border des colliers de Chiens et des grelotières de Chevaux de poste ou de traîneaux.

Les *poils* détachés de la peau et surtout ceux de la queue et du dos, sont fort recherchés par la brosserie fine qui en fabrique des brosses douces, des pinceaux pour la barbe, pour l'aquarelle, pour épousseter des

objets délicats ou étendre des vernis, des brosses pour*
lustrer les chapeaux de soie, etc.

Quoique répandu un peu partout, ce ne sont guère
que les départements de la Savoie, de l'Isère et des
Hautes-Alpes qui le livrent au commerce.

. Cet animal, moins nuisible que les autres carnivores
dans les grands bois, doit être protégé dans tous ceux
où les vipères sont communes, mais détruit ou réduit
dans le voisinage des cultures.

Aux environs des forêts les *Fouines*, *Martres*, *Belettes*,
Putois et *Hermines* rendent de véritables services aux
propriétaires de jardins fruitiers ou vergers pour la destruction des Loirs, Lérots et Mulots qui ravagent leurs
fruits ; mais souvent ce sont des services bien chèrement payés par les dégâts que ces animaux causent dans
nos basses-cours, par la quantité de nichées qu'ils détruisent et par la masse de gibiers ou de petits oiseaux
insectivores qu'ils consomment journellement.

Il y a donc intérêt à détruire ces auxiliaires dangereux et à remplacer leurs services par des pièges ou
autres moyens de destructions contre les petits rongeurs.

Ces animaux, créés pour équilibrer les forces vives de
la nature livrée à elle-même, n'ont plus de rôle à remplir en face de la civilisation favorisant la production
de tout ce qui peut lui être utile et en présence des
soins que doit aussi prendre l'homme de se défendre
lui-même contre les ennemis de ses récoltes.

La *Loutre* doit aussi être détruite à moins d'être
domestiquée ; quant au *Blaireau* ses services ne sont
réels et incontestables que dans les grandes forêts et
on doit toujours le détruire aux environs des cultures.

Famille des URSIDÉS

Comme les Mustélidés, ces animaux ont cinq doigts à tous les pieds. Ils sont plantigrades par excellence, ont la plante des pieds nue, et des griffes énormes qui s'usent par la marche. Ils sont trapus, massifs, et quelque peu grimpeurs, mais avec lourdeur et précaution.

Omnivores ordinairement, ils ne deviennent généralement carnivores qu'à un âge assez avancé.

Un seul genre les représente chez nous.

Genre OURS, *Ursus*

Ses caractères sont ceux de la famille.

Deux espèces se rencontrent en France.

L'Ours brun, *Ursus arctos*, Linné.

Noms vulgaires. — *Ors, Urs, Ourse* (vieux français).

Le plus gros de nos carnassiers, trop connu pour être décrit. Assez commun autrefois, il a successivement disparu devant les défrichements. Il y a un siècle il existait encore en Alsace ; actuellement il ne se rencontre plus que sur quelques points du Jura et des Alpes.

Quoique carnassier, c'est surtout un animal omnivore, vivant de bourgeons ou jeunes pousses, de glands, de faînes, de châtaignes, de fruits de toutes sortes, de racines, de champignons, de blés, orges ou avoines, ainsi que de miel ou d'œufs et larves de fourmis. On ne le rencontre que dans les endroits les plus sauvages où il habite des cavernes, anfractuosités de rochers ou intérieurs de vieux arbres. Sans hiberner, il a de longs sommeils pendant l'hiver et descend dans la plaine

FIG. 78. — Ours brun.

lorsque la montagne ne lui fournit plus de nourriture. Alors, s'il est vieux surtout, il attaque les animaux et devient réellement carnassier et dangereux ; mais il est dans ce cas, fortement traqué, car sa capture est un grand profit pour le chasseur, qui, outre la prime et les cadeaux des possesseurs de troupeaux voisins, tire encore grand avantage de sa chair et de sa peau, qui se payent un bon prix.

C'est un animal susceptible d'une certaine éducation, — Dans l'antiquité, non seulement il servait aux jeux et luttes du cirque, mais il était même introduit sur le théâtre où il remplissait un rôle actif de mime et de bouffon (1). — Au moyen âge, le naturaliste Conrad Gesner nous apprend que l'on tirait profit de sa force et de son intelligence, et que certains étaient utilisés pour tirer l'eau des puits, pour tourner des meules ou des roues d'usine, ouvrir des portes, servir même à table. — Actuellement, on a l'air d'avoir oublié ses facultés éducatives, et c'est à peine si nos dompteurs forains lui demandent autre chose que de venir prendre un morceau de sucre entre leurs lèvres.

Sa taille varie entre 1^m,50 et 1^m,70 de longueur de corps, et 0^m,15 à 0^m,17 de queue jusqu'au bout des poils ; il atteint facilement deux mètres de hauteur lorsqu'il se dresse sur ses pattes de derrière, et son poids varie de 180 à 250 kilogrammes.

La *chair* de l'Ours, soit fraîche, soit fumée est très recherchée ; on apprécie particulièrement celle des jeunes. Les pattes sont réputées morceaux de choix par quelques gourmets. — A Saint-Pétersbourg, on utilise quelquefois sa chair mêlée à du caviar, pour faire une sorte d'excellent saucisson.

(1) Martial, *De spectaculis epigram.*, XI;
Vopicus, *De Carino*, chap. XIX.

Sa *graisse* qui est blanche, qui ne durcit pas et ran-cit peu, a aussi beaucoup de réputation pour guérir les douleurs, arrêter la chute des cheveux, etc... Autrefois même on lui attribuait bien d'autres vertus, entre autres celle de rendre courageux.

Sa *peau* forme une excellente fourrure très recherchée comme tapis, couverture de voitures ou de traîneaux, pèlerines de cocher, manteaux, etc.

Il semble disparu des montagnes du Jura depuis quelques années. Jusqu'en 1860, on en tuait tous les ans dans le massif du fort de l'Écluse (Ain), au-dessus de Collonges ou Farges, mais depuis cette époque nous n'en connaissons plus de captures.

Aux environs de Chambéry il est moins rare, et dans les premiers jours de janvier 1867 on en tuait encore un près d'Ayguebelles ; mais dans la Drôme, c'est un véritable évènement que de chasser cet animal, ainsi que cela a eu lieu au commencement d'octobre dernier (1889) aux environs de Die.

L'Ours des Pyrénées, *Ursus pyrenaïcus*, F. Cuvier.

Noms vulgaires. — *Os* (Pyrénées-Orientales). — *Artza ;* femelle, *Artz'ema ;* jeune, *Artzt-chûa* (Basses-Pyrénées).

Cet Ours, appelé aussi *Ours doré*, ou *Ours des Asturies* par suite de sa fréquence dans les montagnes de ce nom, est considéré comme *espèce* par quelques-uns et comme simple *variété* par d'autres. Quoi qu'il en soit et sans chicaner sur ce nom, il est assez différent du précédent pour prendre son rang ici. Il est, en effet, toujours plus petit que l'Ours brun. Son *pelage*, moins épais, au lieu d'être brun est blond-rougeâtre, plus foncé sur la tête et noirâtre vers les pieds ; jamais dans son jeune âge, il ne porte la trace du collier pâle des jeunes Ours bruns.

Plus que ces derniers, il est sujet à présenter des

Fig. 79. — Ours des Pyrénées ou des Asturies.

anomalies dans sa coloration ; ainsi on a tué aux environs de Gavarnie, il y a déjà quelques années, un individu tout blanc ; un autre tout noir a aussi été tué le 13 octobre 1880 dans les Basses-Pyrénées.

Il habite les régions boisées des parties élevées des

7

Pyrénées, où il a à peu près les mêmes mœurs que son voisin des Alpes ; il cause aussi les mêmes dégâts, et peut devenir comme lui dangereux pour les hommes et les animaux, soit dans sa vieillesse, soit lorsqu'il est poussé par la faim.

Parfois quelques sujets capturés dans leur jeune âge, servent de gagne-pain à des montagnards Basques qui, au moyen d'un anneau passé dans leurs narines, les traînent dans les bourgades et les foires où ils leur font exécuter de grossières gambades sous le nom de danse, ainsi que quelques luttes contre des hommes ou des chiens.

Toutes les espèces de cet ordre, à l'exception de la plupart des Chiens, sont des animaux à fourrures dont les peaux sont employées toutes entières, ou dont les poils sont recherchés en brosserie. Ces peaux sont plus estimées en hiver et surtout lorsqu'elles viennent de régions montagneuses et froides.

Comme les Mustélidés aussi, tous les Carnivores créés primitivement pour mettre obstacle à la trop grande multiplication des espèces herbivores, ont un rôle qui diminue avec l'augmentation de la population et le développement de la civilisation qui perfectionne nos procédés de culture et développe nos moyens de défense contre nos ennemis, les petits rongeurs. Leur utilité diminue donc aussi ; par conséquent ils deviennent nuisibles, leur action s'étendant forcément en dehors des fins pour lesquelles ils ont été créés. Néanmoins ils rendent des services par la destruction de nombreux petits rongeurs ; il y a donc lieu de les épargner quelquefois et même aussi de les protéger dans certains cas, assez rares du reste, c'est ce que l'on devra faire suivant les localités et les circonstances.

Ordre III. — INSECTIVORES

Ces animaux ont comme les précédents une série
dentaire complète, c'est-à-dire composée d'incisives,
de canines et de molaires ; leurs canines sont peu pro-
noncées, quelquefois même atrophiées, mais leurs molaires sont hérissées de pointes aiguës destinées surtout
à briser les élytres et les autres parties dures des insectes, qui forment le fond de leur nourriture, comme
l'indique leur nom.

Tous sont plantigrades, et comme tels succèdent naturellement aux carnivores plantigrades. Les insectes
dont ils se nourrissent ne sont du reste que des chairs
modifiées.

Ils vivent un peu partout, dans les bois comme dans
les champs, dans la montagne comme dans la plaine,
dans l'eau même aussi bien que sous terre.

Pendant les froids, quelques espèces s'approchent de
nos demeures pour y chercher un refuge.

Le savant Carl Vogt, professeur à Genève, les a divisés
en MARCHEURS (*Hérisson*) ; FOUISSEURS (*Taupes*) ; PLON-
GEURS (*Desmans*) et TROTTEURS (*Musaraignes*).

Nous regrettons de ne pouvoir conserver ici cette
ingénieuse division qui plaît tout d'abord par sa sim-

plicité et qui est exacte dans ses grandes coupes, mais
défectueuse dans ses détails; car il est certain que le
Hérisson trotte souvent comme les Musaraignes, et que
parmi ces dernières l'une d'elles plonge aussi bien que
les Desmans, et offre une existence aussi aquatique.

Nous conserverons donc ici la vieille division en trois
familles bien caractérisées par leurs formes et leurs
mœurs générales. Ce sont les ERINACIDÉS ou *Hérissons*,
les TALPIDÉS ou *Taupes*, et les SORICIDÉS qui réunissent
à la fois les *Desmans* et les *Musaraignes*.

FAMILLE DES ÉRINACIDÉS

Elle est bien caractérisée par une armure de piquants
qui recouvre toute la partie supérieure du corps.

Un seul genre représente cette famille en France.

Genre HÉRISSON, *Erinaceus*

Caractérisé comme la famille.

Une seule espèce le représente chez nous.

Le Hérisson commun, *Erinaceus europœus* (LINNÉ).

NOMS VULGAIRES. — *Hyrreçon* (Nord). — *Hirchon, Irechon,
Hurchon, Urchon* (Nord, Pas-de-Calais), — *Hérichon,
Irechon* (Somme, Aisne). — *Hérichon, Herchon* (Somme,
Seine-Inférieure, Manche, Calvados, Eure). — *Lureçon,
Ureson, Leurson, Ireson, Iéreson, Niéreson* (Ardennes).
— *Hirson, Hireson* (Meuse). — *Ourson, Eurson, Urson,
Ureson, Inreson* (Moselle). — *Hurusson* (Côtes-du-Nord).
— *Orson* (Lorraine). — *Heurson, Soïe-ïele, Soï-egele*

(Alsace). — *Œurson, Hurson, Ouerson, Ouerso* (Vosges),
— *Heúreúc'hin* (Ille-et-Vilaine, Côtes-du-Nord, Finistère.
Morbihan, Loire-Inférieure). — *Heureuchin, Heureuchen
vor, Teureugenn* (Finistère). — *Eureçon* (Haute-Saône).
— *Erusson* (Maine-et-Loire). — *Eurson, Urson, Ire-
chon, Jeresson* (Doubs). — *Lérisson, Eriçon, Irechon,
Urson* (Jura). — *Orisson* (Cher). — *Eruchon, Eruç-hon*
(Saône-et-Loire). — *Erusson* (Vienne). — *Hirechon, Ire-
chon, Ireçon, Eriçon* (Ain). — *Hiresson,* l'*Hiresson*
(Savoie, Haute-Savoie). — *Erusson* (Isère). — *Alissoun*
(Gironde). - *Hérisso, Érisso, Érissoun, Hirisso* (Bou-
ches-du-Rhône, Var). — *Aris* (Alpes-Maritimes). — *Eris*
(Tarn). — *Erissoun* (Gard, Hérault, Aude). — *Erissou,
Palluc de Castanya* (Pyrénées-Orientales).— *Sagarroya*
(Basses-Pyrénées).

Ce petit animal connu de tout le monde vit dans les
bois, les buissons, les broussailles ; il se nourrit de vers,
Limaces,
Escargots,
Grillons et
insectes de
toutes sor-
tes, sans
dédaigner
les Souris,
Mulots et
peut-être
encore les
Musarai-
gnes qu'il
rencontre
sur son che-

Fig. 80. — Hérisson commun butinant.

min : il attaque aussi les serpents et vient à bout même

des vipères dont le venin est sans effet sur lui. — Il mange au besoin des fruits, des racines, des Crapauds et peut aussi dévorer des quantités de Cantharides sans en être incommodé.

Il atteint environ 0^m,20 de longueur.

Dans bien des campagnes, il a été et est encore victime de nombreux préjugés. On l'accuse de détruire la santé des Vaches, de les téter, de jeter des sorts aux bêtes, de dévorer des petits enfants ; aussi le martyrise-t-on de toutes les façons dès qu'on le rencontre.

Les anciens l'appréciaient au contraire. Aristote, Pline, Plutarque, saint Basile, vantent ses mœurs qui permettaient de prévoir le temps par la façon dont il se garantissait par avance des vents qui allaient souffler en calfeutrant plus ou moins son réduit de ce côté-là (1). — Ils l'appréciaient aussi comme médicament et employaient diverses parties de son corps contre plusieurs maladies. — De nos jours quelques personnes considèrent encore sa chair et son bouillon comme diurétique et laxatif.

Sa *chair* qui, sans être délicate, est mangée, dans beaucoup de localités, est un régal pour les bohémiens et beaucoup de gens de la campagne. On le fait cuire quelquefois comme d'autres viandes ; souvent aussi, c'est tout entier directement sur le feu nu ou mieux sous la cendre, au milieu d'une boule de terre glaise, et après l'avoir vidé et farci d'épices ou d'herbes odoriférantes.

(1) Albert le Grand (liv. VIII, *Trait. des anim.*, II, ch. II) raconte qu'un habitant de Constantinople, qui avait remarqué cet instinct des hérissons, en élevait chez lui pour les observer, ce qui lui permettait de prédire les vents, les tempêtes ou le calme à ceux qui se mettaient en mer, et lui rapporta ainsi une très grande fortune.

En Espagne il est toujours très estimé et recherché comme viande de carême; mais dans quelques endroits certains préjugés l'accusent de divers maux dont il est bien innocent.

Sa *peau* est utilisée par quelques paysans, à l'exemple de nos pères, pour faire des sortes de cardes; autrefois on s'en servait encore pour peigner ou démêler le chanvre et le lin; et de nos jours quelques éleveurs l'emploient aussi pour sevrer leurs veaux, en attachant un morceau de cette peau sur leur mufle, ce qui les fait repousser par leurs mères lorsqu'ils s'approchent pour téter.

Fig. 81. — Hérisson commun.

Dans les laboratoires d'anatomie on se sert avec avantage de ses *piquants* pour fixer les préparations au milieu des liquides acides qui attaqueraient les épingles métalliques.

Quelquefois on introduit ce petit animal dans les jardins pour y détruire les Limaces, Escargots et insectes divers; et plus souvent aussi dans les caves, remises, celliers et fournils où il remplace avantageusement les Chats pour manger les Souris et autres petits rongeurs tout en y détruisant encore les Grillons et Cafards.

On croit à tort dans les campagnes qu'il y a deux sortes de hérissons : l'une à museau de Chien, l'autre à museau de Cochon. A tort aussi, beaucoup de nos savants se figurent qu'il ne saute ni ne grimpe.

Pour se soustraire au danger ou à la dent des animaux carnassiers, il se roule en boule de façon à présenter de toutes parts son armure de piquants. Le Renard seul en vient à bout alors, dit-on, en l'inondant d'urine, ce qui le fait dérouler aussitôt.

On rencontre, mais très rarement, quelques sujets à épines blanches ou jaunâtres ; nous en avons néanmoins eu plusieurs exemplaires.

C'est un animal des plus utiles et qui doit toujours être protégé pour les services qu'il nous rend en détruisant de nombreuses espèces malfaisantes, petits Rongeurs et Vipères, ainsi que beaucoup de Limaces et Escargots, et un nombre plus considérable encore d'insectes de toutes sortes.

Famille des TALPIDÉS

Cette famille est composée d'animaux conformés spécialement pour une vie souterraine avec des membres antérieurs convertis en une sorte de palette ou pioche, et infiniment plus larges et plus vigoureux que les membres postérieurs.

Leur dentition se compose de 44 dents.

Un seul genre représente cette famille chez nous.

Genre TAUPE, *Talpa*

Ses caractères sont ceux de la famille.
Deux espèces le représentent en France.

La Taupe commune, *Talpa europœa* (Linné).

NOMS VULGAIRES. — *Foyan, Foyon, Fouan* (Nord). — *Teupe*
(Pas-de-Calais, Somme, Aisne). — *Taope* (Manche, Cal-
vados, Seine-Inférieure, Eure). — *Fian* (Meurthe). —
Fouyant, Feuyan (Moselle). — *Goz* (Bretagne). — *Sieu*
(Marne). — *Bousson, Bousserot, Bousseran, Moute-
nie* (Haute-Saône). —— *Darbon, Derbon, Montrignie,
Daervie, Daœrvie, Dravie, Draivie, Bousson, Boussot,
Bousserot, Bousseran* (Doubs). — *Dravie* (Jura). —
Darbon, Derbon (Jura, Ain, Rhône, Savoie, Haute-Savoie,
Isère). — *Sharbon, Tarpa* (Savoie). — *Darbon, Derbon,
Drabon* (Ain, Loire, Rhône, Isère). — *Derbon* (Ardèche).
— *Talpo* (Tarn). — *Talpa* (Gers). — *Taupo, Drebou,
Darbous, Dormihouso, Garri* (Vaucluse, Basses-Alpes,
Var). — *Talpa* (Alpes-Maritimes). — *Dormioué* (Bouches-
du-Rhône). — *Taoupo* (Gard). — *Bouhoun* (Basses-Pyré-
nées). — *Taupa* (Pyrénées-Orientales). — *Sâtorra, Sat-
suria* (Basses-Pyrénées).

Petit animal très commun dans toute la France et
curieux par la conformation de ses pattes antérieures
organisées spécialement pour creuser la terre, ce qu'il
fait avec une agilité surprenante. Ses yeux sont très
petits, à peine visibles, et ses oreilles entièrement cachées dans son pelage noir velouté, court et épais,
qui le préserve de l'humidité de sa demeure souterraine.

Sa taille ordinaire ne dépasse pas 0^m,14 ; mais quelques sujets atteignent jusqu'à 0^m,16 de longueur.

Sa dentition, très caractéristique, et tout son organisme l'obligent à un régime animal, et ne lui permettent aucunement le régime végétal que lui supposent la plupart de ses détracteurs.

La taupe qui consomme beaucoup de Lombrics et de Courtilières, détruit aussi des quantités de Larves et

FIG. 82. — Taupe commune.

particulièrement de Vers blancs, ce qui devrait la faire apprécier des cultivateurs ; mais en creusant ses galeries souterraines elle coupe quelques racines qu'elle trouve sur son passage et rejette en petits monticules la terre qu'elle déplace, ce qui gêne la fauchaison dans les prairies et bouleverse les semis. Généralement on lui fait une guerre trop acharnée, car ses services sont certainement bien supérieurs à ses dégâts.

Quelques jardiniers, bien avisés, l'introduisent chez eux vers la fin de l'automne pour lui faire nettoyer leur jardin; car, pour satisfaire son insatiable appétit elle continue ses travaux tout l'hiver, tant que le sol n'est pas trop fortement gelé. Au printemps dès que la végétation commence à s'activer, ces jardiniers s'en débarrassent en les capturant avec quelques pièges.

Outre les Lombrics, insectes de toutes sortes et Vers blancs qui forment le fond de sa nourriture, sa dentition très carnassière lui permet encore de nous rendre d'autres services en dévorant les Souris, Mulots et Reptiles qui s'aventurent dans ses galeries; malheureusement elle tue aussi quelques Musaraignes, quoique la forte odeur de leurs glandes odorantes les préserve le plus ordinairement de sa dent.

Rarement elle se montre sur le sol, si ce n'est pour changer de cantonnement et fuir les inondations.

Par suite de sa vie souterraine et de ses mœurs peu connues, la Taupe a toujours passé pour un être extraordinaire, et autrefois comme aussi de nos jours, on lui attribue des vertus bizarres. Ses pattes antérieures en particulier, de formes si étranges, ont servi et servent encore, dans certains pays, d'amulettes pour préserver du mal de dents ou favoriser la dentition des enfants, en les portant sur soi dans une poche ou attachées au cou.

— Ses *peaux* réunies et confectionnées en calottes passent aussi pour préserver des convulsions les enfants qui les portent.

Sa *chair* imprégnée d'une odeur assez forte répugne aux chiens même très acharnés à la rechercher, ils se contentent de la tuer; les chats n'y touchent pas non plus, c'est ce qui permet de l'empoisonner et de s'en servir sans danger comme véhicule de poison contre les Loups et les Renards.

Son *pelage*, doux, serré, très luisant et égal, qui présente l'apparence du velours, par suite de la position presque verticale des poils sur le corps, n'est pas aussi employée en pelleterie qu'il mériterait de l'être. Mais cela tient sans doute à la difficulté de se le procurer en bon état, car sa peau déjà bien petite est souvent avariée par le piège qui l'a prise ; et, quelle que soit la température, son corps entre en si rapide décomposition, qu'il est difficile d'arriver à utiliser une nombreuse chasse. On l'emploie surtout pour les petits objets et en particulier dans la fabrication des porte-monnaies. Quelquefois, de ces peaux bien réunies on confectionne aussi des gilets, des casquettes et surtout des doublures de fourrures.

Il y a de nombreuses variétés blanches, grises, isabelles, jaunes, ou avec des taches partielles de ces nuances, principalement placées sous le ventre.

La Taupe aveugle, *Talpa cœca*, Savi.

Noms vulgaires. — Les mêmes que pour la précédente, dans la France méridionale où elle se rencontre seulement.

Cette espèce bien voisine de la précédente, a jusqu'à ces derniers temps été confondue avec elle, dont elle diffère à peine par une taille un peu moindre ; mais elle a un museau beaucoup plus long, ayant depuis les incisives supérieures jusqu'au bout du groin presque le double de sa largeur mesurée vers ces mêmes incisives ;

tandis que dans la première espèce, cette largeur et cette longueur sont presque égales. Les yeux sont aussi plus cachés, et même recouverts par la peau, de là son nom d'*aveugle*. Elle présente aussi quelques différences de coloration, mais qui ne sont pas assez constantes pour servir de caractères de l'espèce.

Elle habite le pourtour de la Méditerranée et ne se rencontre que dans la France méridionale où elle a les mêmes mœurs et habitudes que la précédente. Elle rend les mêmes services et cause aussi les mêmes dégâts.

Son *pelage*, qui ne diffère guère de la précédente, peut remplir les mêmes usages, et se trouve aussi sujet aux mêmes variations.

Fig. 83. — Taupe aveugle, pendue pour *effrayer* les antres.

Dans beaucoup de localités — et bien qu'on soit persuadé qu'elles sont *aveugles* aussi bien l'une que l'autre — on pend la première que l'on attrape, dans la persuasion d'effrayer ainsi les autres et de leur faire quitter le canton.

Peu d'animaux rendent autant de services à l'homme que les *taupes* et peu aussi ont été autant attaqués qu'elles ; ce qui fait qu'elles ont eu à la fois des défenseurs passionnés et des détracteurs non moins acharnés.

L'histoire et le rôle de la Taupe dans la nature ont été singulièrement altérés, par certains taupiers d'une part, intéressés à grossir leurs dégâts, pour mieux faire ressortir leurs services personnels ; par des valets de fermes ou cultivateurs qui ne voyaient que les buttes de terre qu'elles formaient dans les prairies, où elles gênaient les fauchaisons, sans se rendre compte des services moins visibles qu'elles leur rendaient ; ou par d'autres encore qui attribuaient à la Taupe les dégâts commis par les Vers blancs et autres insectes dont elle se nourrissait et qu'elle allait naturellement chercher, où ils se trouvaient, c'est-à-dire, au milieu même des racines qu'ils ravageaient, et qu'elle-même bouleversait peut-être un peu pour arriver à les saisir. — Il est donc naturel que ses galeries aboutissent à des plantes malades ou ravagées, puisque c'est là qu'elle allait chercher sa nourriture et détruire les insectes, causes de ces dégâts.

Nous ne prétendons pas cependant que dans toutes les circonstances, les services de cet auxiliaire soient considérables et parfaits. — Non, assurément ! — Suivant les terrains, le temps, les saisons, les cultures, leur nombre même, les services des Taupes peuvent être plus ou moins grands et même devenir nuisibles, comme le seraient les services d'un garçon de ferme, qui sans direction, bécherait et rebécherait sans cesse le même terrain pour rendre la terre meilleure sans laisser aux cultures le temps de pousser et de mûrir.

— C'est donc à nous de bien étudier leurs mœurs, de connaître à fond leurs services, et les conditions dans lesquelles ils deviennent des dégâts, afin de savoir utiliser et au besoin diriger leurs travaux comme ceux de tout autre employé. — Mais soyons assez justes, ou au moins assez intelligents et intéressés pour ne pas condamner. toujours et quand même, un animal qui nous a rendu des services, surtout quand il peut nous les continuer encore (1).

Famille des SORICIDÉS

Elle est composée de petits animaux ayant l'apparence de Rats ou de Souris, mais dont le museau se prolonge en une sorte de petite trompe et que l'on divise en deux groupes : les Desmans et les Musaraignes.

Groupe des Desmans

Ce sont des animaux dont les membres postérieurs pourvus d'une membrane palmaire sont par conséquent appropriés à la vie aquatique ; leur queue comprimée latéralement vers l'extrémité leur sert aussi de gouvernail ; leur museau se termine par une sorte de trompe assez allongée.

Ils ne forment qu'un seul genre en France.

---

(1) Nous nous proposons du reste de revenir ailleurs, et plus longuement, sur ce sujet, et nous recevrons avec plaisir et reconnaissance toutes les communications qu'on voudra bien nous faire à cet égard.

Genre DESMANS, *Mygale*

Ses caractères sont ceux du groupe.

Il ne comporte qu'une espèce chez nous.

Le Desman des Pyrénées, *Mygale pyrenaïca*, Geoff.

Noms vulgaires. — .....?

Petit animal à mœurs aquatiques, à museau très prolongé, à pattes de derrière largement palmées, à queue longue et comprimée en forme de rame ou godille, et possédant une glande musquée à la base de la queue.

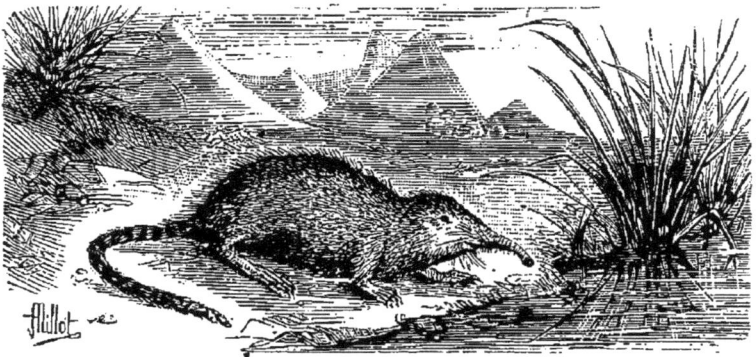

Fig. 84. — Desman des Pyrénées.

Il vit, au milieu de quelques vallées des Pyrénées, où il a été découvert il y a quelques années, dans divers cours d'eaux ; à Tarbes, aux deux Bagnères, à Saint-Bertrand-de-Comminges, etc., dans le département des Hautes-Pyrénées, et sans doute aussi dans toute la chaîne des Pyrénées, car on le retrouve également sur le versant Espagnol ; il n'est du reste commun nulle part. Il détruit beaucoup d'insectes et de mollusques, mais est accusé aussi de manger des Grenouilles, de jeunes poissons et pas mal de frai ; on prétend même qu'il détruit de nombreuses Truites attirées par la sécrétion musquée de sa glande anale ?

Ses mœurs sont nocturnes, et il vit ordinairement le jour au fond de petits terriers ou galeries aboutissant dans l'eau. On le rencontre cependant quelquefois au milieu de racines ou d'amas de détritus ou feuilles sur le bord des rivières ou torrents.

Sa taille ordinaire est de 0ᵐ,12 à 0ᵐ,13 de longueur de corps et autant de longueur de queue.

Sa *chair*, sans doute imprégnée de l'odeur de sa glande musquée, ne doit pas être comestible.

Sa *peau*, douce et brillante, pourrait fournir une jolie petite fourrure, mais il n'est pas assez commun pour pouvoir être utilisé industriellement.

Groupe des Musaraignes

On réunit ordinairement sous ce nom de petits animaux caractérisés par le prolongement de leur museau en une sorte de petite trompe (moins allongée que celle des Desmans), et bien séparés en deux sections par l'aspect de leurs dents, dont les pointes sont colorées en rouge chez les uns et restent blanches chez les autres.

Pour simplifier notre classification, nous n'adopterons ici qu'un seul nom français, celui de *Musaraigne*, qui appartient plus particulièrement aux espèces ayant les pointes des dents rouges, et nous donnerons, mais en

8

latin seulement, le nom de *Crocidura* aux espèces ayant les pointes des dents blanches.

Genre MUSARAIGNE, *Sorex*

Il présente les caractères que nous avons signalés pour le groupe et renferme des espèces à pointes de dents rougeâtres, et d'autres à dents entièrement blanches. Les zoologistes ont encore redivisé chacune de ces sections en deux genres.

NOMS VULGAIRES. — Toutes les *Musaraignes* et *Crocidures* (à l'exception de la *Musaraigne d'eau*) ont généralement été confondues par le public, aussi n'ont-elles reçu que des noms généraux s'appliquant indifféremment à toutes les espèces : *Musette* (Somme). — *Méseraine, Mésiraigne, Mésiragne* (Normandie). — *Seuri ai gran meusé* (Meuse). — *Mouffrette* (Vosges). — *Minouc'h, Morsen, Morzen, Bôvélin* (Bretagne). — *Minoc'h* (Finistère). — *Miserette* (Maine-et-Loire). — *Muserigne* (Vienne). — *Seri* (Doubs). — *Mouset, Masette, Musette* (Jura). — *Méserèt, Naserèt* (Ain). — *Simon* (Isère). — *Museraigno* (Gers). — *Garri dou mourre pounchu, Furo do mourre pounchu, Garri de compagno* (Provence). — *Mourru de trumpéte* (Pyrénées-Orientales). — *Garri de campagna* (Alpes-Maritimes).

Section à pointes des dents rougeâtres

Ce sont les vraies **Musaraignes** qui se distinguent des *Crocidures* par la coloration rouge de la pointe de leurs dents, et l'absence de grands poils parsemés sur la queue au travers des petits poils qui la recouvrent. Elles ont 30 ou 32 dents.

La Musaraigne d'eau, *Sorex fodiens*, Gmélin.

Noms vulgaires. — Tous les noms indiqués pour ceux de la tribu, auxquels il faut ajouter : *Rette d'auve* (Vosges). — *Méserét d'édier* (Ain). — *Rat d'aou mourré pounchû, Rat d'aiguo mourré pounchû, Rato d'aiguo, Garri d'aiguo* (Bouches-du-Rhône, Basses-Alpes, Var). — *Furo d'aou mourré pounchû* (Hérault).

Cette espèce se distingue des suivantes par ses incisives inférieures médianes non dentelées, ses pieds garnis de cils natatoires sur les côtés, la queue comprimée et frangée en-dessous de poils raides dans sa partie

Fig. 85. — Musaraigne d'eau.

postérieure lui servant surtout de gouvernail ; puis 30 dents au lieu de 32.

Son *pelage*, très épais, est enduit d'une substance grasse qui l'empêche de se mouiller et le rend encore souvent luisant. Il est assez variable dans sa coloration, mais se présente ordinairement noir ou bien foncé en dessus, passant brusquement au blanc jaunâtre en dessous. Ordinairement il présente deux taches blanches en arrière de l'œil.

Elle nage et plonge admirablement, détruit beaucoup d'insectes, de vers, de mollusques et de larves aquatiques ; mais fait aussi de grands dégâts en dévorant des quantités assez considérables de frai de poissons et d'œufs d'Écrevisses ou de Grenouilles, ainsi que ces divers animaux eux-mêmes, auxquels elle joint encore de petits mammifères et oiseaux. Pendant les gelées, elle s'attaque quelquefois à de grands poissons, Carpes ou autres, venus respirer vers les trous pratiqués dans la glace et leur dévore en quelques instants les yeux et la cervelle aussi, dit-on.

Elle habite les eaux des pays montagneux et présente plusieurs variétés dont la taille varie entre $0^m,085$ et $0^m,125$ avec $0^m,06$ à $0^m,075$ de queue.

Malgré ses services, elle est beaucoup plus nuisible qu'utile.

La Musaraigne vulgaire ou **Carrelet,** *Sorex vulgaris*, Linné.

Noms vulgaires. — Ceux indiqués en tête du groupe.

Cette espèce caractérisée comme les deux suivantes par 32 dents et les 2 incisives inférieures médianes dentelées, s'en distingue par une queue épaisse, plus courte que le corps et garnie de poils ras.

Les variations de son pelage toujours plus foncé sur le dos que sur les parties inférieures ont fait créer de nombreuses variétés.

On la trouve communément un peu partout; l'été, habitant surtout dans les champs, où elle poursuit sur terre les insectes, et dans
leurs galeries
souterraines les
Mulots et Cam-
pagnols, tandis
que l'hiver elle
gagne souvent
nos demeures, et
s'établit dans les
trous de Souris,
à qui elle fait
aussi une chasse
acharnée.

Fig. 86. — Musaraigne vulgaire ou Carrelet.

Elle atteint
0^m,06 à 0^m,07 de taille, avec 0^m,03 à 0^m,04 de longueur de queue.

La Musaraigne des Alpes, *Sorex alpinus*, SCHINZ.

NOMS VULGAIRES. — Ceux indiqués en tête du groupe.

Cette espèce, qui a les caractères de la précédente se distingue d'elle par une moustache longue blan-châtre et de la suivante par une queue aussi longue ou plus longue que le corps et couverte de poil ras. Son pelage est ordinairement gris ardoisé plus ou moins foncé sur les deux faces, mais plus clair en dessous.

Ses mœurs sont assez semblables à celle du *Carrelet*.

Elle n'habite que nos montagnes et se rencontre surtout sur celles de nos frontières de l'est et du midi, où

Fig. 87. — Musaraigne des Alpes.

elle n'est pas rare, et atteint ordinairement $0^m.07$ de longueur de corps et autant de queue.

La Musaraigne pigmée, *Sorex pygmœus*, PALLAS.

NOMS VULGAIRES. — Ceux indiqués en tête du groupe.

Cette espèce qui, comme les deux précédentes, a les pointes des dents rouges, avec les deux incisives médianes inférieures dentelées, se distingue d'elles par une queue plus courte que le corps, et couverte de poils allongés, rousse en dessus, claire en dessous et terminée par un pinceau de poils de $0^m,005$ de longueur. Brunâtre en dessus, elle est gris-clair en dessous; ses oreilles dépassent les poils de la tête, et comme les précédentes elle est ornée d'assez fortes moustaches.

Elle est répandue à peu près sur toute la France,

et n'atteint que 0ᵐ,04 à 0ᵐ,05 de longueur de corps avec 0ᵐ,035 à 0ᵐ,038 de longueur de queue.

Ces trois dernières espèces, qui ont, comme la *Musaraigne d'eau* les pointes des dents rouges, en sont bien distinguées par l'absence des poils raides sur les côtés des pieds; 32

Fɪɢ. 88. — Musaraigne pigmée.

dents au lieu de 30, et les deux incisives inférieures médianes dentelées.

Quoique affectionnant les localités humides, elles ne vont point dans l'eau comme la première. Ce sont de petits animaux courageux et querelleurs qui détruisent beaucoup d'insectes, mais qui s'attaquent aussi aux Lézards, Grenouilles et petits mammifères ; parfois aussi aux ruchers, où ils peuvent faire d'assez grands dégâts. — En somme cependant, et à l'exception de la Musaraigne d'eau, ils nous rendent de grands services, soit dans les champs, soit près de nos demeures, où nous devons veiller à les éloigner de nos ruches.

Section à dents entièrement blanches

Ces animaux, très souvent appelés **Crocidures,** se

distinguent des Vraies *Musaraignes* par leurs dents entièrement blanches, et par la présence de grands poils rares parsemés sur toute la queue au milieu des poils fins qui la couvrent. Ils ont 28 et 30 dents.

La Musaraigne aranivore ou Musette, *Crocidura aranea* (Schreber).

Noms vulgaires. — Ceux indiqués en tête du groupe.

Cette espèce, comme la suivante, ne possède que 28 dents ; mais elle en diffère par sa queue plus longue que la moitié de son corps, ses oreilles bien développées et dépassant les poils de la tête, ses teintes foncées en dessus, grises en dessous, fondues sur les côtés, et ses pieds gris au lieu de blancs. C'est, parmi nos Musaraignes, celle qui se rapproche le plus des habitations, surtout en hiver, où elle vient se

Fig. 89. — Musaraigne aranivore ou musette.

réfugier dans les granges, serres, écuries ou étables. La nuit elle entre aussi dans les cuisines, pénètre dans les fournils, et les garde-manger où elle recherche les Vers de farine, les Blattes, les Cafards, etc. Comme les

autres, elle fait aussi la guerre aux Souris et Campagnols ; et c'est bien à tort qu'on l'a accusée de ronger les
pieds de nos oiseaux de basse-cour, d'occasionner des
maladies mortelles aux Chevaux et d'être venimeuse.

Elle atteint une taille d'environ 0ᵐ,06 et 0ᵐ,04 pour la
queue qui est ainsi plus longue que la moitié du corps.

La Musaraigne leucode, *Crocidura leucodon*, HERMAN.

NOMS VULGAIRES. — Ceux
indiqués en tête du
groupe.

Cette espèce diffère
de la précédente et de la
suivante par une queue
plus courte que la moi-
tié du corps, et ses
teintes brun-noirâtre
en dessus et blanc pur
en dessous, bien tran-
chées sur les flancs.

Ses mœurs sont ana-
logues à celles de la précédente, mais elle est
moins répandue qu'elle
et paraît confinée sur-
tout dans l'est de la
France.

Plus sauvage que
cette dernière, elle se

FIG. 90. — Musaraigne leucode.

montre moins dans le voisinage de l'homme et recherche davantage les taillis, broussailles et endroits couverts.

Sa taille varie entre 0^m,063 à 0^m,070, avec 0^m,03 de longueur de queue.

La Musaraigne étrusque, *Crocidura etrusca*, Savi.

Noms vulgaires. — Ceux indiqués en tête du groupe.

Cette espèce, à dents blanches, comme les précédentes, diffère d'elles par 30 dents au lieu de 28. C'est le plus petit de tous nos mammifères, pesant environ 1 gr. 5 dé-

Fig. 91. — Musaraigne étrusque dévorant un jeune oiseau.

cigrammes et ne dépassant guère 0^m,065 de longueur totale, dont 0^m,025 de longueur de queue, soit 0^m,035 de longueur de corps (tête comprise).

Cette petite bête gris-roux en dessus, plus clair en

dessous, a les pieds blancs, la moustache blanche, et une queue un peu carrée se terminant en pointe.

Très frileuse, elle ne s'étend guère au-delà de nos départements méridionaux et se réfugie près de nos demeures l'hiver.

Malgré sa petite taille, cet animal très carnassier, ne craint pas de s'attaquer à des Souris, Campagnols ou Mulots beaucoup plus gros que lui : il ne fait même pas grâce aux oiseaux, s'il rencontre quelque nichée en trottinant par terre ou sous les haies. Alors il grimpe dans le nid, précipite à terre un jeune, l'égorge, en dévore une petite partie, et se sauve sans attendre les parents qui pourraient l'exterminer d'un coup de bec. Sa nourriture principale consiste cependant surtout en insectes de toute taille, dont il fait un grand carnage.

Ces petits animaux, quoique rappelant par leur forme les Vraies Musaraignes, en sont facilement distingués par leurs dents toujours blanches. Leur genre de vie est à peu près le même, mais leurs mœurs sont plus nocturnes. Ils recherchent les lieux secs, se cachent dans la mousse et les feuilles sèches, vivent près des habitations et s'installent volontiers durant l'hiver dans les étables, les celliers et les granges, où, malgré leur petitesse, ils font une guerre acharnée aux ennemis de nos récoltes, les Souris et Mulots qu'ils dévorent ainsi que les cadavres de leurs propres espèces, sans négliger une chasse constante aux Charançons et autres petits insectes qui s'attaquent à nos grains, ou même aux limaces et petits mollusques qui les dévorent en herbes. Ce sont donc, avec les vraies Musaraignes des auxiliaires précieux, malgré les ridicules préjugés de certaines localités où on les accuse de mille maux, maladies ou plaies, que leur vue ou leur attouchement peut provoquer chez les gens et les animaux.

Il ne faut cependant pas oublier qu'étant des insecti-vores parfaits, toutes les *Musaraignes* sont ou paraissent insensibles aux piqûres des abeilles, et qu'il faut dès lors les détruire aux environs des ruches où elles peu-vent faire d'assez sérieux dégâts.

En raison de leur petite taille, ces animaux ne seraient guère utiles comme alimentaires, mais une autre rai-son s'oppo-se encore à ce que leur *chair* soit comestible, c'est que la plupart d'entre eux sont pour-vus sur les flancs de pe-tites glan-des secré-tant des pro-duits plus

FIG. 92. — Musaraignes butinant.

ou moins musqués qui font que les Chiens et les Chats mêmes, qui les tuent trop souvent, refusent cependant de les manger.

Quant à leurs *peaux* fort jolies, mais trop petites et trop difficiles à assortir de teintes, elles ne peuvent être l'ob-jet d'un commerce rendu plus difficile encore par leur petit nombre et la difficulté de leur capture ; ce n'est donc qu'accidentellement et par fantaisie que l'on peut rencontrer l'utilisation de quelques-unes d'entre elles.

Tous les animaux de cet ordre sont des plus utiles à l'agriculture, en raison du grand nombre de larves et d'insectes qu'ils détruisent pour se nourrir. Deux d'entre eux, cependant, le *Desman* et la *Musaraigne d'eau* peuvent être accusés de dégâts sensibles et être proscrits sans grands inconvénients ; mais doivent l'être surtout au voisinage des réservoirs de poissons, et de tout cours d'eau où l'on se livre à leur élevage (1).

En même temps que la Nature armait particulièrement ces animaux contre les insectes aériens, aquatiques, terrestres ou souterrains, qu'ils sont chargés de poursuivre et détruire, elle se plaisait à les protéger mieux que les autres petits mammifères (les rongeurs qui sont nos ennemis comme beaucoup d'insectes) contre la dent des animaux carnassiers ou le bec des oiseaux de proie. Aux Taupes et aux Desmans elle a donné des habitudes souterraines ou aquatiques qui les dérobent à leur vue ou à leur atteinte ; aux Hérissons c'est une armure de piquants qui les garantit de leurs becs ou dents ;

_____

(1) Nous avons tenu à figurer ici ces diverses espèces généralement peu connues, afin que tout le monde, et les cultivateurs en particulier, apprennent bien à distinguer leurs *amis* et *auxiliaires,* et ne les confondent plus avec leurs ennemis acharnés, les Souris, Mulots et Campagnols que nous allons voir plus loin, et qui en diffèrent beaucoup, surtout par la forme du museau. Comme nous le voyons aux *noms vulgaires*, le même terme sert trop souvent à désigner en même temps les *Musaraignes* nos amis, et les *Souris* nos ennemis.

aux Musaraignes enfin ce sont des glandes musquées qui imprègnent leur corps et leur chair d'une odeur qu'ils fuient et détestent, ou bien c'est une si petite taille, qu'il leur est facile de se dissimuler à tous les regards.

Suivons donc les exemples que la Nature nous donne, et protégeons aussi nos petits auxiliaires comme elle nous a enseigné elle-même à les protéger.

Ordre IV. — RONGEURS

Ces animaux, comme l'indique leur nom, se nourrissent en rongeant; ils sont pour cela armés d'incisives tout particulièrement tranchantes, dont l'usure se compense par une croissance continue; mais il leur manque les canines, à la place desquelles se trouve un espace vide nommé *barre*.

Les uns n'ont que deux incisives à chaque mâchoire; ils sont très nombreux et généralement nos ennemis : ils habitent partout, les forêts comme les champs, les montagnes comme les plaines, sous terre, même sous l'eau, et malgré nous, jusque dans nos demeures. Beaucoup parmi eux sont des grimpeurs habiles.

Les autres, les moins nombreux et les plus utiles, ont leurs deux grandes incisives supérieures doublées de deux petites en arrière, et habitent les champs et les forêts ou nos demeures, mais toujours à terre. Ce sont : les *Lièvres* et *Lapins*.

Tous ont les extrémités postérieures plus longues que les antérieures, ce qui permet à quelques-uns des sauts considérables ou une course très rapide malgré leur faible taille.

Nous guidant sur leurs formes, leurs habitudes et

leur alimentation générale nous les diviserons en trois tribus, sous les noms de : GRANIVORES, FRUGIVORES et HERBIVORES (1).

Rongeurs à **deux** *incisives supérieures*

TRIBU DES GRANIVORES

Cette tribu se compose d'animaux vivant ordinairement à terre, quoique certains grimpent aisément. Quelques-uns ont des mœurs aquatiques ou souterraines. Tous n'ont que deux incisives à la mâchoire supérieure, et se nourrissent sur le sol ou dans les galeries et terriers qu'ils creusent, et où ils amassent quelquefois d'importantes provisions.

Le fond de leur nourriture consist néralement en

(1) Cette classification comme celle de C. Vogt pour l'ordre des INSECTIVORES est évidemment critiquable en ce sens, que tous nos *granivores* ne sont pas **exclusivement** granivores, et qu'il en est de même pour nos *frugivores* et *herbivores* ; mais elle représente d'une façon suffisamment exacte le fond ou mode de nourriture de chacun, pour qu'elle nous semble devoir être acceptée de tout le monde, car dans aucun des groupes ne se trouvent des animaux ayant comme fond d'alimentation celui du groupe voisin. Dans la première tribu seulement, on rencontre de vrais *omnivores*, mais vivant dans une sorte de demi-domesticité, et dont les goûts se sont évidemment pervertis au voisinage de l'homme. Ce sont, les rats et souris. Partout ailleurs, ce n'est qu'accessoirement, et comme une sorte de dessert, ou pour cause de disette, qu'ils sortent de leurs habitudes spéciales d'être *granivores, frugivores* ou *herbivores*. On ne peut en excepter les castors, car les écorces ou tiges d'arbrisseaux dont ils se nourrissent, ne sont que des herbes transformées et devenues plus ou moins ligneuses.

graines dont quelques-uns font une immense consommation ; mais leurs dégâts s'étendent bien au-delà
encore et s'exercent sur terre, sous terre, dans l'eau et
jusque dans nos demeures.

Les grains et graines particulièrement, mais aussi tout
ce qui peut se manger est exposé à leurs dents et au vorace appétit de quelques-uns : fruits et plantes féculentes,
racines succulentes, plantes bulbeuses, frai de poissons
ou alevin et provisions alimentaires de toutes sortes.

Leurs dégâts ne sont compensés par rien, pas même
par leur *chair* que l'on n'est pas dans l'habitude de
manger, quoique la plupart de ceux qui vivent loin
de l'homme puissent certainement lui fournir une alimentation tout aussi saine et délicate que celle de
beaucoup d'oiseaux qui comme eux se nourrissent de
graines et matières végétales.

Cette tribu comprend des animaux d'organisation et
d'habitudes assez diverses.

Ils n'ont qu'un petit nombre de molaires et 16 dents
en tout. Le pouce de leurs membres antérieurs est rudimentaire.

On les divise en trois familles, les Cricétidés, les
Arvicolidés et les Muridés. La première est heureusement très rare chez nous ; mais les deux dernières sont
assez nombreuses en espèces et en individus.

Famille des CRICÉTIDÉS

Cette famille est bien différenciée de toutes les autres
par la présence de larges abajoues ouvertes dans la

bouche et s'étendant sous la peau jusque vers les épaules.

Les animaux qui la composent ont une forme massive, des ongles larges et courts, des habitudes fouisseuses, et une queue très courte.

Elle ne nous fournit qu'un seul genre heureusement très cantonné, et sur un petit espace.

Genre HAMSTER, *Cricetus*

Ses caractères sont ceux de la famille.

Il ne comprend chez nous qu'une seule espèce fort peu répandue.

Le Hamster commun, *Cricetus vulgaris*, Desmarest.

Noms vulgaires. — Il a parfois été désigné par quelques auleurs sous le nom de *Marmotte d Allemagne*, *Marmotte de Strasbourg* et aussi de *Cochon de seigle*.

Ce petit rongeur, le seul chez nous pourvu d'abajoues est particulier à l'Alsace. Il ressemble aux Rats, mais est plus trapu ; atteint 0^m,30 de longueur, mais seulement 0^m,03 de queue. Sa couleur très variable suivant les individus, est généralement fauve sur le dos, noire sur le ventre, jaunâtre sur les joues, blanche sur la bouche et les pieds. Il fait de profonds terriers où il amasse pour l'hiver de grandes provisions de grains, qu'il transporte au moyen de ses abajoues utilisées comme de vastes poches. On a trouvé à la fois jusqu'à cinq ou six décalitres de grains de toutes sortes ainsi enfouis par ce rongeur.

Il s'attaque également aux petits mammifères qu'il

dévore ; se montre friand d'œufs et d'oiseaux ; ne craint pas de sauter au cou des Chiens qui le poursuivent, et de mordre les jambes des gens qui le chassent. Certaines années, et sans causes apparentes, il multiplie au point de devenir un véritable fléau dans les localités où il s'établit ; aussi le recherche-t-on activement pour le détruire et aussi pour découvrir ses terriers et les provisions qu'ils renferment.

Fig. 93. — Hamster commun.

Plus qu'à tout autre, nous pouvons lui demander de nous dédommager par sa *chair* des préjudices qu'il cause à nos récoltes. — Il faut du reste croire qu'il fait un bon manger, car les Chats, les Chiens, les Renards, les Fouines et les oiseaux rapaces qui souvent se contentent de tuer sans dévorer leurs proies, s'en repaissent toujours avidement.

Sa *peau*, couverte d'un duvet doux et court surmonté de longs poils soyeux et noirs à leur extrémité, fait une excellente fourrure très employée pour la doublure des vêtements.

Heureusement peu répandu chez nous, ce petit animal ne cause que des dégâts restreints, car ses dommages sont très localisés; mais ils n'en sont pas moins terribles pour les lieux où il s'installe; aussi doit-il être traqué avec autant de soins que les Campagnols et avec la plupart des pièges que l'on emploie contre eux, et dont nous parlerons à leur propos. On découvre du reste facilement sa présence par l'amas de terre accumulée à l'entrée des galeries de son terrier.

Famille des ARVICOLIDÉS

Les petits animaux qui composent cette famille n'ont pas d'abajoues comme les Cricétidés; ils diffèrent des Muridés par de petites oreilles, plus ou moins cachées par les poils de la tête, une queue courte, toujours bien moins longue que le corps et garnie de poils, ainsi que par un corps plus trapu et un museau large paraissant comme tronqué.

Ils ne vivent pas au voisinage immédiat de l'homme mais dans la campagne où quelquefois ils multiplient extraordinairement, et causent d'immenses dégâts. Beaucoup de gens les confondent souvent tous ensemble sous le nom de *Mulots* qui n'appartient à aucun d'eux.

Généralement ils sont d'assez petite taille et sujets à des migrations plus ou moins étendues, mais ordinairement peu appréciables chez nous.

Quoique divisés souvent par les zoologistes actuels en quatre genres, mais établis sur des caractères peu importants, nous les laisserons groupés comme autrefois sous une seule dénomination.

Genre CAMPAGNOL, *Arvicola*

Ses caractères sont ceux de la famille.

Dans l'état actuel de nos connaissances, il semble réunir dix espèces françaises.

Le Campagnol roussâtre, *Arvicola glareolus*(Schr.).

Noms vulgaires. — *Ratta durbounéza* (Ain). — *Rat deï champ* (Gard). — *Rat dels prats* (Pyrénées-Orientales).

De la taille de la Souris à peu près, mais différant des

Fig. 94. — Campagnol roussâtre.

vrais Rats, comme tous les autres Campagnols, par une queue courte et bien fournie de poils. Son pelage est assez variable, mais ordinairement il est roux-vif sur le dos, gris sur les flancs ; pieds et ventre blancs avec la queue blanche en dessous et brune en dessus. Sa taille s'accroît souvent dans les régions montagneuses, où sa robe devient aussi plus foncée.

Partout il fait de grands dégâts ; les grains, les plantes, les racines, tout lui est bon ; il est du reste insatiable comme tous les autres Campagnols. Il réside ordinairement sur la lisière des bois, dans la broussaille ou les buissons, dont il dévore l'écorce durant l'hiver. Souvent il participe aux méfaits que l'on attribue plus particulièrement au *Campagnol des champs.*

Quelques auteurs ont identifié cette espèce à l'*Arvicola rutilus* de Pallas, espèce septentrionale qui diffère de la nôtre et que nous ne croyons pas avoir été jamais rencontrée en France.

Sa taille varie entre $0^m,09$ à $0^m,12$ de longueur de corps pour $0^m,05$ à $0^m,06$ de longueur de queue.

Le Campagnol de Nager, *Arvicola Nageri* (Schinz).

Noms vulgaires. — .....?

Ce Campagnol, assez voisin du précédent (quelques auteurs prétendent qu'il n'en est qu'une variété), en diffère cependant par une taille beaucoup plus grande, une coloration différente et des poils plus longs qui font aussi paraître ses petites oreilles plus courtes.

Le brun roux de son dos est bien nettement séparé du blanc qui recouvre ses parties inférieures, par une large raie gris-fauve ou jaunâtre qui couvre ses flancs.

Il vit dans la région montagneuse de notre frontière

de l'Est depuis l'Alsace jusqu'aux Alpes-Maritimes, et recherche particulièrement les coteaux exposés au soleil.

Ses dégâts, quoique moins considérables que ceux du précédent, par suite de la région qu'il habite, n'en sont pas moins sensibles auprès des cultures bien moins nombreuses.

FIG. 95. — Campagnol de Nager.

Sa taille, qui est assez variable, atteint jusqu'à 0^m,19 de longueur de corps avec 0^m,065 de longueur de queue.

Ces deux espèces, qui sont les plus élégantes de nos Campagnols et ont des formes de Souris, représentent le genre *Myodes* de De Sélys et Gerbe. Ils ont la queue aussi longue que la moitié du corps, huit mamelles et six tubercules aux pieds postérieurs, mais sont surtout caractérisés par des oreilles aussi longues que la moitié de la tête et dépassant largement les poils.

Le Campagnol amphibie ou Rat d'eau, *Arvicola amphibius* (LINNÉ).

NOMS VULGAIRES. — *Raz dour* (Bretagne). — *Rat péchère* (Ain). — *Arrat aygassé* (Gers). — *Rat bufon* (Tarn). — *Rat d'ayga*, *Rat bufo* (Pyrénées-Orientales). — *Rat d'aiguo*, *Rat grioûle*, *Garri d'aiguo* (Bouches-du-Rhône, Var). — *Garri green* (Var).

Il est à peu près de la taille du Rat ordinaire, car il atteint et dépasse quelquefois 0^m,22 de longueur de

FIG. 96. — Campagnol amphibie ou rat d'eau.

corps, avec 0^m,11 à 0^m,12 de longueur de queue, mais varie comme dimension et comme coloris. Ordinairement il est gris brunâtre en dessus et plus clair en dessous.

Il vit dans des terriers au bord de l'eau. Sa nourriture le plus souvent végétale, se compose de tiges de roseaux, de racines d'arbres et de légumes, ainsi que des plantes bulbeuses qu'il ronge sous terre ; mais il s'attaque aussi aux Grenouilles, Têtards et petits poissons.

Dans les étangs, il fait des dégâts considérables et en annule en partie les pêches par la destruction d'une grande quantité de frai ou d'alevin, sans parler des œufs et des jeunes oiseaux aquatiques.

Sa *chair*, que l'Église considère comme *maigre*, est très recherchée dans quelques localités du midi de la France où les paysans lui font une chasse active.

Le Campagnol de Musignan, *Arvicola Musignanii*, De Sélys.

Noms vulgaires. — *Garri d'aiguo* (Bouches-du-Rhône, Var). — *Garringuen* (Basses-Alpes). — *Garrigrèn* (Var). — Souvent aussi il est confondu avec le précédent.

Fig. 97. — Campagnol de Musignan.

Il est assez voisin du *Rat d'eau* ordinaire et souvent

confondu avec lui, car il a aussi des mœurs assez semblables, mais qui se modifient un peu suivant les milieux variables dans lesquels il habite.

Sa taille variable est généralement un peu inférieure à celle de ce dernier ; mais sa coloration surtout est toujours beaucoup plus fauve et plus claire.

Il nous semble habiter surtout à l'est du Rhône et de la Saône.

Le Campagnol terrestre ou Schermans, *Arvicola terrestris* (LINNÉ).

NOMS VULGAIRES. — .....?

Ce Campagnol réuni au précédent par quelques auteurs, en diffère par des habitudes plus terrestres, quoique ses mœurs varient beaucoup suivant les localités. Sa tête est aussi plus grosse, son museau plus large et ses formes plus ramassées. Ses teintes, surtout aux pattes, sont plus sombres, et arrivent presque au noir.

Pendant longtemps on l'a considéré comme une espèce exclusivement allemande ; mais il est répandu chez nous, dans les Ardennes, les Vosges, toute l'Alsace et le Jura. On prétend même qu'il existe dans les Pyrénées ?

Comme le Hamster son voisin, il établit des magasins où il accumule des provisions pour l'hiver, aussi ses dégâts sont-ils considérables vers l'époque des moissons. Mais il ne se contente pas seulement de grains, et tout est bon pour son insatiable appétit, légumes divers, carottes, betteraves, oignons, pommes de terre, haricots, pois, maïs et fruits de toutes sortes.

Les hivers un peu rudes en détruisent heureusement beaucoup, ainsi que la plupart des oiseaux et animaux carnassiers.

Fig. 98. — Campagnol terrestre ou Schermans.

Sa taille un peu variable est d'environ $0^m,14$ à $0^m,15$ de corps avec $0^m,07$ de longueur de queue.

Tous ces Campagnols sont sujets à d'assez grandes variations de coloration ; on rencontre même quelques individus tout blancs, d'autres entièrement roux et d'autres encore tout noirs.

Le Campagnol des neiges, *Arvicola nivalis*, MARTINS.

NOMS VULGAIRES. — *Garri di montagno* (Basses-Alpes).

Il habite les lieux élevés, spécialement les Alpes et les Pyrénées et fait moins de dégâts que les autres, ses déprédations étant limitées à des régions désolées où pour vivre il est souvent obligé de creuser des galeries sous la neige afin de trouver quelques racines à ronger. — Moins défiant que les autres, il pénètre dans les chalets et huttes des bergers ou ascensionistes et y consomme toutes les provisions qu'il rencontre.

Fig. 99. — Campagnol des neiges.

C'est certainement le vertébré qui s'établit à la plus grande élévation en Europe, et malgré cela il ne passe pas l'hiver en état d'engourdissement comme les Marmottes, mais vit tout doucement de ses provisions et des quelques racines qu'il trouve sous la neige.

Ordinairement il est gris brunâtre sur le dos, plus clair sur les flancs et blanchâtre en dessous.

Sa taille varie entre 0^m,10 à 0^m,12 et sa queue de 0,060 à 0^m,075.

On en a distingué diverses variétés, qui ont été élevées au rang d'espèces par quelques auteurs.

Ces quatre espèces encore assez élancées de formes, quoique moins que les précédentes, représentent le genre *Hemiotomys* de De Sélys. Comme eux ils ont la queue aussi longue que la moitié du corps et huit mamelles, mais leurs oreilles n'atteignent plus que le tiers de la longueur de la tête dont elles dépassent encore sensiblement les poils. Parmi eux les uns ont six, les autres cinq tubercules seulement aux pieds postérieurs.

Le Campagnol des champs, *Arvicola arvalis* (Pallas).

Noms vulgaires. — *Raitte des champs* (Meuse, Meurthe, Moselle). — *Rat courte queue* (Marne). — *Rat des champs* (Jura). — *Ratta de terra* (Ain). — *Rat deï terros* (Gard). — *Garri des champs* (Bouches-du-Rhône). — *Garri de vigna* (Alpes-Maritimes). — *Rat de terre*, *Rat dels camps* (Pyrénées-Orientales).

Il est gris fauve en dessus, blanchâtre sur les parties inférieures et marqué d'une ligne jaunâtre sur les flancs avec une queue unicolore.

C'est le plus répandu et aussi le plus nuisible de tous. Il vit dans les champs au milieu des céréales dont il mange les semences et dont plus tard il coupe les tiges à la base pour en manger et emporter les épis. Blé, seigle, orge, avoine, tout lui est bon, et c'est par quantités qu'il en consomme.

Quelquefois au lendemain d'une semaille si les grains

n'ont pas été recouverts par un hersage, la moitié a
disparu dans la nuit enlevés par une foule de ces petits
animaux, qui les réunissent dans des trous, leur servant
de greniers jusqu'à la récolte suivante.

Fig. 100. — Campagnol des champs.

Dans les pays de plaine, il émigre quelquefois par
grandes troupes.

C'est lui qui est le principal et souvent l'unique auteur des dégâts et même des désastres que cette famille

nous fait subir, et dont nous relaterons quelques détails un peu plus loin. C'est aussi à lui que devront surtout s'appliquer les procédés de chasse et de destruction que nous citerons peu après.

Il varie ordinairement dans ses dimensions de 0ᵐ,10 à 0ᵐ,11 de longueur, avec 0ᵐ,03 ou 0ᵐ,04 de longueur de queue.

Le Campagnol agreste, *Arvicola agrestis* (LINNÉ).

NOMS VULGAIRES. — .....?

Ce Campagnol plus spécial au nord de la France, où il habite surtout la lisière des bois et les taillis humides paraît bien voisin du précédent, mais s'en distingue par une taille un peu plus forte, une teinte plus foncée sur le dos, pas de trace de jaunâtre sur les flancs et une queue bicolore.

Ses dégâts n'ont que peu

FIG. 101. — Campagnol agreste.

d'importance à côté de ceux de l'espèce précédente.

Il atteint environ 0ᵐ,12 de longueur de corps, et 0ᵐ,04 de longueur de queue.

Ces deux espèces qui représentent le genre *Arvicola*

de Lacépède réduit par Blasius, ont des formes plus ramassées que tous les précédents. Ils ont six tubercules
aux pieds de derrière, et comme eux aussi ont huit
mamelles, mais leurs oreilles atteignent à peine le tiers
de la longueur de la tête, ce qui les laisse peu apparentes hors des poils, et leur queue n'atteint que le
tiers de la longueur du corps. Ils ont déjà un peu des
mœurs souterraines que présentent davantage les suivants.

Le Campagnol souterrain, *Arvicola subterraneus*,
DE SÉLYS.

NOMS VULGAIRES. — *Ratta darbounéza* (Ain). — *Rat, Garri*
(Basses-Alpes, Bouches-du-Rhône, Var).

Ce Campagnol, qui affectionne surtout les terrains
humides, a des formes beaucoup plus trapues que
les autres et
une existence
presque entiè-
rement sou-
terraine. C'est
par les gale-
ries qu'il creu-
se, qu'il va à
la recherche
de sa nour-
riture et fait
souvent ainsi
de grands dé-

FIG. 102. — Campagnol souterrain.

gâts dans les jardins potagers parmi les bulbes, tubercules ou racines.

Plus petit que les précédentes, car il ne dépasse guère $0^m,09$ à $0^m,10$ de longueur de corps et $0^m,03$ de queue, il en diffère aussi par une teinte générale plus foncée, soit en dessus, soit en dessous, des pattes noirâtres et une queue bicolore.

Le Campagnol de Savi, *Arvicola Savii*, DE SELYS.
NOMS VULGAIRES. — .....?

Un peu plus petit et plus clair encore que le précédent, avec lequel il a été souvent confondu. Ce Campagnol, assez com - mun dans le nord de l'Ita- lie paraît con- finé chez nous dans la région méditerrané- enne; il sem- ble avoir les mêmes mœurs que le *subter- raneus*, et par

FIG. 103. -- Campagnol de Savi.

conséquent, faire aussi les mêmes dégâts.

Son corps atteint environ $0^m,09$ de longueur et sa queue $0^m,028$ à peu près.

Ces deux dernières espèces qui ont des formes tra- pues, représentent le genre *Microtus* de De Sélys. Ils n'ont plus que quatre mamelles au lieu de huit, et cinq tubercules aux pieds de derrière. Leurs yeux sont plus

10

petits que chez les précédents ; leur queue n'atteint plus le tiers de la longueur du corps, et les oreilles plus courtes que le tiers de la longueur de la tête ne dépassent plus les poils qui les cachent.

On prétend que, seuls parmi les Campagnols, ils élèvent leurs jeunes dans des terriers, tandis que les autres font un nid soit sur le sol, soit au milieu de touffes d'herbes ; mais cette affirmation nous semble un peu aventurée.

Toutes les espèces de Campagnols peuvent vivre assez facilement en captivité, où elles demandent peu de soins, à l'exception du Campagnol aquatique plus difficile à conserver et qui encore ne s'apprivoise jamais bien. Tous du reste n'offrent que peu d'agréments.

Leurs formes qui rappellent les Rats ou les Souris, objets de répulsion pour beaucoup, ainsi que l'usage où l'on est de les faire périr souvent par le poison, fait que l'on ne recherche, ni ne mange leur *chair*, qui pourrait cependant, comme celle du *Rat d'eau*, nous fournir une alimentation saine et quelquefois abondante, nous dédommageant ainsi un peu des pertes immenses qu'ils nous font subir. — Il faut cependant avouer que quelques vieux mâles développent parfois une légère odeur musquée, mais assez faible et non désagréable à certains palais.

Il est assez possible que par la suite, une étude plus approfondie de nos Campagnols (1) nous fasse encore

---

(1) Aussi recevrons-nous avec plaisir ceux qui paraîtront intéressants et que l'on voudra bien nous adresser avec quelques mots sur ce que l'on aura pu observer de leurs mœurs ou habitudes.

accepter comme espèces distinctes, une ou plusieurs autres formes déjà signalées, mais peu connues et que l'état actuel de la science ne considère que comme simples variétés.

Ces animaux utiles dans les terres incultes et loin de l'homme servent à y arrêter l'envahissement des céréales et des légumineuses dont la multiplication étoufferait bientôt toutes les autres plantes, en même temps qu'ils servent à les disséminer par le transport de leurs graines qu'ils emportent quelquefois assez loin. Ils ameublissent également la terre et en préparent la fertilité par les galeries qu'ils y creusent et qui y laissent pénétrer l'air, l'eau et l'humus de la surface. Mais ce sont des animaux qui doivent disparaître devant la civilisation et nos cultures, car leurs services primitifs, dont nous n'avons plus besoin, se transforment chez nous en dégâts immenses au milieu de nos champs.

Comme le Hamster, qui est heureusement très cantonné chez nous, mais plus encore que tous les autres rongeurs, les Campagnols sont nos pires ennemis, car c'est à nos récoltes, à nos grains, à la base même de notre alimentation qu'ils s'attaquent, et à nos dépens directs qu'ils vivent, sans nous dédommager par aucun produit.

Une évaluation peut-être bien au-dessous de la vérité estime à environ 200,000,000 francs leurs dégâts annuels (1), que l'on peut, pour la plus grande partie, at-

(1) Une commission d'enquête nommée par le préfet de la Vendée, accusait dans son rapport daté du 1er fructidor de l'an IX, un dégât de 1,584,000, sur le territoire de quinze communes seulement de son département.

tribuer au *Campagnol des champs,* de beaucoup le plus répandu et dont les émigrations ordinairement rares chez nous, se font quelquefois en troupes immenses.

Heureusement ces animaux s'entre-dévorent quelquefois, ou périssent en grand nombre, par suite de disette, d'épidémie et d'inondation, quoiqu'ils sachent parfaitement nager (1). Ils ont aussi de puissants ennemis dans les Chats, les Genettes, les Chiens, les Loups, Renards, Blaireaux, Fouines, Martres, Putois, Hermines, Belettes, Hérissons et même les Musaraignes malgré leur petitesse, ainsi que les Sangliers et souvent encore nos Porcs domestiques.

La plupart des oiseaux de proie, surtout les Buses, Busards, Hiboux, Chouettes et Ducs, en font également un grand carnage ; les Corbeaux, les Hérons et les Canards mêmes, ainsi que quelques reptiles, en détruisent passablement, et les hivers un peu rudes viennent en exterminer un grand nombre. Malgré cela, il en reste toujours des quantités considérables, faisant d'immenses dégâts, aussi devons-nous donner tous nos soins à leur destruction.

Le 11 frimaire de l'an X, le préfet des Deux-Sèvres demande au gouvernement l'autorisation d'employer en grand l'acide arsénieux pour la destruction des Rats des champs qui dévastent les récoltes.

En 1816 et 1817, la Vendée accuse encore plus de 3,000,000 de pertes causées par les Campagnols.

En 1822, dans le seul district de Saverne, on en tue plus d'un million et demi en quelques jours.

Nous pourrions multiplier ces exemples à l'infini.

(1) Les Campagnols peuvent rester facilement en nageant de dix à quinze minutes sur l'eau, si quelque accident les y contraint. Souvent même, dans leur émigration, les *Campagnols des champs* traversent très volontairement et en grandes troupes les cours d'eaux qui sont sur leur passage.

On réussit à en détruire beaucoup par des labours immédiats après l'enlèvement des récoltes. Alors on bouleverse leurs magasins et leurs nichées ; petits et grands sont ramenés sur le sol par la charrue et deviennent facilement la proie de Chiens dressés à les tuer ou de Porcs qui s'en régalent et qui souvent lorsque la terre n'est pas trop dure vont même les chercher avec leur boutoir jusqu'au fond de leurs terriers.

Des gens armés de bâtons ou mieux de gros balais de bouleau peuvent aussi suivre le laboureur et en détruire des quantités.

On peut encore en prendre un grand nombre dans des pots un peu profonds, emplis à moitié d'eau et enfouis ras du sol au fond d'un sillon ou d'une petite tranchée bien battue entourant ou traversant les champs dévastés par eux (1). Il est bon alors de visiter et vider fréquemment ces pots, car souvent en une seule nuit il y tombe des quantités si considérables de Campagnols que les derniers venus exhaussés par le nombre des cadavres entassés dans le fond peuvent en ressortir facilement.

Les meules de blés, avoines et autres céréales sont aussi très exposées aux dévastations de ces petits rongeurs ; aussi est-il très bon d'y fixer transversalement

---

(1) Un rapport officiel et très détaillé de M. le Dr Renault du Motey, directeur de l'asile d'aliénés de Châlons-sur-Marne, cité tout au long par M. Aumignon, dans son étude sur ces petits rongeurs, accuse une capture de 29,423 campagnols faite en soixante-quatorze jours (du 22 août au 3 novembre 1872) dans trente-neuf cloches renversées et vingt-deux pots placés au fond d'une tranchée de 0m,40 de profondeur, sur 0m,25 de large, entourant une pièce de terre de l'asile ayant une étendue de 86 ares seulement.

quelques bâtons ou branchages pouvant servir de perchoir à des oiseaux de proie et surtout aux Chouettes et Hiboux qui s'y reposent volontiers et leur font une chasse des plus actives.

Beaucoup d'autres moyens sont aussi employés avec succès pour les détruire : en inondant leurs terriers, en les asphyxiant avec des vapeurs de sulfure de carbone produites par quelques gouttes de ce liquide répandues dans leurs terriers, soit en nature, soit par le moyen de capsules gélatineuses ; soit par des vapeurs sulfureuses directement poussées dans leurs retraites par un appareil spécial appelé *fumoir* ou *fusil à gaz ;* soit avec des mèches soufrées que l'on introduit directement dans leurs galeries où elles se consument et dont on ferme l'entrée en tassant la terre avec le pied ; puis avec des appâts empoisonnés par de l'arsenic, du sublimé corrosif, du phosphore, de la strychnine, du vitriol bleu ou sulfate de cuivre, de l'émétique ou tartre stibié, du vert de gris, etc... ; ou avec des poudres ou mieux des décoctions de colchique d'automne, d'ellébore, de coloquinte, de garou, de noix vomique, de datura-stramonium, de digitale, de racine de bryone ou navet du diable, etc., dans lesquelles on fait cuire des grains que l'on dispose à l'entrée de leurs galeries, sous des tuiles creuses, ou dans des drains placés dans de petites tranchées ou petits sentiers traversant les champs, afin que les oiseaux ou autres animaux ne puissent pas les consommer et s'empoisonner aussi.

On réussit encore à en détruire beaucoup en faisant, au moyen d'une barre de fer, dans les sillons qu'ils fréquentent de nombreux trous profonds et bien lisses au fond desquels ils tombent et se noient, s'il y a de l'eau, et d'où ils réussissent rarement à s'échapper pour peu que l'on fasse de fréquentes tournées pour les écraser avec la barre même qui sert à faire ou entretenir profonds et bien lisses ces divers trous.

Un autre bon moyen aussi pour s'en débarrasser, et qui n'est jamais trop coûteux en présence des dégâts qu'ils commettent, consiste à offrir des primes pour leur destruction, car alors bien des gens nécessiteux ou ingénieux, pour qui aussi le temps n'a quelquefois pas beaucoup de valeur trouvent une foule d'autres petits procédés que facilitent les lieux et les circonstances.

Au moyen âge, c'était par des exorcismes surtout que l'on cherchait à se débarrasser de ces animaux, et cette coutume s'est conservée encore jusqu'au milieu de ce siècle dans certaines localités.

Malgré notre cadre restreint nous nous sommes étendu très longuement sur les procédés de destruction de ces petits rongeurs, car nous estimons qu'à part les insectes (dont nous n'avons pas à parler ici) ce sont eux, malgré leur petitesse, mais aussi à cause de leur nombre, qui nuisent le plus à la fortune de la France, en dévorant chaque année pour plusieurs centaines de millions de nos récoltes, et nous pensons faire œuvre utile en signalant ici avec leurs dégâts nos principaux moyens de défense contre eux.

Famille des MURIDÉS

Les animaux de cette famille n'ont pas d'abajoues;

ils sont pourvus d'assez grandes oreilles et d'une longue queue légèrement écailleuse atteignant presque ou dépassant même la longueur de leur corps.

Ce sont pour la plupart des espèces parasites qui vivent dans le voisinage de l'homme où ils pullulent quelquefois d'une façon considérable, si on ne s'oppose à leur multiplication. Leur gestation n'est en effet que de vingt et quelques jours et peut se succéder d'une façon presque ininterrompue avec des portées de 8 à 12 petits, qui, dès l'âge de quatre mois, sont le plus souvent aptes à se reproduire.

Quoique divisés par les auteurs modernes en plusieurs genres, les conformations générales de ces petits animaux sont assez voisines pour que nous eussions préféré ne conserver ici que le grand genre linnéen Mus ; mais pour nous conformer à nos dénominations françaises et ordinaires de *Rats* et de *Souris*, nous adopterons les deux genres **Rat** et **Souris**.

Genre RAT, *Rattus*

Il renferme nos vrais Rats, qui se distinguent des Souris par une taille plus grande, la callosité plantaire la plus rapprochée du talon allongée et arquée en dedans, et des plis palatins peu séparés dans leur milieu.

On en distingue trois espèces en France.

Le Rat surmulot, *Rattus decumanus*, (PALLAS).

NOMS VULGAIRES. — *Grosse ratte* (Nord). — *Raz* (Bretagne). — *Rác'h* (Morbihan). — *Rat de Conou* (Ain). — *Arrat*

(Gironde). — *Rat-d'aiguo, Garri, Garri di gros, Garri d'aiguo, Garri d'estre* (Bouches-du-Rhône, Basses-Alpes, Var). — *Rat dels fossats* (Pyrénées-Orientales). — *Arra-toïna, Arratûa, Arratoya, Erratoya, Arrotoya* (Basses-Pyrénées). — *Rat d'égouts* dans les villes.

Le plus gros de nos Rats et probablement aussi le plus nuisible. Originaire de l'Asie, il s'introduisit en Europe en 1727, où d'immenses troupes traversèrent le

FIG. 104. — Rat Surmulot.

Volga à la nage, près d'Astrakan. A peine vingt-cinq ans après il apparaissait à Paris. Actuellement il infeste toutes les villes, d'où il a chassé le Rat noir. On le rencontre aussi à la campagne. Sa fécondité est considérable et rien n'égale son appétit. Quoique essentiellement rongeur par sa dentition, il est devenu omnivore et spécialement carnivore. Il affectionne les lieux bas et humides et pullule particulièrement près des marchés, dans les égouts et les abattoirs, où il rend cependant quelques services en faisant disparaître bien des substances animales délaissées et qui vicieraient l'air par leur décomposition.

Il s'établit fréquemment aussi dans les basses-cours et devient un fléau par la quantité d'œufs et de jeunes qu'il dévore, surtout parmi les Canards et autres espèces aquatiques qui nichent et dorment à terre.

Sa facilité à nager lui permet de se rendre partout et le fait souvent prendre pour le *Rat d'eau* (Campagnol amphibie). Ses dégâts bien supérieurs à ses services sont toujours considérables.

Souvent il mine les fondations légères de nos maisons, et peut devenir cause de dégâts matériels importants.

C'est ce Rat que l'on rencontre presque exclusivement à Paris, où, pendant le siège, il a (malgré le dégoût que peut inspirer son alimentation ordinaire), servi de mets à plus d'un raffiné, et atteignait facilement le prix de 1 fr. 50 à 2 francs pièce. — Dans divers sièges célèbres, il a eu les mêmes honneurs et a atteint parfois des prix bien plus élevés.

Mais, quand il n'y a pas disette, on le délaisse à juste titre, parce que ses qualités d'omnivore peuvent lui créer diverses affections vermineuses et autres, qui peuvent devenir un danger pour l'homme si sa chair n'est pas absolument cuite.

On le chasse surtout avec des pièges et des Chiens ratiers, car dans les endroits où ils sont abondants les Chats n'osent souvent pas s'attaquer à eux.

Devenant ordinairement carnivore, il serait, sans

doute bon pour le détruire de lui appliquer le vieux procédé signalé dans nos anciens classiques grecs et latins et qui réussissait bien, dit-on, dans l'antiquité pour les espèces suivantes beaucoup moins carnassières que lui. — Il consiste à enfermer deux individus dans une même cage jusqu'à ce que l'un ait dévoré l'autre (ce qui arrive, paraît-il, assez rapidement). Alors on lâche le survivant, qui mis en goût par la chair de son compagnon, continue en liberté à faire la chasse à ses semblables, et en détruit ainsi un grand nombre.

Il y a une variété noirâtre assez répandue ; on trouve aussi quelques sujets albinos.

Sa *peau* est quelquefois utilisée dans la ganterie.

Il atteint jusqu'à 0^m,28 de longueur de corps et 0^m,19 à 0^m,20 de longueur de queue.

Le Rat d'Alexandrie, *Rattus Alexandrinus* (Geoff.).

Noms vulgaires. — *Rat de grêni* (Ain). — *Garri, Garri di teûle* (Bouches-du-Rhône, Var, Basses-Alpes) ; et la plupart des noms déjà cités pour le *Surmulot*, quand ils n'indiquent pas des habitudes aquatiques.

Ce Rat connu aussi sous le nom de *Rat des toits* est plus petit que le précédent ; il s'en distingue encore par la longueur de sa queue qui dépasse la longueur de son corps, tandis que chez le Surmulot elle est au contraire plus courte. Sa gorge est marquée d'une tache pâle légèrement soufrée et son ventre est blanchâtre. Il a été rencontré en Égypte lors de l'expédition de Napoléon Ier et s'est répandu largement en France dans le commencement du siècle.

A l'inverse des Surmulots, il recherche les lieux secs, et se trouve bien plus souvent dans les greniers que dans les parties basses des maisons. On le rencontre surtout dans les granges, les habitations rurales et les petites localités où n'a pas encore pénétré le Surmulot (1).

Fig. 105. — Rat d'Alexandrie ou des toits.

(1) M. Orain, chef de division à la préfecture du département d'Ille-et-Vilaine, nous communique à propos de ce Rat une intéressante anecdote que le cadre restreint de notre travail nous empêche malheureusement de citer dans tous ses curieux détails. — Un ancien braconnier qui vivait solitaire à la lisière d'une forêt de Bretagne, ne sachant comment se débarrasser des Rats qui infestaient sa vieille chaumière, et qui, malgré de nombreuses captures, étaient toujours aussi nombreux chez lui, s'imagina d'attacher un grelot au cou de l'un d'eux. — Grand émoi dans toute la gent rat, qui n'osa se montrer de deux jours, mais qui le troisième (après la réunion d'un conseil, probablement), émigra au loin en une seule et grande bande, craignant sans doute de subir le même sort que leur frère.

Très friand du lard, il se prend, ainsi que le suivant, dans la plupart des pièges que l'on amorce de la sorte.

Sa taille est d'environ 0^m,20 de longueur de corps, avec 0^m,22 à 0^m,23 de longueur de queue.

Ses variétés blanches ne sont pas rares.

Le Rat noir, *Rattus rattus* (LINNÉ).

NOMS VULGAIRES. — *Rait* (Doubs). — *Raitte, Raette, Laée* (Meurthe, Vosges). — *Rot* (Côte-d'Or). — *Rat de grenis* (Ain). — *Garri* (Bouches-du-Rhône, Basses-Alpes, Var). — *Rata* (Pyrénées-Orientales), ainsi que la plupart des autres noms qui désignent le *Surmulot*.

Il se rapproche du précédent comme proportions et comme mœurs, mais est tout noir sur le dos, et très foncé sur le ventre. Originaire de l'Orient, il a été introduit, dit-on, par le retour des Croisés. Il est cependant probable que dès une haute antiquité il existait en Grèce, et que très anciennement déjà il s'était répandu en Italie et tout autour de la Méditerranée.

Quelques auteurs réunissent ce Rat à l'espèce précédente, et comme preuve à l'appui, nous montrent toutes les nuances intermédiaires. Il est certain que ces deux espèces dont les mœurs sont assez semblables, vivent en bon accord, et s'accouplent fréquemment, ce qui a naturellement amené toute une série de teintes et de tailles intermédiaires et peut facilement faire croire ainsi à l'unité de l'espèce.

Ce Rat connu autrefois à Paris et dans toutes les grandes villes, en a disparu ou à peu près, depuis l'invasion du Surmulot, qui plus grand et plus fort, l'a repoussé, battu et mangé. Il ne se retrouve, comme le précédent, que disséminé dans les campagnes, les petites villes et les villages, où il commet du reste de nombreuses déprédations.

Il atteint 0ᵐ,22 de longueur de corps et autant de queue qui, souvent même, dépasse quelque peu la longueur du corps.

Fig. 106. — Rat noir.

Souvent il présente des variétés blanches, noires ou panachées.

C'est pour cette espèce que nos anciens auteurs indiquaient le procédé de destruction que nous avons rapporté à l'article du *Surmulot* et qui nous paraît d'une réussite plus certaine encore avec ce dernier, étant données ses tendances carnassières.

A propos des *Souris*, nous indiquerons d'autres procédés de destruction facilement applicables à toutes les espèces qui fréquentent nos demeures.

Genre SOURIS, *Mus*

Ce genre se distingue de celui des RATS par une taille toujours plus petite, toutes les protubérances ou callosités arrondies, et les plis palatins plantaires bien séparés par une ligne verticale sur leur milieu.

Cinq espèces se rencontrent chez nous.

La Souris commune, *Mus musculus*, LINNÉ.

NOMS VULGAIRES. — *Seuris* (Somme). — *Soueri* (Normandie). *Lôgôden* (Bretagne). — *Logodenn* (Finistère). — *Seri, Sri, Soris* (Meuse, Haute-Marne, Haute-Saône). — *Raitte, Rette* (Meurthe, Vosges). — *Ratta grisa* (Ain). — *Souaris* (Corrèze). — *Arratine* (Gironde). — *Mirgo* (Tarn). — *Mirgueto* (Gers). — *Margètto* (Ardèche). — *Rato, Furo, Rateto* (Provence). — *Rateta* (Alpes-Maritimes). — *Rat furet* (Pyrénées-Orientales). — *Ságua, Sághia* (Basses-Pyrénées).

Trop connu de tout le monde ce petit animal infeste nos habitations; sa petitesse lui permet de se glisser partout, et il y fait de grands dégâts.

Quelques personnes lui attribuent une sorte de petit murmure doux et harmonieux, mais ce bruit ou espèce de chant qui n'a encore été entendu que bien rarement est généralement révoqué en doute. — De bonnes observations seraient utiles pour vérifier ce fait qui n'est pas impossible, puisqu'il paraît qu'en Chine on conserve en cage certains de ces animaux..... pour leur chant !

On rencontre souvent des variétés blanches, grises, isabelles, rousses et tapirées que l'on élève en captivité comme animaux curieux ou d'expériences.

Sa taille atteint environ 0ᵐ,09 de longueur de corps et autant de queue.

Fɪɢ. 107. — Souris commune.

Une foule de pièges et de poisons ont été préconisés pour détruire les Rats et les Souris ; mais quelquefois on n'ose s'en servir de crainte que des enfants ou des animaux domestiques ne se blessent ou ne s'empoisonnent avec eux.

On peut alors employer les préparations suivantes, très bonnes pour détruire les petits rongeurs et présentant peu de danger pour les animaux domestiques : — mêler par parties égales de la farine et du plâtre, qui une fois introduits dans l'estomac se solidifient et les étouffent; ou bien, faire frire dans du saindoux des fragments d'éponges coupées en petits morceaux qui sous l'influence des liquides de l'estomac se gonflent et les étouffent aussi. Il est bon dans ce dernier cas de les répandre dans les trous mêmes de ces petits rongeurs, car les Poulets et autres volatiles de basse-cour seraient assez friands de cette préparation et pourraient également en crever.

Un autre procédé, qui présente aussi peu de danger dans les ménages vis-à-vis des enfants ou des animaux domestiques, consiste à fabriquer, avec du suif, des sortes de chandelles, que l'on teinte encore, pour plus de sûreté, avec du roucou, de l'indigo, du carmin ou toute autre nuance, après y avoir introduit un poison végétal ou minéral, arsenic, euphorbe, noix vomique, vert de gris, émétique, sublimé corrosif, etc. Placées dans les placards à provision que fréquentent nos rongeurs, elles sont bien vite attaquées par les Souris, qu'attire encore l'odeur de suif.

La Souris des Jardins, *Mus hortulanus*, NORDMANN.

NOMS VULGAIRES. — Ce sont à peu près partout les mêmes que ceux de la souris ordinaire, avec qui elle est ordinairement confondue.

Cette espèce qui a beaucoup de rapports avec notre Souris commune, a des habitudes bien plus rustiques et vient rarement dans nos intérieurs ; c'est probablement le *Mus incertus* de Savi. Elle a toujours la queue plus courte que la précédente, le dos d'un roux beaucoup plus franc, se fondant sur les flancs pour passer au gris jaunâtre sur les faces inférieures.

On la rencontre assez communément dans la cam-

11

pagne, où elle se distingue bien de la suivante par l'absence de tache foncée sur le talon et sa taille plus petite.

Ses dégâts en grains ou graines dans nos champs ou nos jardins sont quelquefois assez considérables.

Fig. 108. — Souris des jardins.

Elle atteint comme la Souris commune, $0^m,08$ à $0^m,09$ de taille, mais seulement $0^m,075$ à $0^m,080$ de longueur de queue.

La Souris des bois ou Mulot, *Mus sylvaticus*, LINNÉ.

NOMS VULGAIRES. — *Lôgôden vorz, Morzen, Minoc'h, Minouc'h, Bôvélen* (Bretagne). — *Sauteuse, Rat sauterelle* (Moselle). — *Mouffrette, Mosrette* (Vosges). — *Sauteuse* (Doubs). — *Muselotte, Mujelotte* (Yonne). — *Rat des champs, Muso* (Jura). — *Ratta jauna* (Ain). — *Rato courto, Garri di champs, Furo di champs, Garri di campagno* (Provence). — *Rat campestre* (Pyrénées-Orientales). — *Lursabua, Sorroëtako sabua, Sahaxurid* (Basses-Pyrénées).

Plus grand que la Souris commune, il en diffère surtout par ses teintes roussâtres en dessus, blanches en dessous et bien délimitées sur les côtés, ainsi que par une queue bicolore couverte de poils assez allongés. Il fait dans les champs, surtout ceux avoisinant les bois

Fig. 109. — Souris des bois ou Mulots.

ou bosquets où il habite l'été, non moins de dégâts que nos Souris dans les habitations; détruit les semences, mange les récoltes, dévore au besoin de jeunes oiseaux ainsi que leurs œufs, et amasse quelquefois de grandes provisions dans ses terriers. Il se retire fréquemment l'hiver dans les meules de blé et même jusque dans les granges. Il devient souvent un véritable fléau pour nos cultivateurs, à qui il cause des dommages aussi importants que le *Campagnol des champs.*

Il atteint $0^m,12$ à $0^m,13$ de longueur de corps avec une queue d'environ $0^m,11$ centimètres.

Sa destruction ne peut pas être poursuivie par les mêmes moyens que pour les rongeurs qui habitent nos demeures ; car, sans parler d'un prix de revient assez élevé, elle présenterait de nombreux inconvénients pour les autres animaux ; mais elle n'est pas moins facile. — Pour cela, on se sert de la racine de *bryone commune* sorte de vigne vierge qui pousse un peu partout chez nous. Cette racine, que l'on appelle aussi *navet du diable*, (et qui fournit par la torréfaction et les lavages une fécule analogue à celle de la pomme de terre et aussi saine qu'agréable), renferme à l'état naturel lorsqu'on la sort de terre un suc âcre et vénéneux capable de tuer un bœuf en quelques heures. C'est elle que l'on peut utiliser avantageusement et économiquement pour la destruction des Mulots. — Pour l'employer, on fait bouillir quelques racines après les avoir coupées en morceaux, et dans cette eau on jette du blé, de l'orge, de l'avoine ou tous autres grains qui se gonflent bientôt en s'imprégnant de ses sucs. Après les avoir retiré et laissé évaporer un peu pour les rendre plus maniables, on les sème à l'intérieur de l'entrée des trous et galeries fréquentées par les Mulots qui bientôt s'en nourrissent et en crèvent rapidement. — Il faut avoir grand soin de ne pas en laisser tomber au dehors, car les oiseaux domestiques ou sauvages viendraient les picorer et en seraient les premières victimes.

La Souris rousse ou des champs, *Mus agrarius*, PALL.

NOMS VULGAIRES. — Les mêmes noms sans doute que ceux de nos autres Souris champêtres.

Un peu plus grande que la Souris commune et moins grande que le Mulot; elle en diffère encore par une queue relativement plus courte et des oreilles plus petites. Brun roux en dessus, blanche en dessous, elle est surtout caractérisée par un trait dorsal noir.

FIG. 110. — Souris rousses ou des champs.

Cette espèce, très rare en France, a été capturée, il y a quelques années, près de Cette par notre ami M. Lunel, le conservateur actuel du musée de Genève; elle est commune et même abondante dans une grande partie de l'Allemagne, où elle fait des dégâts assez sensibles dans les grandes cultures.

Elle mesure environ 0^m,10 de longueur de corps et 0^m,080 à 0^m,085 de longueur de queue.

La Souris naine ou des moissons, *Mus minutus*, Pall.

Noms vulgaires. — *Furo, Furo di pichouno, Garri di campagno* (Provence) ; et sans doute encore la plupart des noms donnés aux Souris des champs.

Plus petite que la Souris commune, cette gracieuse

Fig. 111. — Souris naines ou des moissons.

espèce se rapproche de la précédente par sa coloration qui est cependant assez variable et par la petitesse de ses oreilles ; mais elle n'a pas comme elle de bande noire sur le dos.

Comme le Muscardin, elle se construit avec beaucoup
d'art un nid aérien et le fixe entre quelques tiges de blé,
de fortes graminées, ou bien de joncs sur le bord d'un
marais. Quelquefois elle se nourrit d'insectes, mais
ordinairement c'est de blé ou grains de toutes sortes.
On la rencontre assez fréquemment dans les gerbes et
meules de blé ou autres céréales.

Rien n'est curieux comme d'observer les mœurs de
cette petite espèce en captivité, et de la voir se livrer à
ses ébats et à l'industrieuse construction de son nid.

Sa taille ne dépasse pas $0^m,06$, ce qui est aussi la longueur de sa queue.

A l'exception des deux dernières Souris rares chez
nous et dont les dégâts sont par conséquent peu sensibles, toutes les autres espèces sont nos ennemies achar-
nées, et nous causent d'immenses dommages. Nous devons donc chercher à les détruire par tous les moyens
possibles.

Toutes les espèces de Rats et de Souris qui vivent
dans le voisinage de l'homme et y sont devenues omnivores, peuvent comme le Surmulot présenter quelques
dangers dans notre alimentation s'ils ne sont pas suffisamment cuits, pour détruire les germes et parasites
qu'ils ont pu contracter ou acquérir dans notre voisinage
et dans les égouts en particulier; mais toutes les autres
espèces peuvent être comestibles sans le moindre inconvénient. — Pourquoi aurions-nous plus de dégoût à manger un Mulot ou une Souris des moissons, plutôt qu'un
Écureuil ou une Alouette? — Leur alimentation particulière est assez semblable, aussi propre et aussi saine;

ce n'est donc qu'une question de préjugés. — Pourquoi aussi ne récupérerions-nous pas sur leurs chairs les larcins qu'ils ont faits dans nos champs. Ce serait une petite vengeance bien permise et qui nous dédommagerait un peu de nos pertes. — Quant à leur goût nous pouvons dire, par expérience, qu'il n'a rien de désagréable, et que leur chair, très tendre, prend facilement le goût de leur assaisonnement.

TRIBU DES FRUGIVORES

Cette tribu renferme les rongeurs essentiellement grimpeurs, prenant leur nourriture directement sur les arbres ou arbrisseaux au milieu desquels ils installent ordinairement leur demeure.

Le fond de leur nourriture consiste en fruits ou baies, en amandes et graines arborescentes, auxquel ils joignent des bourgeons et accidentellement des œufs d'oiseaux et parfois même quelques jeunes.

Ils font tous partie de la série des rongeurs à deux incisives supérieures seulement.

Leurs dégâts sont toujours plus grands que leurs services ; mais quelques-uns savent se les faire pardonner par la grâce et la gentillesse de leurs mouvements, ainsi que par leur facilité à se plier à la captivité.

Ils comprennent deux familles, les Myoxidés et les Sciuridés.

Famille des MYOXIDÉS

Ils sont intermédiaires entre les Rats et les Écureuils par leur dentition et leurs formes générales. Ils ont 20 *dents*, le corps souple et léger, mais plus semblable aux Rats qu'aux Écureuils, dont ils diffèrent encore par des *oreilles* moyennes et couvertes de poils ras. Leur *queue* est toujours plus ou moins touffuë, ce qui les distingue bien encore des Rats et des Souris.

Ils sont arboricoles ; vivent par couples dans nos vergers ; se retirent dans des trous de murs ou d'arbres où ils hibernent, et se nourrissent surtout de fruits.

Nous conserverons sous un même nom générique nos trois espèces françaises, qui, pour quelques auteurs, sont devenus trois types de genre.

Genre LOIR, *Myoxus*.

Ses caractères sont ceux de la famille. Il se compose de trois espèces, comme nous venons de le voir.

Le Loir commun, *Myoxus glis*, (Linné).

Noms vulgaires. — *Liron* (Moselle). — *Lâ* (Meurthe). — *Lâ dormant* (Vosges). — *Raitte-meunière, Rat boudot* (Doubs). — *Hunégan* (Bretagne). — *Petit écureuil gris* (Jura). — *Rat liron* (Vienne). — *Missaro* (Tarn). — *Rat gris* (Isère). — *Rat cayé* (Gard). — *Créule, Liron, Gréure, Rat bufon, Rat dourmeire, Esquirou gris, Garri d'aubre, Garri gréule* (Basses-Alpes, Var, Bouches-du-Rhône). — *Rat grill, Rat esquirol* (Pyrénées-Orientales). — *Basakûa, Eumisarra* (Basses-Pyrénées).

Le Loir, caractérisé par une *queue* épaisse et également touffue dans toute sa longueur, habite surtout le midi de la France, mais se rencontre aussi dans tout le centre; quelques individus remontent même jusque dans le nord.

Au printemps, avant la maturité des fruits, il ravage les couvées, boit les œufs, dévore les jeunes dans les nids, puis se nourrit de vieux glands, de faines, de noi-

Fig. 112. — Loir commun mangeant des amandes.

settes, etc. A l'automne, il pille nos fruits et particulièment nos espaliers, qu'il saccage; il acquiert alors une chair grasse et savoureuse.

Les Romains faisaient grand cas de sa *chair*; ils l'engraissaient autrefois pour la table dans de grandes cages ou volières appelées *gliraria*, de leur nom latin *glis, gliris*. Actuellement leur fumet spécial est beaucoup moins apprécié; mais il est encore recherché dans l'Isère et plusieurs autres de nos départements du sud-est, par beaucoup de gens de la campagne, qui s'en font un régal.

Dès les premiers froids, ce petit animal se roule en boule dans quelque cavité au milieu d'un nid de mousse et s'endort d'un sommeil si profond que l'expression : *dormir comme un Loir* est devenue proverbiale.

Sa *fourrure*, peu employée, pourrait être utilisée à l'égal et mieux que celle de l'Écureuil, quoique plus petite, car elle est de teinte plus douce et assez garnie.

Ce petit animal vit facilement en captivité pourvu qu'il ait une nourriture abondante ; mais il se prive difficilement.

Il atteint en moyenne 0^m,16 de longueur de corps et 0^m,15 de longueur de queue.

Le Loir lérot, *Myoxus quercinus*, (Linné).

Noms vulgaires. — *Lâ* (Meuse). — *Lô* (Meurthe). — *Laïe* (Vosges). — *Loer, Rat cayer* (Somme). — *Rat baillot* (Seine-Inférieure). — *Yac* (Ille-et-Vilaine). — *Rat roussiau* (Yonne). — *Rat goudot, Rat boudot* (Doubs). — *Rat voutot* (Haute-Saône). — *Rat bayard, Rat de vergers* (Jura).— *Rat fruitier* (Ain).— *Rat gris* (Isère).— *Garri de jardin, Garri de campagna, Rat-caiet, Garri grieu* (Provence). — *Rat dormidor* (Pyrénées-Orientales).

Ce petit animal, très et même trop connu des jardiniers sous le faux nom de *Loir*, est plus petit que le précédent. — Il a une *queue* longue à poils courts dans sa plus grande partie, mais touffue vers son extrémité.

On le rencontre dans toute la France ; il est surtout commun près des lieux habités et des jardins fruitiers

où il fait d'immenses dégâts en entamant des quantités
de fruits avant même leur maturité, et en dévastant
particulièrement les pêchers et abricotiers, surtout ceux
en espaliers, dont les murs lui fournissent souvent un
abri naturel dans leurs fissures où sous leurs tuiles.

FIG. 113. — Loir Lérot dévorant des pêches.

Sa *chair* peu recherchée à cause de sa petitesse égale
en bonté celle du vrai Loir, au commencement de l'automne, avant l'époque de son hibernation. Beaucoup
de nos paysans du Dauphiné le recherchent du reste
comme le précédent.

Sa *fourrure* n'est pas utilisée ; mais les *poils* du bout
de sa queue peuvent trouver un facile emploi dans les

fabrications des petits pinceaux communs montés sur tuyaux de plumes.

Il est difficile à conserver en *captivité* à cause de ses habitudes nocturnes, de sa méchanceté, et même de sa voracité à l'égard d'autres petits animaux; puis aussi à cause de la difficulté à pouvoir le priver.

Dans quelques localités de la Bretagne, et en particulier dans le département d'Ille-et-Vilaine, il est l'objet d'une guerre acharnée de la part des paysans qui s'imaginent, bien à tort, qu'il s'introduit la nuit dans les étables pour y téter les vaches.

Sa taille ordinaire varie entre $0^m,11$ à $0^m,12$ et sa queue atteint la même taille.

Le Loir muscardin, *Myoxus avellanarius*, (LINNÉ).

NOMS VULGAIRES. — *Lâ braye* (Vosges). — *Creuque-neuzette* (Somme). — *Rat des noisettes* (Doubs). — *Rat d'or* (Côte-d'Or). — *Rat jaune, Rat des arbres, Rat dormeur, le Droumian* (Jura). — *Lou gœu* (Ain). — *Garri di bos, Lirri, Rat* (Provence). — *Lirri* (Alpes-Maritimes). — *Menge ballanes* (Pyrénées-Orientales).

Plus petit encore que le précédent, il s'en distingue aussi par une petite queue cylindrique peu touffue, et par sa couleur uniformément roux-doré en dessus, plus pâle en dessous.

On le trouve dans toute la France, mais il y est moins commun que les autres Loirs. Il habite dans les haies à la lisière des bois, surtout parmi les bouquets de noisetiers ; il réunit dans quelques trous des provisions pour l'époque de son réveil et fait pardonner par sa gentillesse les quelques dégâts qu'il nous cause.

Il supporte facilement la captivité sans songer jamais à mordre la main qui le nourrit, et semble apprivoisé presque dès sa capture. Dans l'été, il répand une légère odeur musquée point trop désagréable, s'il est tenu proprement. On jouit malheureusement peu de sa gentillesse, car sa vie active ne commence qu'au crépuscule.

Sa *chair* est imprégnée d'une saveur de muscade qui,

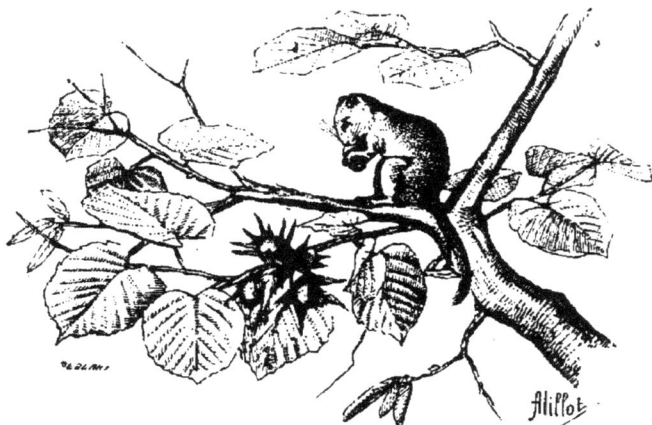

Fig. 114. — Loir muscardin croquant des noisettes.

sans être désagréable, n'est cependant pas du goût de tout le monde.

Quant à sa *fourrure*, quoique d'une jolie teinte, elle est bien petite pour être utilisée. Il n'atteint en effet que 0^m,07 à 0^m,08 de longueur de corps et un peu moins de queue.

Tous les Loirs sont des animaux nuisibles, dévastateurs des jardins fruitiers, surtout de ceux rapprochés des bois, où ils peuvent se retirer. L'horticulteur, situé dans ce voisinage, pourra donc épargner les Chats,

Chouettes, Martes, Fouines, Putois et Belettes qui sont leurs pires ennemis ; mais alors il faudra qu'il veille plus que d'autres à l'échenillage, car tous ces animaux sont en même temps les ennemis des petits oiseaux, qui nous débarrassent des insectes et des chenilles.

On a préconisé l'emploi de fruits empoisonnés pour détruire ces petits animaux ; mais c'est un moyen dangereux à employer, car souvent des enfants peuvent en être victimes. Un moyen beaucoup plus pratique et sans aucun danger consiste à installer à l'automne contre les espaliers et les endroits qu'ils fréquentent de petits nids artificiels garnis de foins et de débris de laine dans lesquels beaucoup d'entre eux se retireront pour hiberner, et où il sera facile de les prendre durant leur sommeil d'hiver. — Les pièges et trappes auprès des fruits sont aussi d'un bon emploi.

Famille des SCIURIDÉS

Les Sciuridés ont 22 *dents* comme les Arctomydés avec lesquels ils ont souvent été réunis en une seule famille ; mais ils en diffèrent bien par un *corps* souple, léger et gracieux, les *oreilles* et la *queue* longue et touffue, et une taille bien moindre. Ils vivent par couples et dans les bois ; sont arboricoles ; n'hibernent pas, et se nourrissent de graines, fruits et bourgeons.

Cette famille ne comprend qu'un seul genre en France.

Genre ÉCUREUIL, *Sciurus*

Ses caractères sont ceux de la famille.

Une seule espèce le représente chez nous.

L'Écureuil commun, *Sciurus vulgaris*, LINNÉ.

NOMS VULGAIRES. — *Boquet* (Nord). — *Jacquet, Ecuireu* (Normandie). — *Gwiber, Giber* (Bretagne). — *Gwiñver, Guiñver, Koañtik* (Morbihan). — *Ecuron, Skiron* (Ardennes). — *Checouro, Escureu, Eceuron* (Vosges). — *Scuron* (Alsace). — *Tché gairiot* (Doubs). — *Ecurieu* (Jura). — *Ecouron* (Saône-et-Loire). — *Ecuaèt* (Ain). — *Echirieu* (Isère).— *Esquiroou* (Gironde).— *Tra escurol* (Corrèze). — *Gat esquiro, Esquiro* (Gers). — *Eskirol* (Tarn). — *Escouriou* (Gard). — *Escuriou* (Provence). — *Eschirot* (Var, Alpes-Maritimes). — *Esquirol* (Pyrénées-Orientales). — *Urchintcha, Urchaïntcha* (Basses-Pyrénées).

Ce gracieux petit animal commun dans les régions boisées, et surtout dans les grandes forêts de pins et de sapins dont il affectione les graines, se nourrit aussi de glands, faînes, noix, châtaignes, fruits à noyaux et surtout de noisettes, dont il fait d'abondantes provisions dans des creux d'arbres. Il est aussi friand d'œufs, détruit beaucoup de nichées au printemps et sait au besoin se contenter de bourgeons et d'écorces d'arbres.

Sa *chair*, d'un goût agréable, est recherchée par quelques personnes ; mais au printemps, alors qu'il se nourrit de jeunes pousses de sapins, elle acquiert une forte odeur de résine. En Alsace et en Lorraine on en fait d'excellents pâtés.

Son *pelage*, ordinairement roux vif, est très variable de teintes; il devient noirâtre l'été dans les montagnes (*Ecureuil alpin*), et revêt l'hiver des teintes grises dans le nord, quoique bien éloigné encore de cette uniformité grise du *petit gris* des pays septentrionaux, si employé en pelleterie comme doublure de pelisses.

Sa *fourrure*, chez nous, est bien inférieure comme teinte, douceur et finesse.

FIG. 115. — Ecureuils communs sur un chêne.

Les *poils* de la queue, beaucoup plus longs que les autres, sont souvent employés dans la fabrication de pinceaux et vendus sous le nom de *blaireau*.

C'est un petit animal recherché pour conserver en

12

cage à cause de sa gentillesse ; mais qui en liberté, dans les lieux où il est commun, cause quelquefois de grands dégâts dans les forêts en rongeant les jeunes pousses et particulièrement les flèches des arbres verts, dont il arrête ainsi la croissance. Ses déprédations limitées aux forêts ou essences forestières sont moins apparentes et heureusement aussi moins directement préjudiciables que celles d'un grand nombre des espèces que nous avons déjà vues. Il cause en outre des torts assez sensibles à nos récoltes de marrons, châtaignes, noix et noisettes.

Sa taille varie entre $0^m,20$ à $0^m,23$ de longueur de corps avec $0^m,23$ à $0^m,25$ de longueur de queue.

TRIBU DES HERBIVORES

Elle se compose d'animaux terrestres ou aquatiques se nourrissant directement sur le sol et vivant quelquefois dans des terriers.

Le fond de leur nourriture consiste en herbes ou herbages auxquels ils joignent encore des feuilles, des petites tiges ligneuses, et en cas de disette des écorces ; l'un d'eux cependant recherche particulièrement cette dernière nourriture. Accidentellement ils se nourrissent de grains et de quelques fruits, s'ils en trouvent à terre ; mais ne grimpent pas sur les arbres pour les cueillir.

Parmi eux se trouvent encore quelques espèces n'ayant que deux incisives à la mâchoire supérieure, et toutes les espèces à quatre incisives.

Tous compensent en partie les dégâts qu'ils commettent par une excellente chair et aussi par une fourrure plus ou moins estimée.

. Cette tribu comprend quatre familles : les Arctomydés, les Castoridés, les Caviidés et les Léporidés.

Familles des ARCTOMYDÉS

Elle est composée d'animaux réunis, par beaucoup d'auteurs aux Écureuils, dont ils ont la même dentition (22 dents) ; et que nous avons cru devoir en séparer à cause de leurs formes générales, de leurs mœurs et aussi de leur alimentation.

Ils ont le *corps* lourd, massif, bas sur jambes, les *oreilles* courtes, la *queue* moyenne; vivent sur les montagnes et en famille; sont fouisseurs, hibernant; se nourrissent d'herbes et de racines, et ne forment qu'un seul genre.

Genre MARMOTTE, *Arctomys*

Ses caractères sont ceux de la famille.
Une seule espèce le représente chez nous.

La Marmotte vulgaire, *Arctomys marmotta*, (Linné).

Noms vulgaires. — *Hunegan, Hunigan* (Bretagne). — *Marmotto* (Basses-Alpes).—*Marmotta* (Alpes-Maritimes). — *Mieret* Provence).

La Marmotte était répandue autrefois dans les Vosges

et en Auvergne, comme l'attestent encore ses restes.
Bien connue par les voyages que lui font faire un peu
partout les jeunes savoyards, elle n'habite plus aujour-
d'hui que les hautes régions des Alpes ou des Pyrénées,
et plus particulièrement sur les hauts plateaux de nos
départements de la Savoie.

Fig. 116. — Marmottes vulgaires.

Elle atteint 0^m,50 à 0^m,55 de longueur de corps avec
0^m,18 à 0^m,19 de queue, et un poids moyen de six kilos,
mais qui peut s'élever jusqu'à dix kilos chez quelques
individus à la fin de l'automne, alors qu'ils sont très gras.
C'est dans le voisinage des glaciers, sur les pentes
tapissées d'herbes aromatiques ou parmi les éboulis
qu'elles creusent les terriers où elles se réunissent par

petites troupes de huit à quinze individus, et passent en
léthargie six à sept mois de l'année dans une sorte de
nid bien matelassé de foin pour ne se réveiller qu'au
printemps. Quelquefois à l'automne, elles descendent
dans la région des pâturages, mais recherchent toujours
les endroits tranquilles et solitaires.

Elles se nourrissent d'herbes de toutes sortes, de
plantes aromatiques, de racines, et ne causent aucun
dommage appréciable dans les régions élevées qu'elles
habitent.

Elles vivent environ huit à dix ans ; la première année
leurs incisives sont blanches ; jaune-citron la deuxième ;
et rouge vif la troisième ; au-delà, on reconnaît encore
leur âge pendant quelque temps à la couleur roux orangé
des poils de leur ventre qui s'accentue chaque année.

La *chair* de la marmotte, très grasse à l'automne,
est très bonne à manger, aussi est-elle un régal pour
quelques-uns, ainsi qu'une précieuse ressource pour de
pauvres habitants de la montagne, qui la salent, la fument et la réservent pour les jours de fêtes.

Sa *graisse* fondue, qui est verdâtre, est excellente
aussi et leur tient lieu de beurre ou d'assaisonnement.

Sa *fourrure* d'un gris plus ou moins foncé, noirâtre
sur le dos, roussâtre sur le ventre, était recherchée autrefois en pelleterie ; maintenant le commerce ne l'emploie plus guère qu'en bordure, ou pour faire des manchons communs. Teinte en noir ou en marron, on la
fait encore passer sous différents noms, et de quelques
peaux bien éjarrées et tondues a mi-poils on imite le
Castor ou la Loutre. — Les paysans des Hautes-Alpes
s'en font souvent des gants ou des bonnets d'hiver.

Indomptables lorsqu'elles sont prises vieilles, les Marmottes deviennent au contraire très douces et s'apprivoisent aisément lorsqu'elles sont capturées jeunes. Toute nourriture leur convient comme au lapin : elles mangent alors indifféremment de l'herbe, des légumes, des fruits, du pain et même de la viande cuite ou crue. Très rustiques en tout, elles ne redoutent que l'humidité. Il serait donc facile d'en faire un excellent animal domestique, et certainement aussi de les réintroduire dans les montagnes d'Auvergne et même des Vosges, des Cévennes et quelques parties du Jura, où elles feraient un nouveau gibier de chasse en même temps qu'une utile ressource pour les gens du pays.

Ce serait une acclimatation facile, fructueuse et plus pratique, que celle de la plupart des animaux dont on cherche actuellement à nous doter, et qui venant des pays chauds sont délicats, et demandent des soins de toutes sortes, rendant leur entretien plus coûteux que leurs produits, et ne pouvant rester qu'un objet de luxe à la disposition d'un petit nombre.

Autrefois sa chair et sa graisse passaient pour avoir des propriétés médicinales et autres qu'on ne lui reconnaît plus actuellement.

Famille des CASTORIDÉS

Les animaux de cette famille n'ont que 20 *dents* au lieu de 22 comme les Écureuils et les Marmottes; mais ils ont cinq *doigts* à tous les membres, tandis que tous les rongeurs que nous venons de voir n'ont que des

pouces rudimentaires aux membres antérieurs. Ils sont
bien différenciés encore des autres rongeurs par leurs
habitudes très aquatiques, des *formes* massives, des
pieds postérieurs largement palmés et surtout une *queue*
large, plate, en forme de palette et couverte d'écailles
au lieu de poils.

Un seul genre compose cette famille.

Genre CASTOR, *Castor*

Ses caractères sont ceux de la famille.
Il ne comporte qu'une seule espèce.

Le Castor commun, *Castor gallicus*, F. Cuvier.

Noms vulgaires. — *Avank* (Bretagne). — *Bieuzr* (Basse-
Bretagne). — *Vibré*, *Fibré* (Vaucluse, Gard, Bouches-du-
Rhône).

Ce Castor qui n'est autre peut-être que le Castor du
Canada (*Castor fiber*) quelque peu modifié par la différence de climat et d'alimentation, était très commun
dans toute la Gaule jusqu'au ixᵉ siècle. Au xviiᵉ siècle,
il était encore abondant dans diverses provinces et en
Alsace en particulier, d'où il a disparu le siècle suivant. L'ancien Français le connaissait sous le nom de
Bièvre, nom resté à la petite rivière qui traverse le sud
de Paris, à cause du grand nombre de ces animaux
réunis autrefois sur ses bords.

Actuellement il a presque totalement disparu de notre
sol, et les rares sujets qui vivent encore sur le bas Rhône
et dans la Camargue ont dû modifier leurs industrieux

travaux et devenir troglodytes pour sauver leur vie en se cachant à tous les regards. Mais le soin et l'intelligence même qu'ils ont mis à se cacher, sera cause de leur extermination complète.

Pour mieux dissimuler leur présence, ils se sont établis dans l'épaisseur des digues que l'on a élevées pour protéger les nouveaux vignobles de la Camargue contre les inondations et pouvoir aussi les submerger à volonté. Là, ils ont creusé de vastes magasins ayant environ deux mètres de diamètre et communiquant avec le Rhône par un large couloir ouvrant dans l'eau au-dessous des plus basses eaux; puis, pour se garer eux-mêmes des inondations, ils ont recreusé à

FIG. 117.— Castor commun.

un niveau plus élevé un nouveau réduit ou donjon communiquant d'une part avec leur magasin et de l'autre avec l'air extérieur par un trou, de quelques centimètres d'ouverture seulement, dissimulé au milieu de touffes d'herbes, mais leur apportant cependant l'air nécessaire à leur existence (1). — Ils pensaient sans doute, qu'installés de la sorte, ils ne couraient aucun danger et

(1) Ces faits ont été communiqués dès 1888 à la Société d'Acclimatation, par M. A. Savoye, propriétaire dans la Camargue.

pour plus de sûreté, ce n'était que la nuit qu'ils se rendaient au gagnage, situé ordinairement de l'autre côté du fleuve, d'où ils rapportaient encore des provisions leur permettant de sortir le moins souvent possible. — Tout aurait bien été, si les digues construites par l'administration avaient été faites en terrain très solide et à toute épreuve; mais il n'en était rien, et aux premières

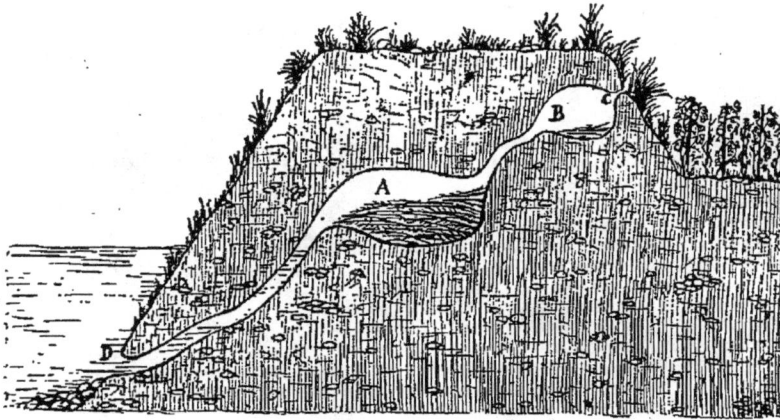

Fig. 118. — Coupe d'une digue de la Camargue minée par les travaux des Castors.

A, Magasin et provisions. — B, Donjon d'habitation. — C, Petite ouverture pour aérer. — D, Couloir d'entrée et de sortie s'ouvrant au-dessous du niveau des plus basses eaux.

inondations ces digues réduites de l'épaisseur des terriers laissèrent filtrer l'eau. On en chercha la cause. Il fallait un coupable, et nos petits ingénieurs subirent les foudres de l'administration et furent proscrits en masse.

Notre faune, déjà bien réduite, va donc encore se diminuer d'une espèce, industrieuse entre toutes, causant peu de dégâts par sa nourriture qui ne se compose guère que de quelques branches de peupliers ou de saules, et qui nous donne en échange, une belle fourrure, une chair appréciée de quelques-uns et un médicament précieux.

Fig. 119. — Castors préparant une digue.

Si l'administration le proscrit, espérons qu'à sa place de grands propriétaires l'introduiront dans quelques parties reculées de leurs parcs ou forêts, comme cela a déjà eu lieu en Écosse, en Autriche, en Bohême et en Bavière. Leur acclimatation toute faite ne demandera aucun soin, et ces industrieux animaux auront bien vite formé de petites colonies développant toute leur habileté de constructeurs comme au Canada, et offrant un nouveau gibier dont les produits couvriront rapidement les frais d'achat et de garde.

.Sa *chair* ordinairement très grasse, mais déclarée *maigre* par l'Église, était très utilisée autrefois, et en carême particulièrement. Fort estimée par les uns, elle était profondément méprisée par d'autres ; mais celle de ses pattes de derrière et de sa queue conserva toujours uue grande réputation. — Cette divergence d'opinion n'a rien d'étonnant quand on connaît son alimentation ; sa chair devait être très bonne alors qu'il se nourrissait de tiges ou écorces de peupliers, d'essences diverses, de tiges et feuilles de nénuphars, etc., et au contraire devenir très amère, quand il ne mangeait que des tiges et écorces de saule, dont on tire, comme l'on sait, l'acide salycilique, si amer, mais si puissant pour calmer les douleurs de goutte ou de rhumatisme (1).

La *peau* vaut commercialement cinquante à soixante francs, mais sa valeur varie suivant la taille de l'individu, et aussi suivant qu'elle se trouve en poils d'été ou en poils d'hiver. — Elle est couverte, comme celle de la loutre et de beaucoup d'animaux, de deux sortes de poils ; l'un court, doux, duveteux, moelleux et épais qui lui fait une chaude fourrure, l'autre beaucoup plus grossier et plus long, appelé *jarre*, recouvre et garantit le premier. Pour donner toute la valeur à sa *fourrure* on arrache avec soin le jarre que l'on utilise comme gros-

---

(1) Sous la forme de *salycilates* divers.

sier feutre ou tissus (tapis et grossières étoffes). Alors, on l'emploie soit naturelle, soit teinte, en manchon, couverture ou tapis, puis aussi en col, parement, bordure, doublure, etc...

Des poils fins et rasés on fait aussi un excellent feutre, très recherché de la chapellerie ; ou bien, mêlé à de la laine, on en fait comme à Sédan, une étoffe légère et moelleuse appelée *castorine*.

Un autre produit donne encore de la valeur au Castor ; c'est une substance onctueuse, molle et très odorante appelée *castoreum*, qui se trouve dans deux poches situées à la base de sa queue, et qui est employée en médecine comme calmant du système nerveux, sous forme de poudre, eau, sirop et teinture éthérée ou alcoolique.

Toutes les parties de son corps étaient plus ou moins employées dans la médecine des anciens qui leur attribuaient les vertus les plus complexes et aussi les plus étranges. — Nous ne pouvons cependant manquer de signaler, d'après Jehan Marius, médecin à Augsbourg, au commencement du xviie siècle, et pour l'avoir expérimenté aussi nous-même, les propriétés hémostatiques ou agglutinatives avec le sang, de son *poil* ou plutôt de sa *bourre* (1) pour la guérison des coupures ou plaies par arme blanche.

Cet animal, qui s'apprivoise aisément, atteint 0^m,75 à 0^m,90 de longueur de corps, avec 0^m,30 à 0^m,35 de longueur de queue.

_____

(1) Nous avions déjà été témoin de résultats semblables obtenus par la bourre laineuse d'un singe nocturne de Malaisie, et qui est fréquemment employée par les indigènes pour arrêter les hémorragies, fermer et cicatriser toutes espèces de coupures.

Parfaitement inoffensif par son genre d'existence et de nourriture, il peut cependant, comme nous l'avons vu plus haut, devenir nuisible quelquefois par son industrie même, et le serait toujours aux environs de pépinières et d'oseraies qu'il détruirait pour son alimentation.

Famille des CAVIIDÉS

Armés de 20 *dents* seulement comme les précédents, ils ont aussi comme eux des formes lourdes et massives, mais n'ont que des habitudes terrestres, et une sorte de petit tubercule en guise de *queue*. Ils ne possèdent que quatre *doigts* à leurs membres antérieurs, mais se distinguent bien de tous les autres Rongeurs par trois doigts seulement aux membres postérieurs.

Nous ne les possédons qu'en domesticité, mais depuis une époque déjà ancienne.

Ils ne forment qu'un seul genre

Genre COBAYE, *Cavia*

Ses caractères sont ceux de la famille, et il n'est représenté chez nous que par une seule espèce.

Le Cochon d'Inde ou **Cobaye,** *Cavia porcellus,* (Linné).

Noms vulgaires. — *Caïon de mar* (Ain). — *Lapin de Barbarié. Pourquet de mar, Porchin, Porc d'Indo* (Provence). — *Porc mari* (Pyrénées-Orientales).

Ce petit animal a été introduit et acclimaté en Europe quelque temps après la découverte de l'Amérique, ce

qui fait supposer à beaucoup de gens qu'il est originaire de ce pays et dire qu'il descend du *Cavia aperea*
du Brésil ; ce qui n'est pas absolument démontré.

Quoiqu'il en soit, sa longue existence chez nous, nous
paraît lui donner de suffisants droits de cité, pour pouvoir le signaler ici à son rang, comme animal du pays.

C'est bien à tort qu'on lui a donné les noms de *Cochon
d'Inde* ou *Cochon de mer*, car il n'a ni les apparences,
ni l'organisation, ni rien des habitudes du Cochon.

Fig. 120. — Cochons d'Inde ou Cobayes.

Il a des mœurs très douces, s'accommode de tout,
excepté du froid ; subit sans plaintes et sans aucune
défense, les caresses et autres traitements des enfants,
aussi le leur donne-t-on souvent comme jouet. — Sa
petite taille, son maniement facile et sa douceur, lui ont
aussi conquis le triste privilège d'être un sujet ordinaire
d'expériences pour nos physiologistes.

Beaucoup de gens l'élèvent encore dans la persuasion que son odeur chasse les Souris ; mais lorsque dans l'hiver on lui donne des grains, il n'est pas rare de voir ces dernières venir les manger avec lui dans son assiette. Ses mouvements continuels durant la nuit, peuvent seuls être une cause d'effroi pour les Souris, qui ne se sont pas encore familiarisées avec lui.

C'est un animal très prolifique, et les jeunes qui naissent couverts de poils, courent dès leur naissance, et se reproduisent rapidement.

FIG. 121. — Cochon d'Inde à poils rebroussés.

Son poil est ordinairement couché en arrière comme celui de tous les animaux, et leur couleur est blanc plaqué de larges teintes uniformes de brun roux et de noir ; mais on en rencontre aussi quelques-uns à longs poils soyeux, dits, *angora*, et quelques autres à poils rebroussés soit en totalité, soit sur la plus grande partie de leur corps.

Sa *chair* est saine et recherchée de quelques personnes, quoiqu'elle soit un peu fade. On fait ordinairement cuire le cobaye avec sa peau, et on le farcit de quelques épices qui relèvent avantageusement son goût, assez délicat lorsqu'il est rôti (1).

Sa *peau*, couverte de ses poils, est quelquefois employée comme gants - mitaines et pour recouvrir des mules et pantoufles ; mais elle est rare dans le commerce, car il est plus ordinairement cuit avec sa peau, comme nous l'avons vu plus haut.

Ses *poils*, grossièrement teints ou naturels, sont souvent employés pour la confection de pinceaux communs

(1) Pour les tuer, et afin de pouvoir facilement les dépouiller de leurs poils sans endommager la peau, on est dans l'usage de les plonger vivants dans l'eau bouillante.

Cette pratique nous avait d'abord semblé des plus barbares ; mais ayant un jour assisté involontairement à une de ces opérations nous avons complètement changé d'avis, et nous croyons que c'est un des meilleurs procédés pour tuer nos petits animaux domestiques, à condition toutefois que l'opération soit convenablement faite.

Il serait sans doute préférable d'assommer d'abord les animaux ; mais bien assommer sans broyer ou défigurer la tête, peut être souvent une chose très difficile à exécuter pour une main qui n'y est pas exercée ; et assommer à moitié ou en plusieurs fois est une bien triste et détestable besogne ! — Reste donc le système de saigner ; mais, qui n'a entendu les effroyables grognements du porc sous le couteau du charcutier, et sa voix qui s'affaiblit peu à peu avec la vie qui s'en va ! — Qui n'a vu de malheureux canards ou poulets, la gorge à moitié tranchée, ou la langue coupée à sa base, se débattre si pitoyablement pendant les cinq, huit et quelquefois dix minutes que leur sang met à s'écouler. Souvent encore le cuisinier maladroit est obligé de recommencer la besogne et remettre le couteau dans la plaie pour l'élargir et activer l'écoulement du sang. — Qui n'a vu aussi de malheureux pigeons se débattre pendant trois, quatre et six minutes sous des efforts insuffisants ou des doigts maladroits qui, tout en lui brisant la poitrine, cherchaient vainement à empêcher l'air d'arriver encore aux poumons.

Ce ne sont plus des genres de mort acceptables de nos jours, Puisque nous avons l'électricité, nous devrions savoir l'appliquer à cet usage, et nous pensons que la *Société protectrice des animaux* ferait bien de proposer un prix pour un appareil pratique plus ou

montés sur des tuyaux de plume et vendus à bas prix
dans les bazars ou papeteries; ils servent aussi de
bourre pour garnir de petits coussins.

Rongeurs à **quatre incisives** *à la machoire supérieure*

Une seule famille la représente chez nous. Une autre,
dont nous dirons quelques mots à la suite, pourrait utilement la représenter encore.

Famille des LÉPORIDÉS

Elle est composée d'animaux relativement gros pour
leur ordre, dont les deux grandes *incisives* supérieures
sont doublées en arrière de deux autres beaucoup plus
petites, mousses et ne concourant pas à l'action des premières. Leurs *oreilles* sont très allongées. Leurs *mem-*

moins puissant, destiné à pouvoir foudroyer les animaux domestiques
dans nos abattoirs, comme aussi dans nos ménages. — Avec le transport de l'électricité à domicile (qui tend à se répandre un peu partout),
cela simplifie beaucoup la question, car il ne sera plus nécessaire
d'avoir la moindre batterie chez soi; un simple commutateur suffira.

En attendant que cet appareil soit inventé, nous devons chercher
à faire souffrir le moins possible, et surtout le moins longtemps possible, tous les animaux, et ceux surtout qui ont été nos hôtes, que
nous avons élevés et nourris de nos mains.

Or, l'immersion brusque et *complète* dans un liquide bouillant et
abondant, produit *instantanément une suffocation et une syncope*
amenant l'insensibilité, qui est rapidement suivie de la mort. Mais,
il est bien important que l'animal soit entièrement plongé et maintenu sous l'eau, sans quoi, il vient respirer au dessus, se débat, et
subit alors une longue et cruelle agonie.

13

bres postérieurs, très développés aussi, les disposent à la course. Leur *queue* assez courte, relevée à angle droit disparaît en partie dans l'épaisseur des poils de leur corps. Ils ont cinq *doigts* aux membres antérieurs ; quatre seulement aux membres postérieurs, et sont armés de 28 *dents*.

Un seul genre les représente en France.

Genre LIÈVRE, *Lepus*

Ses caractères sont ceux de la famille.

Cinq espèces le représentent chez nous.

Le Lièvre commun, *Lepus timidus*, Linné.

Noms vulgaires. — Le mâle : *Lieuve* (Somme). — *Levre* (Seine-Inférieure, Manche, Calvados, Eure). — *Lieuve, Lieuffe, Liève Live* (Vosges). — *Lieure* (Meurthe). — *Gad* (Bretagne). — *Lieuvre, Yeuvre* (Mayenne, Sarthe). *Liovra* (Ain). — *Lieuve, Lieube* (Cher). — *Léouri* (Ardèche). — *Giscle* (Provence). — *Lèbe* (Gascogne). — *Lébé, Lébre, Lébré* (Tarn, Gers, Gard, Bouches-du-Rhône, Var, Alpes-Maritimes). — *Liebra, Liabran* (Pyrénées-Orientales). — *Erbia* (Basses-Pyrénées).

La femelle : *Lieuvresse* (Somme, Mayenne, Sarthe). — *Levresse* (Normandie). — *Gadez* (Bretagne). — *Lieuvresse* (Deux-Sèvres).

Le jeune : *Levret* (Normandie). — *Llievron* (Ain). — *Lébraou* (Tarn, Gard, Bouches-du-Rhône, Basses-Alpes, Var).

Roux sur le dos et la nuque, il l'est encore un peu sur les côtés et devient blanchâtre sous le ventre, surtout en hiver. Les oreilles grises ont toujours la pointe noire, et ses jambes de derrière sont très longues.

Toujours sur le qui-vive, il ne se repose que le jour pour sortir au crépuscule ou la nuit afin de chercher sa nourriture, herbes, racines, trèfle, luzerne, choux, salade, thym, serpolet, etc.

A l'inverse du Lapin, il vit solitaire; ne se creuse pas de terriers, et met au monde des jeunes tout poilus, ayant les yeux ouverts et prêts à trotter.

S'il était très abondant, il deviendrait très nuisible et ferait le désespoir des cultivateurs, qui déjà s'en plaignent souvent. Les chasseurs, au contraire, le proclament très utile et le font garder avec des soins jaloux.

FIG. 122. — Lièvre commun.

On appelle *hase* la femelle et *levraut* le jeune.

Personne n'ignore la qualité de sa *chair*, *viande noire* par excellence, savoureuse, excitante, et supérieure encore dans les montagnes, où croissent abondamment les plantes aromatiques qu'il recherche pour sa nourriture; mais qui prend bien vite un désagréable goût d'u rine, si le chasseur n'a pas songé de suite après sa mort à vider sa vessie par une pression convenable pratiquée le long du ventre et des reins.

Sa chair défendue par Moïse, et proscrite par Mahomet, passa chez nous pour malsaine jusqu'au temps de Charlemagne. On la méprise tant encore dans certaines provinces de Russie, que l'on laisse pourrir sur place ceux de ces animaux que l'on tue, plutôt que de les emporter. — Depuis quelques années cependant on en fait une chasse spéciale pour les expédier en France et à Paris en particulier, qui en fait une fort grande consommation et les reçoit, ainsi que d'Allemagne, par wagons complets.

Autrefois on employait sa *graisse* contre les taies des yeux ; son *sang* passait pour tonique ; son *foie*, sa *bile*, la plupart de ses viscères et jusqu'à ses *excréments* étaient réputés souverains pour diverses maladies, ainsi que son *astragal*.

Actuellement sa *fourrure* appliquée directement sur la peau, où elle entretient une température chaude et constante est assez utilement employée contre les névralgies et les rhumatismes.

Sa *peau*, qui devient plus douce et plus fournie de poils en hiver qu'en été, fait l'objet d'un commerce important. Quelquefois elle est employée naturelle, en fourrure, pour couvertures de voitures, tapis, manchons ou doublures de pelisses ; mais le plus souvent elle est rasée et fournit alors à l'industrie une matière première précieuse et abondante. Les *poils*, en effet, ont la propriété de se feutrer très aisément et sont très demandés par la chapellerie qui les paie de 10 à 38 francs le kilo, suivant leur qualité de poils d'été ou poils d'hiver, et suivant leur provenance sur la peau ; car le même animal fournit quatre qualités à la fois. L'arête ou dos forme la première, puis les flancs, le ventre, et enfin la tête et la queue.

La chapellerie consomme en France, par an, plusieurs centaines de milles de peaux.

Le cent de peaux se vend en moyenne, à la halle aux cuirs, de 60 à 65 francs. Les peaux de lièvres allemands, qui sont plus grands que les nôtres, et qui arrivent en quantité à Paris, se vendent de 90 à 100 francs.

Cent peaux de lièvres français fournissent de 3 à 4 kilos et demi de poils ; tandis que cent peaux allemandes peuvent en fournir jusqu'à 8 kilogrammes.

La *peau*, privée de ses poils, est encore utilisée et sert à faire de la colle de peau, après avoir été coupée, au moyen de machines, en petites lanières très ténues, appelées dans le commerce, *vermicelle de peau.*

Les *pattes* sont quelquefois utilisées comme essuie-plumes, houppe à poudrer, brosse de bureau ou pupitre, etc. ; quelquefois aussi on fabrique avec un des *os* de la jambe des tuyaux de pipes recherchées de quelques amateurs.

Il atteint généralement chez nous, de 0^m,50 à 0^m,58 de long avec 0^m,10 à 0^m,11 de queue. Les lièvres *allemands* qui arrivent jusque sur notre frontière Est, aux environs de Strasbourg et en Suisse, atteignent 0^m,68 et 0^m,70 de longueur avec 0^m,11 à 0^m,12 de queue ; mais restent bien inférieurs comme qualité de chair. Ce sont ces derniers qui se vendent en grande quantité aux halles de Paris, où ils n'atteignent, malgré leur taille, jamais la valeur de nos lièvres français.

Le Lièvre s'apprivoise difficilement, mais on parvient cependant à le faire reproduire en captivité à condition de lui donner une demi-liberté, c'est-à-dire un espace assez grand et boisé pour qu'il puisse s'isoler.

On rencontre quelques rares sujets entièrement blancs.

On a fait grand bruit de son croisement obtenu avec le Lapin et produisant une race connue sous le nom de *Léporide;* mais ce fait n'est pas absolument prouvé et présente actuellement de bien nombreux et sérieux contradicteurs.

Le Lièvre méditerranéen, *Lepus mediterraneus*, WAGNER.

NOMS VULGAIRES. — *Lébe, Lébre, Lébré, Gisele* (Provence).

Ce Lièvre, répandu aussi en Italie, est plus régulièrement roux que le précédent; ses poils sont aussi moins serrés et plus courts; ses oreilles plus minces. Diverses particularités ostéologiques le distinguent encore, entre autres un palais plus étroit.

Il n'habite que nos départements méditerranéens,

FIG. 123. — Lièvre méditerranéen.

et il s'accouple quelquefois avec le Lièvre commun; aussi donne-t-il des produits intermédiaires, qui servent d'armes à quelques naturalistes pour prétendre à sa non-existence comme espèce.

Sa *chair* ne diffère pas comme goût de celle de notre Lièvre ordinaire, au dire des chasseurs du pays, mais les gourmets l'apprécient cependant moins.

Sa *peau*, un peu moins fournie de poils, a aussi un peu moins de valeur commerciale ; mais donne comme le précédent ses poils à la chapellerie et ses vermicelles aux fabricants de colle.

Le Lièvre blanc ou variable, *Lepus variabilis*, Pallas.

Noms vulgaires. — *Blanchon* (Savoie). — *Blanchoun, Lébré blanco* (Basses-Alpes).—*Liebra blanca* (Alpes-Maritimes).

Sa taille ne paraît pas différer très sensiblement de celle de notre Lièvre commun.

Cette espèce, particulière aux Alpes et aux Pyrénées, a les oreilles moins longues que les précédents, et les jambes de derrière aussi un peu plus courtes. Il est tout blanc l'hiver, à l'exception des oreilles qui restent noires aux extrémités : dans l'été, il est brun, varié de blanc, de gris et de roux, et se confond assez, comme en hiver, avec le sol qu'il habite, ce qui le sauve un peu des grands oiseaux de proie qui vivent dans les mêmes régions que lui.

Il est ordinairement très cantonné, et beaucoup moins sauvage que notre Lièvre ordinaire.

Sa *chair*, bien souvent parfumée par les plantes aromatiques dont il se nourrit, n'a pas cependant le fumet de notre Lièvre commun, dont il s'éloigne encore un peu par certains détails de conformation et de mœurs, qui le rapprochent des Lapins. — C'est donc avec lui d'abord, que devraient être tentés les premiers croise-

ments avec les Lapins, pour en allier plus tard les
produits avec notre Lièvre ordinaire, si l'on veut chercher à obtenir une race nouvelle participant à la bonne
qualité des chairs de ce dernier.

Sa *peau* d'été, à moins d'être teinte, n'est bonne que
pour la chapellerie, tandis que l'hiver, elle est soigneu-
sement gardée pour être utilisée en fourrure.

FIG. 124. — Lièvre blanc ou variable.

Quelques sujets conservent en toute saison une robe
bigarrée, moitié blanche, moitié grise.

Ce Lièvre, d'humeur bien plus douce que notre Lièvre
ordinaire, vit aussi beaucoup plus facilement que lui en
captivité, où il montre plus d'enjouement et de confiance
que ce dernier.

Il atteint $0^m,55$ à $0^m,60$ de taille, mais seulement
$0^m,055$ à $0^m,060$ de queue.

Le Lapin de garenne, *Lepus cuniculus*, Linné.

Noms vulgaires. — Le mâle : *Cunin* (Ardennes).— *Coenens, Connins* (Moselle). — *Kinniele* (Alsace). — *Laipin* (Meurthe). — *Couenin* (Marne). — *Konikl, Kounikl, Konifl* (Bretagne). — *Koulin* (Morbihan). — *Lapin sarvazou* (Ain). — *Lapi* (Ardèche). — *Counieu, Counieou* (Provence). — *Liapin* (Pyrénées-Orientales). — *Lapiñu Kônegûa, Kônechûa* (Basses-Pyrénées). — *Counil, Connin, Counin* (Vieux auteurs).

La femelle : *Koniklez, Kouniklez, Kouniflez* (Bretagne). — *Koulinez* (Morbihan). — *Lapino* (Gironde). — *Lapiñ emea, Kôneju emea, Kônechu emea* (Basses-Pyrénées). — *Connille, Connine, Counine* (Vieux auteurs).

Le jeune : *Konikel, Iaouañk, Koniklik, Kouniklik, Konifel* (Bretagne). — *Hañter gad* (Finistère). — *Lapiñatichua, Kônejutchôa, Kônechutchûa* (Basses-Pyrénées). — *Connillet, Counillet* (Vieux auteurs).

Il diffère du Lièvre par les pattes de derrière bien plus courtes, et par la pointe des oreilles terminées de gris brun au lieu de noir. Comme chez ces derniers, le ventre est blanc ainsi que le dessous de la queue, mais le dos est mélangé de noir, de fauve et de cendré. Il affectionne les dunes et coteaux montageux et boisés, où il peut facilement creuser des terriers ; mais redoute le froid et l'humidité. Il est très prolifique ; aussi devient-il souvent un fléau pour l'agriculture (1), ainsi que pour les

(1) En Australie, où quelques couples ont été introduits au commencement du siècle, ces animaux se sont tellement multipliés (en l'absence de carnassiers pour modérer leur accroissement) et causent de tels ravages dans les cultures, que le gouvernement de ce pays a offert une récompense de 25,000 livres sterling (625,000 francs), pour un moyen capable de les détruire. Plus de 1,500 procédés ont été proposés et expérimentés, mais aucun n'a été jugé assez meurtrier pour arriver rapidement au résultat et mériter la récompense.

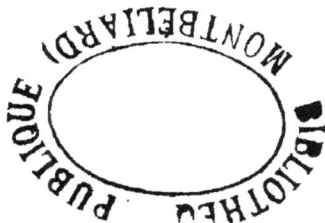

forêts dont il écorce les arbres pendant l'hiver et coupe
en tous temps les racines traversant les nombreuses galeries de ses terriers.

Bien des propriétaires qui en avaient peuplé leurs
bois pour la chasse, ont dû, en présence des dégâts
qu'ils commettaient chez eux et des dommages qu'ils

FIG. 125. — Lapins de garenne.

causaient chez les voisins, faire coup sur coup des battues en règle pour en diminuer le nombre.

Les Lapins de garenne ne doivent pas être tolérés
dans les petits bois au milieu des cultures ; mais dans
de grandes forêts entourées elles-mêmes d'autres forêts,
cinq à six couples adultes par hectares ne produisent
pas de dégâts sensibles et sont suffisants avec leur
rapide reproduction pour donner lieu à des chasses

agréables et productives. Si la forêt est directement en-
tourée de cultures et ne dépasse pas 100 hectares de
superficie, on ne doit pas en conserver plus de deux ou
trois couples adultes par hectare, si l'on veut éviter les
réclamations bien fondées des voisins.

Tout le monde connaît leur intéressante chasse au
moyen de *Furets*. Des braconniers ingénieux ont trouvé

Fig. 126. — Lapin poursuivi par un Lynx.

moyen de remplacer ce dernier animal, dont la possession est compromettante pour eux, par des Écrevisses
qu'ils lâchent à leur place dans les terriers, où elles
produisent assez vite le même effet, paraît-il, lorsqu'ils
ne sont pas trop profonds.

Sa chasse au fusil est des plus intéressantes, car elle
demande presque autant d'habileté de tir que pour la

Bécasse ; il faut en effet pour y réussir, une rapidité de mouvement et une sûreté de coup d'œil que l'on acquiert qu'après une assez longue pratique. Mais ce pauvre animal, sans autres défenses que ses pattes, dont il se sert très habilement du reste, n'a pas seulement l'homme

Fig. 127. — Lapins guettés par un Renard.

comme ennemi ; tous les animaux carnivores lui font une guerre acharnée. Les Lynx les détruisent partout où ils se trouvent, et sont heureusement rares. Les Martes, Fouines, Putois, Hermines et même Belettes se chargent aussi de diminuer leur nombre en égorgeant soit les adultes soit les jeunes au nid. Mais leur plus grand ennemi est certainement le Renard, qui heureusement pour eux, est trop gros pour pénétrer dans leurs terriers. Souvent il reste à l'affût dans les environs pour les chasser à courre à leur sortie ; mais plus souvent encore pour les happer au passage.

A l'inverse du Lièvre qui jamais ne se terre, et dont les jeunes naissent couverts de poils et prêts à courir, par conséquent sans nids, les Lapins vivent dans des terriers qu'ils se creusent eux-mêmes et où ils déposent sur un nid moelleux des jeunes tout nus ayant les yeux fermés et incapables de marcher et même se soutenir pendant quelques jours.

Sa *chair* toute blanche, qui ne peut être confondue avec celle du Lièvre, est beaucoup moins savoureuse, quoique bien supérieure encore à celle du Lapin domestique, dont il n'atteint jamais la taille (1).

Sa *fourrure*, épaisse et douce, n'a peu de valeur, sans doute, qu'à cause de son extrême abondance. Sa peau d'hiver est seule employée comme fourrure et se plie à un grand nombre d'usages ; les peaux d'été sont toujours rasées pour la chapellerie. Elles se vendent à la halle aux cuirs de 40 à 50 francs le cent ; mais tendent à baisser par suite des arrivages de l'étranger.

On évalue à plus de 200,000 kilos la quantité de poils de Lapins de garenne employée annuellement par l'industrie en France et qui sont fournis par environ cinq

---

(1) De nombreuses et bonnes conserves de lapin sont arrivées de l'Australie, mais elles n'ont pas eu la faveur du public, qui craignait que ces animaux n'aient succombé au poison, que l'on employait souvent pour les détruire.

à six millions de peaux provenant soit de nos chasses, soit d'importations.

Ses *variétés* sont assez rares, et cependant nous avons vu dans la belle collection de M. Van Kempen de Saint-Omer, des sujets blancs, jaunes, bleus et noirs capturés en grande partie aux environs de Lille ou de Tournai.

Le Lapin domestique, *Lepus domesticus*, Linné.

Il présente de nombreuses variétés que nous connaissons tous, et acquiert une plus grande taille que le Lapin de garenne. La race dite, **Géant de Flandre,** atteint le poids de 8 à 9 kilogrammes. La race dite, **Bélier** atteint aussi un poids considérable.

La facilité avec laquelle on le nourrit de débris sans valeur et sa grande fécondité, lui font rendre de grands services à l'alimentation publique, en même temps qu'il est une sérieuse source de profit pour les éleveurs. On peut, en effet, évaluer la moyenne de la postérité d'une femelle de 30 à 35 individus par an, mortalité déduite : quelques auteurs élèvent même cette moyenne à 44 individus. Mais c'est un grand mangeur, et s'il faut acheter pour le nourrir, ou y consacrer des récoltes, son élevage ne présente plus aucun bénéfice et peut même devenir plus ou moins onéreux.

On appelle *clapiers* les cages ou réduits dans lesquels on l'élève. On doit toujours le tenir très au sec, car l'humidité lui est très funeste, comme au Lapin de garenne, et leur occasionne à tous deux des épidémies qui en font périr un grand nombre.

Sa *chair*, bien moins délicate que celle du lapin sau-

vage, est absolument méprisée dans certains pays, particulièrement dans quelques provinces allemandes. Elle
sent souvent, il est vrai, le choux dont il a été nourri,
mais elle peut néanmoins acquérir certaines qualités
avec quelques soins et variétés dans sa nourriture. On
donne à sa chair un agréable goût en lui faisant manger
un peu avant de le tuer, quelques plantes aromatiques

Fig. 128. — Lapins domestiques.

communes dans les montagnes, telles que sauge, la-
vande, estragon et surtout thym et serpolet.

Les vieux lapins passent au pot-au-feu, où ils donnent
un excellent bouillon avec peu ou pas de légumes, mais
beaucoup d'assaisonnement. Les autres se mangent en
gibelotte, en lapin sauté ou chasseur (pour lesquels un
habile chef doit savoir les faire passer en 20 minutes,

de leurs clapiers dans l'assiette du convive), puis aussi en rôti, en pâté, en civet, etc...

Paris consomme seul plus de 7,000,000 de lapins par an, et l'on évalue de 60 à 65,000,000 la consommation totale de France.

Pour le tuer, on est ordinairément dans l'habitude de l'assommer par un choc assez violent derrière les oreilles en le tenant suspendu par les pattes de derrière, ce qui a le tort, si l'on n'est pas très adroit, ou si l'on n'a pas frappé assez fort, de le faire beaucoup souffrir à en juger par les cris qu'il pousse ; et souvent aussi un maladroit peut abîmer sa peau. Un meilleur procédé consiste à opérer une brusque et violente traction entre les oreilles tenues d'une main et une patte de derrière tenue de l'autre. On rompt de la sorte la colonne vertébrale et la moelle épinière, ce qui amène une mort immédiate sans aucun dégât possible sur la peau, ni traces de coups sur les chairs ; mais il faut pour cela une certaine force, ou à son défaut une certaine habitude que tout le monde n'a pas. Nous réclamons donc ici encore à la *Société protectrice des animaux* la mise au concours d'appareils destinés à tuer sûrement et rapidement un animal domestique sans le faire souffrir ni endommager ses chairs ou sa peau.

Comme pour le Lièvre, il faut songer à vider sa vessie de suite après sa mort pour éviter que sa chair ne prenne un goût désagréable d'urine, qu'elle acquerrait bien vite si on le laissait quelque temps en cet état.

Sa *peau*, de plus grande taille que celle du Lapin de garenne, est plus recherchée pour la fourrure, surtout lorsqu'elle est de teinte uniforme, et bien fournie de

poils comme pendant l'hiver. Elle vaut alors environ
1 franc pièce et est employée en couverture, doublure
de fourrure, bordure, etc. ; dans d'autres cas, elle varie
suivant la saison et le sujet entre 5 et 45 centimes.

Chez les fourreurs, notre Lapin domestique prend le
le nom de LAPIN BELGE et se présente sous les variétés
de *Lapin blanc*, *Lapin gris* ou de *Lapin jardinier* lorsqu'il offre plusieurs couleurs à la fois.

Quelques peaux acquièrent une valeur assez élevée,
soit à cause de leur finesse et de la longueur des poils,
telles que celles des *Lapins angora* sur qui on peut, en
six ou huit peignées par an, recueillir environ 300 à
330 grammes de laine ou soie d'une valeur moyenne
de 5 à 6 francs. D'autres acquièrent aussi de la valeur
à cause de leur teinte bleue ardoisée pure (*Lapin riche*)
ou bleu ardoisé mêlé de blanc (*Lapin argenté*). Ces
peaux proviennent surtout de la Champagne, de
Troyes et de ses environs, où elles varient de 1 à
2 francs suivant la saison et les individus. — Avec la
soie ou laine des *Lapins angora* bien filée et cardée, on
confectionne divers vêtements (bas, chaussons, plas-
trons, genouillères, gants, etc...) souverains, dit-on,
contre les rhumatismes et les douleurs ; mais la plus
grande partie des peaux n'est utilisée que pour la chapellerie et pour ses poils que l'on rase et vend de 7 à
25 francs le kilo, suivant leur qualité, bien choisie sur
les différentes parties de l'animal. Les peaux dépouillées de leurs poils et découpées en sortes de ficelles ou
vermicelles, servent comme celles du Lièvre, à faire de
la colle de peau, recherchée pour la peinture à la dé-

14

trempe, les encollages de plafond, la préparation des pâtes à dorer pour cadre, etc.

Les produits du Lapin, poils ou soies, croissent avec l'âge, en même temps que les qualités de leur chair diminuent.

Paris et Clermont-Ferrand sont les deux centres de commerce et de tontes de peaux de Lapins communs qui valent ordinairement sur le marché environ 40 fr. le cent.

On peut évaluer à une moyenne de 35 à 40,000,000 le nombre de peaux que l'on récolte chaque année en France et qui sont tondues et vendues pour la chapellerie; puis, à un même nombre celles que l'on importe, soit donc un total de 75 à 80,000,000 le nombre de peaux ainsi tondues et travaillées chez nous; enfin à environ 5 à 7,000,000 le nombre des peaux de choix réservées pour être employées soit naturelles, soit teintes, et servant alors à des imitations de fourrures riches.

Par d'habiles procédés de teintures et de lustrage, on arrive, en effet, à leur donner l'apparence de *Fouines*, *Martres* ou *Visons* de divers pays; parfois même on les baptise du nom de toutes espèces d'animaux connus et quelquefois aussi parfaitement inconnus, suivant l'imagination du fourreur ou les caprices de la mode. En éjarrant les peaux après les avoir teintes on en fait des fourrures de *Loutre* et même de *Castor;* teintes aussi et tondues plus ou moins court elles deviennent encore *Taupes* ou *Loutres* exotiques, et plus ou moins rares. De quelques peaux de jeunes, on fait même du *Chinchilla*. — Les peaux de Lapin enfin, à elles seules et entre les mains d'apprêteurs habiles, se transforment à peu près en toutes fourrures possibles et imaginables.

Comme nous venons de le voir, le Lapin est éminemment utile par sa chair et sa fourrure, mais il a encore un autre titre à notre reconnaissance; c'est qu'il partage ordinairement avec le Cobaye et le Chien le triste honneur de servir de sujet à nos expérimentateurs pour une foule d'*études médicales* ou *physiologiques* dont nous retirons ensuite nous-mêmes tout le profit.

Son *fumier* très chaud a aussi une grande valeur pour certaines cultures.

La familles des LÉPORIDÉS comprend encore en Europe un autre genre, les *Lagomys* qui vivent actuellement dans les hautes montagnes de la Russie et de la Sibérie. Ces animaux ont dû être connus de nos ancêtres, car on en trouve d'assez nombreux restes en Auvergne et même dans les terrains des environs de Paris. Moins grands que nos Lièvres et Lapins, mais de plus forte taille que les Cobayes, ils en ont un peu les apparences avec des mœurs qui rappellent celles des Marmottes. Vivant dans les parties sauvages et solitaires des hautes montagnes, ils ne commettent aucun dégât; mais offrent une chair et une fourrure agréables. — Pourquoi ne chercherions-nous pas à les réintroduire chez nous, où leur acclimatation serait toute faite? — Ce serait un nouveau gibier et de nouveaux produits que nous tirerions de cet ordre de Rongeurs parmi lesquels se trouvent tant d'autres animaux qui ne nous causent que des pertes plus ou moins grandes.

En résumé tous les *Rongeurs* dans leur ensemble, sont plus nuisibles qu'utiles, car leur régime alimentaire même est pour nous une cause continuelle de dégâts. — Nous devons cependant excepter de cette réprobation les Herbivores, *Lièvres*, *Lapins*, *Marmottes*, *Cobayes* et *Castors* qui nous fournissent en compensation une chasse agréable pour quelques-uns, une fourrure plus ou moins riche, mais toujours très utile, ou une nourriture saine et abondante, souvent même le tout ensemble ; mais tous les autres, comme fourrures ou alimentation, n'arrivent plus à compenser leur dégâts immenses et continuels ; aussi doivent-ils toujours être proscrits et avec d'autant plus de rigueur qu'ils seront plus nombreux. — C'est parmi eux, en effet, que se trouvent nos pires ennemis, d'autant plus nuisibles qu'ils sont légions et que leur petitesse les fait mieux échapper à nos recherches. Ce sont les Frugivores avec les *Écureuils* et *Loirs* qui ravagent nos forêts et nos jardins fruitiers ; puis surtout les Granivores, *Rats* et *Souris* qui dévastent nos demeures et pillent nos provisions et les *Campagnols* et *Hamsters* qui s'attaquent à nos récoltes et y font des ravages plus considérables encore.

Ordre V. — JUMENTÉS

Ce nom, tiré de la Bible et employé par Linné et plusieurs naturalistes avant Gervais, sert à indiquer un groupe de l'ancien ordre des Pachidermes de Cuvier, caractérisé par les pieds enveloppés dans des sortes d'*onglons* ou *sabots* non *bisulques* (doubles) et des dents généralement de trois sortes.

Une seule famille représente cet ordre en France et même en Europe ; c'est celle des Équidés.

Famille des ÉQUIDÉS

Les animaux composant cette famille se distinguent facilement de tous les autres par un seul doigt à chaque pied, et conséquemment un seul sabot, d'où leur est ainsi venu le nom assez impropre de *solipèdes* donnés par quelques auteurs.

Tous sont réduits en domesticité, et sont devenus nos auxiliaires les plus utiles pour l'agriculture, le commerce, l'industrie, la guerre, et même nos plaisirs, en nous procurant la force nécessaire aux travaux agricoles et industriels et en nous facilitant les moyens de transport de toutes sortes pour les marchandises comme pour nous-mêmes. La vapeur arrive, de nos jours, à les suppléer dans beaucoup de cas, mais elle ne peut, et ne pourra les remplacer partout.

Cette famille n'est composée que d'un seul genre.

Genre CHEVAL, *Equus*

Quoique pourvus de trois sortes de dents, les animaux de ce genre ont, comme dans l'ordre précédent, en avant des molaires un large espace vide appelé *barre*, et leurs canines détournées de leur but primitif ne concourent plus à la mastication ; elles prennent le nom de *crochets* et manquent ordinairement chez les femelles.

Deux espèces et le produit d'un croisement représentent chez nous ce genre.

Le Cheval domestique, *Equus caballus*, LINNÉ.

Le Cheval, que nous connaissons tous, se distingue de l'Ane, son congénère, par sa robe très variable de couleur, mais qui ne présente jamais de raies colorées ni sur le dos, ni sur les épaules ; par des oreilles relativement courtes ; par sa crinière toujours longue et flottante ; par sa queue garnie de longs poils dès la base, et par la présence d'une *chataigne* à la face interne de chaque membre, tandis que les Anes n'en possèdent qu'aux membres antérieurs.

Autrefois les Chevaux vivaient à l'état sauvage dans notre pays ; successivement ils disparurent servant à l'alimentation de nos ancêtres ou domestiqués par eux.

Il paraît qu'à la fin du xvie siècle (1393) il en existait encore en Alsace (1). N'était-ce pas des chevaux domestiques retournés à l'état de liberté? Actuellement, nous avons encore dans les dunes de la Gascogne et surtout dans les marais de la Camargue, des Chevaux vivant en liberté; mais ils ont des propriétaires et sont de temps en temps reconnus et marqués par eux.

Le Cheval est le plus utile de tous nos auxiliaires; il se plie à tous nos besoins, à toutes nos exigences. Nous en possédons environ 3,500,000 en France.

On appelle *Étalon* le mâle destiné à la reproduction. La femelle s'appelle *Jument* et les jeunes prennent le nom de *Poulain* ou *Pouliche* suivant leur sexe.

La voix du cheval s'appelle *hennissement*.

Sous l'influence des soins, du traitement, du climat, de la nourriture et des croisements, le Cheval a formé une série de *races* qui ont pris le nom des différentes régions de la France où elles se sont produites. Ces races ont chacune des qualités ou aptitudes particulières; les unes pour la selle et la course, d'autres plus fortes pour la grosse cavalerie, les autres pour le trait; parmi elles, de légères et rapides pour des voitures; d'autres moins rapides et plus fortes pour traîner des charges; enfin de grossières et solides pour le gros-traits et le labour.

Il ne faut cependant pas croire que tous les Chevaux d'un même pays portent les caractères de sa race et ne soient bons qu'à un seul genre d'emploi. Il n'en est rien; car en tous lieux, il faut bien les adapter à tous les besoins locaux, qui se ressemblent un peu partout;

---

(1) Ch. Gérard, *Faune historique de l'Alsace*, p. 276.

néanmoins ils offrent des formes et aptitudes particulières que nous allons rapidement passer en revue après
avoir dit quelques mots de deux races étrangères largement introduites chez nous depuis quelque temps.

Le **Cheval arabe**, avec sa taille moyenne et sa robe
ordinairement claire, représente le type de la beauté
chevaline ; ses formes sont souples et élégantes, un peu
sèches, mais arrondies néanmoins. C'est un cheval plein

Fig. 129. — Cheval arabe.

de fond, pouvant parcourir des distances considérables
à une vive allure sans boire et presque sans manger ;
capable de supporter les fatigues et les privations aussi
bien et mieux que tout autre et dont le croisement
avec nos races locales donne de bons résultats comme
chevaux de selle, et pour notre cavalerie légère en particulier.

Le *Cheval anglais* dit **pur sang** est infiniment moins
élégant de formes et d'allures. Son corps trop élevé,

trop allongé, avec des jambes trop fines est très bien conformé pour une course de vitesse en ligne droite ; mais il manque de souplesse en tout autre cas, et ses réactions très dures au trot ont nécessité la manière peu élégante et même disgracieuse (mais très à la mode) de monter dite « à l'anglaise ». Ses croisements avec diverses de nos races, telle que la race *normande* en particulier, sont venus la modifier avantageusement pour certains usages ; mais il en a gâté d'autres, telles que notre ancienne et bonne race *limousine* qu'il a presque entièrement perdue.

Fig. 130. — Chevaux flamands.

Une partie du département du Nord nous fournit la **race flamande,** qui renfermant beaucoup de sang

bel e, produit de grands animaux lourds et froids dont
la force réside surtout dans l'impulsion de la masse.
Aux environs, de Bourbourg une race améliorée produit ces immenses chevaux à robes foncées, recherchés
par quelques brasseurs parisiens.

Le département du Pas-de-Calais nous présente la
race boulonnaise voisine un peu des précédentes par
les formes, la douceur et la docilité, mais moins grande

Fig. 131. — Cheval boulonnais.

et douée de beaucoup plus d'énergie et de vigueur. Les
animaux qui la composent sont fortement charpentés
avec une tête courte et une encolure puissante ; ils présentent ordinairement une robe gris pommelé et une
épaisse crinière retombant des deux côtés.

Les chevaliers du moyen âge avec leurs lourdes
armures les recherchaient comme chevaux de guerre et
de tournois ; et jusqu'à la Révolution la grosse cavalerie

se recrutait chez eux. — Actuellement ils sont plus particulièrement employés par le gros camionnage et quelques-uns aussi par nos Compagnies d'omnibus.

C'est le département de la Somme qui fournit surtout la **race picarde** mélange des deux races précédentes et participant à leurs défauts comme à leurs qualités.

Le Morbihan, le Finistère, les Côtes-du-Nord et l'Ille-et-Vilaine donnent sous le nom de **race bretonne** une race assez variée fournissant des animaux rustiques, vifs, gais, doux, infatigables, marchant souvent l'*amble* et pouvant fournir de la vitesse. Ils sont surtout appréciés pour l'artillerie et les travaux de la campagne. — Aux environs de Quimper-Corantin les chevaux dits de COR-NOUAILLES résument particulièrement les qualités de cette race.

FIG. 132. — Cheval breton.

Leur croisement avec des Chevaux anglais n'a donné que des produits inférieurs à eux-mêmes.

Le département des Ardennes, et surtout les arrondissements de Réthel et de Vouziers, donnent sous le nom de **race ardennaise** des animaux à tempérament rustique, rappelant les Chevaux bretons quoiqu'un peu plus forts, mais faisant comme eux un bon service dans l'artillerie.

La Manche, la Seine-Inférieure, l'Eure et surtout le

Calvados donnent sous le nom de **race normande** d'excellents chevaux de traits et de manège, doux, dociles, énergiques, résistants et supportant vaillamment la fatigue. Aptes à tous les services, ils s'attèlent indifféremment à la chaise de poste comme à la diligence, à la charrette comme à la charrue, et sont bons pour la grosse cavalerie. — Le petit *bidet* normand est le type de Cheval de ferme donnant la force en même temps qu'une allure assez relevée.

Fig. 133. — Chéval anglo-normand.

Le croisement du Cheval normand avec le Cheval anglais a donné la **race anglo-normande**, recherchée comme race carrossière. — Merlerault, dans l'Orne, est renommé pour les sujets de cette race.

La Meuse, la Meurthe et la Moselle donnent sous le nom de **race lorraine** des Chevaux forts et trapus très utilisés dans la cavalerie de ligne.

La **race alsacienne**, fournie par nos anciens départements du Haut et du Bas-Rhin, produit pour le même service des Chevaux plus élégants de forme.

L'Eure-et-Loir et une partie de l'Orne produisent sous le nom de **race percheronne** le type du Cheval de trait léger ; animal vigoureux, énergique, résistant, unissant à la force et à la rapidité une sorte d'élégance. C'est lui, qui avec certains Chevaux *bretons*, fournit en grande partie la cavalerie et la plupart de nos gros transports rapides, omnibus, postes, etc.

Fig. 134. -- Cheval du Poitou.

Les Deux-Sèvres, sous le nom de **race du poitou** produisent des chevaux communs de gros traits élevés très rustiquement ; ils sont doux, sociables ; ont le pied large et le fanon très garni de poils. Ce sont eux qui, avec les Chevaux *ardennais*, ont le mieux résisté aux terribles fatigues de la campagne de Russie en 1812.

Leurs Juments produisent de beaux Mulets très recherchés par l'Amérique du Sud.

L'Anjou, La Vendée et la Charente-Inférieure fournissent sous le nom de **race vendéenne** des animaux
assez semblables aux précédents, mais plus légers, et
pouvant être utilisés au trait comme à la selle.

Fig. 135. — Cheval francontois.

La Haute-Saône, le Doubs et le Jura produisent sous
le nom de **race francontoise** des Chevaux à tête massive et formes un peu empatées, quoique à extrémités
relativement grêles ; ils sont en général mous et lents,
mais font néanmoins un assez bon service comme Chevaux de fermes et de meuniers, ainsi que pour le rou-
lage et le remorquage de bateaux.

Les Chevaux de l'Ain produits dans la Bresse et les Dombes appartiennent à cette race modifiée par des croisements suisses et quelquefois percherons.

Les départements de Côte-d'Or et de Saône-et-Loire, sous le nom de la **race bourguignonne**, produisent d'assez bons bidets pour le service des fermes et des diligences.

Les autres races sont plutôt des races de selle et légères, quoique plusieurs de celles que nous venons d'énumérer, et en particulier la *race normande* et *vendéenne*, fournissent aussi de nombreux Chevaux de selle.

Fig. 136. — Jument limousine et son poulain.

Les départements de la Vienne et de la Haute-Vienne fournissaient, sous le nom de **race limousine,** une race qui s'était formée sans doute dans le pays vers 732, après la défaite des Sarrasins à Poitiers, par Charles Martel. Sa conformation rappelait celle des races arabes et bardes. Elle était rustique, courageuse et vigoureuse :

ses formes étaient sveltes, ses pieds petits, ses jambes sèches, et elle nous donnait nos meilleurs chevaux de selle ; mais l'anglomanie dont la plupart de nos producteurs étaient atteints, il y a un demi-siècle, a fait dégénérer cette race en voulant y introduire du sang anglais pour la perfectionner. Elle nous donne cependant encore de bons chevaux de cavalerie légère.

La Nièvre produisait aussi la **race du Morvan** dont les individus très appréciés jadis étaient connus sous le nom de *morvandiaux*, et avaient une grande réputation de souplesse et d'agilité pour la chasse à courre ; là encore, l'introduction du sang anglais nous a été fatale.

Fig 137. — Jument auvergnate et son poulain.

C'est dans le Puy-de-Dôme et le Cantal que nous retrouvons la **race auvergnate** servant comme les *limousins* à la cavalerie légère et donnant d'assez bonnes bêtes, rustiques, sobres, pleines d'énergie et de vivacité. — Les perfectionnements que l'on a voulu introduire dans cette race avec le sang anglais, ont trouvé plus de résistance que chez leurs voisins et ne sont pas encore arrivés à la détruire ; mais ils ont eu pour premier résultat de la rendre quinteuse et vicieuse, ce qu'elle n'était pas précédemment.

Les départements des Hautes et des Basses-Pyrénées nous donnent sous le nom de **race navarrine, des Pyrénées** ou **de Tarbes,** de petits chevaux sobres, rustiques et vigoureux, formant de bonnes bêtes de selle et un bon type de cheval de cavalerie légère. Cette race modifiée a donné à son tour sous le nom de **race bigourdine** (de Bigorre), des chevaux de plus forte taille, conservant la plupart des qualités de leur première origine, et pouvant servir à la cavalerie de ligne.

Fig. 138. — Cheval corse.

Enfin, la Corse, sous le nom de **race corse,** nous fournit de petits animaux très rustiques, hardis, vigoureux et courageux, qui rendent de grands services pour la selle, le bât ou de petits véhicules dans leur pays montagneux. Mais ces animaux, doués un peu

15

comme les habitants de leur île, demandent à être traités avec douceur; sans quoi, ils deviennent souvent
intraitables, malgré leur petite taille.

En dehors de ces races plus ou moins caractérisées
selon les sujets, nous avons encore un peu partout et
au centre même des grands pays de production, des
animaux qui ne représentent aucun type, et qui ne
peuvent s'appeler, suivant leur emploi, que : *Chevaux
de ferme, Chevaux de roulier, Chevaux de fiacre*, etc.

Fig. 139. — Chevaux de ferme.

La valeur d'un Cheval qui est quelquefois assez importante, s'accroît depuis sa naissance jusqu'au complet
développement de ses forces, entre six et sept ans, pour
rester stationnaire peu d'années et décroître bientôt
après. Il est donc très important pour son estimation,
d'être toujours exactement fixé sur son âge. C'est ce
que l'on peut obtenir par l'examen de sa dentition.

Nous avons vu que comme la plupart des animaux,

les Chevaux ont à chaque mâchoire trois sortes de dents. Ce sont: des *incisives* au nombre de six, des *canines* au nombre de deux, mais qui n'apparaissent ordinairement que chez les mâles (1) et douze *molaires*. Soit en tout 36 ou 40 dents. — Elles sont toutes formées de deux parties bien distinctes : l'une centrale, se rapprochant de la nature de l'os, mais plus résistante, prend le nom *d'ivoire ;* l'autre enveloppante et plus dure encore, protégeant la première est appelée *émail*, et s'épaissit sur les parties supérieures de la dent.

De ces trois sortes de dents, les incisives seules nous intéressent actuellement, car leur examen est plus facile, par suite de leur situation sur le devant de la mâchoire, et aussi parce qu'elles présentent des modifications plus importantes avec l'âge. Nous allons donc les étudier sommairement, ne pouvant entrer ici dans tous les détails des phases successives par lesquelles elles passent annuellement entre la naissance de l'animal, et surtout depuis leur complet développement, jusqu'à l'extrême vieillesse du Cheval vers trente-cinq ans environ.

Nourries par leur base, elles présentent à cet endroit l'ouverture d'une cavité étroite et profonde se rétrécissant en largeur au fur et à mesure de sa pénétration dans la dent, et se dirigeant un peu vers son bord externe; c'est le *cornet interne* ou *inférieur*. A leur partie supérieure se trouve une autre cavité semblable, mais plus élargie et enveloppée d'émail, formant une

---

. (1) C'est dans le large espace vide situé entre les canines et les molaires, et que l'on appelle *barre*, que vient se placer le *mors* de la bride ou du filet.

sorte de cône creux renversé et allongé, que l'on appelle souvent *fossette ;* sa pointe se dirige vers le côté
interne de la dent; c'est le *cornet externe* ou *supérieur.*

Ces dents, peu courbées dans leur plus grande partie

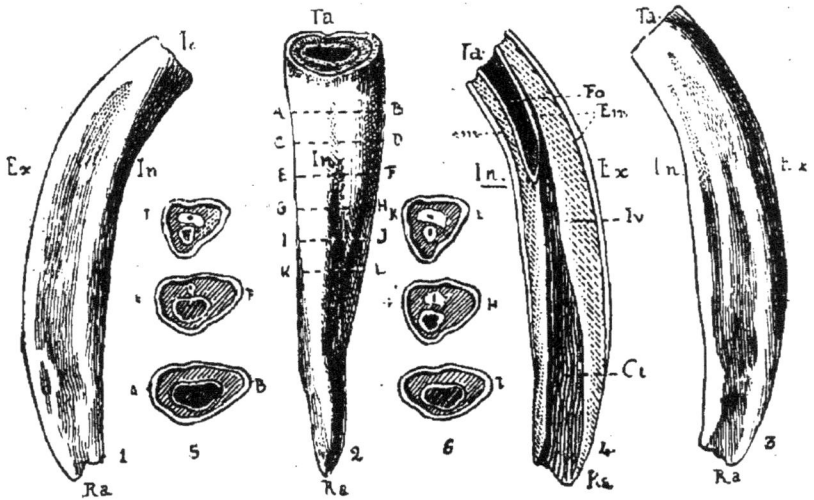

Fig. 140. — Faces et coupes d'incisives de Cheval.

1, Pince droite inférieure vue par son côté gauche ou médian ;
2, La même, vue par son côté interne ;
3, La même, vue par son côté droit ;
4, Section verticale de la précédente ;
5, 6, Apparences successives de la couronne lors de l'usure de la dent.
Ra, Racine ; — *Ta*, Table ou couronne ; — *In*, Côté interne ; — *Ex*, Côté externe ;
— *Fo*, Cornet supérieur ou fossette ; — *Ci*, Cornet inférieur ou nourricier ; —
Em, Émail ; — *Iv*, Ivoire.
A, B ; — C, D ; — E, F ; — G, H ; — I, J ; — K, L ; — Apparences que prend successivement la couronne de la dent par suite de son usure, suivant les mêmes lignes
sur la dent vue par sa face interne (n° 2).

qui est alvéolaire, c'est-à-dire cachée dans l'alvéole ou
ouverture des os de la mâchoire, le sont davantage à
leur partie supérieure, pour mieux venir s'appliquer
contre l'incisive correspondante de l'autre mâchoire.

Elles ne sont pas cylindriques, comme chez d'autres
animaux, mais élargies d'avant en arrière vers leur base
ou racine, et de gauche à droite ou transversalement à
leur partie supérieure ou de frottement, qui s'use insensiblement en même temps qu'elles sont repoussées hors
de leur alvéole par le fond qui se comble peu à peu.

La dent au fur et à mesure de son usure subit donc
des modifications dans l'aspect de sa *couronne* ou surface de frottement que l'on appelle encore *table;* ainsi
que dans sa forme et sa si-
tuation sur les os de la mâchoire. — C'est l'ensemble
de ces modifications et la
physionomie générale de la
mâchoire, qui, joints aux
diverses phases du développement de la première et de
la deuxième dentition, indiquent, d'une façon constante

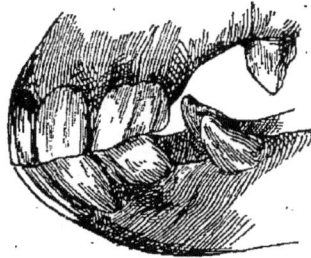

Fig. 141. — Mâchoire d'un jeune
Cheval vue du côté gauche.

et certaine, l'âge exact du
Cheval. — L'observateur ac-
cidentel peut se trouver quelques fois trompé par l'usure
plus ou moins grande d'une ou de plusieurs dents,
causée par une nourriture spéciale, un tic ou une anomalie de l'animal ; mais le praticien ne s'y laisse point
prendre et juge avec sûreté de l'âge par l'ensemble des
caractères réunis et leur physionomie générale.

A sa naissance le poulain est privé de dents, mais six
à dix jours après apparaissent sur la gencive le bord
extérieur des incisives centrales que l'on appelle *pinces;*
peu après apparaît le bord interne moins élevé.

Entre le quarantième et le soixantième jour, sortent de la même façon deux autres dents qui sont appelées *mitoyennes* et placées de chaque côté des premières.

Enfin de quatre à huit mois sortent encore les incisives latérales appelées *coins*.

Cette sortie de dents, qui n'est pas toujours très régulière, et varie de quelques jours, et même de quelques mois pour les dernières, se fait de la même façon à la mâchoire supérieure, et leurs dents se mettent en rapport les unes avec les autres.

Suivant l'époque du sevrage et la nature de la première alimentation, ces dents commencent à s'user plus ou moins vite par leur frottement réciproque. L'émail s'use sur la couronne. La petite cavité supérieure ou *fossette*, colorée en noir par les aliments, diminue de largeur et de profondeur et les bords internes des dents viennent prendre contact ensemble ; c'est ce que beaucoup de gens indiquent en disant que les dents rasent. Ce *rasement* s'opère suivant les circonstances, de huit à douze mois pour les pinces, de dix à quinze mois pour les mitoyennes, et de seize à vingt-quatre mois pour les coins.

Jusque vers l'âge de trente mois, les premières dents ou *dents de lait* subissent peu de changements. Vers cette époque, les incisives de remplacement ou *incisives permanentes*, qui sont beaucoup plus larges que les premières, commencent à comprimer les racines des dents de lait et les chassent au dehors dans l'ordre de leur apparition. — Ce sont les *pinces* d'abord, qui apparaissent de deux ans et demi à trois ans ; puis les *mitoyennes* de trois ans et demi à quatre ans ; enfin les *coins* de quatre ans et demi à cinq ans. A six ans, les coins se sont rejoints et leur bord tranchant commence à s'user.

A partir de cette époque, le *travail* de la dentition est terminé et ne peut plus servir de guide ; mais jusqu'à douze ans, nous trouvons d'autres signes non moins certains et apparents dans l'*arrondissement* des dents qui s'accentue et leur *usure* qui fait rappro-

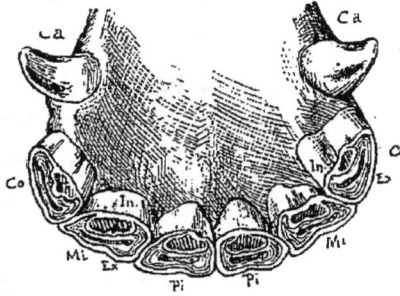

Fig. 142.— Mâchoire inférieure d'un Cheval.

P, Pinces ; — M, Mitoyennes ; — C, Coins ; — *Ca*, Canines ; — *Ex*, Côté externe de la dent ; — *In*, Côté interne.

cher la fossette et son émail du bord intérieur, jusqu'à ce qu'elle disparaisse entièrement.

De treize à dix-huit ou dix-neuf ans, les dents deviennent triangulaires et accusent de plus en plus cette forme, en montrant sur leur couronne la pointe de leur cornet inférieur.

De vingt à trente ans et au delà, les dents se projettent de plus en plus en avant, se déchaussent, se séparent et présentent une

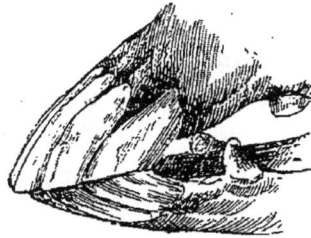

Fig. 143. — Mâchoire d'un vieux Cheval.

table de plus en plus pointue vers l'intérieur de la bouche, etc., ce qui permet encore des appréciations assez justes d'un âge que bien peu d'animaux atteignent, et dans lequel, du reste, ils ne sont plus guère l'objet de transactions commerciales.

Dès l'âge de trois ans et demi, les Chevaux (à l'exception des Limousins qui sont moins précoces) sont bons à commencer leur service, qu'ils peuvent continuer jusqu'à l'âge de 12 à 15 ans et bien plus tard encore si l'on ne leur a pas demandé trop de fatigues jusqu'alors.

Vieux, on les utilise encore, dans certaines régions, à nourrir des Sangsues médicinales, et pour cela on les oblige à paître dans des marais où l'on élève ces Annélides, qui s'attachent à leurs jambes et se repaissent de leur sang.

Comme le Chien, le Cheval est susceptible quelquefois d'un grand attachement pour son maître et sait aussi à l'occasion montrer beaucoup d'intelligence et même de dévouement pour ses semblables (1).

Autrefois la *chair* du Cheval était mangée et estimée partout. Aux époques les plus reculées nos ancêtres en faisaient une grande consommation ainsi que le prouve l'immense accumulation de leurs ossements dans quelques stations préhistoriques et particulièrement dans celle de Solutré (2).

Au VIII⁰ siècle les Germains les mangeaient encore en grande pompe, après avoir sacrifié l'un d'eux selon les rites de leurs ancêtres ; aussi le catholicisme fit-il tous

(1) M. Orain, de qui nous tenons des faits fort curieux sur la faune du département d'Ille-et-Vilaine, nous écrit qu'un cultivateur digne de foi lui a affirmé avoir vu, dans son écurie, un jeune Cheval broyer l'avoine d'une vieille Haridelle qui n'avait plus la force ou la possibilité de le faire, et la redéposer ensuite tout écrasée devant elle.

(2) DE MORTILLET, *Le Préhistorique*, p. 382.

ses efforts pour abolir cet usage, dernier vestige du paganisme. Le pape Grégoire III dans une épître à saint Boniface, l'apôtre de la Germanie (*Immundum enim est atque execrabile.....*), et, après lui le pape Zacharie Ier déclarèrent « QU'IL ÉTAIT IMMONDE ET EXÉCRABLE DE MANGER SA CHAIR, » et la prohibèrent entièrement. — Plus tard, la lutte religieuse ayant cessé, l'effet survécut à la cause qui s'oublia, mais l'impression se conserva. La viande de Cheval ne passa plus pour impure au point de vue religieux, mais elle garda la réputation de *coriace*, *exécrable* et *malsaine*, aussi la délaissa-t-on chez nous jusqu'à ces derniers temps. — Employée par nécessité durant les guerres de l'empire et le dernier siège de Paris, sa chair et son bouillon ont rendu d'immenses services. — Pourquoi n'en rendraient-ils pas maintenant encore au milieu de nos luttes pour l'existence si dure à supporter pour quelques-uns ! — La chair de Cheval, fort saine du reste, est plus riche en principes assimilables que celle du Bœuf, et son bouillon très nourrissant et agréable au goût convient mieux à certains estomacs que celui du Bœuf souvent trop gras. Entré davantage dans notre alimentation courante, le Cheval n'en deviendra que meilleur, parce qu'à cause de son nouvel emploi et du profit que l'on saura en tirer, il sera mieux soigné et abattu plutôt, sans lui demander, comme maintenant, un travail forcé jusqu'à l'épuisement de ses forces. — Tel que, du reste, il nous offre actuellement même une alimentation supérieure à celle des 5 à 600,000 Vaches épuisées par une lactation prolongée, que nous consommons chaque année sous le nom de *Bœuf*. — Pour être absolument impartial, il faut avouer

que sa chair flatte moins notre palais que celle du bon
Bœuf; mais, nous l'avons dit aussi et le répétons, elle
est plus saine et plus riche en principes' assimilables
que celle du Bœuf. — Jamais elle ne nous présente, et
ne nous expose par conséquent, aux parasites dangereux que la chair du Bœuf ou du Porc peuvent nous
transmettre si facilement, lorsque par goût ou par
ordonnance du médecin, nous devons manger de la
chair crue ou très saignante.

La viande de jeunes Chevaux engraissés serait certainement égale de qualité, sinon supérieure, à celle du
Veau ou du Bœuf, mais ne serait d'aucun profit économique, car un Cheval coûte plus cher qu'un Bœuf et
s'engraisse moins facilement; celle des Chevaux de service, au contraire, réunit tous les avantages : alimentation saine et économique pour les pauvres gens;
avantage pécunier pour les propriétaires de Chevaux,
et abréviation de misères pour nos vieux serviteurs.

Le siège de Paris, à l'époque où nous n'avions plus
d'autres viandes, est venu l'imposer à nos tables.
Quelques gens sans préjugés en ont fait leur profit, et
en usent encore actuellement ; mais pour beaucoup
elle est restée *la viande du siège*, la viande imposée par
la nécessité et, par conséquent, abhorrée ou au moins
méprisée par un grand nombre.

Néanmoins, nous devons reconnaître que son emploi
fait des progrès, car à Paris seulement, où sa consommation est assez régulière depuis le siège, elle n'avait
encore atteint que 9,293 Chevaux pour 1,703,480 kilogrammes de viande, en 1881 ; tandis qu'en 1888, et par
une progression régulière, elle était déjà de 17,256 Che-

vaux pour 3,861,600 kilogrammes de viande, non compris les langues, les cœurs, les foies, les reins, les cervelles, etc., qui sont le plus souvent vendus par les tripiers, au milieu des mêmes morceaux provenant du Bœuf et sans aucune distinction; à l'exception du *foie* qui, plus délicat que celui du Bœuf, se vend souvent sous le nom de foie de Veau.

Un quart à peine de cette viande est consommée dans des ménages ; tout le reste est servi dans des restaurants sous le nom de *Bœuf* ; et souvent aussi à l'époque de la chasse, sous le nom de *Chevreuil*, après avoir été mariné quelques jours. — Si le préjugé subsiste encore, on doit au moins reconnaître que l'expérience est bien acquise.

Les *salaisons* de Cheval valent celles de Bœuf et sont bien supérieures à celles du Mouton.

Les *langues fumées* sont aussi appréciées de quelques personnes.

Comme conséquences, on ne voit plus comme autrefois dans les rues, des Chevaux maigres et décharnés, tombant de faiblesse ou d'inanition. Les propriétaires qui ont intérêt à retrouver en force et en travail la nourriture qu'ils dépensent pour eux, les vendent plus tôt, à raison d'une centaine de francs à un boucher, au lieu de les garder plus longtemps et de n'en retirer que 10 à 20 francs chez l'équarrisseur.

Les bas morceaux de la chair du Cheval et ceux qui ne trouvent pas un emploi immédiat pour l'alimentation de l'homme sont desséchés, réduits en poudre, et servent à faire une sorte de biscuit employé pour l'alimentation des Chiens, ou des préparations diverses

recherchées pour l'élevage des Faisans et autres Galli-
nacés délicats, ainsi que des Poissons.

- Sa *graisse*, bien différente de celle des autres animaux, est de consistance huileuse, presque sans saveur
ni odeur ; elle est verdâtre, non siccative et rancit très
lentement. Bien supérieure à la graisse de Mouton, elle
peut remplacer le beurre dans la cuisine et surtout la
margarine et le *dansk* dont l'usage tend à se générali-
ser dans les grandes villes ; elle est surtout agréable en
friture et particulièrement pour les fritures de pommes
de terre et les beignets ; quelques personnes s'en servent
même pour la salade. Durant le siège de Paris, on
l'employait beaucoup mêlée à de la graisse de Bœuf, qui
lui donnait de la consistance, pour fabriquer le « beurre
de Paris ». — Elle est beaucoup employée aussi pour
lubrifier les organes des machines délicates, et porte
dans le commerce le nom d'*huile animale*, et souvent
aussi, d'*huile de pied de Bœuf*.

· Le *lait* de Jument, très sucré, se prend quelquefois
au naturel comme fortifiant, mais c'est surtout comme
antiscorbutique qu'il est préconisé par nos voisins les
Allemands, sous la forme de *kumys* ou *koumiss*. — On
appelle ainsi une liqueur enivrante, obtenue par le lait
aigri et fermenté, qui est utilisée depuis des siècles
par les Kalmouks, qui en sont très friands et en retirent
encore par la distillation, une très forte eau-de-vie,
appelée *rack* ou *racky* (1).

(1) Les Kirghis, autre peuple de l'Asie centrale, préparent aussi
une boisson enivrante appelée *Busah*, en faisant fermenter le lait de
leurs Juments avec une pâte très claire de millet.

Les *intestins* servent à faire des cordes de boyaux, employées par de nombreuses industries, de la baudruche, utilisée par les chirurgiens et les médecins, par les batteurs d'or, les fabricants de ballons, etc. On les emploie aussi pour la fabrication de la colle forte ; et desséchés et réduits en poudre, ils forment un excellent engrais.

Les *tendons, nerfs* et *ligaments* sont transformés en ficelles et fils, employés par les selliers, bourreliers, et dans diverses autres industries du cuir. On en fait aussi, soit seul, soit surtout mêlés à d'autres débris, des colles fortes dites « colles matières », recherchées de l'ébénisterie et de plusieurs industries du bois.

Les *déchets*, ainsi que le sang, réduits en poudre après avoir été au préalable entièrement desséchés dans des étuves *ad hoc*, forment à la dose de 3 à 4 $^0/_0$ mêlés à des pommes de terre ou autres féculents, une excellente alimentation pour l'engraissement des Porcs et quelquefois même des Canards.

Le *sang* desséché a les mêmes usages, et sert en plus à faire un charbon animal très employé pour la clarification des sucres et sirops, la désinfection des matières fétides, la préparation de peintures diverses, de certaines encres d'imprimerie, de vernis noirs et de cirages fins. On en extrait aussi de l'albumine pour l'industrie, et l'on en fabrique du bleu de prusse. Associé à de la chaux vive, il fournit encore une grossière peinture employée dans le badigeonnage des bâtiments.

Uni à des sciures fines de palissandre ou d'ébène, il se transforme, sous une forte pression, en bois durci, et sert à toutes sortes d'usages, même à faire des bijoux de deuil.

Son *cuir*, fort, mais sec et cassant, trouve néanmoins un bon emploi en carosserie et pour tous les usages où il faut de la surface et de la résistance, sans avoir à subir beaucoup de fatigue.

Sa *croupe* sert à faire de beau chagrin.

Ses *poils* que l'on tond sur l'animal vivant avant de l'abattre servent aux selliers et bourreliers à garnir des colliers, sellettes et coussins de harnais, ainsi que des sièges, coussins de voitures, et de grossiers matelas. Quelquefois ils ne sont recueillis que dans les tanneries après le chaulage de peaux ; ils forment alors une grossière *bourre* employée aux mêmes usages, ainsi qu'à la fabrication de grossiers tapis ou couvertures, de feutres pour blindage de machine à vapeur, enduits pour murs et plafonds, etc... et enfin d'engrais.

Ses *crins* sont employés à divers usages : les courts, dans la brosserie ; ceux cassés et défectueux, sont crêpés et servent à faire des matelas et coussins soignés pour sièges et voitures ; les crins longs servent à garnir les archers des luthiers, à faire la trame de certaines étoffes utilisées dans la toilette des dames, des tamis, des cordes particulières, des crinières de casques, l'étendard de guerre des Tartares, des aigrettes, etc.

Ses *sabots* sont employés dans la fabrication des peignes, des tabatières, etc. Souvent aussi ils servent à faire des imitations d'écailles (lorsqu'ils sont blancs ou blonds) ou de buffle (lorsqu'ils sont noirs) pour tous les usages de la tabletterie ; mais c'est aux dépens de leur solidité, car ces résultats ne sont obtenus que par des réactions chimiques qui en altèrent quelque peu la nature. Tout entiers, bien polis, montés sur fers et garnitures nickelées, les industries de fantaisie le transforment en pot à tabac, coupe pour cigares, encrier, porte-montres, porte-allumettes, etc.

Les *os* à tissu fin, comme ceux des jambes sont réservés avec soin et vendus aux tabletiers et fabricants de peignes et boutons, après en avoir extrait les *moelles* pour la confection de certaines pommades. Ceux à contexture grossière comme les vertèbres, les côtes, la tête, servent à la préparation de l'huile animale de Dippel, employée en médecine comme vermifuge, ou par les vétérinaires en onctions sur les yeux et les oreilles des animaux, pour en éloigner les mouches. Plus souvent, on en retire d'abord les parties grasses sous le nom de graisse concrète, employée à la préparation des cambouis destinés au graissage des mouvements rotatifs et des essieux de charrettes, chariots ou camions ; puis on en extrait des gélatines, des colles fortes, des phosphates de chaux employés en médecine, ou du phosphore pour l'industrie. — Broyés et pulvérisés, les os entrent aussi dans la composition de certaines poudres dentifrices, et de farines employées à l'alimentation des Chiens et oiseaux de basse-cour, à qui ils facilitent la croissance et la ponte ; ils servent encore à la fabrication du verre opale, à la falsification des farines, et constituent un excellent engrais par l'azote et les phosphates de chaux qu'ils contiennent ; mais il est bon qu'ils aient été préalablement débarrassés par une ébullition des graisses qui les accompagnent, et qui formeraient, avec les carbonates calcaires, un savon de chaux presque insoluble, et nuisible même à la culture. Par la calcination en vase clos, on les transforme en charbon animal, noir d'os ou noir animal, employé quelquefois comme décolorant ou désinfectant, mais plus souvent dans la peinture grossière, soit à la détrempe, soit à l'huile, ainsi que dans la préparation d'encre d'imprimerie ou de cirage commun.

Les Chevaux abattus pour cause d'accident, comme cela a lieu si fréquemment dans les grandes villes et à Paris surtout, ont naturellement les mêmes emplois que ci-dessus.

Chez les Chevaux abattus pour cause de maladie, ou

Fig. 144. — Cheval abattu.

morts naturellement, la graisse, les intestins, le cuir, les poils et les sabots ont le même emploi, sinon tout à fait les mêmes qualités ; mais les crins deviennent inférieurs et la *chair*, qui ne peut plus servir à l'alimentation, trouve un autre emploi.

Pour cela, on introduit l'animal dans un cylindre métallique ; on le cuit à la vapeur sous une pression de deux à trois atmosphères ; après quoi, on laisse écouler les graisses par un robinet placé à la partie inférieure. On sépare les os qui ont le même emploi que précédemment ; puis on distille la chair pour en retirer le carbonate d'ammoniaque et on la calcine en vase clos. — Son charbon, qui fournit un excellent engrais, broyé avec de la potasse, de vieux clous ou vieille ferraille, produit le bleu de prusse par une nouvelle calcination ; aide aussi à transformer le fer en acier, et fournit encore le cyanure de potassium et l'acide prussique.

Les *sabots*, s'ils sont en mauvais état et ne peuvent être employés par les tabletiers, servent aussi comme le sang et les chairs desséchées, les rognures de peaux, pour la fabrication des prussiates (cyanures) de fer et de potasse, du bleu de prusse, des sels ammoniacaux ; ou comme engrais, dont l'excellent effet se fait sentir pendant plusieurs années. Pour cet usage on les emploie soit torréfiés, soit au naturel ou coupés en rognures. Torréfiés aussi et traités par la potasse, ils fournissent de très beaux noirs pour les encres d'impression.

Enfin les *matières* renfermées dans l'estomac ou les intestins sont utilisées dans la fabrication de certaines pâtes à papier et plus souvent comme engrais.

Nous ne pouvons terminer le résumé des services ou emplois du Cheval, sans citer aussi son *fumier*, plus riche en phosphates que le fumier de Vaches, et convenant particulièrement à la culture des céréales.

L'Ane domestique, *Equus asinus*, Linné.

L'Ane qui est pour nous le symbole « de la paresse et de l'ineptie » est à l'état sauvage dans les pays chauds un superbe et fier animal ; mais chez nous, le climat, la soumission, le manque de soins et quelquefois les

16

mauvais traitements lui ont fait perdre plus ou moins sa beauté, sa force et sa vivacité. Il reste quand même un animal précieux, robuste, patient, doux, dur au travail et à la peine, sobre et peu exigeant sur les qualités de ses aliments. C'est de tous les animaux domestiques, celui qui consomme le moins et produit le plus : aussi rend-il de grands services dans la campagne et en particulier dans les montagnes où il a plus de sûreté de pied que le précédent. Il peut être employé comme bête de selle et de trait ; mais c'est surtout comme bête de bât qu'il est utile aux populations pauvres et dans les pays montagneux où les communications sont difficiles. Il y devient le *Cheval du pauvre*.

Chez les Hébreux qui avaient su apprécier sa frugalité, sa patience, sa docilité, son activité et son courage au travail, c'était faire l'éloge d'une personne que de la comparer à un Ane.

On évalue chez nous leur nombre à 400,000 environ.

Il diffère du Cheval par des oreilles longues et velues, une crinière courte et droite, la queue en partie dégarnie de crins, une ligne foncée sur le dos, souvent traversée à angle droit par une autre ligne semblable descendant sur les épaules, les membres postérieurs dépourvus de châtaignes et un pied beaucoup plus petit et surtout plus étroit.

Le mâle prend le nom de *Baudet*, la femelle celui d'*Anesse*, et le jeune celui d'*Anon*.

On appelle aussi le mâle et la femelle *Bourriques*, et *Bourriquet* le jeune ; mais le terme de Bourrique est plutôt pris en mauvaise part pour indiquer un animal têtu et de peu de valeur.

Son cri fort et discordant est nommé *braîment*.

Leur introduction en France est relativement récente, car elle ne remonte qu'à Philippe V (1316-1322); ils venaient alors d'Espagne, où ils avaient été importés par les Arabes.

Nous possédons en France deux assez belles races d'Ane; celle dite du **Poitou,** répandue dans les dépar-

Fig. 145. — Ane du Poitou.

tements de Maine-et-Loire, Indre-et-Loire, Vendée, Deux-Sèvres, Vienne, Charente-Inférieure et Charente. Elle atteint et dépasse 1^m,50 de hauteur au garrot; ses membres sont forts et volumineux et son poil long et frisé à la tête.

L'autre race, dite de **Gascogne,** est plus grande encore et varie de 1^m,55 à 1^m,60 de taille; ses membres sont plus grêles et son poil est court. — Elle occupe tous

les départements formés par les bassins de la Gironde
et de l'Adour.

Fig. 146. — Anes de Gascogne.

Tout en restant relativement vigoureux, nos Anes

Fig. 147. — Ane d'Auvergne.

dans bien d'autres
localités ont consi-
dérablement dimi-
nué de taille, sous
la longue influence
de fatigues multi-
pliées et de pri-
vations de toutes
sortes, car bien des
gens se figurent
qu'il suffit d'avoir
un Ane pour qu'on
puisse tout lui demander sans rien lui accorder, autre

que la maigre pitance qu'il peut brouter le long des
routes, et quelquefois même encore ne lui laissent-ils
que bien peu de temps pour ce frugal repas. — Il y aurait
donc un grand intérêt à régénérer un peu ces animaux,
non au point de
vue de la rus-
ticité, qui est
devenue aussi
complète que
possible, mais
au point de vue
de la taille et
aussi de la force
et de la vitesse.

Fig. 148. — Ane de Savoie.

Pour cela, il ne faudrait pas employer nos ânes du Poitou
ou de Gascogne trop différents de taille et aussi beaucoup moins rustiques, mais réinfuser du sang d'origine
avec quelques beaux produits montagneux de Syrie ou de
Perse (1), ou simplement d'Espagne, où ces races sont
restées plus fortes et plus vigoureuses que chez nous.

Ce serait un beau rôle pour la Société d'acclimatation
de prendre l'initiative d'amener en France deux ou
trois douzaines d'étalons qu'elle répartirait dans les
localités où les besoins s'en font le plus sentir. Les départements les lui rembourseraient volontiers ou bien
elle trouverait facilement tout autre moyen d'en récu-
pérer les frais. — Son rôle serait moins *brillant* que
d'avoir introduit une nouvelle espèce de l'Amérique du

(1) Ces Anes, d'une beauté remarquable, soutiennent facilement,
chaque jour et avec une assez forte charge, une vitesse moyenne de
10 kilomètres pendant plusieurs heures.

Sud ou de l'Afrique centrale, pouvant avec beaucoup de soins et de frais arriver à orner quelques parcs; mais il serait plus *utile*, ce qui figure aussi à son programme, qu'elle se plaît du reste à remplir.

Varron rapporte que pour Mécène, la *chair* de l'Ane était bien supérieure à toute autre. — L'histoire, moins lointaine, raconte encore, que le chancelier Duprat, en était si friand, qu'il en fit introduire l'usage à la cour de François Ier où elle fut en grand honneur. — Sans être aussi absolu que Mécène ou le chancelier Duprat, bien des gens la trouvaient *excellente*, s'il leur était donné, de goûter de la chair d'un Ane jeune et un peu gras. Elle rappelle celle du Cheval, mais avec des qualités bien supérieures. Depuis longtemps, du reste, elle est entrée dans l'alimentation sous la forme de saucisson et particulièrement de saucisson de Lyon. — Comme celle du Cheval, elle, est depuis quelques années débitée dans plusieurs grandes villes. Malheureusement, comme pour lui, on ne conduit trop souvent aux abattoirs que les animaux vieux, fatigués et usés dont on ne peut presque plus rien tirer qui vaille.

Tout ce que nous avons dit à propos du Cheval considéré comme alimentaire, peut être appliqué à l'Ane, à cette différence près, que sa chair est bien supérieure à celle de ce dernier comme qualité et comme goût.

Sa consommation ne s'accroît cependant pas à Paris comme celle du Cheval; cela tient, sans doute, à ce que beaucoup de propriétaires, ne faisant pas de frais pour sa nourriture, n'ont pas à calculer qu'à égalité de dépense, un plus jeune leur fournirait plus de force et de travail, et attendent patiemment que leur serviteur ne

soit absolument plus bon à rien, au lieu de le changer
plus tôt contre un meilleur, et d'en retirer un prix plus
avantageux chez le boucher.

Le nombre de ces animaux qui entre aux abattoirs
de Paris varie entre 200 et 500 par an.

Le *lait* de l'Anesse peu riche en beurre et très sucré
se rapproche beaucoup de celui de la femme par sa
composition chimique ; aussi est-il considéré comme un
aliment supérieur, un grand réparateur de force et un
médicament très efficace dans diverses affections et particulièrement celles de la poitrine. Mis en vogue par
François Ier et sa cour, il a depuis perdu beaucoup de sa
réputation première, et se trouve aussi délaissé des malades depuis que la mode a préconisé l'emploi de l'huile
de foie de morue et des médicaments iodurés. — C'était
encore autrefois un cosmétique très recherché des dames
romaines pour accroître et conserver la blancheur de
leur teint ; certaines l'employaient même en bain.

Ses *crins* sont employés comme ceux du Cheval, mais
ils ne fournissent qu'une qualité courte et médiocre.

Ses *poils*, plus longs et plus souples que ceux de ce
dernier, sont recherchés des selliers et des bourreliers.

Sa *peau*, souple et cependant résistante, sert à faire
un *cuir* d'un excellent emploi pour des chaussures de
fatigue et aussi pour certaines pièces de harnais. On
fait encore de sa croupe, comme de celle du Cheval, de
très beau chagrin.

Traitée en *parchemin*, sa peau employée pour faire
des cribles et couvrir des tambours est recherchée pour
la reliure et surtout pour la fabrication des timbales

d'orchestre, ainsi que pour la préparation des tablettes
de portefeuille dites « peau-d'âne ».

'Les Chinois préparent encore avec sa *peau* une colle
forte très estimée.

Les anciens, au dire d'Erasme, employaient ses *tibias*
pour faire des sortes de clarinettes.

Tout le reste de ses dépouilles a les mêmes emplois
ou usages que celles du Cheval.

Son *fumier* très actif convient aux terres fortes et
humides.

Le Mulet vulgaire, *Equus mulus*, SCHREBER.

.. Cet animal dont le nom est le symbole de « l'entê-
tement » est le résultat du croisement de l'Ane et de la
Jument. Il joint à toutes les qualités rustiques de l'Ane,
— dont il conserve les oreilles et la queue — la taille
et la force du Cheval, et une sûreté de pied dans les
montagnes, que ne possèdent ni l'un ni l'autre.

Par des croisements appropriés, on arrive à créer
des races de selle et de bât, ou des races de trait.

Un des derniers recensements porte leur nombre à
290,000 pour toute la France.

La femelle prend le nom de *Mule.*

Le Mulet et la Mule passent chez nous pour impro-
ductifs, et l'on citait comme extraordinaire, il y a
quelques années, la reproduction d'une Mule ; mais
dans les pays chauds, ces faits sont assez fréquents pour
l'un et l'autre sexe, et ne sont pas nouveaux, comme le
croient quelques-uns de nos savants, puisque dans l'antiquité Théophraste, Varron, Colomelle et bien d'autres
en avaient déjà fait mention. — Actuellement le Jardin

d'acclimatation possède plusieurs animaux trois quarts
de sang, nés dans ses écuries. Les uns trois quarts de
sang Cheval ressemblent à leurs pères à s'y méprendre,
les autres trois quarts de sang Ane ne présentent pas de
différence avec des Mulets ordinaires ; ce qui replonge
un peu dans l'obscurité les lois qui régissent le retour
à l'espèce, après une première hybridation.

C'est surtout dans les départements possédant des
races d'Anes dites du *Poitou*, que l'on se livre à l'élevage du Mulet, appelée *industrie mulassière* et pour
laquelle sont employés soit la Jument du pays, soit surtout la race bretonne. Le département des Deux-Sèvres
tout entier, et plus particulièrement l'arrondissement de
Melle fournissent de remarquables produits, recherchés
comme attelages surtout par l'Espagne, le Brésil, le
Chili et la République Argentine.

La Vendée et la Charente fournissent aussi d'excellents animaux très appréciés comme bêtes de selle ou
de somme. Enfin l'Auvergne, le Jura, l'Isère et l'Aveyron en produisent encore un grand nombre, mais plus
petits, moins forts et utilisés dans le pays même pour
la culture des terres et les transports au marché.

On recherche les Mulets surtout pour les pays de
montagne à cause de leur sobriété, de leur rusticité, de
leur force, de leur aptitude à supporter les grandes variations de température et plus encore à cause de la sûreté
particulière de leurs pieds.

Quoi qu'aussi résigné au travail que l'Ane, il est
moins patient que lui à supporter les mauvais traitements et sait se venger quelquefois à coups de pieds
et de dents.

Un bon Mulet peut parcourir 50 kilomètres par jour avec une charge de 150 kilogrammes. Les Mules sont un peu moins fortes, mais sont plus recherchées encore que les Mulets à cause de leur douceur et de leur grande résistance à la fatigue. — On emploie avantageusement ces animaux pour les équipages militaires, le transport à dos de la petite artillerie de montagne, des blessés, etc...

Fig. 149. — Mulets dans les montagnes.

Ils valent mieux que le Cheval pour les labours, et en Espagne ils servent presque seuls d'attelage aux diligences, et assez souvent même aux voitures de luxe.

Le Mulet peut être encore le résultat du croisement du Cheval avec l'Anesse. Dans ce cas, il est connu sous le nom de *Bardot* ou *Bardeau*; mais on ne le recherche pas sous cette forme, car il ne présente plus aucun avantage sur l'Ane dont il garde à peu près la taille, tout en ayant les oreilles plus courtes et la queue plus fournie. En effet, dans ces divers croisements, les produits correspondent aux formes du père tout en conservant la taille de la mère.

Le Bardeau, assez rare chez nous, se trouve plus communément en Sicile, où il est employé dans la montagne au transport des solfatares ou terres de soufre de l'Etna.

Fig. 150. — Bardeau.

Chez le véritable Mulet, le *cri* se rapproche du braiment de l'Ane, tandis que chez le Bardeau, il rappelle le hennissement du Cheval.

La durée de la vie du Mulet est plus longue que celle du Cheval; car il n'est pas rare, dit-on, d'en voir de quarante ans et au delà.

Sa *chair*, un peu moins fine que celle de l'Ane, est plus délicate que celle du Cheval; elle en présente tous les avantages, et fournit réellement de très bons morceaux. — Les saucissons de Bologne et d'Arles sont faits avec la chair crue de Mulets.

Paris n'en consomme par an qu'une bien petite quantité; de trente à cinquante à peine; mais cela tient au très petit nombre de ces animaux qui se trouvont dans ses environs.

Les dépouilles de Mulets et tous leurs autres *produits* ont à peu près les mêmes qualités que ceux de leurs ascendants, le Cheval et l'Ane ; ils ont donc aussi comme eux les mêmes emplois.

Les services et utilités des animaux de cet ordre, *moteurs animés* par excellence, sont trop connus pour les passer en revue. Bornons-nous à répéter que, quelque soit la rusticité de certains d'entre eux, nous leur devons néanmoins des soins, puisqu'ils travaillent pour nous. Nous récupérerons du reste bien vite sur eux, par un accroissement de services, les quelques frais qu'ils peuvent nous causer, et finalement nous leur conserverons, pour l'alimentation et conséquemment pour leur vente, une valeur qui sans cela nous échapperait en très grande partie.

ORDRE VI. — RUMINANTS

Ils sont ainsi appelés de leur habitude de *ruminer* ou remâcher une seconde fois leurs aliments, ce qui est la conséquence d'une disposition de l'estomac qui leur est spéciale et qui forme quatre parties portant les noms de *panse, bonnet, feuillet* et *caillette*. La première partie, de beaucoup la plus grande, n'est qu'une sorte de magasin où ils peuvent engloutir précipitamment une masse alimentaire grossièrement brisée ou broyée; les autres ne sont accessibles qu'à des aliments liquides, ou réduits en bouillie très fluide par une mastication prolongée. Une disposition spéciale leur permet de faire, à loisir, revenir dans la bouche les premiers aliments rapidement ingérés, afin de les rebroyer à nouveau.

Les *incisives* manquent chez eux à la mâchoire supérieure et sont remplacées par une sorte de bourrelet calleux et très résistant. Les *canines* sont ordinairement absentes, et il existe une large barre en avant des molaires. Leurs pieds *bisulques* ou *fourchus* sont renfermés dans deux sabots.

Un petit nombre ont le front nu, mais la plupart l'ont armé; les uns de *cornes* persistant toute leur vie, et formées d'une substance cornée qui se développe autour d'un axe osseux et généralement cellulaire ; les autres de *bois* caducs, qui se renouvellent tous les ans, en se développant et ramifiant davantage pendant plusieurs années.

Certains de ces animaux, à eux seuls, ont fait et font encore la richesse de beaucoup de peuples. Tout chez eux nous est utile ; tout est même nécessaire pour notre bien-être.

Ils nous fournissent, en effet, la *boisson* et la *nourriture*, avec le lait, crême, beurre, fromage et viandes de toutes sortes ; le *vêtement* avec leurs peau, poils ou toison ; la *chaussure* avec leur cuir ; *la lumière* avec leur graisse ; *la force* pour traîner nos fardeaux ou cultiver nos champs, et aussi les *engrais* pour faire pousser nos diverses récoltes.

Ils forment deux grandes tribus, les Bovins porteurs de *cornes*, et les Cervins porteurs de *bois*.

TRIBU DES BOVINS

Les membres de cette tribu, la plus nombreuse en espèces, sont caractérisés par 32 *dents*, ainsi décomposées : huit incisives à la mâchoire inférieure et douze molaires à chaque mâchoire. Les mâles, et le plus ordinairement les femelles aussi, sont armés de prolongements frontaux appelés *cornes* et consistant en un axe osseux plein ou celluleux, recouvert par un étui corné s'accroissant par sa base et dont la forme et la longueur varient suivant les genres, les espèces et même les sexes.

En tenant compte des divers caractères des animaux que renferme cette tribu, on les a partagés en quatre familles ; les Bovidés, les Capridés, les Ovidés et les Antilopidés.

. Famille des BOVIDÉS

Les membres de cette famille ont des dimensions supérieures à celles des autres Bovins, des formes plus massives et robustes. Ils portent dans les deux sexes des *cornes divergentes* (1) et en très grande partie lisses ; à la base de leur cou se trouve un repli longitudinal de la peau appelé *fanon ;* leur pelage uni est composé d'une seul sorte de poils courts plus ou moins raides. Leur bouche est surmontée d'un *mufle* dans lequel s'ouvrent les narines.

Ils ne représentent chez nous qu'un seul genre.

Genre BŒUF, *Bos*

Ses caractères sont donnés ci-dessus pour la famille.

Une seule espèce représentée par de nombreuses variétés nous compose ce genre.

Le Bœuf domestique, *Bos taurus*, Linné.

Plusieurs espèces sauvages étaient contemporaines

---

(1) A l'exception d'une race dite « désarmée » et créée dans la Dordogne aux environs de Sarlat ; de là son nom de *Sarlabot*.

des premiers habitants de la Gaule. Lors de la conquête de César une espèce existait encore dans nos forêts. Actuellement nous n'avons plus que le Bœuf domestique dont on ne connaît pas bien exactement l'origine, ou, pour lequel il y a tout au moins divergence d'opinion.

Autrefois, en Égypte, les Bœufs étaient sacrés ; on en immolait, il est vrai, pour les sacrifices ; mais on faisait de véritables funérailles à ceux qui avaient porté le joug ; il en est encore de même dans certaines parties de l'Inde où l'on considèrerait comme un véritable sacrilège de se nourrir de la chair d'un serviteur et compagnon de travail.

Chez nous, plus positifs, nous élevons des Bœufs non seulement pour tirer le plus de profit possible de leurs forces et de leurs produits ; mais aussi, et surtout, pour nous en nourrir.

Cet animal suivant sa race et la nature de ses pâturages varie énormément dans ses dimensions. Quelques variétés de l'Inde ne dépassent guère la taille d'un Mouton, et se conservent chez nous dans des parcs à titre de curiosité ou d'ornement.

A côté de ces races minuscules, on a pu voir en plein Paris les monstres de l'espèce à l'occasion des promenades carnavalesques dites « du Bœuf gras ». Celui de 1844 mesurait $1^m,90$ au garrot et $2^m,97$ de la tête à la queue ; celui de 1846 plus monstrueux encore mesurait $2^m,46$ au garrot ; ceux de 1845 et de 1847, dont nous n'avons pu retrouver la taille, pesaient : l'un 1,970 kilogrammes, l'autre 1,902. — Ils appartenaient à la *race normande*, qui est toujours d'une grande taille, mais

provenaient tous quatre de la vallée d'Auge (Calvados)
où la richesse des pâturages facilite considérablement
le développement de ces animaux. Quant à ces quatre
sujets mêmes, ils avaient été particulièrement préparés
pour cette apothéose par une sorte d'entraînement ou
de gymnastique de l'estomac absorbant et centralisant
sur lui seul toutes les autres facultés. Cependant ces
amas de chairs obtenues par des procédés trop factices
ne répondaient pas à leur masse par leurs qualités;
aussi le goût public et celui des bouchers surtout,
mieux éclairés depuis lors, est venu réserver les primes
pour des viandes de meilleures qualités, fournies généralement par des bœufs Charolais, qui sont loin de
représenter de telles masses.

Autrefois lorsque la Gaule n'avait que des sentiers en
guise de routes, nous ne demandions au Bœuf qu'un
service de *selle* et de *bât*. Avec les premières routes, ce
fut un service de *trait;* car il est conformé pour pouvoir infiniment plus et mieux traîner que porter. Son
allure lente suffisait alors, comme elle suffit encore au
commerce de certaines régions; puis, on le réserva
dans beaucoup d'endroits pour les travaux agricoles,
en même temps que ses produits, *lait* et *viande*, étaient
plus recherchés par suite des besoins et de l'accroissement des populations.

Avec le temps, nos Bœufs se sont modifiés sous l'influence du climat, de la nourriture et du traitement,
et ont formé diverses *races* appropriées au sol où elles
se sont développées. Mais nos besoins s'accroissant,
se modifiant et se déplaçant, les éleveurs ont dû eux-
mêmes par des croisements appropriés, diriger leur

17

élevage suivant les besoins des régions qu'ils habitaient, vers des *races de travail* bien charpentées et musclées, à os gros et solides ; ou vers des *races laitières* concentrant toutes leurs facultés sur la production du lait ; ou bien des *races de boucherie* toutes en chairs et aptes à s'engraisser facilement et surtout rapidement.

Les Anglais plus pratiques et mieux outillés que nous, comme forces ou machines agricoles, ne se sont préoccupés que d'un seul type, celui de boucherie ; car ils ont remarqué que les qualités de laitières n'étaient pas incompatibles avec les qualités de boucherie, qui exigeaient surtout la précocité, et qu'il y avait avantage à ne demander que peu de travail à un animal, pour pouvoir le vendre plus jeune et multiplier ainsi plus souvent son gain. Aussi ont-ils rapidement réussi avec plusieurs races de ce type et particulièrement celle de Durham, à qui nous avons demandé, à notre tour, toute une série de croisements.

Lorsque notre outillage agricole sera meilleur, lorsque nos cultivateurs plus aisés pourront mieux se passer de la force de leurs bestiaux et se servir de Chevaux à leur place, comme cela a déjà lieu dans le Nord où la population plus dense consomme davantage, nous ferons, sans doute, comme nos voisins qui ne poursuivent plus que le type de boucherie.

En attendant nous avons trois types, que nous allons rapidement passer en revue, tout en faisant remarquer que, comme pour les Chevaux ou les Chiens, nos races ne sont bien représentées que par une partie des animaux, les autres ayant été, pour des causes diverses, moins surveillées ou soignées dans leur filiation ou origine.

RACES DE BOUCHERIE

Ces races doivent représenter non seulement une
forte masse de chairs, mais une aptitude à s'engraisser
jeunes encore, en peu de temps, et au moins de frais
possible. Pour cela, il faut que l'ossature en particulier soit légère, comparée à la masse du corps, et que
les parties secondaires restent stationnaires pour favoriser le développement des premières.

FIG. 151. — Bœuf de race Durham.

Le type de ces races sera donc représenté par un
animal à petite tête, à cou et jambes relativement
courts, large de poitrine, épais de garrot, long et large
de dos avec des hanches et cuisses bien musclées,

représentant enfin une sorte de cube allongé, peu esthétique de forme, mais d'un grand rapport au débit.

Ces races — absentes autrefois de France, où l'abattoir n'était que le terme fatal de nos animaux élevés surtout pour le travail — se sont développées chez nous depuis l'introduction de la race anglaise de Durham, parfaitement acclimatée maintenant, et qui nous a donné de bons croisements. — L'anglomanie ne nous a pas nuit ici, comme pour les races chevalines.

Race Durham. — Introduite en 1838, par les soins du Gouvernement français dans le Calvados, l'Eure et la Nièvre, elle s'est assez vite répandue dans la Manche, la Seine-Inférieure, l'Orne, la Mayenne, la Sarthe, le Maine-et-Loire, le Cher et la Saône-et-Loire, d'où elle s'étend tous les jours davantage. Son type représente assez le type de boucherie décrit ci-dessus.

Race charolaise. — Répandue surtout dans la Saône-et-Loire, la Nièvre et le Cher ; c'est la première et malheureusement l'unique de nos races françaises que l'on puisse franchement taxer de race de boucherie. Quoiqu'en disent bien des éleveurs, elle a souvent été croisée avec la race Durham et n'y a certainement rien perdu.

Races Durham métis. — Partout où nous avons vu plus haut que se répandait la race Durham, aussi bien que dans la Somme, le Morbihan, la Loire-Inférieure, etc., elle a produit avec les races locales des croisements d'un bon rendement de boucherie que nous ne connaissions pas autrefois, et a souvent aussi relevé leurs qualités laitières.

RACES LAITIÈRES

L'aptitude laitière n'implique pas la nécessité d'une conformation spéciale. En général, le type qui la représente le mieux est le type de boucherie signalé plus haut, en y joignant quelques particularités de l'organe mammaire qui doit être volumineux, recouvert d'une peau fine, souple, lâche, élastique, légèrement teinté de jau-

Fig. 152. — Vaches laitières au pâturage.

nâtre, garni de poils fins et peu nombreux, et légèrement recouvert d'une matière grasse, onctueuse, qui se détache en petites parcelles sous l'ongle qui la gratte. Un trait distinctif et particulièrement caractéristique de cette aptitude se présente sous la grande étendue de l'épi périnéal, c'est-à-dire d'une grande surface située soit en arrière sur les mammelles, soit à la partie postérieure de l'animal, sur laquelle les poils au lieu de descendre régulièrement de haut en bas, remontent au contraire de bas en haut, — Il va de soi aussi que ces aptitudes doivent être entretenues par de bonnes qualités de pâturage et de fourrage.

Race normande. — Cette race, et particulièrement son rameau *Cotentin*, peut être considérée comme notre première laitière de France. Son rendement moyen est évalué à 22 litres de lait par jour. Quelques laitières d'élite vont jusqu'à 35 et même 40 litres (1). Comme son nom l'indique c'est dans l'ancienne Normandie qu'elle

Fig. 153. — Vache normande.

se trouve surtout, c'est-à-dire dans les départements de la Manche, du Calvados, de l'Orne, de l'Eure, et de la Seine-Inférieure, auxquels il faut ajouter encore la Seine et Seine-et-Oise. Cette très forte lactation n'entraîne pas une équivalente richesse en beurre, quoique le lait soit agréable à boire et la crème savoureuse et renommée, à Sotteville près Rouen, par exemple. Son

(1) On cite même une Vache ayant appartenu à une communauté religieuse et illustrée par le pinceau de Rosa Bonheur, qui donnait 45 litres de lait.

lait ne donne en moyenne que 28ᵍ,54 de beurre par litre tandis que celui de nos petites Vaches bretonnes en donne 42ᵍ,86 ; mais il est plus riche en principes caséeux, aussi est-il très employé pour la fabrication des fromages dit de Camembert, de Neufchâtel, de Livarot, etc. Le beurre qu'il produit est du reste fort bon. Qui ne connaît de réputation au moins, le beurre de Gournay (Seine-Inférieure), et celui plus renommé encore d'Isigny (Calvados), localité qui en exporte par an plus de 3,500,000 kilogrammes ?

Race flamande. — Cette race qui arrive au second

Fig. 154. — Vache flamande.

rang comme laitière, se rencontre surtout dans le département du Nord, du Pas-de-Calais, de la Somme, de la Seine et de Seine-et-Oise. Bien qu'un certain nombre donne encore 35 et 40 litres de lait, ce ne sont que des exceptions, et pour peu de temps ; la moyenne peut être évaluée à 16 litres constamment.

Race bretonne. — Cette petite race qui ne dépasse

guère 0^m,90 à 1 mètre, et se maintient saine et vaillante dans un pays pauvre qui ne pourrait nourrir aucune autre race, ne donne en moyenne que 3 litres et demi de lait par jour; mais c'est relativement beaucoup pour sa taille et pour sa nourriture, car on a calculé qu'elle produit en général 1 litre de lait pour 2^k,400 de foin qu'elle absorbe. Aux environs de Rennes où la race est plus forte, elle produit en moyenne 8 litres de lait par jour. Cette race qui occupe particulièrement les départements des Côtes-du-Nord, du Finistère, du Morbihan, d'Ille-et-Vilaine et une partie de la Loire-Inférieure est très recherchée par les Anglais, qui en exportent beaucoup à cause de la qualité toute particulière de sa viande.

Fig. 155. — Petit bœuf breton.

Race jurassienne. — Cette dernière race forme trois rameaux qui prennent les noms de *race comtoise*, *fémeline* et *bressanne*. Elle s'étend dans les départements de la Haute-Saône, du Doubs, une partie de la Côte-d'Or et de Saône-et-Loire, puis dans le Jura et l'Ain. Sa production est de 7 litres à 7 litres et demi de lait en moyenne, et c'est avec lui que se fabriquent, dans un lieu appelé *fruitière*, les fromages de *septmoncel* qui ressemble au roquefort, et le *vachelin* plus connu sous le nom de *gruyère*. Les Bœufs gras de cette race ont une certaine réputation et se vendent avantageusement sur nos grands marchés de consommation ;

Fig. 156. — Bœuf comtois.

ce sont cependant en grande partie des animaux de travail.

Races de Travail

Les aptitudes au travail se sont naturellement dévelop-pées chez nous, où le labour a presque toujours été exé-cuté par les Bœufs ; mais ces aptitudes répondent mieux aux exigences du passé qu'à celles de l'avenir : elles se modifient et se modifieront forcément en présence des demandes croissantes de viande et de l'élévation de son prix, puisque pour en recueillir tout l'avantage il faudra introduire dans nos races des éléments de pré-cocité permettant de vendre nos animaux en bon état de graisse à 4 ans au lieu d'attendre 6 et 8 ans comme cela a encore lieu ordinairement.

Nous ne décrirons donc pas ce type général autrement que sous le nom de fort, vigoureux, bien charpenté, rustique et énergique, puisque c'est un type qui diminue et doit se réduire encore, et nous passerons de suite à l'énumération de ses races (1).

Race mancelle. — Cette race créée autrefois par le croisement des races voisines, *normandes*, *bretonnes* et *vendéennes*, occupe surtout l'Eure-et-Loir, la Mayenne, la Sarthe et le Maine-et-Loire; mais les croisements avec la race Durham, d'où elle tire une précocité et une valeur qu'elle n'avait pas, l'ont déjà absorbée en partie et sont prêts à la faire disparaître.

Race du Morvan. — Comme la précédente, cette race centralisée dans le département de la Nièvre, aura bientôt vécu, absorbée qu'elle est par sa voisine la *Charolaise* d'un meilleur rapport en boucherie.

Race vendéenne. — Cette race à laquelle, d'après

(1) Ces races représentent cependant, dans bien des lieux et dans bien des cas, des avantages dont on se passera difficilement au point de vue de la force, à laquelle est jointe une vitesse relative dont on ne se doute généralement pas. Ainsi le *Die Post*, journal strasbourgeois, racontait dans un de ses numéros de décembre dernier, que, dans un concours ayant eu lieu à Stokach (Oberland bernois), une partie des concurrents parcoururent en huit minutes une distance d'un kilomètre, en traînant une charge de 2,000 kilogrammes ; et que sur huit paires de bœufs ayant à mesurer leurs forces pour une semblable distance, mais sur une route détrempée et traversée par un passage à niveau, cinq paires traînèrent une charge de 16,500 kilogrammes, répartie sur deux charriots, une paire une charge de 16,250 kilogr., une autre une charge de 16,000, et la dernière une de 15,000 kilogrammes, sans que leurs conducteurs eussent à se servir de fouets ou aiguillons.

MM. Samson et Guy de Charnacé, on doit rattacher les
races *choletaise*, *parthenaise*, *gâtinaise*, *nantaise*, *marchoise*, *maraichine*, de la *Causne*, d'*Angle*, du *Mizenc*
et d'*Aubrac*, qui n'en sont que des variétés ou rameaux,

FIG. 157. — Bœufs du Morvan sous le joug.

est répandue dans la plus grande partie de nos départements de l'ouest, du centre et du sud, et renferme
d'assez remarquables types dont la force bien connue
est assez appréciée. Parmi elles, la variété *nantaise* qui
est une des plus fortes races de trait, rend d'immenses

services par sa vigueur et son énergie, ce qui la fera certainement conserver ; et ce qui l'y aidera beaucoup encore, c'est qu'elle présente d'assez grandes aptitudes à la précocité.

Race auvergnate. — On réunit souvent sous ce nom les races de *Salers*, de *Mont-Dore* et de la *Dore* plus particulières au Cantal et au Puy-de-Dôme, et qui sont

Fig. 158. — Race de la Dore.

généralement assez fortes et bonnes laitières pour que de longtemps les habitants ne songent à les modifier.

Race garonnaise. — Cette race à laquelle on réunit les rameaux *limousin*, *saintongeois*, *néraçais*, et *agenais* comporte de grands animaux peu doués pour le lait, mais assez propres au travail et à l'engraissement, pour que leurs propriétaires n'estiment devoir les améliorer que par le régime plutôt que par le croisement, Ils sont répandus dans les départements de la Haute-Vienne, de la Dordogne, de la Charente, de la Gironde, du Lot et Lot-et-Garonne.

Race bazadaise. — Cette race, cantonnée dans le sud-est de la Gironde est sobre et remarquable par l'énergie de ses mouvements et la vivacité de ses allures, mais assez mauvaise laitière pour que souvent une autre race vienne aider à l'élevage de ses Veaux ; elle s'engraisse assez rapidement à *mi-gras*, comme disent les bouchers.

Fig. 159. — Bœuf limousin.

Race gasconne. — Race de taille moyenne, rustique, patiente, très apte au travail, mais rebelle à l'engraissement et occupant surtout le Gers, la Haute-Garonne, le Tarn et l'Aude. Elle a d'assez grands rapports de physionomie avec la race suisse pour paraître en provenir.

Race navarrine. — Elle comprend la race *landaise* et tous les animaux des Pyrénées, remarquables par la vivacité de leur allure, et leur ardeur infatigable; ils s'engraissent assez facilement malgré les ressources restreintes du pays.

Race de la Camargue. — Cette petite race à pelage noir, pleine de vigueur et d'agilité, vit à l'état demi-sauvage dans le delta du Rhône. Elle donne lieu chaque année sous le nom de « ferrade » à des exercices d'adresse où se distinguent les jeunes gens du pays pour attraper et marquer ces animaux au nom de leurs divers propriétaires.

Fig. 160. — Taureau landais.

Ces deux dernières races, dont la vivacité d'allure contraste avec la placidité plus naturelle de nos autres races françaises, sont recherchées pour les *courses de Taureaux* qui ont lieu dans quelques-unes de nos villes du Midi.

Race andalouse. — Nous ne serions pas complet, si nous n'ajoutions à la liste de nos races françaises, cette race espagnole, qui se fait connaître du public parisien par les fréquentes courses auxquelles elle donne lieu. Ses produits sont de petite taille encore, mais beaux, forts et vigoureux. On n'emploie du reste pour les courses, que des taureaux élevés loin du public

et en pleine liberté, chez qui se réveille alors leur instinct primitif, sauvage et irritable, qui est quelquefois

Fig. 161. — Taureau andalous.

beau à voir sous les excitations répétées des *picadores*
et *toreadores*.

Fig. 162. — Taureau de ferme.

On appelle *Taureau* le mâle destiné à la reproduction,
Taurillon lorsqu'il est plus jeune et *Veau* plus près de

l'époque de sa naissance. L'animal réservé au travail et à l'engraissement prend le nom de *Bœuf* à l'âge adulte, après avoir eu celui de *Bouvillon* succédant à celui de *Veau*.

FIG. 163. — Veau.

La femelle porte le nom de *Vache* à l'état adulte, succédant à celui de *Génisse* qui a été précédé de celui de *Vêle*. — Dans la langue usuelle les noms de Bouvillon et de Vêle sont très peu employés.

La *voix* du Bœuf réellement remarquable et puissante chez le Taureau — mais dont la femelle n'est pas dépourvue — s'appelle *mugissement* ou *beuglement*.

Comme pour le Cheval, mais avec des modifications différentes, on reconnaît son *âge* par l'inspection des dents. On peut aussi l'apprécier par le nombre des anneaux qui se produisent à la base des cornes et qui se forment annuellement à partir de trois ans.

On évalue à près de 12,000,000 le nombre de ces animaux élevés en France.

Le Bœuf très souvent, ainsi que nous l'avons vu, et la Vache même quelques fois, servent comme animaux de traits, que l'on attelle ordinairement par le front et les cornes, à une traverse de bois fixée sur le timon et appelée *joug*. — C'est à tort que se perpétue cet usage qui date d'un temps où les harnais et les colliers faisaient défaut, car on perd ainsi une partie de la force de ces animaux en accroissant leurs fatigues. — Un collier analogue à celui du cheval leur permet un développement de force plus grande et pendant une durée plus prolongée (1).

L'emploi du *lait* est bien connu dans l'alimentation. Quelques Vaches en produisent, comme nous l'avons vu, jusqu'à 35 et 40 litres par jour, mais la moyenne varie entre 12 et 18 litres, pour descendre même suivant la taille et les aptitudes jusqu'à 3 litres et demi. — On en retire la *crème* et le *beurre*, dont tout le monde connaît aussi les usages. C'est de ses différentes préparations qu'on fabrique la presque totalité de nos fromages de Brie, Cantal, Gruyère, etc., qui ne sont faits qu'avec du lait de Vache ; le résidu appelé *petit lait* sert soit dans l'alimentation, soit plus souvent dans l'élevage des Veaux ou l'engraissement des Porcs.

La *chair* du Bœuf et de la Vache aussi (sous le nom de Bœuf), ainsi que celle du Veau, sont comme tout le monde le sait, la base de notre alimentation en viande.

En médecine on se sert quelquefois comme rafraîchissant et laxatif d'*eau de Veau*, obtenue en faisant bouillir sans sel, un jarret de jeune Veau.

Les organes internes entrent aussi dans l'alimentation de même que l'*estomac*, qui est utilisé sous le nom de

---

(1) Nous pensons encore que cette question est une de celles pour lesquelles la *Société protectrice des Animaux* devrait provoquer des expériences et proposer des prix. — Il est en effet tout à fait dans son rôle et son programme de rechercher les moyens de faciliter le travail de nos animaux domestiques, en diminuant leurs fatigues ; nous dirons même leurs supplices, dans le cas particulier. Car, si le Bœuf qui a beaucoup de forces dans le cou et la tête, peut mieux qu'un autre supporter ce mode d'attelage, cela n'en devient pas moins pour lui une vraie torture lorsque ses efforts doivent être très considérables, et plus encore lorsqu'ils doivent être très prolongés, comme cela se présente surtout à l'époque des labours.

gras double ou de tripes. Celui du jeune Veau, ou plutôt sa *caillette* bien plus développée chez lui que chez l'adulte, sert à préparer la *présure*, très employée dans la fabrication des fromages. On en retire également de la *pepsine*.

La *graisse* appelé *suif*, comme celle du Mouton et de la Chèvre, est employée dans l'art culinaire et l'économie domestique, mais elle sert surtout à faire des chandelles et à l'extraction des acides gras destinés à la fabrication des bougies, dont on prépare annuellement près de 45 millions de kilogrammes en France. Depuis quelques années on en tire un nouveau produit la *margarine*, qui remplace le beurre dans un grand nombre de cuisines parisiennes et de grandes villes. Tout récemment un produit similaire est encore venu suppléer au beurre ; c'est le *dansk* que l'on dit composé de lait et de graisse de Veau. Souvent vendus sous leurs vrais noms, ces produits inférieurs, mais qui ont l'avantage de rancir lentement, et d'être à plus bas prix, servent aussi, il faut bien le dire, à falsifier le vrai beurre.

Les débris de graisse et déchets servent encore à la préparation de savons communs.

Le *sang*, soit seul, soit mêlé à du sang de Porc, est employé pour la préparation de boudins. Quelques malades vont aussi en boire de tout chaud à l'abattoir même ; mais la plus grande partie est desséché et conservé sous différentes formes pour concourir à l'alimentation du Chien, et à l'élevage de nombreux Oiseaux insectivores ayant besoin d'une nourriture animale difficile à leur procurer. On l'emploie surtout aussi pour la clarification des sucres et sirops, leur décoloration, la préparation des albumines industrielles, la fabrication des bleus de prusse, la préparation des bois durcis et comme engrais après avoir été préalablement coagulé et désséché à l'étuve. On en fait aussi des noirs recherchés pour les impressions et les cirages.

Quelquefois le gros tendon des jambes de derrière du Bœuf, tordu, desséché, garni intérieurement d'une tige d'acier et d'une masse de plomb au sommet, sert à faire des cannes qui deviennent des armes redoutables entre les mains de quelques gens. Ces cannes sont connues sous le nom de *nerf de Bœuf*. — Dans certaines localités allemandes, cet instrument, privé de sa masse de plomb et de sa tige d'acier, existe dans beaucoup de ménages et porte le nom bien caractéristique de *Haus-Frieden* (paix du ménage).

Les *tendons*, *ligaments* et *nerfs*, battus, filés et tordus servent à faire des cordes dites « cordes de nerfs », employées dans diverses industries, et particulièrement celles du cuir.

Des *pieds*, on retire l'*huile de pied de Bœufs*, très recherchée pour la grosse horlogerie, la mécanique de précision, les machines à coudre, les vélocipèdes, etc.

La *bile* ou *amer de Bœuf* est utilisée quelque peu en pharmacie, mais est surtout employée par les dégraisseurs pour détacher, et les coloristes pour rendre plus fluides leurs couleurs.

Le *diaphragme* des Veaux, que l'on appelle vulgairement *toilette*, et qui est assez transparent, était fort employé au commencement du siècle dans tous les environs de Kazan pour garnir les fenêtres et remplacer les vitres. Il remplit encore cet usage dans bien des localités éloignées et peut servir chez nous à clore les ouvertures des étables pendant l'hiver, car de même que les vitres, il s'oppose au passage de l'air sans intercepter la lumière et peut mieux qu'elles se remplacer sans frais dans les campagnes.

La *vessie* sert pour l'emballage et l'exportation des suifs, graisses et saindoux ; on l'emploie encore comme le *péricarde* (membrane qui enveloppe le cœur) à faire de grandes blagues à tabac.

L'*intestin grêle* sert à renfermer des saucisses ou cervelas. Le *gros intestin* est utilisé comme enveloppe de saucissons ou de langues fourrées. — On fait encore avec les deux, des cordes à boyaux employées à une foule d'usages, ainsi que des baudruches plus ou moins fines et fort utilisées par l'industrie.

Les *os* longs, solides et compacts bien dégraissés et blanchis, sont très employés dans la tabletterie générale ainsi que dans la fabrication des boutons. — C'est « l'*ivoire du peuple* », comme la corne en est l'*écaille*. — Les autres os, ainsi que les débris et déchets des premiers servent à faire de la gélatine, de la colle forte ; ou bien, calcinés en vases clos, on en prépare du noir animal fort employé dans l'industrie, et du prussiate de potasse, ou bien encore réduits en poudre on les utilise pour l'alimentation des oiseaux ou animaux domestiques, dans l'industrie, et comme engrais. — On en retire aussi du phosphore ou bien on les transforme en phosphate de chaux.

La *moëlle* des os sert quelquefois d'assaisonnement, et est assez recherchée pour la cuisson des cardons. Elle est souvent aussi employée par les bouchers eux-mêmes pour faire une pommade onctueuse et inodore, plaisant aux gens économes ou qui redoutent les parfums.

Les *poils* provenant du tannage des peaux peuvent être filés pour confectionner de grossières limousines de rouliers, ou être employés à l'état de bourre par les bourreliers pour garnir ou bourrer les selles, bâts, colliers de tirage, etc., ainsi que par les tapissiers pour bourrer ou garnir des sommiers, divans, coussins, tabourets, fauteuils, chaises, etc. On les emploie aussi dans quelques pays pour donner de la consistance aux enduits de chaux pour plafonds, murs, etc. Depuis quelques années on les utilise encore pour la fabrication de feutres épais et grossiers employés comme tapis, de thibaudes, de bourres de cartouches. Mêlés à des bourres de Veaux, on en fait encore des couvertures, des limousines, d'autres étoffes grossières et les lisières de certains draps. Beaucoup aussi sont négligés par l'industrie, de même que les *sabots* ou *onglons*, et ne servent que d'engrais pour l'agriculture ou de matière première pour la fabrication de bleu de prusse, de sels ammoniacaux ou autres produits organiques. — Les poils longs et fins de l'intérieur des oreilles servent à faire des pinceaux de choix, ayant un peu les qualités de ceux de Marte et souvent vendus comme tels.

Les *poils* de Veaux plus fins, et dénaturés dans la tannerie par le chaulage des peaux, deviennent très propres au feutrage et au tissage; ce sont particulièrement les Anglais qui acquièrent chez nous les poils ou bourres qui nous reviennent à l'état de feutre, de peluches et de tissus que nos machines françaises ne sont pas arrivées encore à confectionner comme les leurs.

Les *crins* de là queue sont souvent décolorés, crêpés et employés comme crins blancs pour garnir des sièges, matelas ou oreillers.

Les *cornes* fendues, aplaties et travaillées de différentes façons, servent à la fabrication de chausse-pieds, de peignes, de tabatières, de manches de couteaux, de sifflets et d'une foule de petits articles de tabletterie. Souvent aussi on leur donne l'apparence de l'écaille en les teignant de différentes façons, en rougeâtre avec des sels d'or, en noirâtre avec des sels d'argent, en brun. avec de l'azotate de mercure, etc. — Dressées, refendues et taillées comme les fanons de Baleines, elles remplacent ceux-ci dans la plupart des cas, où ils sont utilisés sur une petite longueur, et surtout comme buscs de corsets ou corsages, soutiens de tournures ou de coiffes de religieuses, mais leur usage est inférieur à celui de la véritable baleine.

L'industrie, intéressée à leur emploi de la sorte, les traite avec un soin remarquable et arrive à leur donner un brillant et un poli que l'on néglige souvent dans les véritables baleines. Il s'en fait en France un grand commerce d'exportation. — On en fait aussi des boutons, des verres de lanterne d'écurie, des cornes d'appel, des cornets à poudre, etc.

. Les *raclures*. qui se frisent naturellement, sont employées à la confection de coussins, sièges et couchettes.

Les *rognures* et débris de toutes sortes servent à la préparation du bleu de prusse, ou sont employées comme engrais.

. Les *rapures* sont réagglutinées ensemble sous l'influence d'une température un peu élevée et d'une forte pression, et moulées en roulettes de meubles ou sièges, talons de bottines de femmes, boutons, tabatières, tuyaux de pipe, etc. On les emploie encore pour le bleuissage et le trempage de certains aciers.

Les *sabots* appelés *onglons* dans le commerce, ne servent ordinairement que comme engrais, dont l'effet n'est pas immédiat, mais se fait sentir de longues années. A Paris, ou l'industrie doit tirer parti de tout, on les fend par le milieu et sous l'influence de la chaleur on les applatit, puis on en tire des peignes, des manches de couteaux, une foule d'objet divers, et surtout des boutons de toutes sortes, aux quels on donne les aspects les plus variés et qui quelquefois trahissent bien difficilement leur origine.

Le *cuir* de Bœuf, épais, fort, souple et résistant, plus compact que celui du Cheval est très employé dans la fabrication des harnais, des brides, des tabliers et capotes de voitures, des courroies de transmissions; dans la cordonnerie, pour les fortes chaussures, les semelles, etc... Chamoisé seulement, il sert à faire les fortes semelles de chaussons, dites de *buffle*, et une grande partie de l'équipement de l'armée.

Le cuir de Vache, moins épais et plus souple, mais très fort néanmoins et d'une bonne consistance, est utilisé soit en cuir noir, verni, jaune, blanc ou chamoisé pour les mêmes usages que celui des Bœufs, mais pour des emplois demandant moins de fatigue et plus de souplesse.

Le cuir de Veau plus fin et plus souple encore est d'un grand usage dans la chaussure ordinaire, etc. ; chamoisé et teint, il est employé à recouvrir certaines pantoufles ainsi qu'à fabriquer des *gants* dits *de castor*. On le maroquine aussi comme les peaux de Chèvres.

Les *peaux* de Vaches non tannées servaient autrefois dans le midi et servent encore en Espagne à fabriquer des outres pour le transport des huiles et des vins. — Autrefois les Romains les employaient aux mêmes usages, ainsi que nous le prouvent encore les peintures de Pompéi. Strabon nous apprend aussi que les Vénètes en faisaient des voiles pour leurs embarcations.

Les peaux de Veaux couvertes de leurs poils sont souvent utilisées pour fabriquer des pantoufles ; soit naturelles, soit teintes, elles servent à couvrir les sacs de soldats. — Avec les Veaux blancs tondus, on fait beaucoup de chaussures d'enfants. Des peaux de Veaux mort-nés, préparées avec leurs poils, on recouvre des pantoufles ou mules ; ou bien, préparées en parchemin, on en fait des petits tambours.

Les débris de cuirs crus ou même tannés, la peau des pattes, des oreilles, du mufle, de la queue, les débris de boucherie, ceux de restaurant, et les vieux os ramassés dans les ordures sur la voie publique, sont aussi utilisés par l'industrie, qui, soit en les séparant, soit en les réunissant dans diverses proportions, et les cuisant de façons différentes, en retire des gélatines ou des colles fortes, *façons*, Cologne, Flandre, Givet, Lyon ou Paris. — Quoique toutes soient destinées à coller, elles acquièrent par leur composition ou leur préparation des qualités particulières qui les font chacune rechercher par des industries différentes, telles que : la menuiserie, l'ébénisterie, la fabrication des instruments de musique, l'encollage du papier, le cartonnage, l'apprêt des étoffes

de coton, fils ou soies, le stucage, le moulage, la fabrication des perles fausses, le glaçage des fruits artificiels, la clarification des bières, vins ou sirops, etc., etc.,
et même la fabrication des conserves de viande et des
confitures où elles donnent de la consistance aux gelées.

Pour terminer ajoutons :

Que le *fumier* de Bœufs et Vaches est un des principaux produits des fermes, absolument nécessaire pour
le bon entretien des terres et le développement des
cultures.

Et comme dernière application de ces animaux à la
médecine, citons en-
core la *stabulation hu-
maine*, c'est-à-dire, le
séjour dans les étables
qui a été conseillé quel-
quefois pour la cure de
certaines affections et
particulièrement de la
phtisie.

Nous allions omettre
une autre application

FIG. 164. —, Vaches à l'étable.

fort importante et de résultats plus certains. C'est la préparation du *Vaccin* dit « *de Génisse* », quoique l'on pourrait aussi bien le retirer du Veau, de la Vache ou même
du Bœuf. Ce n'est pas en effet sur le pis de l'animal qu'il
se prépare, mais sur un de ses flancs que l'on a rasé et
sur lequel on fait jusqu'à cent ou cent cinquante piqûres
allongées développant le pus vaccinal, que l'on recueille
directement sur la lancette prête à opérer, ou dans des
tubes destinés à le transporter au loin.

La Génisse est employée de préférence pour cette opération (1), parce qu'elle a la peau plus tendre que les adultes, et parce que moins que le Veau elle souille sous elle sa litière en urinant, ce qui permet de conserver plus propre toute la surface opérée.

Famille des CÀPRIDÉS

Cette famille est caractérisée par des *cornes* fortes, creuses, dirigées en haut et en arrière, comprimées et ridées transversalement. Elles manquent quelquefois chez la femelle.

Le *menton* est ordinairement garni d'une barbe assez longue et touffue.

La *queue* courte est souvent redressée verticalement.

Le *pelage* est composé de deux sortes de *poils* ; l'un court, duveteux et moelleux ; l'autre long, lisse et plus ou moins rude recouvre le premier.

Toujours le mâle produit une forte odeur.

Tous affectionnent les terrains montueux et escarpés, et préfèrent les pousses des arbrisseaux aux fourrages les plus tendres.

Un seul genre représente cette famille chez nous.

Genre CHÈVRE, *Capra*

Ses caractères sont donnés ci-dessus pour la famille.

Trois espèces le représentent en France.

(1) Un important établissement de ce genre s'est créé récemment à Paris, sous l'habile direction de M. le Dr Saint-Yves Ménard, ancien sous-directeur du Jardin d'acclimatation.

Le Bouquetin des Alpes, *Capra ibex*, LINNÉ.

NOMS VULGAIRES. — *Bouc estain*, *Bouc d'estain* (ancien français).

Cette jolie espèce, qui se rencontrait dans nos Alpes,

FIG. 165. — Le Bouquetin des Alpes.

en est à peu près disparue par suite des chasses incessantes qui lui ont été faites. Elle est caractérisée par ses fortes cornes noueuses divergentes à base subquadrangulaire, aplaties et recourbées en demi-cercle dans le même plan, et n'a presque pas de barbe au menton.

C'est un assez bon gibier qui aurait pu fournir d'excellentes ressources à l'alimentation mais dont la rareté n'en fait plus qu'un objet de curiosité ou d'étude.

Il habite les parties les plus escarpées de nos Alpes, et est moins rare sur le versant italien, où le roi, propriétaire d'un troupeau de près de 800 têtes, en a totalement interdit la chasse dans l'intérêt de leur conservation et propagation.

On lui a de tout temps attribué beaucoup de vertus thérapeutiques ; actuellement encore son sang desséché et sa graisse se vendent un prix assez élevé dans certaines vallées suisses, et ils ne sont pas toujours authentiques.

Cet animal produit avec la Chèvre des métis féconds assez estimés, mais dont les mâles deviennent souvent méchants avec l'âge.

Ce Bouquetin, ainsi que le suivant, sont encore des espèces sur lesquelles pourraient facilement s'étendre les soins de la Société d'acclimatation qui n'aurait pas grand mal à nous doter à nouveau de ces animaux intéressants comme gibier et comme ornement des régions désolées où ils vivent.

Le Bouquetin des Pyrénées, *Capra pyrenaica*, Schinz.

Noms vulgaires. — *Bouc, Cabra souvage* (Pyrénées-Orientales). — *Herc ;* le jeune, *Cabiro* (Basses-Pyrénées). — *Bouc des rochers* (Divers auteurs anciens).

Autre espèce devenue rare aussi, voisine, mais bien distincte de la précédente, par ses cornes moins allongées, très noueuses, arrondies extérieurement, aplaties sur le côté interne, montrant une double courbure d'avant en arrière et de dehors en dedans (que notre figure n'indique pas suffisamment). La barbe du menton peu allongée est assez fournie.

Fig. 166. — Bouquetin des Pyrénées.

C'est dans la partie centrale et élevée des Pyrénées qu'on la rencontre encore ; elle est moins rare sur le versant espagnol où elle fait l'objet d'intéressantes chasses et fournit une *chair* assez estimée.

De sa *dépouille* comme de celle de l'espèce précédente on fait des tapis, et quelquefois aussi des paletots de chasseurs.

Des ossements de l'époque quaternaire trouvés dans les cavernes des Cévennes, et dans les dépôts du Velay et de la Limagne, prouvent que ces animaux se trouvaient autrefois dans toutes nos montagnes du centre.

Une autre espèce voisine habite encore les Sierras de l'Espagne, où la chasse incessante qu'on lui fait tend aussi à la faire disparaître.

La Chèvre domestique, *Capra hircus,* LINNÉ.

Dès l'âge de pierre, la Chèvre était domestiquée par l'homme ; ses restes qui l'accompagnent en font foi. Nous ne saurions actuellement dire quel animal sauvage en a été la souche, car elle diffère notablement de toutes les espèces connues et réunit à la fois des caractères propres à diverses races.

Très rustique, active, agile et intelligente, elle préfère les montagnes à la plaine, et les jeunes pousses des arbrisseaux aux herbages les plus

F.G. 167. — Bouc domestique.

tendres ; aussi fait-elle beaucoup de dégâts dans les lieux qu'elle habite. Plus d'une montagne n'a qu'une végétation pauvre et rabougrie parce qu'elle sert de pâture à des troupeaux de Chèvres.

Dans une ferme, elle abîme les clôtures de buissons, nuit aux arbres fruitiers, ou les fait même périr en les dépouillant de leur écorce, et détruit les nouveaux taillis en mangeant les jeunes pousses dès leur sortie de terre ; mais elle rapporte beaucoup de lait dont on fait d'excellent fromage : aussi est-elle à la fois la ruine des propriétaires et la richesse des fermiers. Elle ne devient réellement utile et productive que lorsqu'elle est tenue à l'étable ou parquée dans un espace bien clos, comme dans certaines régions du Lyonnais ou du Forez.

Il faut ajouter cependant qu'elle rend de grands services à la population pauvre des montagnes qui n'a ni les moyens, ni la facilité d'entretenir des Vaches. Broutant en liberté, sa nourriture ne coûte rien. Tous les ans elle donne deux Chevreaux, et pendant près de dix mois une moyenne quotidienne de plus de deux litres de lait facilement transformables en un nourrissant fromage. — La vente de ses Chevreaux, son lait, ses fromages, ses poils, sa peau et sa

FIG. 168. — Chèvre et son Chevreau.

chair même suffisent donc souvent à entretenir de nombreuses familles qui ne pourraient vivre sans elle ; aussi

l'a-t-on quelqufois appelée « *la Vache du pauvre* ». —
A ce titre, elle a droit à toute notre sollicitude, et nous
ne pouvons que déplorer le dédain ou l'oubli, qu'ont
montré pour elle jusqu'à présent l'Administration et
les divers Comices agricoles, qui ont l'air de considérer comme une quantité négligeable cet auxiliaire,
pouvant faire à la fois tant de bien et tant de mal.

Nous en possédons cependant environ 1,500,000 individus en France.

Le mâle porte le nom de *Bouc*, et exhale toujours une
très forte odeur ; le jeune, sous le nom de *Chevreau,
Cabri* ou *Biquet*, donne une viande qui était très prisée
autrefois des héros d'Homère, et que l'on recherche
encore actuellement dans quelques-unes de nos provinces. On en consomme du reste un peu partout et à
Paris même comme ailleurs.

La *chair* du jeune Bouc bien engraissé est quelquefois difficile à distinguer de celle du Mouton ; mais celle
de la Chèvre qu'on ne tue guère que pour cause de
vieillesse, et qu'on ne se donne pas la peine d'engraisser
n'a que bien peu de valeur ; elle est toujours plus ou
moins dure ou spongieuse et ne peut réellement servir
qu'à faire d'assez bon bouillon, à condition cependant
que l'eau soit encore froide lorsqu'on l'y plonge, et
qu'elle cuise fort longtemps. Néanmoins dans quelques
départements montagneux tels que ceux de la Savoie,
de l'Isère, des Hautes-Alpes, de la Haute-Loire, de la
Lozère, etc., on fume et on sale sa chair comme provision d'hiver.

Son *sang*, négligé ordinairement, est employé en
Alsace et dans une partie de la Bavière, pour faire une

sorte de boudin, très prisé des amateurs de bière. — Il peut être bon de préférence à celui de Bœuf, comme fortifiant et employé aussi à tous les usages de ce dernier.

Autrefois la vieille pharmacie et la sorcellerie recherchaient les vieux Boucs pour en composer toutes espèces de remèdes, potions, filtres, etc...

Une ordonnance de police (1), qui interdit en France l'attelage de toutes espèces de Chiens, même des races de trait, *autorise*, paraît-il, l'*attelage des Chèvres*, car nous voyons (et nous ne nous en plaignons pas) nos bébés voiturés par ces petits animaux sur les promenades de nos grandes villes, Paris, Lyon, etc...

Dans un autre but, la mode a aussi, depuis quelques années, introduit la Chèvre dans nos grandes villes, où l'usage de son *lait* passe pour très fortifiant. Elle est aussi quelques fois employée (et l'a été de tout temps), comme nourrice d'enfants et s'attache beaucoup à ses nourrissons. Jamais encore la phtisie n'a été constatée chez cet animal — alors que trop souvent les Vaches renfermées dans les étables des grandes villes en sont atteintes. — Pourquoi l'Assistance publique, qui manque de nourrices et fait élever beaucoup d'enfants au biberon n'aurait-elle pas un troupeau de chèvres pour cet usage ? Cela lui coûterait peu cher ; serait facile à organiser et sauverait bien de petites existences !

Récemment on l'a encore utilisée comme productrice de *vaccin*, pour parer aux inconvénients de l'espèce Bovine, quelquefois atteinte de phtisie et autres affections qu'elle peut communiquer à l'homme.

(1) Du 27 mai 1845.

Le lait de la Chèvre, plus dense que celui de la Vache et moins gras que celui de la Brebis, a quelquefois un goût trop accusé chez les Chèvres noires, mais le plus ordinairement sa saveur est agréable. Il produit une crème d'un blanc mat et un beurre ferme qui se conserve longtemps, mais il est tout particulièrement employé au naturel, soit seul, soit mêlé à d'autres, à faire d'excellents fromages.

Les *chevrets* du Jura, les *cabrichons* d'Auvergne, les *levroux* de l'Indre, les *chavignols* du Cher, les *rocamadours* du Lot et les *lescures* du Tarn, sont produits par le lait de Chèvre soit cru, soit cuit, et quelquefois fraudé par addition de lait de Vache.

Les *monts-d'or* ou façon mont-d'or, produits par les départements du Rhône, du Puy-de-Dôme, du Doubs et du Jura, sont formés de lait de Chèvre et de Vache réunis. Il en est de même du fromage de *sepmoncel* ou de *moussière* dans le Jura.

Le *roquefort*, fabriqué surtout dans l'Aveyron, contient un quart de lait de Chèvre pour trois quarts de lait de Brebis.

Le *sassenage*, fabriqué dans l'Isère, réunit à la fois les trois laits de Chèvre, de Vache et de Brebis.

Le *suif* de la Chèvre est plus ferme que celui du Mouton, et fait des chandelles de meilleure qualité. Il est souvent mêlé à celui de Bœuf et de Mouton qu'il raffermit pour leurs divers emplois industriels.

Le quatrième estomac des jeunes, très développé à cet âge, et appelé *caillette*, sert, comme celui des jeunes Veaux, à la préparation de la *présure*.

Les *cornes* ramollies et redressées peuvent servir à

divers usages dans la tabletterie, ou sont employés à la fabrication des prussiates de fer et de potasse, des sels ammoniacaux ou bien encore comme engrais d'un excellent emploi et d'un effet à très longue durée.

Les *poils* de la Chèvre ordinaire, longs, soyeux ou raides, provenant soit des peignages du printemps, soit de la tonte faite plus tard sur le vif ou sur la peau, sont préparés et filés pour servir à fabriquer quelques étoffes particulières et surtout divers ouvrages de passementerie.—Avec les poils laineux de la *Chèvre angora*, trop peu répandue chez nous, on fabrique à Amiens du velours d'Utrecht, ainsi que de fort belles étoffes rappelant un peu le cachemir, qui est tissé avec le poil

Fig. 169. — Chèvre angora.

d'une autre Chèvre exotique. C'est encore en grande partie avec ces poils blancs et teints de diverses nuances et surtout en blond que se fabriquent de nombreuses chevelures de poupées.

Les *poils* des Chèvres communes sont aussi employés, comme ceux de beaucoup d'autres animaux, à préparer de petits pinceaux fort ordinaires, montés sur tuyaux de plumes et vendus à bas prix dans les bazars ou papeteries. Mais les barbes de Boucs, surtout lorsqu'elles sont blanches, sont utilisées par les coiffeurs pour faire des perruques.

Les poils d'espèces communes, provenant des tanneries où ils sont détachés de la peau au moyen de bains acides ou de lait de chaux qui les dénaturent et les rendent propres au feutrage et au tissage, sont très employés de la sorte, mais surtout par l'Angleterre qui vient nous les acheter pour nous les retourner sous forme de feutre et surtout de tissus que notre industrie n'est pas arrivée encore à fabriquer comme elle. Il y a quelque temps, toutes les limousines anglaises très en mode chez nous comme manteau de femme, n'avaient d'autre origine que nos bourres de Chèvre commune, connue dans le commerce sous le nom de *Chevrette*. Chez nous, on les utilise surtout soit seules, soit mêlées à de la laine, dans la fabrication des couvertures, des peluches de laine, et trop souvent aussi, dans la falsification des laines à matelas.

Les *peaux* de Chèvres couvertes de leurs poils sont fréquemment employées, soit naturelles, soit surtout teintes en marron à faire des tapis et des descentes de lit et même des couvertures. Beaucoup de campagnards en font aussi des vêtements ou paletots très chauds et imperméables à la pluie. — Leur valeur moyenne et brute est d'environ 2 fr. 50 à 3 francs.

Les peaux de Chevreaux qui ne dépassent guère une valeur de 0 fr. 50 à 0 fr. 60, servent surtout à couvrir des chaussures de chambre et de petits animaux, jouets d'enfants.

Les peaux dépouillées de leurs poils et ayant subi un demi-tannage étaient très employées comme *outres* avant la vulgarisation des tonneaux et surtout le développement des chemins vicinaux, pour conserver et transporter à dos de mulet le vin, l'huile et autres liquides. — Actuellement, elles ne sont plus guère employées de la sorte que dans quelques montagnes, particulièrement dans quelques parties des Pyrénées et bien plus encore en Espagne.

Son *cuir* est beaucoup employé pour la chaussure, soit en noir, soit en verni et aussi pour border, avec les parties les plus minces. Il sert beaucoup encore à la confection des maroquins de toutes nuances employés spécialement par les relieurs et gaîniers, et qui, autrefois, ne nous arrivaient que du Levant et du Maroc.

On en fait aussi des imitations de chagrin en les imprimant en relief, sous une forte pression, au moyen de feuilles de cuivre gravées et chauffées.

Les *peaux de Chevreaux*, déjà un peu forts et que l'on appelle les *Broutards*, sont beaucoup plus fines et souples, et employées pour la chaussure fine, soit comme dessus, soit comme tige de bottines ; mais celles de Chevreaux plus jeunes, qui n'ont encore été nourris que de lait, et n'ont pas brouté, sont encore plus douces, fines et souples et réservées particulièrement pour la ganterie qui en emploie des quantités considérables. Aussi, malgré notre grande production, sommes-nous obligé d'en importer un plus grand nombre encore.

Les *peaux* de Chèvres, chamoisées et teintes, servent encore à la confection des *gants de castor*.

Des peaux de Boucs, on fait aussi des pantalons, ainsi que du parchemin assez résistant.

Les peaux de Chèvres du midi de la France sont les plus estimées, et les meilleures peaux de Chevreaux proviennent du Poitou, de l'Ardèche, de la Drôme et de l'Isère.

Les Chèvres sont très habiles à grimper et à sauter, mais le Cabri l'est encore plus, et représente parmi nos animaux domestiques le type de la légèreté ; aussi dit-on :

Sauter comme un Cabri.

FAMILLE DES OVIDÉS

Les membres de cette famille ont chez les mâles des *cornes* plus ou moins grosses, creuses, anguleuses, ridées transversalement et plus ou moins contournées latéralement en spirales (1).

Un *menton* dépourvu de barbe.

Une *queue* plus ou moins longue mais pendante.

Un *pelage* court et sec, ou long et laineux, mais uniforme.

Comme dans la famille précédente les mâles sont encore odorants, mais à un degré bien moindre.

Bien des auteurs ont fait deux genres des deux espèces que nous possédons. Malgré leur diversité apparente, nous les laisserons réunis en un seul.

Genre MOUTON, *Ovis*

Ses caractères ne sont autres que ceux ci-dessus.

(1) Quelques races domestiques n'en possèdent pas.

Deux espèces les représentent chez nous.

Le Mouflon de Corse, *Ovis musimon*, Schreber.

Noms vulgaires. — *Muffoli* (Corse).

Cet animal qui a un peu les mœurs du Bouquetin et une partie de son facies, s'en distingue facilement

Fig. 170. — Mouflon de Corse.

par ses cornes beaucoup moins longues. Elles ne sont pas noueuses comme les siennes, mais simplement rugueuses, assez grosses à leur base, et roulées sur elles-mêmes, formant environ les trois quarts d'un cercle. Il ne porte pas de barbe comme lui, mais ses poils de la base du cou sont très allongés sur la poitrine et y forment une crinière ou fanon.

Il diffère aussi beaucoup du mouton par une queue très courte, des *poils* rudes et épais, ainsi que par la présence de larges cellules dans toute l'épaisseur de l'axe osseux de ses cornes.

Sa *chair* est assez bonne.

Son *cuir* fait d'assez beau maroquin, et sa *toison* sert à confectionner de grossiers tapis ou couvertures.

Il n'habite que la Corse et s'y rencontre encore par petites troupes dans quelques parties de la montagne. Il semble différer de son voisin le Mouflon de Sardaigne.

Assez souvent on a obtenu son croisement avec le Mouton ; mais ordinairement les produits sont restés inféconds.

Pris jeune, il se prive facilement comme le jeune Bouquetin; mais avec l'âge il redevient ordinairement sauvage comme lui.

Le Mouton domestique, *Ovis aries*, LINNÉ.

Il est bien distinct du précédent par une queue, variable de taille, mais bien plus longue (beaucoup d'éleveurs sont dans l'habitude de la couper), par des poils longs et doux appelés *laine*, et par l'axe osseux de ses cornes qui est plein. Le mâle ne présente pas toujours les cornes distinctives de son sexe (1).

_____

(1) Comme chez le Bœuf, et par suite d'élevage et de sélection, on est arrivé à constituer plusieurs races de Moutons sans cornes.

Aussi anciennement domestiqué que la Chèvre, nous ne savons pas plus que pour elle, de quelle espèce sauvage il peut descendre. Tout porte à croire cependant qu'il ne descend pas d'une seule espèce.

De nombreuses races existent en France, les unes sont la conséquence d'un genre de vie et d'un climat particulier, les autres ont été obtenues artificiellement par des croisements dans lesquels on a cherché la masse musculaire pour les boucheries, et, plus souvent encore, la qualité de la laine, objet d'un commerce considérable alimentant de très nombreuses industries. Mais

Fig. 171. — Mouton.

actuellement les demandes croissantes de viande, l'élévation de son prix, ainsi que l'abondance et les qualités de laines qui nous arrivent de l'étranger tendent à nous faire retourner à des recherches de races de boucherie.

On appelle *Bélier* le mâle destiné à la reproduction, *Brebis* la femelle, et *Agneau* le jeune.

Leur cri s'appelle *bêlement*. Leur nombre en France est d'environ 22 millions.

Le mâle seul porte deux cornes. Comme chez les Bœufs aussi, mais plus fréquemment encore, certaines races n'en portent pas. Par contre une race d'Algérie en porte quatre, quelquefois cinq, et assez souvent six.

Tous aiment un sol sec, et beaucoup se contentent d'une nourriture grossière.

Leur élevage donnait autrefois de forts beaux produits, alors même que leur laine était moins belle que maintenant ; mais aujourd'hui la grande quantité de laine importée d'Australie et de la République Argentine en rend l'élevage moins fructueux ; néanmoins la grande consommation qu'en fait la boucherie vient maintenir leur valeur, quoique ces mêmes pays nous en envoient soit sous forme de conserves, soit tout entiers mais dépouillés et en glacières.

On a fait beaucoup de recherches et de grands frais pour perfectionner la laine, mais les premiers résultats obtenus n'ont pas été toujours poursuivis par la masse des éleveurs, car souvent avec de la très belle laine on avait des animaux très inférieurs pour la boucherie (comme cela a encore lieu dans certaines parties de l'Allemagne) et inversement.

D'une façon générale, on peut dire que les *belles laines* réussissent sur un sol sec et montueux et sont d'autant plus fines que la toison est plus épaisse et se laisse moins pénétrer par l'air ; et qu'au contraire les *belles viandes* proviennent de prairies grasses et fraîches, et sont d'autant meilleures que la laine est moins épaisse et laisse plus d'accès à l'air pour faire évaporer le suint dont elles gardent le goût dans le cas contraire.

L'art de l'éleveur a donc consisté à tirer non seulement le meilleur parti de son climat et de son sol par des races appropriées ; mais aussi, à chercher par des croisements judicieux, à produire à la fois la meilleure laine et la meilleure viande possible, sans perdre de vue aussi la quantité.

On peut donc pour classer nos races, partir de points

de vue divers. — Nous suivrons ici la classification adoptée par le professeur Sanson (1).

Races a Laines longues

Nous sommes ici, comme pour les races de Bœufs, obligé de parler des races étrangères, qui ont été largement introduites chez nous et ont servi à modifier ou à perfectionner les nôtres.

Race de Leicester. — Elle est connue aussi sous le nom de *Dishley*, et se présente la tête chauve sans corne, avec de longues mèches de laine, mais le ventre et les membres nus. Les mâles ont un poids moyen de 60 à 80 kilogrammes et peuvent exceptionnellement atteindre 150 kilogrammes; mais leur chair ferme et trop grasse manque de saveur.

Race de New-Kent. — Analogue à la précédente comme apparences, mais plus rustique et à laine plus serrée, meilleure laitière, fournissant aussi une meilleure viande, mais en moindre quantité.

Race de Cotteswold. — Cette race, sans corne comme les précédentes, fournit une laine très blanche qui garnit le sommet de sa tête ainsi que son ventre, et donne une chair estimée dont le poids vif moyen atteint communément 80 kilogrammes.

Race flamande. — C'est la seule race à laine longue qui soit réellement d'origine française. Sans corne aussi, elle donne une laine grossière, dure, raide et jarreuse, mais elle est très rustique, féconde et s'en-

(1) *Traité de l'Économie du bétail.*

graisse facilement en atteignant les poids de 60 à 90 kilogrammes.

Elle a formé les rameaux *cambraisien* dans le département du Nord, *artésien* dans le Pas-de-Calais, *picard* dans la Somme et *vernandois* dans l'Aisne.

Race de Bretagne. — Elle est caractérisée chez le mâle par des cornes fortes, épaisses, contournées en spirale, et une laine lisse et rude, le plus souvent brune ou rousse. C'est surtout le Morbihan et le Finistère qui

Fig. 172. — Bélier breton.

produisent ces petits moutons à excellente chair connus sous le nom de *race de présalé*, mais ils tendent à disparaître absorbés par de plus fortes races. Dans le commerce de la boucherie, on appelle du reste à tort, sous le nom de présalé, la plupart des moutons qui nous viennent de nos départements maritimes de la Normandie, de la Bretagne et de la Vendée, auxquels on joint encore quelquefois même ceux provenant de l'Anjou et loin de la mer par conséquent.

Race touareg. — Cette race algérienne, qui se ré-

pand chez nous et alimente en certaine abondance nos
abattoirs, est caractérisée par quatre, cinq ou six cornes
(car elle en possède quelquefois deux d'un côté et trois
de l'autre), sa laine longue est grossière, lisse et fortement mêlée de jarre.

RACES A LAINES COURTES

Dans ce groupe un peu arbitraire l'auteur cité plus
haut réunit toutes les races non seulement à laines
réellement courtes, mais à laines frisées ou ondulées,
et dont la longueur apparente du brin se trouve ainsi
réduite.

Race de Southown. — Cette remarquable race
est assez répandue chez nous, quoique nous puissions
facilement lui opposer des races françaises d'égale valeur ; mais en élevage comme en mode nous aimons
assez, pour ne pas dire *trop*, à faire des emprunts à nos
voisins d'outre-Manche. Elle est dépourvue de cornes
et couverte sans solution de continuité, si ce n'est
sur la face (dont la peau nue est noirâtre ou ardoisée),
d'une toison courte, frisée, blanche, assez fine, mais
manquant de douceur ; sa chair est de qualité supérieure, et son poids moyen de 60 à 70 kilogrammes.

Race mérinos. — Connue de longue date en Espagne par la finesse et la beauté de sa laine, cette race
hors ligne, y était déjà appréciée par les Romains qui
l'estimaient au-dessus de toutes. Introduite en France
à Rambouillet sous Louis XIV, elle se répandit un peu
partout, soit directement, soit par croisement. Vers le

premier Empire l'introduction de nouveaux troupeaux
bien choisis vint encore favoriser sa propagation.

C'est sur cette race, que les éleveurs français se sont
livrés à tous les efforts de leurs talents et de leur imagination pour pouvoir l'approprier à leur sol, et l'améliorer en y joignant les qualités de chair qui lui man-
quaient tout en lui conservant le plus possible ses
qualités de laines exceptionnelles. Aussi compte-t-on
maintenant une infinité de types et variétés, obtenues

FIG. 173. — Bélier mérinos du Roussillon.

par sélections ou métissages, tels que : les *mérinos* de
Rambouillet à laine fine qui sont plus particulièrement
répandus dans le bassin de la Seine ; les *mérinos* de *Naz*
(Ain) à laine superfine et souche de la plupart des
mérinos de notre région de l'est ; les *mérinos* de *Mau-
champ* à laine soyeuse ; les *Mérinos* de la *Beauce* à toison épaisse, serrée et à mèches carrées ; les *mérinos* de
la *Brie*, à laine longue douce et abondante ; ceux du
Soissonnais, à longues mèches ondulées, carrées, douces

et nerveuses ; ceux de la *Champagne*, de la *Bourgogne*, à mèches longues, douces et frisées ; ceux du *Châtillonnais*, du *Tonnerois*, de la *Provence*, du *Roussillon*, des *Corbières*, de l'*Ariège*, du *Lauraguais*, de *Larzac*, etc.

FIG. 174. — Brebis mérinos du Roussillon.

Ce qui nous représente en rendement et en qualités soit comme chairs, soit comme laines, des résultats bien différents. Pour ne parler que des seconds nous citerons les mérinos de Naz qui ne produisent guère que 1 kilogramme à 1^k,500 de laine, tandis que chez les Soissonnais le poids de la toison arrive jusqu'à 10 kilogrammes (1) ; mais la qualité, il faut l'avouer, est toute différente aussi.

Races du Berry et de la Sologne. — Ces deux races très voisines et donnant une excellente chair ne

(1) La République Argentine dans l'Exposition dernière au Champ de Mars (1889) nous montrait d'assez nombreuses toisons atteignant les poids de 17, 18 et 19 kilogrammes.

sont distinguées que par des caractères assez fugitifs de couleurs. Ils ont la tête nue et une laine grosse, sèche et dure dont les *Moutons de Crevant* représentent plus particulièrement le *type berrichon* ; à tort, on représente plus souvent le *type solognot* par un croisement de berrichon et de race anglaise, sous le nom nouveau de *race de la Charmoise*, dont la laine est du reste

Fig. 175. — Moutons du Berry.

supérieure de qualité, tout en fournissant encore une bonne race de boucherie.

Race du Poitou. — Surtout répandue dans les départements des Deux-Sèvres, de la Vendée, de la Charente-Inférieure et de la Vienne, cette race s'étend encore dans le Maine-et-Loire et la Loire-Inférieure. Elle a la tête et la nuque chauves, les oreilles dirigées en arrière, les cornes minces et arquées lorsqu'elles existent, le ventre et les membres nus et une laine com-

mune à brins assez longs, mais frisés, gros et peu élas-
tiques. Sa chair de qualité moyenne manque de saveur,
quand elle n'a pas un goût de suint assez prononcé.

Races du Marchois et du Limousin. — Ces races
qui occupent les départements du plateau central de la
France ont le crâne chauve, des oreilles petites, ordinairement droites, des cornes minces en spirales allon-

Fig. 176. — Moutons du Limousin.

gées, mais bien souvent absentes, et une physionomie
plus intelligente et éveillée que ne l'ont ordinairement
les Moutons. Leur laine, assez souvent blanche, est commune, à brins moyens ou grossiers, secs, rudes et frisés
en mèches longues et pointues. Ils sont petits, très
rustiques et s'engraissent facilement.

Race des Pyrénées. — Sous ce nom, il faut réunir les soi-disant races *landaise*, *agenaise*, *gasconne*,

20

ariégeoise et *béarnaise* qui n'ont d'autres titres à ces noms que les localités qu'elles habitent. Leurs oreilles sont pendantes, les cornes, lorsqu'elles existent, sont largement ridées transversalement et dirigées en bas et en avant. Leur toison qui s'étend sous le ventre est un peu grosse, mais toujours à mèches plus ou moins bouclées, et leur viande de bonne qualité a une saveur agréable. C'est parmi les Moutons de cette race que des croisements mérinos ont produit la *race lauraguaise* dans la plaine de ce nom, et la *race du Larzac* sur les altitudes élevées de l'Aveyron et de la Lozère où se préparent les fromages de Roquefort.

Race barbarine. — Pour terminer et être complet il faut joindre cette race peu répandue chez nous, mais qui alimente quelques-uns de nos marchés en venant d'Algérie, c'est la race à large queue de Syrie. Ses oreilles sont longues et tombantes, ses cornes, peu épaisses, largement sillonnées sont dressées, puis arquées en arrière. Sa toison formée d'une laine grosse, commune mais assez douce descend jusqu'aux jarrets et aux genoux.

Généralement on fait deux *tontes* par an ; mais quand on fait des *peignages* il est plus avantageux de n'en faire qu'une seule. Le prix de la *laine* varie suivant la qualité depuis 1 fr. 50 jusqu'à 5 francs le kilo et au delà. C'est encore dans certaines régions de la France une source importante de revenus.

Comme dans le Lièvre et le Lapin, toutes les parties de la toison n'ont pas une égale valeur sur le même animal. Voici d'après Gervais l'énumération des différentes qualités que l'on reconnaît à la laine d'une même toison suivant les points du corps qu'elle recouvre :

1° Aux parties latérales des épaules et aux hanches se trouvent les laines de première qualité, dites *mère-laine ;*

2° Vient ensuite celle du dos et celle du garrot aux reins ;

3° Celle de la croupe plus fine, mais de moindre longueur, ce qui la fait passer après ;

4° De la croupe à la queue existe une laine plus longue mais moins fine ;

5° Sur le garrot la laine est grossière, dure et tortillée, ce qui la fait mettre à part ;

6° Sur le haut du cou elle est moins belle que sur les côtés ;

7° Au toupet, elle est grossière ;

8° Elle est au contraire fine, longue sur les côtés du cou et ne le cède guère qu'aux meilleures parties ;

9° Au-delà de la hanche et jusqu'à la fesse elle est grossière et jarreuse ;

10° Elle est assez belle, fine et frisée depuis le genou jusqu'à la partie antérieure de l'épaule ;

11° La laine la plus grossière recouvre la région qui s'étend du jarret à la cuisse ;

12° Au ventre ou à l'entrecuisse la laine est fine, mais embrouillée et salie ;

13° On met à part la laine jaunie par l'urine ;

14° Il en est de même des parties gâtées par le fumier.

Ajoutons que l'on coupe ordinairement la queue des Moutons et surtout celle des Brebis, pour qu'elle ne vienne pas, lorsqu'elle est mouillée d'urine, salir la laine des cuisses en fouettant sur elles.

La laine et toujours imprégnée de suint dans des proportions d'environ la moitié de son poids. C'est une sorte de transpiration du Mouton qui vient donner du moelleux à la laine et l'empêcher de se gâter sous l'influence de l'humidité ou du soleil. Plus loin nous en indiquerons quelques propriétés.

FIG. 177. — Berger rassemblant son troupeau.

On divise les laines en deux grandes catégories : les laines à matelas et les laines à filer. Chacune présente de très nombreuses qualités et variétés, qui les rendent aptes à des emplois divers. Souvent aussi, comme nous l'avons vu, on y introduit des éléments étrangers, tels que bourre de Chèvres communes et même de Veaux.

La *chair* du Mouton est plus particulièrement consommée dans les villes, comme viande grillée, rôtie ou à la casserole. Dans quelques régions du midi et dans certaines campagnes on l'emploie davantage pour la préparation du bouillon et on ne la consomme guère que bouillie (1).

Comme la chair du Cheval, celle du Mouton est plus régulièrement saine que celle du Bœuf ou du Porc, car elle ne nous présente pas, comme quelquefois ces dernières, des *Cisticerques* et autres *Entozoaires* qui peuvent développer chez nous des maladies parasitaires. Elle est donc préférable pour les gens qui, par goût ou ordonnance de médecins, recherchent les viandes crues ou saignantes.

Son *lait* a une saveur particulière assez agréable, il est gras au toucher et produit un *beurre* abondant mais peu consistant et qui rancit très vite, s'il n'est abondamment lavé. Ce n'est guère que dans les Cévennes qu'il est utilisé assez fréquemment. Son *caseum*, gras, visqueux et bien lié produit d'excellents fromages ; c'est lui qui entre pour la majeure partie dans la fabrication du *roquefort* et en quantité moindre dans celle du *septmoncel* et du *sassenage*.

Les *peaux* de Moutons adultes garnies de leur toison naturelle ou teintes sont utilisées comme descentes de lits, tapis de voitures, garnitures de chancelières et

---

(1) De même que le *Lièvre* passe pour immangeable dans certaines provinces de Russie, qu'il en était ainsi chez nous pour le *Cheval*, que la chair du *Bœuf* est méprisée chez les Indous ; de même aussi il existe encore quelques provinces allemandes où le Mouton, très apprécié pour sa laine, n'a pas meilleure réputation pour sa chair, et où on ne se décide à le manger qu'à certaines époques de l'année, après l'avoir fait mariner et subir diverses préparations destinées à le rendre comestible.

paletots de bergers ou de quelques montagnards, surtout en Bretagne, dans les Alpes et les Pyrénées.

Les peaux d'Agneaux corses (noires) sont recherchées dans la fourrure, pour la confection de pelisses d'hommes, de tapis, de descentes de lit ; les peaux d'Agneaux picards (blanches) sont employées dans la chaussure, la ganterie fourrée et même en grossières pelisses.

Fig. 178. — Agneau.

Les Agneaux mort-nés, préparés avec leur laine frisée, sont aussi recherchés en fourrrure et font des imitations d'*Astrakan* ; les qualités les moins belles sont utilisées dans les jouets pour couvrir des Chiens, des Moutons, des Saint-Jean, etc.

Du *cuir* on fabrique de bons parchemins pour l'écriture et l'imprimerie ; on en fait aussi des maroquins, mais de qualités secondaires. C'est surtout comme *basane* qu'il est employé ; les épaisses servent à faire des tabliers de forgerons, des articles de bourrellerie, des soufflets, des chaussures, couvrir des meubles, des sièges, des coffres, etc. ; les minces ou refendus ont encore bien plus d'emplois : gaînes, garnitures de tout genre, porte-monnaies, chaussures fines de femmes, pantoufles, guêtres, couvertures de livres, etc. La Normandie surtout fournit de grands et beaux cuirs, très employés en basanes pour garnir les pantalons de cavaliers, et très recherchés aussi pour la reliure. On les traite également comme les peaux de Chevreaux pour faire des imitations de chagrin pour la reliure et la gaînerie.

Les cuirs d'Agneaux sont ordinairement préparés comme les peaux de Chevreaux et utilisés dans la ganterie à bon marché, ainsi que comme tiges de bottines. Avec le Mouton chamoisé, on fait des gants pour la cavalerie, des peaux pour laver les voitures, nettoyer l'argenterie et confectionner enfin une foule d'articles dits de Paris. Lorsqu'il est teint on en fait encore des *gants de castor*.

Les *déchets* de laine, comme les *débris* d'os, de corne, ou sabots (onglons) peuvent fournir des prussiates de fer et de potasse, mais sont plus ordinairement traités par la distillation sèche pour produire du chlorhydrate d'ammoniaque, servant à la préparation de l'ammoniaque liquide, ou bien sont directement employés comme engrais.

Les *os* des jambes à texture bien compacte sont dégraissés, blanchis et très employés dans la tabletterie et la fabrication des boutons en imitation d'ivoire. Leur grain assez fin permet de les employer dans quelques cas comme polissoir, par les cordonniers par exemple, dont ils représentent un des outils, sous leur véritable nom d'*os de mouton*.

Ces mêmes os, calcinés en vase clos, servent à la préparation d'un charbon animal très fin, ordinairement vendu dans le commerce sous le nom de *noir d'ivoire*, et servant dans la peinture, la préparation de couleurs, ou encore de fines encres d'imprimerie. Calcinés à l'air libre, ils produisent surtout des *phosphates de chaux* employés en pharmacie.

Les autres os très facilement attaquables par les acides, sont avantageusement employés à la fabrication des phosphores. — Ils ont encore tous les emplois des os (de Bœufs, de Chevaux, etc.) soit sortant des boucheries, soit à l'état de débris de restaurants ou autres.

Les *cornes* qui ne sont portées que par quelques mâles sont peu répandues dans le commerce. Du reste, roulées en spirales petites, creuses, étroites, aplaties, anguleuses et ridées en travers, elles n'offrent guère que la ressource d'être ramollies et moulées, ou employées à la préparation de produits chimiques, ou comme engrais.

Les *boyaux* sont très utilisés pour faire des enveloppes de saucisses, et surtout une baudruche très fine employée en chirurgie et par diverses industries. Ils sont surtout recherchés pour la fabrication des cordes harmoniques pour pianos, harpes, guitares, violons, contrebasses, etc., dont nous faisons une grande exportation ; mais que nous devons encore chercher à perfectionner, car souvent nous avons, pour nous-mêmes, recours aux cordes de Naples, comme supérieures aux cordes françaises.

Le *suif* de qualité supérieure est particulièrement employé pour la fabrication des chandelles, ainsi que dans diverses préparations pharmaceutiques de baumes, emplâtres, onguents et pommades.

Tous les autres produits du Mouton servent aux mêmes emplois, ou subissent à peu près les mêmes préparations que ceux du Bœuf.

Le *suint* qui renferme 40 °/₀ de potasse sur cent parties sèches, contient aussi une portion sensible de cuivre (1). On s'en sert avantageusement pour la fabrication du prussiate jaune de potasse (2). — A Rome, au dire d'Hésychius, les femmes et les jeunes gens l'employaient pour s'oindre le visage et le corps. La parfumerie chez nous s'en est aussi récemment emparée pour créer la *lanoline* dont les frictions adoucissent la peau, pénètre son tissu et semblent rajeunir en atténuant les plis et rides du visage.

Enfin le *fumier* de Mouton fournit un excellent engrais pour diverses cultures (3).

(1) Ce métal, très rare dans les tissus animaux et toxique pour eux, déjà été rencontré dans la portion coloriée en rouge des ailes d'un oiseau africain, le *Touraco*.

(2) Le chimiste Houzeau-Muiron, de Reims, en a aussi tiré un excellent gaz d'éclairage.

(3) Dans une note de la page 192, nous réclamions de la *Société protectrice des animaux*, la mise au concours d'un appareil électrique pratique destiné à pouvoir foudroyer instantanément nos animaux domestiques sans souffrances pour eux et sans dommages pour leurs dépouilles.

Au moment même où nous donnons le bon à tirer de cette feuille, nous apprenons qu'un inventeur américain vient de prendre un brevet pour un moyen d'abattre électriquement les Bœufs, Moutons et autres animaux de nos abattoirs. — On les amène dans un chariot en fer, et le garçon boucher, muni d'un manche isolant, les touche simplement au front avec une tige de cuivre en communication avec un fil électrique. La mort est instantanée, et l'on pousse le chariot dans la salle de dépouillage. Le journal qui l'annonce ajoute que les gourmets trouvent la viande meilleure !

Ce dernier fait peut paraître un peu aventuré, et cependant il n'y aurait rien d'étonnant à ce qu'il fût vrai, quelquefois au moins. En effet, l'animal tué de la sorte, rapidement, hors du lieu où l'on abat, saigne, dépouille et débite ses semblables, n'assiste plus comme précédemment à des scènes de carnage, n'entend plus les beuglements et bêlements des victimes, n'a plus la vue et l'odeur du sang qui venait l'angoisser plus ou moins longtemps avant sa propre exécution, et ne se débat plus lui-même sous la main de ses exécuteurs. — Il n'a plus, comme dirait une bonne femme avec quelque raison, le « sang

FAMILLE DES ANTILOPIDÉS

Cette famille très nombreuse à l'étranger et particulièrement en Afrique, n'a guère dans son ensemble que des caractères négatifs, car on y a groupé une série d'espèces assez disparates qui ne se rapportaient pas aux familles précédentes. — Chez nous, elle ne représente qu'un seul genre et une seule espèce; il est donc facile de la caractériser par : des *cornes* communes aux deux sexes, ridées transversalement vers leur base et lisses dans le reste de leur étendue, presque parallèles, s'élevant perpendiculairement au-dessus des yeux et se recourbant en arrière comme des hameçons vers leur dernier tiers.

Genre CHAMOIS, *Rupicapra*

Il a les caractères ci-dessus désignés pour la famille, et ne nous offre qu'une espèce.

Le Chamois d'Europe, *Rupicapra europœa*, Rüppel.

Noms vulgaires. — *Chamou* au singulier; *Chamoussés* au pluriel (Basses-Alpes). — *Camous* (Alpes-Maritimes).

tourné » avant sa mort. Sa chair n'a donc plus de raisons pour prendre cette apparence bien connue des inspecteurs de boucheries sous le nom de *viande fiévreuse*, et qui n'est due qu'à des fatigues physiques ou morales endurées par les animaux peu de temps avant leur mort. — La chair qui revêt ces apparences se conserve aussi moins bien que celle qui ne les a pas. — Ce dernier fait est si vrai, que pour pouvoir conserver un peu et donner meilleure apparence à la chair des Taureaux de course, qui (comme en France) ne sont pas tués dans l'arène, on est obligé de les saigner au lieu de les abattre comme les autres.

Isard, nom français sous lequel est connue la race des Pyrénées. — *Uzarn* (Pyrénées-Orientales, Ariège, Haute-Garonne). — *Lizard, Isar;* le jeune, *Crabot;* le vieux mâle vivant solitaire, *Soulet* (Hautes et Basses-Pyrénées). — *Harri, Sarri, Basahunzá;* la femelle, *Basahuntzu'mea* (Basses-Pyrénées).

Il ne se trouve que dans les Alpes et les Pyrénées, dont il occupe les régions élevées durant l'été, et les parties boisées durant l'hiver. Son *pelage* rude et fourni varie beaucoup suivant l'âge, le sexe et la saison.

Fig. 179. — Le Chamois d'Europe.

Grimpeur par excellence il ne se plaît qu'au milieu des rochers avoisinant les glaciers (sur lesquels il s'aventure rarement); la moindre saillie lui permet de

s'élever contre des surfaces presque verticales. Il fait
facilement des bonds de 7 mètres en longueur et jusqu'à
5 mètres en hauteur, pour tomber à la fois des quatre
pieds sur un espace à peine grand comme la main. Sa
chasse est très dangereuse par les lieux mêmes où elle
s'opère, et aussi parce que s'il est surpris dans un im-
passe au-dessus d'un précipice, il revient sur ses pas
et se précipite sur le chasseur pour se faire passage, et
peut rouler avec lui dans l'abîme. Alors dans sa chute,
c'est avec ses cornes qu'il cherche à éviter les chocs
contre les parois de rochers ou le sol; quelquefois elles
n'y résistent pas, et nous possédons un exemple d'une
corne ainsi brisée et ressoudée presqu'à angle droit
sur sa base.

Ils vivent ensemble par petites troupes, et lorsqu'ils
pâturent, l'un d'eux, ordinairement un vieux mâle, chef
de la bande et plus vigilant que les autres, surveille les
environs, siffle et frappe du pied à la première apparence de danger. A ce signal bien connu, toute la bande
se lève et fuit avec lui.

Sa *chair* est bonne et appréciée de quelques personnes, mais la difficulté de sa chasse est certainement
le plus grand attrait pour sa poursuite.

On l'appelle *Isard* dans les Pyrénées, où il est un
peu plus petit et généralement plus roux.

Sa *peau* brute se vend de 5 à 7 francs, et, suivant les localités, l'animal entier se paye de 15 à 25 francs et plus.

Sa *fourrure* sert à faire des tapis, des descentes de
lit, et aussi des manteaux ou paletots de chasseurs.

Son *cuir* chamoisé, très souple et poreux, sert à nettoyer l'argenterie, les cuivres et généralement tous les

métaux polis. On l'emploie encore pour laver ou nettoyer les voitures et les vernis, et tout particulièrement (à cause de sa porosité) comme sorte de tamis pour purifier le mercure des métaux étrangers qu'il peut renfermer. Depuis peu de temps aussi, on l'emploie à faire des sortes de tabliers de chasse, et des garnitures pour les traits des Chevaux de postes ou de traîneaux.

Le *suif* du Chamois est très ferme et supérieur encore à celui de la Chèvre.

De sa *tête* naturalisée et montée sur écusson on fait quelquefois des ornements décoratifs de salle à manger.

Avec ses *cornes*, on garnit les bouts des bâtons des ascensionnistes, on fait des manches de couteaux à papier, des fume-cigares, etc.

On a rencontré quelques exemplaires entièrement blancs, et parfois il s'est présenté des accouplements féconds avec la Chèvre.

TRIBU DES CERVINS

Ces animaux n'ont plus de vraies cornes, mais les mâles portent à leur place des *bois*, qui sont le prolongement de l'os frontal, et qui tombent et repoussent chaque année.

Les mâles comme les femelles sont pourvus à la base antérieure de l'œil, d'une fossette plus ou moins grande, appelée *larmier*, et qui sécrète une humeur épaisse, onctueuse et verdâtre.

Comme les Bovins, ils possèdent 32 *dents*, composées de huit incisives à la mâchoire inférieure, et douze molaires à chaque mâchoire : l'un d'entre eux cependant (le Cerf) possède en plus deux canines.

Leurs *poils* uniformes et épais sont courts, secs et cassants.

Leur *corps* svelte ; leurs *jambes* fines et nerveuses.

Ils habitent les bois et parcs, où un certain nombre vivent en demi-domesticité.

Ils ne comprennent en France que la famille des CERVIDÉS.

FAMILLE DES CERVIDÉS

Ses caractères sont ceux de la tribu.

Elle renferme quatre espèces, dont on fait ordinairement trois genres dans les classifications générales ; mais que pour notre petite *faune*, nous laisserons réunis sous une même dénomination.

Genre CERF, *Cervus*

Ses caractères correspondent à ceux de la famille et de la tribu.

Il renferme quatre espèces, comme nous l'avons vu.

Le Cerf commun, *Cervus elaphus*, LINNÉ.

NOMS VULGAIRES. — Le mâle : *Cer* (la plupart des patois du nord-est). ⮡ *Ciâ* (Vosges). — *Cie* (Doubs). — *Karô, Karo* (Bretagne). — *Quaro, Karf* (Loire-Inférieure). — *Çar, Çarf* (la plupart des patois du centre et de l'est). —

Cerf (la plupart des patois du sud). — *Oreina* (Basses-Pyrénées).

La femelle : *Cerve, Carve, Bisse* (dans la plupart des patois du nord et du centre. — *Vaiche sauvège* (Meurthe, Moselle). — *Karvez, Heivez, Heiez* (Bretagne). — *Bicho* (Alpes, Pyrénées et la plupart des patois du sud).

Le jeune : *Bichart* (Hautes et Basses-Pyrénées).

Ce grand et bel animal, bien connu de tout le monde et qui était commun autrefois, aurait tout à fait disparu de notre sol, s'il n'était conservé avec soin pour le plaisir de la chasse dans quelques parcs et forêts.

C'est le plus grand du genre; il atteint environ 1^m,40 au garrot.

Sa dentition, semblable chez la femelle à celle de tous nos autres RUMINANTS, est augmentée chez le mâle de deux petites canines à la mâchoire supérieure.

La femelle s'appelle *Biche ;* les jeunes prennent le nom de *Faon* ou *Fan*, tant que leur robe fauve reste parsemée de taches blanches ; puis, ils prennent le nom de *Hère.*

A six mois l'on voit poindre deux bosses sur le front des mâles, et dans le courant de l'année les bois se développent sous forme de tiges simples que l'on appelle *dagues ;* d'où vient le nom de *Daguet* que l'on donne à ces jeunes animaux.

L'année suivante il se forme sur la face antérieure de la tige principale que l'on appelle alors *perche* ou *merrain,* une branche qui se dirige en avant et que l'on nomme *andouiller ;* le Cerf a alors sa *première tête.* A trois ans il a deux andouillers que l'on appelle une *deuxième tête ;* à quatre ans trois andouillers que l'on appelle *troisième tête* ou *six cors*. Dès lors commence au sommet du bois une *empaumure* qui se forme successivement d'une série de pointes plus ou moins nombreuses. A cinq ans, il a sa *quatrième tête* ou *huit cors;* à six ans il devient *dix cors jeunement;* puis *dix cors bellement* à sept ans. Passé cette époque il est *vieux Cerf*, le nombre des andouillers augmente encore près de l'empaumure : quelquefois il reste stationnaire, quelquefois même il diminue; mais un vieux chasseur ne se trompe pas sur l'âge de l'animal, à la forme générale des bois et surtout à l'aspect de la tige principale ou *merrain*.

C'est de février à mars que les bois tombent; peu de temps après ils recommencent à pousser sous une peau tendre et veloutée qui renferme un vaste système vasculaire servant à faire le dépôt des phosphates et carbonates de chaux qui doivent constituer le bois. A la base se trouve la *meule*, court élargissement des bois présentant des cannelures par lesquelles passent les vaisseaux nourriciers; on l'appelle encore *couronne*.

Dans cet état, on dit que les bois sont couverts de *drap* ou *velours ;* mais bientôt les cannelures s'engorgent de matières calcaires et étranglent les vaisseaux nourriciers ; alors la peau se déssèche, se fendille, et frottée contre les arbres, elle tombe par lambeaux et laisse à nu les bois qui sont *mûrs*.

Au milieu de beaucoup d'autres termes de vénerie nous croyons utile d'expliquer encore les termes ci-joints, plus fréquemment employés par les chasseurs, et dont quelques-uns sont applicables aussi aux espèces suivantes :

Bramer : se dit du cri du Cerf.

Chevilles : autre nom donné aux andouillers ; les troisièmes portent plus particulièrement le nom de *chevillures*.

Fig. 180. — Harde de Cerfs.

Cimier : c'est le nom donné à la croupe et au morceau de venaison que l'on y coupe.

Cors (au pluriel) : nous avons vu que l'on appelait ainsi les andouillers.

Curée (faire la) : c'est distribuer aux Chiens les intes-

21

tins et viscères de l'animal qui vient d'être tué, comme récompense de leurs fatigues.

Épois : nom que l'on donne quelquefois aux petits andouillers ou pointes partant de l'empaumure ; s'ils ne sont que deux, on dit la tête *fourchue;* lorsqu'ils sont trois ou quatre, bien disposés circulairement, ils forment *nid de pie;* à cinq, la tête est *paumée*.

Frayoir : on nomme ainsi l'endroit où le Cerf s'est frotté pour détacher et enlever les lambeaux de peaux qui couvraient encore ses nouveaux bois ce qui s'appelle *faire son bois*. Souvent de jeunes sapins ou autres arbres sont entièrement dépouillés de leur écorce, ébranchés et perdus par ce fait.

Fumées : nom donné aux excréments de l'animal, qui suivant leur nature peuvent permettre au chasseur de reconnaître son âge et son sexe, ainsi que le temps écoulé depuis sa passée.

Hallali : terme provenant d'un mot arabe qui signifie *victoire*, et exprimant la mort de l'animal ou son arrêt sous les Chiens.

Harde : nom donné à la réunion de Biches et Faons sous la conduite d'un mâle.

Livrée : nom du pelage tacheté de blanc et porté par les jeunes pendant leurs six premiers mois.

Massacre : ce nom était exclusivement employé autrefois pour exprimer la tête, puisque le mot *tête* était réservé pour indiquer les *bois*. Cependant on s'en sert plus souvent actuellement pour indiquer la partie de la tête ou mieux du crâne sur laquelle sont fixés les bois.

Meule : on appelle ainsi la partie arrondie plate et saillante qui supporte les bois et se trouve immédiatement au-dessous du premier andouiller appelé aussi *andouiller basilaire* ou *maître andouiller*. Le second qui touche au premier par sa base s'appelle *sur-andouiller*.

Mi-mai ou mi-tête : indique l'époque et l'état du bois d'un animal, à moitié repoussé.

Nappe : on désigne ainsi la peau du Cerf. Quelquefois c'était sur elle que l'on servait la *curée* aux Chiens. De là sans doute son nom.

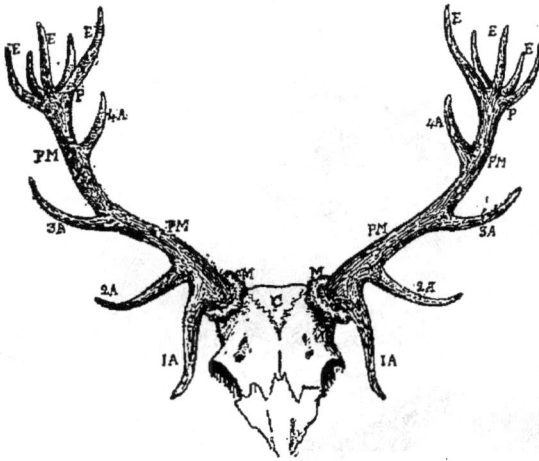

Fig. 181. — Type de beau bois de Cerf.

C, Crâne ou massacre ; — M, Meule ou couronne ; — PM, Perche ou merrain ; — P, Empaumure ;— 1A, Andouiller basilaire, maître andouiller, ou premier andouiller ; — 2A, Sur-andouiller ou deuxième andouiller ; — 3A, Chevillure ou troisième andouiller ; — 4A, Trochure ou quatrième andouiller ; — E, Épois.

Perlures : ce sont les protubérances ou aspérités que l'on rencontre le long du merrain et des andouillers. Insensibles chez les jeunes animaux, elles se développent assez chez les vieux.

Pierrures : nom donné aux protubérances ou aspérités qui existent sur la *meule*. Elles sont peu développées chez les jeunes et ne prennent du relief qu'avec l'âge. — Leur ensemble s'appelle aussi *fraise*.

TROCHURES : noms que l'on donne aux quatrièmes andouillers qui se présentent assez rarement, mais qui sont alors situés entre la *chevillure* et l'*empaumure*.

VENAISON : c'est le nom donné à la chair du Cerf et des autres gros gibiers.

FIG. 182. — Biche et Faon.

Comme les Chèvres, les Cerfs recherchent peu l'herbe et aiment mieux les bourgeons et jeunes pousses d'arbrisseaux qu'ils remplacent l'hiver par de la mousse, des lichens et des écorces d'arbre, aussi sont-ils très nuisibles et leur venaison est loin de compenser leurs dégâts. Quoique repoussé de quelques forêts bien entretenues, le Cerf sera conservé longtemps encore dans d'autres pour le plaisir que procure sa chasse.

Sa *chair*, tendre lorsqu'il est jeune, et meilleure chez
la femelle que chez le mâle, devient assez vite grossière,
dure et bien inférieure en tout à celle du Cheval à âge
égal ; mais sa rareté, sa chèreté, les plaisirs qui accompagnent sa chasse en font une viande de luxe que le
marinage, les assaisonnements et l'habileté des cuisiniers aident à faire passer sur les meilleures tables.

Autrefois, toutes les parties du Cerf, même ses excréments, étaient réputées souveraines contre toutes espèces
de maladies (1). On employait surtout sa graisse, sa
moelle, ainsi que la crosse de l'aorte, qui se durcit et
s'ossifie avec l'âge et que l'on appelait *os de cœur de
Cerf* ou encore *croix de Cerf*.

Actuellement la *corne de Cerf* rapée, calcinée, pulvérisée et trochisquée, est encore utilisée comme absorbant ou astringent. Elle entre dans la préparation de la
décoction blanche de Sydenham, sert à fabriquer le sel,
l'huile et l'esprit volatil de corne de Cerf. Quelquefois
aussi elle est employée en gelée pharmaceutique, qui,
mélangée à une émulsion d'amande douce, sucrée et
aromatisée à l'eau de fleurs d'oranger, ou à l'alcoola-
ture de zeste de citron, prend en médecine le nom de
blanc-manger.

Quelques chasseurs portent encore montées en épin-
gle de cravate les *canines* de Cerfs, qui pendant longtemps ont passé pour d'excellentes amulettes.

Les *peaux* font de mauvais tapis, car les poils tiennent
peu et se cassent facilement sous le pied qui les foule;

----

(1) Un médecin allemand de la Renaissance, du nom de Graba,
prétendait encore à cette époque trouver dans le Cerf les remèdes né-
cessaires pour guérir tous les maux de l'humanité.

mais on fait de belles décorations d'antichambres, de salle à manger, de fumoirs, de rendez-vous de chasse, etc.,

avec sa *tête* naturalisée et montée en *trophée*.

Fig. 183. — Trophée de chasse.

Le *cuir* a peu de consistance et ne peut être employé que chamoisé pour pantalon ou peau à laver ou frotter.

Les *bois* sont très utilisés par l'industrie, pour en faire des manches de couteau, des poignées de canne ou parapluie, etc., et depuis quelques années aussi, pour en faire des patères de toutes sortes et même des meubles de fantaisie.

Les *pattes* préparées sont aussi très employées comme patères de fantaisie.

Fig. 184. — Patte de Biche montée en patère.

Les Cerfs sont susceptibles de quelque éducation ; avec beaucoup de soins et de patience on arrive à les atteler ; mais souvent avec l'âge, ils deviennent méchants et dangereux par les blessures qu'ils peuvent faire avec leurs bois.

Quelques sujets sont atteints d'albinisme ; bien plus rarement de mélanisme.

Le Cerf de Corse, *Cervus corsicanus*, ERXLEBEN.

NOMS VULGAIRES. — ....?

Ce Cerf particulier à la Corse et à la Sardaigne se distingue surtout de notre Cerf de France, par une

taille plus petite, un corps plus trapu et un seul andouiller basilaire (au lieu de deux), ainsi que par un
grain tout différent sur la surface de ses bois.

Ses mœurs et ses emplois sont les mêmes que ceux
du précédent.

Cet animal était connu de très ancienne date, par les
Grecs entre autres, qui l'avaient appelé « Ophios »
tandis qu'ils réservaient le nom d' « Elaphos » au premier ; mais il paraît qu'au commencement de l'ère
chrétienne, à l'époque même où vivait Pline le Jeune il
était devenu fort rare, car il écrivait (1) : « Je trouve
« dans les auteurs Grecs que l'Ophios, qui est moins
« grand que le Cerf commun, mais auquel il ressemble
« d'ailleurs par son pelage, se trouve en Sardaigne. Je
« crois que la race en est éteinte, aussi je ne dirai rien
« des remèdes que l'on en tirait (2). »

Le Daim ordinaire, *Cervus platyceros*, RAY.

NOMS VULGAIRES. — *Demm ;* la femelle, *Demmez ;* le jeune,
Demmik (Bretagne). — *Duemm ;* la femelle, *Duemmez*
(Morbihan). — *Dam ;* la femelle, *Dama* (ancien provençal).

Le Daim, qui est plus petit que le Cerf, a un pelage
très variable suivant l'âge et la saison. En hiver, il est
plus ordinairement foncé et uniforme de teinte, tandis
qu'en été il est plus clair et moucheté de taches
blanches. Il diffère encore du Cerf par des jambes

(1) PLINII, *Natural. histor.*, liv. XXVIII, ch. 42.
(2) Il ne serait pas impossible cependant que ce passage s'appliqua
au *Mouflon*, quoique son pelage soit bien distinct de celui du Cerf.

plus courtes, un cou plus mince dépourvu de fanon, un corps moins robuste, les oreilles plus courtes, la queue plus longue et généralement noire en dessus et blanche en dessous. Les bois arrondis à leur partie inférieure, portent en avant un andouiller basilaire auquel succède

Fig. 185. — Le Daim ordinaire en pelage d'été.

un ou deux andouillers latéraux, puis ils s'applatissent et s'élargissent en une large palette, sorte d'*empaumure* plus ou moins digitée selon l'âge.

Plus rare encore que le Cerf, il aurait tout à fait disparu de notre sol, s'il n'était conservé avec soin dans quelques parcs. On le rencontre néanmoins à l'état sauvage, dans le Nivernais, les Cévennes, et sur différents contreforts des Alpes, du Dauphiné et des Pyrénées. Ses bois, bien différents de ceux du Cerf, poussent, se développent et tombent comme les siens, mais un peu plus tard. L'aplatissement terminal ou empaumure, bien différente de celle du Cerf, se dentelle plus ou moins profondément (*épois*) avec l'âge et de plus en plus en arrière et en haut.

Comme le Cerf aussi, il fait de grands dégâts dans les forêts, surtout l'hiver où il ronge, peut-être encore plus que lui, les écorces des arbres ; mais en été il préfère les terrains élevés, les collines gazonnées et les bois entre-coupés de clairières.

Sa taille reste toujours petite, quoiqu'il acquiert d'assez grand bois et ne dépasse guère 0^m,85 à 0^m,90 au garrot.

La femelle prend le nom de *Daine* et les jeunes celui de *Faon* comme ceux du Cerf.

Sa *chair* bien supérieure à celle du Cerf devient même fine et délicate chez les jeunes sujets, et mérite parfaitement les honneurs de la table en dehors de son titre de gibier.

Sa *peau* n'est pas meilleure comme tapis, car les poils se brisent facilement sous le pied qui les foule ; mais son *cuir* chamoisé et très souple, est plus recherché pour pantalon d'uniforme, gants, etc. et une foule d'autres usages.

Sa *tête*, comme celle des Cerfs, naturalisée et montée en trophée, sert quelquefois comme ornement d'intérieur ; mais elle est moins décorative, étouffée qu'elle est souvent par un bois disproportionné avec sa taille.

Ses *bois* sont aussi, comme ceux du Cerf, employés à de nombreux usages et surtout pour la coutellerie. Quelques industriels en ont fait de très curieux bois d'ameublement de fantaisie pour bibliothèque, salle de billard, rendez-vous de chasse, etc. On les utilise également aux mêmes emplois médicinaux.

En dehors de leurs variations ordinaires de coloration, les Daims sont plus sujets que d'autres au mélanisme et à l'albinisme. Nous en avons eu de chacune de ses variétés, et l'une d'elles, entre autres, était encore remarquable par l'implantation à rebours de tous ses poils.

Bien mieux que le Cerf, le Daim peut se priver et se conserver sans danger pour le promeneur même dans des parcs assez petits ; mais il ne se multipliera qu'à condition de ne pas être entouré de Cerfs ou de Chevreuils, espèces qui lui sont antipathiques.

Le Chevreuil vulgaire, *Cervus capreolus*, LINNÉ.

NOMS VULGAIRES. — *Biquet* (Manche). — *Buquet* (Seine-Inférieure, Calvados, Orne). — *Chéoreu, Chiorou, Chavrou Bocatté sauvaige* (Moselle). — *Chevreuïe, Chéverieu, Deherrue* (Vosges). — *Iourc'h* (Bretagne). — *Menn, Iorc'h* (Morbihan). — *Yourch* (Loire-Inférieure). — *Tchevreul* (Doubs). — *Chevru* (Meurthe, Saône-et-Loire, Ain). — *Cabirou* (Gironde). — *Cabrôou* (Ardèche, Gard, Hérault, Tarn, Aude). — *Chebruil* (Hautes-Pyrénées). — *Orkhatza, Orkàtza* (Basses-Pyrénées).

La femelle : *Iour'chez, Bisourc'h* (Bretagne). — *Chevruda* (Ain). — *Orkhatzûmea, Orkatz'emea* (Basses-Pyrénées).

Le jeune : *Iourc'hik* (Bretagne). — *Bouiourc'h* (Morbihan).

Plus petit encore que l'espèce précédente et plus

gracieux de forme, le Chevreuil se distingue bien des
jeunes Cerfs ou Daims par une queue à peine visible et
une large tâche blanchâtre ou fauve sur les fesses. Ses
bois qui se renouvellent tous les ans aussi et de la
même façon mais plus rapidement, sont assez lisses

Fig. 186. — Harde de Chevreuils.

quand il est jeune, mais se chargent ordinairement
de *perlures* avec l'âge et s'arment aussi de petits
andouillers vers le haut. Ses *larmiers* très petits sont
à peine visibles.

Ses *poils*, courts et fauves en été, deviennent en hiver
épais, relativement longs et grisâtres.

Sa taille varie de 0^m,66 à 0^m,70 au garrot.

Le mâle porte le nom de *Brocart* (1), la femelle celui de *Chevrette*, les jeunes, comme ceux des Cerfs ou de Daims, s'appellent aussi *Faons* et quelquefois *Chevrillards*, et portent d'abord une livrée composée de rayures longitudinales sur le dos et de mouchetures sur les cuisses.

Son genre de nourriture est celui des Cerfs : jeunes pousses, bourgeons, écorces, etc. ; et comme eux il fait aussi des dégâts dans les récoltes avoisinant les forêts ; mais il ne fait que manger et ne se couche pas comme le Cerf au milieu des blés. Ses dégâts sont du reste moins apparents, parce que étant plus petit, il consomme moins, et vit davantage que le Cerf au milieu des taillis et des jeunes coupes où il trouve l'ombre et la retraite. C'est un animal très gracieux, que l'on conserve pour sa chasse ou sa gentillesse, dans les forêts et les parcs grands ou petits, aussi les propriétaires s'accordent assez généralement à dire qu'il ne cause que peu ou pas de dommages. — Nous en possédons aussi, mais en petit nombre, dans la plupart de nos grandes forêts.

La *chair* du Chevreuil, bien plus succulente que celle du Cerf et même du Daim est recherchée à juste titre.

Ses *poils* sont plus cassants encore que ceux du Cerf, aussi sa peau fait-elle de bien mauvais tapis.

---

(1) Nom écrit par les auteurs de bien des façons différentes ; car on trouve *brocart*, *brocard*, et *broquard* ou *broquart ;* l'Académie ne s'est pas encore occupée à déterminer l'orthographe de ce nom, bien qu'elle ait déjà introduit plus de 2,400 mots nouveaux dans l'édition de son dictionnaire de 1878. — Elle n'aura que l'embarras du choix pour sa prochaine édition.

Il y a quelque temps, la mode s'en servait pour faire de petites cocardes, garnies d'une tête d'oiseau dans le milieu, mais cela a peu duré.

Son *cuir* sans avoir grande valeur est employé aussi comme peau chamoisée, et sert surtout à faire des garnitures de selle ; mais quelquefois on le trouve piqué par quelques insectes et percé comme un écumoir par les larves qui s'y sont développées.

La petite taille de sa *tête* se prête mieux que les précédentes encore à être naturalisées et montée pour décoration de salles à manger ou autre partie d'intérieur de nos petits appartements.

Ses *bois* très employés pour la coutellerie, ou comme manches de fouet de chasse, poignées de cannes ou parapluies, le sont encore davantage par la petite industrie des meubles qui en fait des patères, porte-manteaux, porte-cannes, porte-fusils et panoplies de chasse. Malgré leur assez grande abondance, ils ne suffisent pas à la demande, car des industriels sont arrivés à les imiter en une sorte de pâte celluloïde.

Les *pattes* sont aussi employées aux mêmes usages.

Le *pelage* du Chevreuil est sujet non seulement à de nombreuses variations de teintes, mais aussi à des variations de couleurs, telles que : le noir, le blanc, le plombé ; mais moins fréquemment cependant que chez les Daims.

Ses *bois* subissent de temps en temps quelques déformations qui les rendent remarquables. Ainsi nous avons possédé un bois portant un andouiller presque basilaire et s'élevant parallèlement au *merrain* ou bois principal. Un autre plus curieux encore était couvert de rugosités

excessivement nombreuses s'étendant sur tout le merrain comme une masse de champignons dont toutes les
têtes se touchaient et en triplaient le volume. Le premier venait de Rambouillet, et le second de la forêt de
la Bracone, dans la Charente.

Le Chevreuil s'apprivoise aisément, et la Chevrette
surtout reste toujours très douce, aussi peut-on la conserver facilement dans de petits parcs ou même simples
jardins sans autres inconvénients que ceux qui peuvent
résulter de sa gourmandise.

Plus commun que le Cerf et plus facile à chasser sans
un nombreux équipage, sa chasse devient accessible
aux petites bourses, aussi l'a-t-on quelquefois appelé
le *Cerf de la bourgeoisie*.

En liberté, les dégâts que causent les Cervidés sont
loin d'être compensés par leurs produits ; aussi ne peuvent-ils être conservés ou protégés que pour l'agrément que cause leur chasse ou leur vue, et encore faut-
il veiller à n'en garder qu'un petit nombre sur un espace de forêt relativement considérable. Dans aucun
cas on ne doit les conserver en liberté à proximité des
cultures et des pépinières où leurs dégâts deviendraient par trop importants, pourraient provoquer des
réclamations très justifiées et causer de sérieux ennuis
à leurs propriétaires.

Ordre VII. — PORCINS

Les Porcins appelés aussi Suidés ont un museau en forme de *groin* ou *boutoir* dans lequel sont percées les narines, et qui est garni intérieurement d'un os particulier, appelé *os du boutoir*, ce qui lui donne une grande fermeté et le rend propre à fouiller la terre.

Leurs *dents* au nombre de 44 présentent une dentition complète; mais les *canines* très développées font plus ou moins saillie au dehors et constituent des *défenses*.

Ils ont à chaque pied quatre *doigts* garnis chacun d'un *sabot;* mais les deux doigts intermédiaires, qui sont plus développés, touchent seuls la terre, et ont les sabots aplatis sur leur face interne.

Ils n'ont ni cornes, ni bois.

Leur *estomac* simple est incapable de rumination.

Les femelles ont ordinairement douze *mamelles* et des portées nombreuses.

Leur voix est un *grognement*.

Ils sont omnivores; et leurs dégâts en liberté sont considérables; mais tout est bon et utilisé dans leur dépouille, et ils sont très utiles comme animaux alimentaires.

Une seule famille les représente en France et même en Europe, c'est celle des Suidés.

FAMILLE DES SUIDÉS

Nous venons d'indiquer ci-dessus ses principaux caractères à propos de l'Ordre.

Un seul genre les représente aussi en France et même en Europe.

Genre PORC, *Sus*

Ses caractères ne sont autres que ceux de la famille, et que nous avons indiqué à propos de l'Ordre.

Deux espèces le représente chez nous : l'une est sauvage et vit dans les forêts, l'autre est domestique.

Le Porc sauvage ou Sanglier, *Sus scrofa*, LINNÉ.

NOMS VULGAIRES. — *Sainguié* (Meurthe). — *Singuié, Sanguié, Hindié, Pouhé, Hinguié* (Vosges). — *Penn, Môch-gouez* (Bretagne). — *Houc'h-gouez* (Finistère). — *Hoc'h-goué* (Morbihan). — *Houch-goes, Hoh gouiw* (Loire-Inférieure). — *Po singhiai, Singhiâ* (Haute-Saône, Doubs, Jura). — *Singlai* (Côte-d'Or). — *Sanglie* (Doubs). — *Singuia* (Jura). — *Sanllier* (Cher). — *Sanliard* (Ain). — *Senglar* (Loire, Rhône). — *Cengliar* (Haute-Vienne). — *Sangla* (Gironde). — *Singlar, Cinglar* (Corrèze). — *Sengla* (Ardèche). — *Singla* (Tarn). — *Sangla* (Gers). — *Sanglié, Porc-sanglié, Puorc-singlié* (Provence). — *Puor singlié* (Alpes-Maritimes). — *Porc singla* (Pyrénées-Orientales). — *Sanglié* (Hautes-Pyrénées).

Le Sanglier vit dans les bois et établit sa *bauge* dans les fourrés épais et humides, ou à proximité d'une mare dans laquelle il aime se vautrer, mais à peu de distance des terres cultivées, où il fait souvent en une seule nuit d'assez grands dégâts.

Il se nourrit de tout ce qui se présente, herbes, céréales, glands, faines, fruits, raves, pommes de terre, truffes, larves, insectes, qu'il déterre facilement avec son boutoir; il mange encore les petits Mammifères et Reptiles qu'il rencontre, détruit de nombreuses couvées, et ne néglige même pas les animaux crevés. Il devient naturellement la terreur des cultivateurs parce qu'il bouleverse et gâte toutes les récoltes plus encore qu'il ne les mange : aussi lui fait-on une chasse active qui bientôt le fera disparaître, quoique sa

Fig. 18:. — Sanglier solitaire.

reproduction soit considérable. Il est en effet classé de par la loi, au nombre des animaux nuisibles, que l'on peut tuer en tout temps.

La femelle reçoit le nom de *Laie*.

Les chasseurs ont distingué de la vénerie en général, tout ce qui concerne la chasse au Sanglier sous le nom de *Vautrait*, et ont créé toute une série de noms pour désigner les différents âges de cet animal, ou ses parties. Nous en citerons les principaux.

Ils l'appellent *Bête noire* d'une façon générale quelque

22

soit son âge et son sexe ; mais ils désignent plus particulièrement sous les noms de :

Marcassins les jeunes au-dessous de six mois, dont le
pelage est rayé longitudinalement de bandes claires ;

Bêtes rousses de six mois à un an, lorsque leurs poils
sont devenus uniformément roux ;

FIG. 188. — Laie avec ses Marcassins.

Bêtes de compagnies d'un an à deux, époque où les
animaux d'une même portée continuent à vivre ensemble ;

Ragot à deux ans ;

Tiers-an à trois ans ;

Quart-an ou *Quartenier* à quatre ans ;

Vieux Sanglier à cinq ans ;

Grand vieux Sanglier à six ans;

Solitaire à sept ans ; titre qu'il garde jusqu'à la fin de ses jours, dont la durée pourrait atteindre trente ans et au delà, s'il ne tombait pas auparavant sous la balle d'un chasseur.

Ses pieds s'appellent *traces ;*

Ses oreilles des *écoutes ;*

Ses intestins sont la *fouaille.*

Quand il a été atteint par le vautrait, et que deux Chiens sont pendus chacun à ses écoutes, ont dit qu'il est *coiffé* et la chasse est bien près de finir.

Quand il est mort, on présente la trace droite de devant au chef d'équipage ou à la personne qu'on veut honorer et l'on sert la fouaille aux Chiens.

La force du Sanglier est considérable, aussi ne craint-il pas les Chiens, qui sont souvent victimes de leur ardeur à la chasse et contre lesquels il se retournerait presque toujours, s'il n'était effrayé par les sons du cor dont le poursuivent les piqueurs. Il devient même

Fig. 189. — Trace droite d'un Sanglier, naturalisée.

dangereux pour l'homme lorsqu'il est blessé, et surtout à l'état de Tiers-an ou Quartenier, parce qu'alors ses défenses grandes, mais encore droites sont plus redoutables que plus tard, où, quoique plus fortes, elles se recourbent et atteignent plus difficilement de leurs pointes.

Sa chair est fort bonne lorsqu'il est jeune, et joint au goût du Porc un excellent fumet de gibier; mais en vieillissant elle devient plus dure que celle de nos Porcs à égalité d'âge; néanmoins le plaisir de sa chasse et l'habileté des cuisiniers réussissent souvent à la faire passer pour un mets délicat.

Sa tête sous le nom de *hure* est recherchée de bien des amateurs comme aliment. Naturalisée, on la conserve comme trophée de chasse pour salle à manger, fumoir, rendez-vous de chasse, etc...

Ses *intestins*, qui pourraient être employés comme ceux du Porc et avec avantage sur ce dernier, sont ordinairement perdus pour l'alimentation, car, dans les chasses à courre, ils sont servis en curée aux Chiens, et lorsqu'ils sont tués à l'affût ou autrement, c'est ordinairement en pleine forêt, et loin des chemins. On les laisse alors sur place, pour alléger son poids souvent considérable et faciliter ainsi son transport.

Fig. 190. — Tête ou hure de Sanglier, naturalisée.

Ses *poils* qui portent le nom de *soies* sont très recherchés par la brosserie, qui en fait d'excellents balais pour nos appartements cirés et aussi diverses sortes de brosses et de pinceaux. Relativement courts l'été, ces poils sont assez longs l'hiver, et malgré tout le profit que nous en pourrions tirer, nous les perdons par routine ou négligence, laissant ordinairement la peau sur l'animal et la débitant avec les quartiers qu'elle recouvre. Aussi sommes-nous obligés, pour nos fabriques, de nous adresser à l'Allemagne et à la Russie qui nous en envoient pour plusieurs centaines de mille francs chaque année. — Nous n'en récolterions pas pour pareil chiffre chez nous, il est vrai ; mais nous en perdons très volontairement pour 50 à 60,000 francs par an, que nous allons inutilement jeter à l'étranger. — Les poils plus forts et plus longs qui garnissent le dessus du cou et le garrot sont appelés *crinière* et sont utilisés par les cordonniers comme pointes de leurs fils de couture. Là, nous en perdons moins, car les piqueurs, domestiques, employés ou marchands savent généralement en faire leur petit profit avant de livrer l'animal à la vente ou au chef de cuisine.

La *peau* couverte de ses soies est quelques fois employée par des bourreliers de campagne à faire des avaloirs de chevaux de gros traits; quelques fois aussi on l'utilise à couvrir des malles ou coffres.

Son *cuir*, bon surtout comme gros parchemin, peut faire d'excellents cribles.

Quelques soient les profits que nous retirons de cet animal après sa mort, on peut être certain que les dommages qu'il a causés durant sa vie sont bien supérieurs aux avantages qu'il nous procure alors.

Le gouvernement allemand, bien pénétré des pertes que cet animal fait subir à l'agriculture, ne se contente pas, comme chez nous, d'autoriser contre lui des battues; mais il paye encore des primes de destruction.

Quoique ces animaux aient bien diminué de nombre en France, ils sont encore trop fréquents, grâce à la fécondité des laies qui produisent chaque année de huit à douze et quinze jeunes.

Après les guerres de la Vendée ces animaux étaient devenus tellement communs dans quelques départements de l'Ouest qu'à l'époque des moissons, les paysans étaient obligés de passer la nuit dans leurs champs pour les en éloigner; mais fatigués de la privation de sommeil et ne pouvant se trouver partout à la fois, ils réussirent à en détruire un grand nombre grâce au procédé suivant:

Ils fermaient aussi exactement que possible toutes les issues des haies qui les entouraient, ne laissant qu'une seule ouverture connue pour être la *passée* ordinaire de l'animal. Là, ils fixaient solidement en terre et par son talon une faux ayant son tranchant en l'air avec sa pointe dirigée hors du champ, et formant avec le sol un angle d'environ 45 degrés. Lorsque le Sanglier se présentait poussé par la faim ou la gourmandise, ce frêle obstacle ne lui paraissait pas bien difficile à franchir. Il s'engageait donc au dessus, appuyait de tout le poids de son corps pour mieux se faire passage, s'ouvrait le ventre et allait bientôt expirer au milieu du champ qui l'avait attiré ou dans les environs, quand il ne restait pas fixé sur la faux même.

Dans les fermes isolées au milieu des bois, il n'est pas rare de voir des Truies mettre bas des produits de cet animal, qui donnent d'excellentes chairs étant jeunes, mais qui avec l'âge reprendraient vite leur nature sauvage et seraient difficiles à conserver dans une ferme.

En dehors des variations ordinaires de coloration du Sanglier, il n'est pas très rare d'en rencontrer de tou noirs, comme aussi de blanchâtres et même de blancs.

Le Porc domestique, *Sus domesticus*, BRISSON.

Le Porc a de nombreux rapports avec le Sanglier et

se croise facilement avec lui ; aussi a-t-on pensé qu'il en
descendait ; mais cette descendance est difficile à établir, car en remontant l'histoire, avec l'Odyssée, le Deu-
téronome et le Chou-King, nous le trouvons domestiqué
en Orient, successivement avec les Grecs, les Juifs, puis
les Chinois, antérieurement même à la dynastie des

FIG. 191. — Porc, type primitif.

Hia, c'est-à-dire il y a près de cinquante siècles. Du
reste aucune espèce sauvage n'a le même nombre ni la
même disposition de vertèbres.

Au siècle dernier le type de nos Porcs français avait
une tête allongée, un cou relativement long et grêle, le
corps long, efflanqué, l'échine et l'épaule saillantes, les
jambes longues, les os gros et les soies rudes. On les
laissait alors vaquer librement, sans soins, sans autre
nourriture que quelques rebuts jetés dans une auge au
coin d'une cour pour qu'ils ne perdent pas l'habitude
de se montrer et que l'on puisse les capturer en temps

voulu ; aussi ces animaux souvent affamés se jetaient un peu sur tout ce qu'ils pouvaient rencontrer (1).

Sous l'influence de quelques soins, d'un abri pour la

FIG. 192. — Porc de Sologne (type amélioré).

mauvaise saison ou le mauvais temps, d'un peu de litière pour se reposer plus au propre, d'une nourriture plus

(1) Cet appétit excessif, et, il faut le dire aussi, leur goût pour la chair et les substances malpropres, a souvent été cause de graves accidents lorsque des mères imprudentes s'absentaient laissant seuls de très jeunes enfants soit à terre, soit dans leurs berceaux sur le sol, et à proximité de ces animaux. — Des Porcs attirés d'abord par l'odeur de leurs déjections, et après s'en être repus, ont fréquemment aussi dévoré les enfants eux-mêmes.

Aujourd'hui on condamnerait quelquefois les mères pour homicide par imprudence, ce qui serait assurément quelque peu mérité ; mais autrefois, la justice ne voyait le coupable que dans l'auteur même et non dans la cause du délit. Aussi l'histoire nous a laissé à ce sujet une série de jugements retentissants où Porcs et Truies étaient condamnés à être mutilés, et brûlés ou pendus par la main du bourreau.

En parcourant les vieilles *Annales judiciaires* on trouve que des

régulière et plus abondante, venant remplacer en hiver le pâturage dans la forêt ou les terrains en friche, on obtint un *type amélioré* qui nous présenta assez vite plus de ressources pour l'alimentation. C'est ainsi qu'on le trouve encore à peu près dans la Sologne et dans quel-

Fig. 193. — Porc, type transformé.

ques autres localités à sol ingrat et terres froides et humides.

exécutions de ce genre ont eu lieu en 1166 à Fontenay, en 1386 à Falaise, en 1394 à Mortaingt, en 1403 à Meulon, en 1404 à Rouvres, en 1408 à Pont-de-l'Arche, en 1419 à l'Abergement-le-Duc, en 1420 à Brochon, en 1435 à Trochères, en 1436 en Bourgogne (?), en 1457 à Savigny, en 1466 à Corbeil, la même année à Dunois, en 1494 à Clermont près Laon, en 1499 à Chartres, en 1512 à Arcenaux, en 1540 à Dijon et en 1613 à Montoiron près Châtellerault. — Toute une série d'autres animaux, Bœufs, Chevaux, Chiens, etc., ont également été condamnés de la sorte pour des méfaits divers.

Quelques fois l'Église les a aussi exorcisés, pensant qu'il ne pouvait y avoir que des animaux possédés du démon, pouvant devenir coupables de pareils crimes.

Mais lorsque sa stabulation fut plus complète, sa nourriture plus copieuse et surtout plus nutritive, ses os s'atrophièrent au profit de ses chairs qui s'accrurent et développèrent des graisses tout à l'entour. On eu alors un *type transformé* qui suivant les régions et conditions particulières d'existence et de nourriture forma nos diverses *races*. Celles-ci, par des croisements raisonnés avec des races étrangères et anglaises surtout (car les éleveurs anglais ont réalisé des types remarquables de précocité et d'enbonpoint), ainsi qu'une sélection intelligente dans les reproducteurs, nous ont donné à leur tour diverses sous-races, dont la caractéristique générale est une tête courte, conique, unie par un cou épais et court à un corps massif et charnu, supporté par des jambes courtes et grêles avec de petits os et des soies de natures diverses.

Nous nous bornerons à signaler nos principaux types sans nous attarder à des distinctions oiseuses dans leurs subdivisions, car dans certaines régions, presque chaque localité, pour ne pas dire chaque éleveur, a prétendu à l'honneur d'avoir créé une race nouvelle.

Race normande. — Elle est caractérisée par un corps allongé, une forte tête, un dos presque horizontal, des oreilles larges et pendantes, une peau et des soies blanches. Elle est très féconde et fournit une chair de bonne qualité, mais son jambon est un peu déprécié dans le commerce par suite de son allongement.

Cette race a été perfectionnée dans la vallée d'Auge sous le nom de *race augeronne*, le corps s'y est étoffé en même temps que la tête et les os ont diminué de volume et la graisse pris un grand développement. Son jambon assez rond est estimé, mais son lard a peu de fermeté. Elle atteint souvent et dépasse un poids de 300 kilogrammes et se trouve très répandue autour de Paris ; aussi entre-t-elle beaucoup dans sa consommation.

Parmi les subdivisions de la race normande on peut citer plus particulièrement les races *cotentine, cauchoise* et *alençonnaise*.

FIG. 194. — Porc cotentin.

Race lorraine ou vosgienne. — Répandue surtout dans les départements de Meurthe-et-Moselle et des Vosges, cette race de petite taille montre presque toujours une ou deux taches noires sur sa robe grisâtre; son corps est long, sa tête pointue et ses membres très osseux, mais sa chair est fort bonne et son lard excellent. Elle semble avoir formé, autour d'elle, les races *flamande* ou *flandrine*, *picarde*, *artésienne*, *champenoise*, *ardennoise* et *alsacienne*.

FIG. 195. — Porc anglo-flamand.

Ces diverses races, comme les suivantes du reste, sont actuellement en grande partie absorbées par les races anglaises avec lesquelles on les a très fréquemment croisées.

Race craonnaise. — Cette race, dont le centre se trouve dans la Mayenne, a une tête petite, des jambes courtes, une ossature mince, une peau fine couverte de soies blanches rares et courtes, et fournit une chair et des jambons excellents. Elle semble avoir formé tout autour d'elle la race *angevine* du Maine-et-Loire qui ne la vaut pas, la race *poitevine* des Deux-Sèvres qui vaut encore moins, quoique son lard soit excellent, ainsi que les races *vendéenne, angoumoise* et *mancelle*.

Race bressanne. — Comme les suivantes, cette race

Fig. 196. — Porc et Truie bressans.

présente ordinairement une robe variée de noir et de blanc, et les oreilles demi-pendantes. Assez répandue hors de la Bresse, elle a souvent pris les noms des localités qu'elle occupait, race *franc-comtoise, châlonnaise, charolaise, bourbonnaise, beaujolaise, dombiste, bugétienne, lyonnaise, dauphinoise*, etc. Sa tête est moyenne, son museau un peu allongé, ses jambes hautes et son dos souvent un peu arqué. C'est une race rustique, mais tardive, dont la viande relativement dure, quelque peu gros-

sière et un peu filandreuse donne néanmoins de la charcuterie fort estimée.

Race du Périgord. — Cette race, qui du département de la Dordogne s'étend dans la Haute-Vienne, la
Creuse, le Puy-
de-Dôme et la
Corrèze a eu de
nombreux croi-
sements avec ses
sous-races voisi-
nes *poitevine* et
bourbonnaise.
Elle a diminué de
taille pour pren-

FIG. 197. — Truie du Périgord.

dre un corps plus court et épais. On l'appelle quelquefois aussi race *limousine*. —Plus grande et plus maigre
dans la Creuse où elle prend le nom de race *marchoise*,
elle est au contraire plus petite et potelée dans le Lot,
Lot-et-Garonne et l'Aveyron sous le nom de race de
Quercy et de *Rouergue*; il en est de même des races de
Gascogne, *landaise*, *tarbaise* et *ariégeoise* dont le métissage avec les races des Pyrénées a maintenu la taille
basse et amené plus de noir sur la peau. La race *bayon-
naise* qui en dépend aussi a une certaine réputation
pour sa chair et surtout pour ses jambons qui subissent
du reste une préparation spéciale.

En dehors de ces races restées plus ou moins françaises par suite de leurs croisements avec les races
anglaises nous avons encore dans les Pyrénées la
race espagnole, et, sur notre frontière italienne, la
race napolitaine : la première plus petite, la seconde

plus grande ; mais toutes deux à robe noire, tête grosse, museau pointu, oreilles courtes et droites, cou et jambes courts, poitrine large, corps arrondi, peau fine couverte de soies rares et fines, et produisant également une chair assez délicate.

Enfin la **race corse** plus petite, plus arrondie et à chair plus délicate encore.

En résumé, nos races présentent un système osseux trop développé, mais fournissent d'assez bonnes chairs et sont plus fécondes que les *races anglaises* avec lesquelles on les croise ; mais dans leur alliance avec ces dernières plus précoces, elles perdent leurs principaux défauts pour acquérir des qualités qui les placent au nombre des meilleures races.

Races Anglaises. — Nous ne pouvons les passer sous silence par suite de leur grande introduction chez nous. Elles représentent des races de toutes tailles, les *Cheshire, Hampshire, Norfolk, Sussex, Essex, Middlessex, Yorkshire*, etc., dont les Anglais sont très fiers ;

Fig. 198. — Porc de Middlessex.

ils citent volontiers dans la première de ces races un Porc ayant atteint la taille de $1^m,34$ et le poids de 640 kilogrammes. C'est la dernière race citée ci-dessus, qui est la plus répandue chez nous.

Leur caractéristique générale est : tissu osseux faiblement développé, tête petite, yeux perdus dans la graisse, chair fine, fondante, de très bonne qualité,

mais lard inférieur. Moins fécondes que les nôtres elles
sont plus précoces et demandent plus de soins surtout
dans le jeune âge.

A toutes ces races nous ne
pouvons manquer d'ajouter encore les petites **races cochin-
chinoises, tonquinoises et
siamoises** qui se rapprochent
comme *facies* des races anglaises et dont le ventre traîne

FIG. 199. — Porc Yorkshire.

presque à terre. Elles donnent une chair très délicate et
de beaucoup de saveur ; mais sont quelquefois trop
noyées dans la graisse et en deviennent huileuses.

On appelle *Verrat* le mâle destiné à la reproduction ;
Truie, la femelle ; *Cochon de lait*, le jeune pendant son
allaitement, plus tard il prend les noms de *Porcelet*,
Goret, Cochonnet, etc. ; *Porc* est le nom général qui
est usité aussi bien en parlant de lui-même que de ses
produits alimentaires en général.

Son cri est un *grognement*.

Armé comme le sanglier d'un *groin* ou *boutoir* mus-
culeux et soutenu par un os particulier, il serait très
nuisible aux récoltes et aux champs qu'il dévasterait s'il
était laissé en liberté ; aussi le tient-on ordinairement
parqué, gardé par des bergers ou en stabulation, et
encore souvent lui passe-t-on dans les narines et le
groin une boucle ou un clou dont la pression sur les
chairs vives l'empêche de creuser et fouir la terre pour
y rechercher les racines, tubercules, insectes, larves,
lombrics, reptiles ou petits rongeurs qu'il affectionne ;

mais dont la recherche bouleverserait toutes les terres et les récoltes qui peuvent s'y trouver.

De même que le Sanglier, le Porc ou Cochon est omnivore, vorace et glouton. Tout lui convient comme nourriture, pâturages aussi bien que matières animales ; et pour l'engraisser on peut indifféremment se servir d'une foule de choses qui ne seraient d'aucun autre emploi, tels que : eaux grasses, débris de cuisines, épluchures de jardins, résidus de brasserie, de distillerie, d'huilerie, de féculerie, de sucrerie, ainsi que les déchets de boucherie, le sang et les chairs d'animaux abattus ; tout est bon pour son robuste estomac, tout lui profite pourvu qu'il mange, même les substances animales ou végétales en décomposition, et qui ne pourraient être utilisées que comme engrais, y compris les ordures de toutes sortes (1).

L'homme aurait voulu imaginer quelque chose pour tirer parti de tout ce qui est dédaigné par les autres animaux, qu'il n'aurait rien pu trouver de mieux que ce précieux animal, qui transforme rapidement en graisse et en viande une foule de substances qui sans lui seraient perdues pour l'économie domestique.

(1) Nous trouvant à Panama en novembre 1865 pendant l'épidémie de choléra qui sévit surtout sur les indigènes, nous vîmes fréquemment, dans des cases des Indiens cholériques abandonnés par les leurs, et étendus au milieu même de leurs déjections.

Ne pouvant décider leurs parents ou amis à venir leur donner quelques soins, nous imaginâmes d'agir sur leur esprit crédule et superstitieux, et leur persuadâmes qu'un Cochon attaché dans leur case prendrait le choléra aux lieu et place du malade. — Ce remède bien simple fit fortune ; les Porcs nettoyèrent les cases de tous les immondices qui s'y trouvaient, n'en crevaient même pas toujours, comme nous l'aurions cru ; mais sept fois sur dix, le malade assaini et robuste guérissait tout seul.

A ce point de vue-là, c'est donc encore un auxiliaire
utile (1) et rendant des services autrement grands que
ceux des Vautours dans les pays chauds, qui se contentent d'assainir l'air en faisant disparaître les débris
de voirie à leur propre profit, mais dont on ne peut utiliser la chair qui conserve toujours un goût infect.

Ces animaux chez qui nous ne cherchons qu'à accroître les facultés digestives déjà très développées pour
en tirer notre profit comme graisse et chair, ne sont
cependant pas dénués d'intelligence et d'autres qualités
comme on le croit souvent. — Sans remonter jusqu'à
saint Antoine et rappeler son inséparable compagnon,
on peut citer les nombreux Porcs que l'on exhibe sous le
nom de « savants » dans nos cirques et théâtres forains ;
ceux que l'on emploie pour la recherche des truffes
et des morilles ; ceux d'un habitant du Hertford qui s'en
servait comme d'animaux de trait et qu'il attelait ordinairement au nombre de quatre à sa charrette (2) ; celui
du comté de Norfolk, avec lequel un paysan, son proprié-
priétaire, fit le pari (qu'il gagna) de parcourir monté

(1) Jusqu'au 3 octobre 1131 les Porcs vaquaient librement dans les
rues de Paris, où ils remplissaient les fonctions d'agents de la voirie
et de la salubrité: mais ce jour-là même l'un d'eux s'embarrassant
dans les jambes d'un cheval monté par Philippe, fils aîné de Louis VI
dit le *Gros*, occasiona la chute et la mort de ce prince; aussi une ordonnance royale vint aussitôt interdire leur circulation dans la capi-
tale — Peu de temps après cependant, les moines de l'abbaye de
Saint-Antoine, obtinrent pour leurs nombreux Cochons la continuation
de ce service d'assainissement (qui leur constitua un très sérieux
revenu), à condition que chaque animal ne circula dans les rues
qu'avec une petite clochette au cou.

(2) Actuellement encore, paraît-il, quelques paysans écossais s'en
servent comme animaux de trait, soit sur les routes, soit dans les
champs pour le labour.

sur lui et en moins d'une heure une distance de quatre milles (six kilomètres et demi) ; celui cité par le naturaliste anglais Wood, qui remplissait admirablement les fonctions d'un chien de chasse et bien d'autres dont la liste serait trop longue.

La Truie, qui porte douze mamelles, est très féconde ; deux fois par an elle donne 10, 12 et 15 petits ; quelque-

Fig. 200. — Truie et ses jeunes.

fois plus encore (1). Chaque jeune a l'habitude d'adopter une mamelle qui reste la .sienne pendant toute la durée de l'allaitement.

On évalue en France leur nombre à 6,500,000.

De tous nos animaux domestiques, c'est bien certai-

(1) Les journaux d'Abboville signalaient, il y a quelques mois, le cas d'une jeune Truie qui venait de mettre bas 21 petits. Avec ses deux portées précédentes, datant de moins de dix-huit mois, cela lui faisait exactement 60 rejetons.

nement le Porc, qui par sa fécondité, sa frugalité et sa
facilité d'engraissement nous fournit l'alimentation la
plus économique, en même temps que les produits les
plus considérables ; en effet à l'exception de ses os (qui
servent cependant à préparer des gelées) et des matières
renfermées dans ses boyaux, tout s'utilise pour l'alimentation, peau, sang et intestins compris ; c'est donc
environ 85 % de son poids vivant qu'il nous rend.
Aussi son élevage est-il une industrie importante an-
nexée à tout établissement agricole, aussi bien qu'à la
plus petite ferme, et devient une source de richesse
pour beaucoup, ou au moins une cause de bien-être
pour de nombreux petits ménages et petits fermiers ou
campagnards, qui ne mangent d'autres viandes que
celle du Porc qu'ils tuent une fois l'an vers Noël.

Sa *chair* cuite ou crue, salée ou fumée, est savoureuse, substantielle et d'une conservation facile.

Sa *graisse* ou *panne* accumulée à la surface des intestins ou sous la peau du ventre prend le nom de *saindoux*
lorsqu'elle est fondue ; elle est alors comme friture ou
assaisonnement des plus employés dans la cuisine ; sous
le nom d'*axonge*, c'est un des véhicules les plus utiles
de la pharmacie et quelquefois aussi de la parfumerie.

Son *lard,* qui forme une épaisse couche entre sa chair
et sa peau, est, soit frais ou salé, un précieux aliment
pour la marine, et la base presque unique de la nourriture animale de beaucoup de populations rurales.

Son *sang* est très nourrissant comme boudin, mais il
faut le consommer frais, surtout pendant les chaleurs
car, lorsqu'il se décompose, il peut devenir toxique.

Ses *intestins* eux-mêmes sont mangés sous forme d'andouilles, et leur préparation dans certains pays acquiert une certaine réputation.

Sa *peau* très cuite et jointe à divers débris est utilisée en terrines de couanes.

Les charcutiers débitent sa *chair* en Porc frais, salé ou fumé, jambon, petit salé, etc. ; sa *graisse* en panne, saindoux, lard frais ou de conserve ; mais l'industrie de la charcuterie consiste surtout dans la transformation des chairs unies à un peu de graisse et divers autres produits, en saucissons, cervelas et saucisses de toutes sortes, fromage de cochon, hure, galantine, pâté de foie, etc..., de même que dans la transformation du *sang* en boudin et des *intestins* en andouilles ou andouillettes. Plusieurs villes, telles que Strasbourg, Bayonne, Troyes, Mortagne, Vire, Arles, Sainte-Ménehould, etc..., se sont acquis un certain renom par des spécialités de préparations de cet animal.

Si nos races perfectionnées donnent une chair plus tendre et agréable à consommer directement, il n'en est pas toujours de même pour les produits qu'elles fournissent à la charcuterie, et qui sont meilleurs avec l'emploi de nos races rustiques à chairs fermes et parfois même un peu dures. C'est le cas particulier de nos *races bressanes* qui conservent à la charcuterie dite « Lyonnaise », la juste réputation qu'elle s'était déjà acquise au temps des Romains (1).

De sa graisse l'industrie peut encore retirer, comme en Amérique une fort bonne *huile* pour la savonnerie et le graissage des machines.

(1) VARRON, *De re rustica*, lib. II, cap. VII.

Ses *poils* ou *soies* sont très employés par la brosserie
qui en fait des brosses à habits, à dents, à ongles, à
cirer, à frotter, des pinceaux de badigeonneurs, etc... ;
les cordonniers s'en servent comme d'aiguilles pour
garnir les bouts de leurs fils de couture. — Ils se vendent par balles et leur prix varie de 5 à 40 francs le
kilogramme suivant leurs qualités et suivant leur état
brut ou préparé. Les plus estimés pour leur blancheur
et leur finesse viennent de Champagne, de Normandie
et de Bretagne ; ceux du midi sont généralement de
qualité inférieure.

Notre production de soies, qui était déjà insuffisante
pour nos besoins, a été encore réduite par l'introduction des races précoces anglaises, aussi sommes-
nous devenus largement tributaires de l'étranger, et
particulièrement de la Russie pour cette matière première.

Là, en effet, les races plus rustiques et d'une croissance plus lente, conséquence de la frugalité de la
nourriture et surtout de la rudesse du climat produisent une fourrure plus épaisse et plus longue très
recherchée de l'industrie.

Nos hauts plateaux du centre de la France ainsi
que les contreforts des Alpes et des Pyrénées où réussissent peu les races hâtives nous semblent tout indiqués pour l'introduction de ces races rustiques qui nous
permettraient sinon de nous suffire à nous-mêmes, du
moins de réduire nos importations tout en nous fournissant aussi une excellente chair, dont l'art du charcutier
saurait certainement tirer grand profit.

La *peau* du Porc couverte de ses poils est recherchée

des selliers et de quelques fabricants de malles ; souvent aussi après l'avoir rasée (et quelquefois roussie) on la laisse adhérente aux différents quartiers de l'animal dont elle facilite le transport et la conservation.

Son *cuir* travaillé est très employé par les selliers et quelques relieurs pour couvrir des selles ou de gros volumes, et faire certains harnais de fantaisie ; on en fabrique aussi d'excellents *parchemins* employés également par les relieurs, mais surtout utilisés dans la fabrication des cribles. — En Espagne sa *peau* toute entière est quelquefois transformée en outre pour le transport du vin ou de l'huile.

Ses *os* servent à la fabrication de noir animal, de phosphates de chaux ou de colle forte.

Enfin son *fumier* qui est un engrais assez puissant est plus ou moins recherché suivant son alimentation et la nature des terrains de la localité où il vit. Mais il est rarement employé seul (si ce n'est dans la culture du houblon), et le plus souvent il est mêlé aux autres fumiers de ferme et décomposé avec eux.

Le Porc est aussi très utile dans certaines régions de la France où croissent les chênes verts, telles que le Périgord et divers autres lieux, pour chercher et découvrir les *truffes* si appréciées des gourmets ; mais il est bon de le surveiller de près, sans quoi il a bien vite fait de s'approprier ses découvertes. — Quelques personnes l'utilisent encore à la recherche des *morilles* qui croissent ordinairement sous des amas de feuilles humides, et que l'on ne découvrirait souvent pas sans le concours de son odorat. — Mais où il est encore fort utile, c'est pour suivre les labours dans les champs

infestés de Mulots et Campagnols dont il est très
friand, et pour la destruction des Vipères pour lesquelles il semble avoir un goût particulier, et dont le
venin n'a aucune action sur lui, soit à cause de la
couche de lard qui l'entoure, soit pour d'autres raisons
inexpliquées encore (1).

Au milieu de tous les services qu'il nous rend, il peut
aussi nous causer de graves dommages, c'est lorsqu'il
est atteint de *ladrerie*, sorte d'affection parasitaire qui
se décèle par la présence de petites granulations blanchâtres sous la muqueuse de la base de sa langue, et
qui est caractérisée par l'existence dans ses muscles de
Cysticerques, qui ne sont qu'une des phases du développement du *Ver solitaire* de l'homme, à qui il le communique facilement, ainsi que diverses autres maladies
parasitaires. Ces affections rares en France sont beaucoup plus fréquentes dans les pays chauds, et c'est sans
doute pour obvier à ces inconvénients que les lois de
Moïse et de Mahomet défendent l'usage de sa chair aux
Hébreux et aux Musulmans en la déclarant immonde.
— Une autre affection qui n'a encore été observée que
chez les Porcs de l'Allemagne est la *trichinose* dont
rien ne décèle la présence extérieurement et qui est
caractérisée par la *Trichine*, sorte de petits vers micros-
copiques qui peuvent envahir tous les muscles de
l'animal et de celui qui en mange. Une forte cuisson
peut évidemment détruire tous ces parasites, mais l'on

(1) Cette aptitude à dévorer les Reptiles sans être incommodé par
les morsures des espèces venimeuses, l'a souvent fait employer en
Amérique et dans diverses de nos colonies, à débarrasser les environs
des habitations de ces hôtes désagréables et dangereux.

s'expose à les voir se développer chez nous en mangeant sa chair, soit crue, soit même fumée, car les œufs résistent très bien à cette opération et éclosent dès qu'ils se trouvent dans un milieu plus approprié à leur développement, c'est-à-dire dans notre estomac et nos intestins où se fixent les premiers, et d'où les seconds se répandent dans tout notre organisme, et jusqu'au milieu même de nos muscles qu'ils envahissent très rapidement.

En résumé, tous les PORCINS ou SUIDÉS sont très utiles par tous leurs produits, mais doivent être surveillés près des récoltes lorsqu'ils sont domestiques, ou détruits lorsqu'ils sont sauvages à cause des grands dégâts qu'ils peuvent commettre. Il est de bonne prudence aussi de ne manger leur chair que parfaitement cuite, quoiqu'elle perde alors un peu de sa saveur et de ses propriétés nutritives. — Par suite de leur goût pour les Reptiles, ces animaux peuvent être tolérés provisoirement et en petit nombre, dans les localités où abondent les Vipères, mais jusqu'à leur destruction seulement.

ORDRE VIII. — AMPHIBIES ou PHOQUES

Avec cet ordre commencent les animaux aquatiques, dont les membres ne sont plus disposés pour la marche, mais pour la natation. Ils forment la transition naturelle avec les Mammifères précédents dont ils n'ont plus les membres dégagés et mobiles, et les Cétacés qui sont pourvus de véritables nageoires. La masse peu éclairée du public les appelle déjà souvent *Poissons*.

Leur tête pourvue de fortes moustaches est celle d'un Mammifère ordinaire, à l'exception toutefois des oreilles externes qui manquent totalement dans nos espèces, et d'une disposition des narines qui leur permet de les fermer à volonté pour mieux pouvoir plonger et rester sous l'eau.

Ce sont aussi de vrais carnassiers possédant les trois sortes de *dents*, incisives. canines et molaires. Leur *corps* fusiforme est couvert de poils lisses et couchés sur la peau. Leurs *membres*, bien qu'adaptés au milieu dans lequel ils doivent vivre, ne sont pas encore de vraies *nageoires*, mais se terminent comme des mains palmées comportant cinq doigts ordinairement armés d'ongles. Il est vrai que leurs membres postérieurs sont presque immobiles et appliqués contre la queue.

Ils habitent la mer, dans le voisinage des côtes, mais remontent volontiers les fleuves, surtout à la poursuite des Saumons et autres Poissons migrateurs. — Très lestes dans l'eau, ils n'ont qu'une démarche difficile et rampante à terre, où ils viennent cependant s'étendre pour se reposer, allaiter leurs jeunes et dormir au soleil. Mais obligés de se cacher pour pourvoir à leur sûreté, leur vie active chez nous n'a guère lieu que la nuit, pendant laquelle ils se livrent à la recherche de leur nourriture consistant en Poissons, Crustacés, Mollusques nus et autres Animaux inférieurs.

Ils sont sociables, vivent en troupes sous la conduite d'un vieux mâle, mais sont craintifs et recherchent les îlots et côtes solitaires.

Leur robe qui varie avec l'âge, le sexe et peut-être un peu avec la saison, est beaucoup plus foncée lorsqu'elle est mouillée que lorsqu'elle est sèche et laisse assez souvent voir des taches ou marbrures qui n'apparaissent plus dans le dernier cas ; aussi cela a-t-il donné lieu quelquefois à d'assez nombreuses confusions dans leur description.

Leur cri est une sorte d'*aboiement* lorsqu'ils sont adultes et de *bêlement* ou *miaulement* lorsqu'ils sont jeunes ; parfois aussi lorsque quelque chose les inquiète ou les irrite, ils poussent une sorte de *soufflement* comme les Chats.

Ils ne forment qu'une seule grande famille, celle des Phocidés.

Famille des PHOCIDÉS

Ses caractères principaux viennent d'être indiqués pour l'Ordre.

Suivant leur nombre d'incisives (qui sont en partie caniformes), et la disposition de leurs doigts antérieurs, quelques auteurs ont divisé ces animaux en cinq genres :

Stemmatopus, caractérisé par quatre incisives supérieures, et deux incisives inférieures ;

Pelagius, ayant quatre incisives supérieures et quatre incisives inférieures ;

Phoca, ayant six incisives supérieures et quatre inférieures comme les suivants, mais les doigts des membres antérieurs diminuant régulièrement de longueur du premier au dernier.

Erignathus, même dentition, mais très faible et comme avortée. Le doigt médian des membres antérieurs est le plus long.

Pagophilus, même dentition, mais normale. Le deuxième doigt des membres antérieurs est le plus long.

Pour ne pas trop multiplier les coupes françaises, nous leur laisserons à tous le nom de *Phoque* sous lequel ils sont généralement connus et ne conserverons ainsi que ce seul ancien grand genre de Linné.

Genre PHOQUE, *Phoca*

Il réunit tous les caractères de l'ordre et de la famille.

Il se compose chez nous de six espèces sédentaires ou d'apparitions plus ou moins rares sur nos côtes.

Nos populations maritimes confondant ordinairement ces diverses espèces sous un même nom, nous ne pourrons donc indiquer des noms vulgaires distincts pour chacune d'elles.

NOMS VULGAIRES. — *Veau marin, Loup marin, Chien marin* (Somme). — *Lue vor, Leûévor, Bleiz vor* (Bretagne). — *Biou marin* (Gard, Hérault, Aude). — *Bisou marin, Veden marin* (Bouches-du-Rhône, Var). — *Bou marin* (Alpes-Maritimes). — *Serêne* (Pyrénées-Orientales).

Le Phoque à capuchon, *Phoca cristata*, ERXLÉBEN.

NOMS VULGAIRES. — Ceux du groupe.

C'est un animal des mers glaciales qui se montre très accidentellement sur nos côtes vers la fin de l'hiver alors qu'il y est entraîné par quelques glaçons. Sa taille moyenne de $2^m,30$ atteint quelquefois 3 mètres chez de vieux mâles. Il représente le genre *Stemmatopus*, avec deux seules *incisives* inférieures, ce qui le différentie bien de toutes les autres espèces.

Son pelage rude et grossier est blanc gris, parsemé de taches foncées, plus serrées sur le dos que sur le ventre, la queue, les pattes et la nuque sont noirâtres; cette dernière est parsemée de taches grises; le front et le museau sont noirs.

Ce qui le caractérise surtout, c'est la présence, sur la tête du mâle, d'une sorte de vessie ou poche interne qu'il peut gonfler ou réduire à volonté.

Dans le Nord où il habite, il fait l'objet de chasses et d'un commerce assez considérable pour sa peau et l'*huile* qu'on retire de sa graisse.

Fig. 201. — Phoque à capuchon. Longueur 2^m,30.

Les Groënlandais mangent sa *chair* et estiment surtout son *lard*, ils s'habillent de sa *peau*, et se font des cordages de pirogues avec ses *intestins* et des vitres avec ses *membranes intestinales*.

Un jeune de cette espèce a été capturé à l'île d'Oléron en 1843, et apporté à Paris où il a vécu quelques jours.

Le Phoque moine, *Phoca monacha*, Hermann.

Noms vulgaires. — C'est plus particulièrement le *Bou marin* (Alpes-Maritimes). — *Bisou marin*, *Veden marin* (Var, Bouches-du-Rhône). — *Biou marin* (Gard, Hérault, Aude). — *Serène* (Pyrénées-Orientales).

C'est le *Phoque à ventre blanc* de Buffon et le *Bœuf*

marin des anciens, il habite toute la Méditerranée, mais
plus spécialement la mer Adriatique, où on le rencontre
surtout sur les côtes hérissées de rochers à fleur d'eau
ou parmi les petits îlots. Il représente le genre *Pelagius*
de Fr. Cuvier, et comme tel possède quatre *incisives* à
chaque mâchoire.

C'est lui qui, assez commun dans l'archipel Grec, a
été connu d'Aristote et des anciens, et en a reçu le nom
de Φώκη, *Phoque*, nom resté à tout le groupe. Poétisé

FIG. 202. — Phoque moine. Longueur 3 mètres.

alors, il a donné lieu aux fables de la mythologie ancienne, avec les Tritons, les Sirènes, les Néréides et
toute la cour aquatique de leur dieu Neptune.

Son *pelage* ras, court et très serré paraît entièrement
noir en dessus, et blanc ou gris jaunâtre en dessous,
lorsqu'il est dans l'eau ou mouillé; mais semble beaucoup moins foncé lorsqu'il est sec.

Sa longueur varie entre 2^m,50 et 3^m,30 chez les très
grands individus,

Pris jeune il se familiarise vite, et s'attache rapidement à son maître comme un Chien.

On le capture assez fréquemment sur nos côtes méditerranéennes.

Le Phoque commun, *Phoca vitulina*, LINNÉ.

Noms vulgaires. — C'est plus particulièrement le *Veau marin, Loup marin, Chien marin* de la Somme et de tout
notre littoral de la Manche et de l'Océan. — Le *Lue vor*,
Leüévor, Bleiz vor des Bretons.

C'est le *Veau marin* des anciens auteurs appelé quelquefois encore *Chien de mer*. Cet animal qui, comme les
suivants a six *incisives* supérieures et quatre inférieures,
apparaît quelquefois dans la Méditerranée, quoique ce
soit une race du nord ; mais c'est surtout dans l'Atlantique et la Manche, particulièrement à l'embouchure de
la Somme, qu'on le rencontre le plus souvent. Dans ce
dernier endroit, réside en effet le reste d'une petite colonie signalée déjà dans le siècle dernier.

Ses *ongles* sont noirs et son pelage gris plombé sur
le dos est blanchâtre inférieurement ; mais souvent il
a d'assez nombreuses marbrures bien plus apparentes
dans l'eau que lorsqu'il est à terre et sec.

C'est avec le suivant le représentant du genre *Phoca*
réduit par les auteurs modernes, et il se distingue
comme lui des autres espèces ayant six *incisives* à la
mâchoire supérieure et quatre à la mâchoire inférieure,
par la forme de ses pattes antérieures dont la longueur
des *doigts* décroît du premier au dernier.

De même que le précédent a été illustré par la mytho-

logie des Grecs, celui-ci a également joué un important
rôle dans la mythologie scandinave.

Tous les ans on en capture sur nos côtes, et de temps
en temps on en voit même de vivants sur le carreau de
la criée, aux Halles de Paris.

Quelquefois aussi ce Phoque remonte les rivières.
— Un couple de cette espèce qui avait remonté la Loire

Fig. 203. — Phoque commun. Longueur 1ᵐ,40.

à la suite d'une migration de Saumons, sans doute,
s'est montré il y a sept ou huit ans aux environs d'Or-
léans, où il s'est fait tuer.

C'est une espèce intelligente, à mœurs douces, qui
s'apprivoise facilement, et susceptible d'une certaine
éducation. On cite plusieurs exemples de ces animaux
bien dressés à la *pêche* et rapportant fidèlement leurs
captures à leur maître. C'est aussi l'espèce que l'on ren-

contre le plus fréquemment dans nos ménageries et
dont il y a presque toujours quelques exemplaires dans
les aquariums du Jardin d'acclimatation ou du Jardin
des plantes. Leurs aboiements se font entendre surtout
à l'heure des repas, lorsque leurs gardiens retardent
leur arrivée, ou alors qu'ils se présentent avec leur nourriture ; mais on les entend fréquemment aussi le soir
lorsque le temps va changer.

Sa taille ordinaire varie entre $1^m,30$ et $1^m,50$. Quelques
rares sujets atteignent 2 mètres.

Le Phoque marbré, *Phoca discolor*, Fr. Cuvier.

Noms vulgaires. — Les noms du groupe.

Assez voisin du précédent, ce Phoque en diffère par
des formes plus sveltes et un pelage foncé, veiné de
lignes plus claires irrégulières, formant une sorte de
marbrure sur le dos et les flancs, qui se distingue assez
bien dans l'eau ; lorsque sa fourrure est sèche, cette
marbrure n'est ordinairement plus visible. Les parties
inférieures sont blanchâtres parsemées de quelques rares
taches foncées.

Ses habitudes sont plus boréales et ce n'est que plus
rarement que le précédent, qu'il se montre sur nos côtes
de la Manche ; mais ses mœurs sont aussi douces et son
intelligence très développée ; aussi le rencontre-t-on
quelquefois chez les saltimbanques qui le dressent à
différents tours.

Chez cette espèce plus que chez d'autres, la matière
grasse que sécrète la peau pour lubrifier les poils ré-

24

pand, surtout chez les vieux mâles, une odeur assez désagréable lorsqu'ils ne sont pas tenus très proprement et dans une suffisante quantité d'eau.

Leur taille varie entre 1^m,30 à 1^m,75.

Leur taille varie entre 1ᵐ,30 à 1ᵐ,75.

Fɪɢ. 204. — Phoque marbré. Longueur 1ᵐ,60.

Dans le nord, ils sont l'objet d'une chasse constante à cause de leur *fourrure*, qui est très douce et moelleuse lorsqu'on a arraché le jarre qui la recouvre, et pour l'*huile* très fluide que procure leur *graisse*.

Le Phoque barbu, *Phoca barbata*, Fabricius.

Noms vulgaires. — Les noms du groupe.

Ce Phoque, bien reconnaissable à ses fortes moustaches et à sa grande taille, qui atteint et peut dépasser 3 mètres, habite les mers du Nord, où il vit davantage sur les glaces que sur la terre ferme. Lors de plusieurs débâcles, il a été amené par des banquises jusque dans nos mers et s'est fait capturer plusieurs fois sur nos côtes de la Manche.

Assez foncé sur le dos à l'état adulte, on y aperçoit encore lorsqu'il est mouillé toute une série de taches noires, qui sont disposées en ligne sur l'épine dorsale. Ses parties inférieures sont blanc grisâtre. Sa coloration varie tellement dans le jeune âge, que, trompé par une coloration analogue à celle de notre Lièvre des

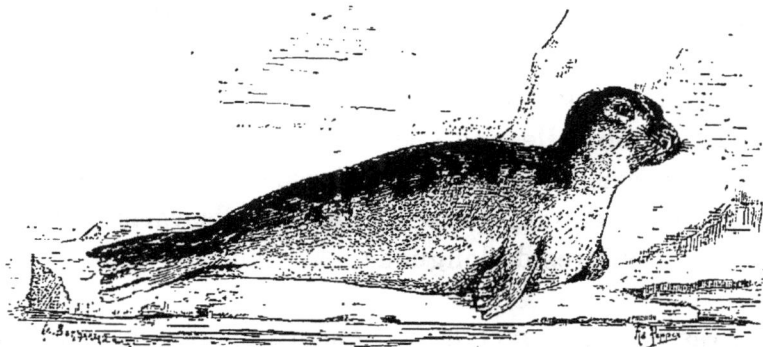

Fig. 205. — Phoque barbu. Longueur 3 mètres.

Alpes, on a créé le *Phoca leporina* pour un jeune sujet qui a vécu quelque temps dans la ménagerie du Jardin des plantes.

Comme toutes les autres espèces de Phoque, il se prive assez facilement.

Les Groënlandais estiment beaucoup sa *chair*, sa *graisse* assez ferme et ses *intestins* qu'ils regardent comme supérieurs aux autres. De sa *peau*, ils se font des vêtements.

Les Lapons et les Norvégiens estiment son *cuir* à cause de son épaisseur et de sa solidité. Ils en fabriquent à l'état cru diverses pièces de harnais, et le coupent en spirale pour en former de longs traits ou courroies qu'ils redressent en les faisant sécher suspendus et garnis d'une lourde pierre à leur base.

De la *peau* des jeunes, travaillée avec ses poils et teinte, on fait des chapeaux qui imitent un peu le Castor, mais conservant une certaine rudesse au toucher.

Leur *dentition* plus faible que chez les précédents et comme atrophiée, ainsi que leur *doigt* médian plus allongé que les autres, en a fait faire pour quelques auteurs un genre particulier sous le nom d'*Erignathus*, GILL. Quatre mammelles, au lieu de deux, distinguent encore bien les femelles de celles des précédentes espèces.

C'est un animal d'assez grande taille variant entre $2^m,40$ à 3 mètres de longueur.

Près de ce dernier il faut encore ajouter une espèce voisine.

Le Phoque du Groënland, *Phoca groenlundica*, MÜLLER.

NOMS VULGAIRES. — Ceux du groupe.

Ce phoque appelé aussi *Phoque à croissant*, par suite de la disposition de ses taches sur les côtés du dos, a aussi six *incisives* supérieures et quatre inférieures, mais le deuxième *doigt* de ses membres antérieurs est le plus allongé. Sa couleur est blanchâtre avec le museau et le front noir ainsi que les taches de son dos; mais il est assez variable de pelage et les vieux sujets ne conservent plus que de rares poils sur leur dos.

Ses habitudes sont les mêmes que celles de l'espèce précédente, et plusieurs fois il est venu se faire capturer sur les côtes anglaises de la Manche, ce qui rend plus que probable son apparition sur nos propres côtes.

Il atteint 3 mètres de longueur, et l'*huile* que l'on tire de l'épaisse couche de graisse qui est sous sa peau a, dit-on, l'odeur et la couleur de vieille huile d'olive.

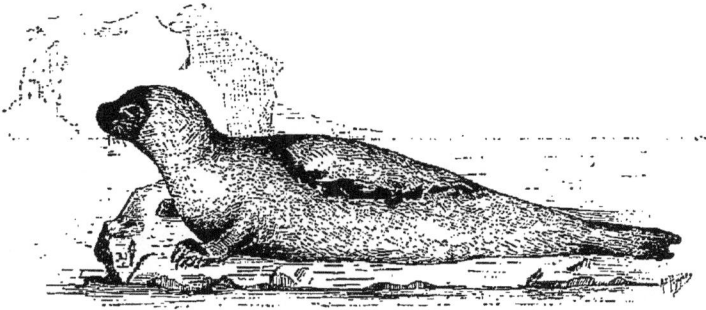

Fig. 206. — Phoque de Groënland. Longueur 2m,80.

C'est le représentant du genre *Pagophilus* des auteurs modernes.

Enfin à cette liste, on peut encore joindre, mais plus dubitativement :

L'OTARIE....., *Otaria sp.?...* (PÉRON).

Animal de même ordre et de même forme générale, mais d'une famille différente, celle des OTARIDÉS, caractérisée par des oreilles externes rudimentaires, un pelage généralement plus fourni, des membres plus mobiles, surtout aux extrémités inférieures, dont les pattes peuvent venir se placer parallèlement au corps au lieu de rester fixées dans son prolongement, ce qui lui permet de s'en servir beaucoup mieux sur le sol. Ils diffèrent encore beaucoup des Phocidés, par l'absence d'ongles et le prolongement en lanière des palmatures de leurs doigts.

Fig. 207. — Profil de la palmature des membres antérieurs chez les Otaries.

Fig. 208. — Profil de la palmature des membres postérieurs chez les Otaries.

La présence de cet animal sur nos côtes ne repose que sur une seule observation signalée par le professeur Gervais. « M. Valencienne, écrit-il, possède le crâne d'un « animal de cette famille qui a été trouvé sur une plage « du département des Landes. Ce crâne provient-il d'un « individu mort dans les environs et que les courants y « avaient apporté, ou bien a-t-il été pris dans le sud, et « rejeté sur nos côtes par quelque navire ? C'est ce qu'il « a été impossible de décider (1). »

Assez communs autrefois sur nos côtes, les Phoques en ont presque disparu, car sans aucune défense et

(1) Gervais, *Histoire naturelle des Mammifères*, t. II, p. 305-306.

sans facilité d'échapper par la fuite lorsqu'ils sont à terre, on les a bètement détruits, pour tirer un coup de fusil, par plaisir de tuer, et le plus souvent sans tirer aucun profit de leur dépouille, qui fournit cependant de nombreux produits à l'industrie, sans parler de leur chair, sinon bonne, du moins très mangeable, malgré son goût de Poisson un peu accentué.

Pris jeunes, ils s'apprivoisent facilement, sont doux, dociles, intelligents, susceptibles d'attachement comme un Chien, obéissent à leur maître, recherchent même ses caresses et se dressent facilement à la *pêche*, où ils pourraient devenir de précieux auxiliaires.

Leur cri qui résonne assez comme *va-va*, mais qu'avec un peu de bonne volonté on peut traduire par *pa-pa*, fait dire à quelques saltimbanques, qu'ils peuvent apprendre à parler.

Dans les régions du Nord où ces animaux sont relativement abondants, les habitants en tirent toujours un immense profit ; ils boivent leur *lait*, se nourrissent de leur *chair*, soit fraîche, soit séchée ou fumée ; ils assaisonnent leurs aliments avec sa *graisse*, en font de l'*huile* inodore qui leur sert à tous les usages domestiques, et que la rigueur du climat leur permet même de boire ; du *sang* mêlé à l'eau de mer, ils préparent une sorte de soupe, et le consomment aussi sous différentes autres formes, soit cuit, soit pétri en gâteau, soit même encore glacé. Des *tendons* et *boyaux* ils forment des cordes d'arcs, des cordages de pirogues ; des *membranes*, des *intestins* séchés, ils en font des vitres, ou bien les assouplissent et s'en font des sortes de casaques imperméables, bien supérieures aux capots de nos matelots ; de la *peau* ils se font des vêtements, en recouvrent leurs pirogues ou leurs tentes, ou bien coupées en lanières très minces ils en font des filets pour la pêche des Poissons (1) ; ils transforment en clous, en navettes pour faire des filets et même en aiguilles les *côtes*, et se servent aussi des *omoplates* en guise de bêche. Les *vessies* leur servent encore de vases ou bouteilles pour renfermer leur huile.

Dans la région des grands lacs où on les retrouve encore, les paysans américains retournent leurs *peaux*, les ferment hermétiquement après les avoir gonflées d'air, et s'en servent de radeaux en en groupant plusieurs réunies par des joncs et roseaux.

Chez nous, leur *cuir* plus ou moins fort suivant l'espèce est passé en cuir fort ou en cuir blanc, ou bien encore est travaillé en maroquin, qui prend un beau grain, mais n'est pas très résistant ni d'un bon emploi pour des objets de fatigue.

La *peau* des jeunes, garnie de ses poils, sert à faire des mules et pantoufles ; celle des adultes soit naturelle, soit teinte en noir, sert à couvrir des carniers de chasse, des sacs de soldats ou des malles ; quelquefois aussi à faire des blagues à tabac. — C'est un membre de cette famille vivant dans l'océan Pacifique sur les côtes nord des États-Unis qui fournit ces belles peaux appelées « *Castor des Indes* » par les fourreurs et servant à faire des casquettes, des jaquettes pour dames, des bordures de vêtements, etc.

(1) Alph. PINARD, *Chasses aux Animaux marins et pêcheries à la côte du Nord-Ouest d'Amérique.* Boulogne-sur-Mer, 1875, p. 15.

La *chair*, noire comme celle du Lièvre et qu'utilisent beaucoup les Norwégiens, est mangée par quelques personnes qui l'apprécient surtout frite ; elle est du reste tendre et délicate chez les jeunes (1).

De leur *graisse* et du *lard* qui se trouve sous la peau on tire une excellente huile, supérieure à celle de la Baleine, inodore, très bonne à brûler et pour la préparation des cuirs.

Malheureusement, ces animaux que nous devrions protéger, chercher à multiplier et à nous attacher comme auxiliaires, disparaissent et bientôt n'existeront plus, même dans les régions du Nord qui sont particulières à quelques espèces et où d'autres se sont retirées devant nos poursuites (2).

(1) De nombreux documents prouvent qu'au moyen âge les couvents en faisaient d'assez grandes consommations en carême, et une ordonnance du roi Jean II dit le Bon, nous montre qu'à Paris même sa *chair* se vendait communément dans le milieu du xiv° siècle.

(2) Ces animaux presque disparus de nos côtes se réfugient dans les glaces du Nord pour échapper à nos poursuites, mais n'y sont pas toujours à l'abri de nos coups et y disparaîtront aussi dans un avenir plus ou moins éloigné.

Les journaux de Québec (Canada) ont tous raconté que le 9 avril 1889 à la suite de violentes tempêtes de neige, toute l'embouchure du fleuve Saint-Laurent, jusqu'au-delà de l'île Anticorti, se trouva couverte de glaces et qu'un grand nombre de Phoques furent emprisonnés sur ces blocs qui s'étaient réunis et soudés ensemble. Toute la population maritime aussitôt avertie s'arma de haches, de barres de fer, de simples bâtons et même de marteaux et se rua sur ces pauvres animaux qu'un simple coup sur la tête suffisait à tuer, et qui, ne pouvant s'échapper en nageant, se laissaient massacrer sans faire nul effort pour se sauver ou se défendre.

On évalue à environ 150,000 le nombre de ces animaux qui furent ainsi détruits en trois ou quatre jours, et dont une petite partie seulement put être utilisée, les autres s'étant perdus avec la dislocation des glaces.

ORDRE DES SIRÉNIENS

Avant d'aborder l'Ordre des Cétacés, nous ne pouvons passer sous silence la capture étrange, faite à Dieppe dans le commencement du siècle dernier, d'un animal appartenant à l'Ordre des Siréniens appelés aussi, mais improprement, *Cétacés herbivores* (1). Capture tombée dans l'oubli et que n'a rappelée depuis lors aucun de nos zoologistes.

(1) Ce sont ces animaux à apparence un peu de Phoque, mais à tête plus ronde, à nageoires et *mamelles pectorales*, sans membres postérieurs et à queue plate et transversale ou arrondie, qui ont donné lieu dans l'antiquité à la fable des *Sirènes* (de là leur nom d'Ordre actuel) et qu'Horace a décrit dans ce vers si connu :

DESINIT IN PISCEM MULIER FORMOSA SUPERNÈ

Beau corps de femme par en haut, mais terminé en queue de Poisson. — Ces animaux qui se tiennent fréquemment debout dans l'eau, avec une partie du corps émergé, quand quelque chose attire leur attention, ont encore pour les Espagnols et les Portugais gardé le nom de Poisson-femme, *Pescado muger.* — Cette apparence est accentuée surtout, lorsqu'avec les nageoires pectorales, ils pressent et soutiennent un jeune suspendu à leur mamelle.

Les animaux de cet ordre vivant sur les côtes et dans les fleuves de nos colonies de la Guyane et du Sénégal, et connus sous le nom de *Lamentins*, sont des espèces d'humeur très douce, sans défenses, n'ayant qu'un régime végétal, s'apprivoisant très facilement, donnant une *chair*, un *lard* et un *cuir* estimé et que nous aurions tout intérêt à voir se propager en Algérie dans nos lacs et rivières où ils se trouveraient tout acclimatés. Avec la rapidité de communication actuelle, leur transport ne présenterait plus de grande difficulté. Rappelons donc l'attention sur eux, d'autant plus qu'étant sans défense, et nullement protégés là où ils se trouvent, ils sont près de disparaître. — Espérons que bientôt la Société du Jardin d'acclimatation nous en montrera soit en Algérie, soit dans son parc d'Hyères, et même (par

Voici le passage de Duhamel (1) ayant trait à cette capture, à l'article du *Bœuf marin* ou *Manati* des Espagnols :

« Ce poisson n'est pas commun sur nos côtes. On se rappelle néanmoins en Haute-Normandie qu'après une grande tempête, une femelle avec son petit furent trouvés dans un parc (de pêche) à une demi-lieue de Dieppe. Les pêcheurs qui ne connaissaient pas ce poisson ne tirèrent aucun profit d'une capture qui aurait pu leur être avantageuse (2). »

Duhamel qui ne l'a pas vu, et qui ne connaissait ni les Dugongs ni les Rhytines, pense que ce devait être un **Lamentin,** d'après la description qu'on lui en a faite et à cette occasion, il figure lui-même un Lamentin dans son atlas. Mais rien ne prouve que ce fut cet animal qui vit dans nos mers tropicales et s'éloigne peu de l'embouchure des rivières, dont il recherche les eaux douces ; du reste à cette époque les Dunkerquois et les Dieppois qui avaient établi des pêcheries de Lamentins à l'embouchure de l'Amazone, auraient sans doute reconnu l'animal et su en tirer parti.

N'était-ce pas plutôt un **Dugong** qui, bien que vivant ordinairement dans la mer des Indes et le grand Océan, a des mœurs assez errantes et aurait pu s'égarer jusque chez nous (3) ?

curiosité) dans son bassin du bois de Boulogne, où ce ne serait certes pas un des moindres attraits pour le public.

(1) DUHAMEL DU MONCEAU, *Traité général des pêches, et Histoire des Poissons qu'elles fournissent.* Paris, 5 vol. in-folio, 1769-1782.

(2) Id., partie II, section X, chapitre III, pages 56, 57.

(3) En 1869, étant à bord du *Poitou* et à environ à 100 ou 120 milles dans le sud de l'archipel des Canaries, nous avons un soir rencontré en

Il se pourrait encore que ce fut une **Rhytine,** autre espèce du même groupe, fort paisible et également sans aucune défense, qui vivait dans les régions boréales, d'où elle a disparu vers 1768 sous les coups répétés des pêcheurs de Baleines et surtout des pêcheurs de la *Société russe de découvertes* qui s'occupait particulièrement de l'exploitation du lard et de l'huile de cet animal.

Quoi qu'il en soit, il est certain, d'après les détails qu'en donne Duhamel, que cet animal était voisin du *Lamentin*, et devait par conséquent appartenir à l'Ordre des Siréniens ; c'est pourquoi sans lui faire prendre absolument rang dans notre faune, nous avons cependant cru ne pas devoir passer sous silence cette curieuse capture, afin d'être aussi complet que possible dans notre liste d'animaux vivant ordinairement, ou se montrant *très accidentellement* sur le sol français.

La présence d'un animal de cet *Ordre*, n'est du reste pas un fait isolé dans nos régions, car l'histoire nous a conservé le récit de plusieurs captures analogues. — Nous lisons en effet dans Larrey (1) qu'un *homme*

pleine mer un animal d'environ 5 à 6 mètres de long, qui s'est heurté contre notre bâtiment, et que nous n'avons malheureusement pu que bien mal entrevoir dans le sillage du navire, où tout étourdi du choc, il roulait sur lui-même. Mais nous l'avons suffisamment vu pour être certains qu'il n'avait pas de nageoire dorsale et que ce n'était pas un Cétacé ; il ne pouvait donc qu'appartenir à ce groupe, et eu égard à sa taille, il n'est pas probable que ce fut un *Lamentin* ; ce ne pouvait donc être qu'un Dugong. — Les apparitions de ce dernier animal dans l'Atlantique sud ne sont du reste pas rares, et très probablement aussi les Lamentins de 5 à 6 mètres de long signalés à diverses reprises dans les Antilles et jusque sur les côtes de Floride ne peuvent être autres que cette espèce.

(1) *Histoire d'Angleterre*, 4 vol. in-fol.; Rotterdam, 1707-1713, I, p. 403.

marin fut pêché en 1187 à Oxford. D'anciens mémoires racontent qu'une *femme marine* échoua en 1430 sur les côtes de la Frise occidentale, à peu de distance d'Amsterdam. Sigismond le Grand, roi de Pologne, reçut en cadeau en 1531 un *homme marin* qui avait été capturé dans la mer Baltique. Une autre capture est signalée dans la Manche près d'Exeter en 1537. Des journaux de bord signalent aussi la présence de *femmes marines* aux îles Fœroë en 1617 ; enfin les archives de Copenhague en indiquent encore une capture dans le port même de cette ville en 1669 ; et bien d'autres ont dû passer inaperçues.

Toutes ces captures, malgré les fables et tout le merveilleux dont les auteurs de ces diverses époques les ont entourées, ne peuvent évidemment être attribuées qu'à de Véritables Siréniens, tous assez communs autrefois, et que des circonstances accidentelles ont entraîné hors de leur habitat ordinaire.

Sans pouvoir discuter à distance et sans autres pièces à l'appui (que le texte de Duhamel) nous ne sommes pas éloignés de croire que la capture de Dieppe ne puisse être attribuée plutôt à une Rhytine qu'à un Dugong, qui se rapproche davantage du Lamentin, et que nos pêcheurs *n'ont pas reconnu.*

Mais pour les autres captures que nous signalions chez nos voisins, et pour lesquelles les historiens ont parfois donné si libre cours à leur imagination dans les descriptions qu'ils en ont faites, nous pensons cependant que par les termes de *femmes* et *d'hommes marins* qu'ils ont employés, on doit davantage croire à la présence de Dugongs et plus encore à celle de Lamentins, qu'à des captures de Rhytines dont les grandes dimensions, la petite tête et la forme générale très allongée les éloignent bien davantage de toute apparence humaine, et n'auraient pas, il nous semble, provoqué les récits si étranges dont quelques auteurs contemporains ont cru devoir les accompagner.

Les Rhytines, nous l'avons vu, ont été détruites par des pêcheurs pour s'emparer de leur *lard*, bien supérieur à celui des Cétacés et donnant une *huile* douce, excellente et sans odeur. Leur *chair* aussi, comparée, suivant l'âge, à celle du Veau ou du Bœuf, était recherchée des habitants des côtes et des équipages des navires.

Les Dugongs, herbivores aussi comme les autres animaux de cet Ordre, fournissent également une *chair*, un *lard* et une *huile* assez estimés. Leurs *dents* ont été, et sont encore employées par les superstitions populaires. Leur *cuir*, très spongieux, mais très résistant au sec, fait d'excellentes sandales dans les pays où vit cet animal.

La *chair* du Lamentin, comparée par quelques personnes à celle du Porc, a un goût assez prononcé. Très estimée des uns, elle est dédaignée des autres ; mais son *lard* et son *huile* sont unanimement reconnus d'excellente qualité et sans odeur, aussi sont-ils recherchés pour l'alimentation comme pour l'éclairage. Son *cuir*, très épais, et spongieux aussi comme celui du Dugong, est d'un mauvais emploi à l'humidité, mais d'un assez bon usage au sec.

Ordre IX. — CÉTACÉS

Ce dernier ordre, essentiellement *Mammifère* par son organisation interne et par l'allaitement des jeunes, nous rapproche plus encore des *Poissons* par les formes et le genre de vie.

Les animaux qui le composent sont beaucoup plus appropriés à la vie aquatique que les Phoques et les Siréniens. Ils n'ont plus de membres postérieurs ; leur

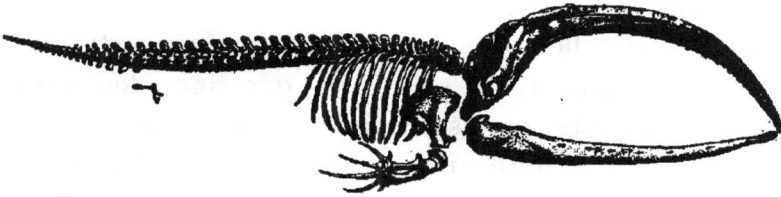

Fi;. 209. — Squelette d'une Baleine franche, montrant son bassin rudimentaire. Longueur de l'animal, 30 mètres.

bassin est même réduit à une forme rudimentaire ; les membres antérieurs sont transformés en véritables *nageoires*, sans ongles par conséquent, et le scalpel seul peut y faire découvrir une apparence de main. Généralement ils ont une troisième nageoire sur le dos ; mais elle est seulement cutanée et formée par une sorte de feutrage de fibres cornées. Leur *queue* cutanée également et sans rayons osseux est comparable comme forme à celle des Poissons, mais elle est disposée transversalement au lieu d'être verticale, ce qui leur donne un genre de natation tout différent.

La *tête* fait suite au corps sans indication de cou, comme chez les Poissons, aussi ont-ils tous une apparence fusiforme ou *pisciforme*. Ils n'ont point d'*oreilles* externes, et leurs narines consistent en un *évent* simple ou double et de formes variables, situés au sommet de la tête, et leur permettant de respirer facilement en effleurant l'eau et alors que la mâchoire y est encore largement plongée.

Chez les *Cachalots* et les *Mysticètes* les évents servent encore à expulser en un, deux ou plusieurs jets, une partie de l'eau renfermée dans leur bouche en même temps que leur proie, et dont ils se débarrassent (à la façon des fumeurs faisant sortir la fumée par le nez) avant d'avaler la masse des petits animaux constituant leur nourriture. C'est pour cela que dans les pays chauds, ces jets paraissent intermittents, tandis que dans l'extrême nord, ils apparaissent constamment, alors que l'animal ne fait que respirer, mais sous l'influence de la condensation par le froid, de la vapeur d'eau exhalée par leurs vastes poumons (1). Dans l'un

(1) Trompés par le solide sphincter interrompant la communication entre les voies digestives et les voies respiratoires (organe qui ne peut s'ouvrir que par la volonté expresse de l'animal), beaucoup d'anatomistes pensent que les jets des évents ne peuvent être que des *jets de vapeur d'eau sortant de leurs poumons.* Mais nous avons vu certains de ces animaux d'assez près dans les mers tropicales pour être persuadés du contraire, car le bruit de souffle ou de respiration s'y fait entendre en même temps qu'on aperçoit le panache

ou l'autre cas, ces jets spnt accompagnés d'un bruit de souffle particulier, causé par l'air qui s'échappe en même temps que la vapeur et que l'eau qu'il granule ou vaporise comme le ferait le tube d'un vaporisateur.

Chez les *Dauphins* et la plupart des DENTICÈTES (à l'exception du *Cachalot*) ces rejets d'eau par les évents sont très rares, peu considérables et forcément en rapport avec la petite capacité de la cavité buccale. C'est du reste la bouche ouverte qu'ils avalent leur proie plus ou moins grosse, tandis que les Mysticètes surtout sont obligés de la fermer pour préparer leur bol alimentaire composé d'une foule de très petits animaux.

La plupart ont des *dents :* nombreuses chez quelques espèces, elles deviennent rares chez d'autres, et disparaissent tout à fait dans deux familles, où elles sont remplacées par de larges lames cornées disposées en peigne et appelées *fanons*.

Très appropriés au milieu dans lequel ils vivent, ils n'ont pas de poils, mais une *peau* lisse qui facilite leurs évolutions dans l'eau. L'épaisse couche de graisse, qui se trouve au dessous vient aussi les alléger et remplacer leur fourrure en les garantissant du froid. Aussi sont-ils très lestes dans l'eau malgré l'immense taille qu'acquièrent quelques-uns d'entre eux, et peuvent-ils impunément vivre dans les régions les plus désolées et les plus froides du globe où les retient leur instinct de conservation afin de se soustraire aux poursuites de

d'eau granulée, et souvent aussi saus montrer aucun jet apparent, c'est-à-dire lorsqu'il n'est accompagné que de la vapeur d'eau sortant de leurs poumons et presque à la température de l'air ambiant où elle n'est guère visible.

l'homme qui leur fait une guerre acharnée pour s'emparer des graisses, huiles et autres produits qu'ils fournissent à l'industrie.

Quoique obligés de venir à la surface de l'eau pour respirer, jamais ils ne vont à terre comme les PHOQUES et les SIRÉNIENS, et lorsque accidentellement ils y sont poussés par les vagues ou toutes autres causes, ils y échouent sans pouvoir faire aucun mouvement et périssent non plus par asphyxie comme les Poissons, mais bien de faim ou de la maladie, qui a pu aussi être la cause de leur échouement par suite de manque de forces pour se diriger et vaincre les courants ou la marée.

Tous sont carnassiers et se nourrissent de proies vivantes ; les uns de grands et gros Poissons qu'ils poursuivent avec impétuosité ; les autres de Seiches, Poulpes, Calmars ou Loligos ; d'autres enfin, tels que les *Balénoptères* ou *Baleines* qui n'ont pas de dents pour saisir leurs proies et ne possèdent qu'un gosier minuscule pour leur masse, se nourrissent de petits Crustacés, de petits Mollusques et de Méduses abondants dans les parages qu'ils fréquentent et que retiennent facilement les lames cornées qui garnissent leurs mâchoires.

Presque tous sont sociables et vivent par *gammes* ou troupes plus ou moins nombreuses, et ordinairement sous la conduite d'un chef, partout où l'homme ne les trouble pas et ne les oblige pas à vivre en fuyards.

Bien souvent nous avons soutenu, contrairement aux idées généralement admises, que dans la natation des Poissons, où tous les organes concourent simultanément à la propulsion et à la direction, c'est cependant la *queue* qui est le principal organe locomoteur ou de propulsion, tandis que le rôle ordinaire et principal des *nageoires* est celui de gouvernails médians ou latéraux. — La preuve de cette théorie se démontre d'elle-même par la simple inspection des organes du mouvement, surtout chez les espèces à allures rapides (Pélamides, Salmonides, etc.). Leur queue très développée, faisant suite intime avec la colonne vertébrale, est actionnée par des muscles puissants, tandis qu'ils n'ont que des nageoires, souvent isolées de la charpente osseuse, peu musclées, peu étendues, et dont le développement même nuirait plus qu'il ne servirait à leur rôle de gouvernail.

Cette théorie est également vraie pour les Cétacés ; mais par suite de leur respiration pulmonaire au lieu de branchiale, et de la nécessité où ils peuvent se trouver, dans certains cas, de venir rapidement respirer à la surface, leur queue est horizontale au lieu d'être verticale, ce qui vient considérablement faciliter leur allure ascensionnelle. Arrivés à la surface, cette queue perd sa puissance locomotrice, ne trouvant plus sur ses deux faces une égale résistance ; il leur faut donc plonger pour trouver sous une certaine masse de liquide la résistance nécessaire pour y puiser de nouvelles forces de propulsion. De là, les mouvements que nous leur connaissons à la surface des eaux, et qui n'ont l'air de ne se composer que d'une série de bonds ou courbes dans lesquels ils viennent successivement mettre à l'air leur museau, leur dos et leur queue. Les nageoires pectorales, par leur direction plus ou moins inclinée avec le plan de l'horizon, servent à diriger ces courbes ; et chez la plupart des espèces, plus ou moins fusiformes, une nageoire ou aileron dorsal immobile vient encore assurer leur stabilité verticale en leur formant une sorte de carène renversée.

Bien difficiles à réunir dans des collections particulières et même dans des collections d'État, les Cétacés sont encore relativement peu connus, et ont donné lieu à une foule de déterminations faisant quelquefois double emploi et amenant une certaine confusion.

Nous suivrons ci-après pour l'étude de ces animaux les travaux du professeur Gervais, soit seul, soit en collaboration avec le professeur Van Beneden, ceux de M. Fischer pour les espèces du sud-ouest de la France (1), ainsi que les renseignements qu'ont bien voulu nous fournir le professeur Pouchet successeur de P. Gervais à la chaire d'anatomie comparée du Muséum, et son aide le Dr Beauregard, à qui nous exprimons nos sincères remercîments (2).

A l'exception des *Marsouins* et des *Dauphins*, les captures ou échouements de Cétacés sont relativement rares sur nos côtes ; tous ont à peu près les mêmes produits et emplois ; tous peuvent contribuer à l'alimentation de l'homme et surtout verser au commerce et à l'industrie d'importantes masses de matières premières ; mais quelques-uns sont encore assez peu

(1) M. Fischer a bien voulu aussi nous autoriser à reproduire les figures (*Dauphins, Marsouins, Nésarnack* et *Grampus gris*) qu'il a publiées d'après nature dans son Mémoire sur les *Cétacés du sud-ouest de la France*, in *Actes de la Société linnéenne de Bordeaux*, tomé XXXV, 1881.

(2) Nous remercions aussi M. Visto, préparateur au même laboratoire, qui nous a très utilement guidé dans la recherche de différentes pièces de la collection du Muséum, que le défaut d'espace a obligé à disséminer souvent bien loin les unes des autres.

connus. Aussi avons-nous cru devoir attirer quelque peu l'attention sur eux, et surtout les figurer, afin qu'à l'occasion, nos lecteurs des bords de la mer puissent les reconnaître, et au besoin les signaler dans le cas d'espèces rares ou intéressantes pour l'étude.

On les divise en deux sous-ordres : les Denticètes et les Mysticètes.

Sous-ordre des DENTICÈTES

On appelle Denticètes ou Cétodontes les Cétacés dont la bouche est armée de *dents* plus ou moins nombreuses, par opposition aux Mysticètes dont la bouche est garnie de *fanons*. — Leurs dents n'étant plus destinées qu'à saisir ou arrêter les proies sans les déchirer ni les mâcher, n'affectent plus les apparences d'incisives, canines ou molaires, mais acquièrent une nouvelle forme plus appropriée à leur emploi, et sont (de même que les fanons) toutes semblables entre elles, ne variant que dans leur dimension suivant leur position sur la mâchoire.

Ils forment trois familles : les Delphinidés, les Zyphidés et les Physétéridés.

Famille des DELPHINIDÉS

Pour ne pas trop multiplier les familles, nous conserverons ici avec la plupart des auteurs, une assez nombreuse série d'espèces (renfermant toutes nos petites et quelques grandes) ayant une *tête* de forme variable, mais toujours armée de *dents* plus ou moins fines et aiguës, coniques et assez semblables entre elles ; variables comme quantité, mais généralement nombreuses et garnissant l'une et l'autre mâchoire chez toutes nos espèces moins une.

Leurs *narines* se confondent en un seul trou ou *évent* disposé transversalement en forme de croissant ou fer à cheval, et placé au milieu de la tête.

Leurs caractères secondaires les ont fait diviser en un assez grand nombre de genres et nécessitent de les séparer en trois groupes : les DAUPHINS, les MARSOUINS et les ORCINS.

NOMS VULGAIRES. — Les diverses espèces composant cette famille ont bien souvent été englobées dans une même dénomination par le public assez disposé à les confondre ensemble : *Souffleur* sur les côtes de la Manche ; *Souffleur* et *Marsoin* sur les côtes de l'Atlantique, et *Soufflur* sur les bords de la Méditerranée.

Groupe des Dauphins

Ce groupe, le plus nombreux en espèces renferme des individus de taille moyenne.

Il est surtout caractérisé par un *rostre* ou *bec* assez pointu et bien distinct de la tête, dont les *dents* plus ou moins fines et aiguës sont très nombreuses et varient comme nombre entre 80 et 200.

Trois genres composent ce groupe ; les *Delphino-rhynques*, les vrais *Dauphins* et les *Souffleurs*.

Genre DELPHINORHYNQUE, *Delphinorhynchus*

Leur *museau* très allongé et comprimé latéralement
ne se trouve pas bridé dans sa région frontale par une
sorte de visière de casque comme chez les suivants.

Leur *palais* est sillonné ou canaliculé longitudinalement dans sa partie osseuse.

Leurs *dents*, plus fortes que celles des Dauphins, varient entre 80 et 150.

Trois espèces composent le genre.

Le Delphinorhynque de Saintonge, *Delphinorhyn-chus Santonicus* (LESSON).

NOMS VULGAIRES. — N'a d'autres noms que ceux de la famille.

Cette rare espèce établie pour un individu capturé
en 1835 dans la rade de l'île d'Aix à l'embouchure de

FIG. 210. — Le Delphinorhynque de Saintonge. Longueur, 1ᵐ, 84.

la Charente a été décrite et figurée par Lesson, et nous
présente les caractères suivants: *taille* 1ᵐ,84 ; nageoire
dorsale recourbée et située un peu au-delà du milieu

du corps ; *œil* joignant presque l'angle de la bouche ;
rostre mince, arrondi, bien séparé du front qui s'élève
en bosse et se confond peu après avec la ligne du dos.
Noir intense sur le dos et blanc satiné inférieurement.

Il avait 66 *dents* à la mâchoire supérieure et 76 à la
mâchoire inférieure, = 142 dents.

Le Delphinorhynque à long bec, *Delphinorhynchus rostratus* (Cuvier).

NOMS VULGAIRES. — Les noms attribués à la famille, avec le
qualificatif de *grand* qui les précède.

Cette espèce la plus commune du genre, car on l'a rencontrée en Angleterre, en Belgique, en Hollande, etc...,

FIG. 211. — Le Delphinorhynque à long bec. Longueur 4 mètres.

et même en Italie, est connue chez nous par une capture
faite aux environs de Brest. Brehm (1) signale encore
la prise d'une femelle et de son jeune en 1788 près de
Honfleur.

Beaucoup plus grand que le précédent, il atteint et
dépasse 4 mètres. Son *corps* noir de suie en dessus est

(1) *Vie des animaux, Mammifères*, tome II, p. 843.

blanc rosé en dessous. Sa *tête* est courte. Son *rostre* semble comprimé latéralement et ne présente pas de dépression sensible à son union avec la tête. Ses *dents* finement grenues à leur surface étaient au nombre de 42 à chaque mâchoire, = 84, dans l'exemplaire de Brest; mais d'autres individus en ont présenté 88. Son *œil* est situé un peu plus haut que dans l'espèce précédente. Sa nageoire *dorsale* occupe à peu près le milieu de son corps et ses *pectorales* sont très falciformes.

Le Delphinorhynque plombé, *Delphinorhynchus plumbeus* (Cuvier).

Noms vulgaires. — Comme le précédent.

C'est avec doute que nous inscrivons ici cette espèce d'après une capture faite dans la Méditerranée par

Fig. 212. — Le Delphinorhynque plombé. Longueur 3ᵐ,80.

Loche, et dans laquelle il a cru retrouver le *plumbeus* publié par Cuvier pour des individus venant de l'Océan indien.

L'exemplaire de Loche avait 3ᵐ,80 de long, avec 72 *dents* à la mâchoire supérieure et 64 à la mâchoire inférieure, = 136 ; son *corps* noirâtre sur les côtés et. le dos, était gris blanchâtre inférieurement (1).

Les mœurs des Delphinorhynques sont peu connues, par suite de leur rareté et de leur séjour ordinaire dans la haute mer. Leur allure est rapide, aussi on les recherche peu, par suite de la difficulté de leur capture, et du peu de bénéfices qu'ils procureraient. Il est probable que leurs mœurs se rapprochent de celles des Dauphins. Ce sont dans tous les cas, des carnassiers redoutables, si l'on en juge par la masse de Poissons qui garnissent toujours leur estomac.

Genre DAUPHIN, *Delphinus*

Les animaux qui composent ce genre ont aussi un *rostre* très allongé, mais moins cependant que chez les DELPHYNORHINQUES. Ce rostre ou bec est toujours aplati et bridé à sa base (vers la partie qui joint le front) en forme de *bec-d'oie* ou de visière de casque. Chaque mâchoire est également garnie de *dents* coniques, aiguës, égales et nombreuses variant entre 78 et 100 paires ; 156 à 200 dents.

Quelques auteurs ont distrait de ce genre sous le nom de CLYMÈNE (*Clymene*) les espèces dont le *palais*

---

(1) Nous indiquons ici, comme nous le ferons encore par la suite, sous le nom d'ESPÈCE FRANÇAISE, toutes les espèces de *haute mer*, à *marche rapide*, qui ont été capturées entre la France et l'Algérie, l'Espagne et l'Italie, car si elles n'ont pas encore été officiellement reconnues sur nos côtes, elles ne peuvent manquer de l'être un jour ou l'autre ; la moitié de cette distance pouvant facilement être parcourue par ces animaux en quelques heures ; ce qui représente, bien petitement encore, la surface ordinaire de leur *habitat*.

osseux n'est pas sillonné de rainures latérales ; mais cette division pour toutes nos espèces, n'est pas encore complètement bien établie.

Le Dauphin vulgaire, *Delphinus delphis*, Linné.

Noms vulgaires. — *Oie de mer, Souffleur* (Normandie). — *Porc de mer, Penn môc'h-vor* (Bretagne). — *Delfin* (Finistère). — *Daofin* (Loire-Inférieure). — *Itxas'urdia* (Basses-Pyrénées). — *Souffleur* et *Marsouin* sur toutes les côtes de l'Atlantique. — *Daoufin* (Bouches-du-Rhône). — *Doufin, Por marin* (Gard). — *Porc de mar* (Pyrénées-Orientales).

Connu dès la plus haute antiquité il est devenu l'animal par excellence de la mythologie grecque, traînant le char de Galathée ou servant de monture aux Nymphes et aux Tritons de la cour d'Amphitrite.

Les Grecs, qui l'avaient presque divinisé, assuraient que dans bien des cas il prêtait son concours aux humains pour les sauver des naufrages. — Qui ne se souvient de la fable de La Fontaine, *Le Singe et le Dauphin* (1) presque traduite d'Ésope (2)? — Qui ne se rappelle le sauvetage du célèbre Arion, poëte et musicien enrichi à la cour de Périandre, roi de Corinthe (vers l'an 620 avant J.-C.), que des matelots jetèrent à la mer pour s'emparer de ses richesses. Des Dauphins, qui avaient été attirés autour du navire par les sons merveilleux de sa lyre, le reçurent sur leur dos et le transportèrent au cap Ténare en Laconie (3) ; et c'est comme

---

(1) La Fontaine, *Fables*, liv. IV, 5.

(2) Ésope, *Fables*, lxxxviii.

(3) Hérodote, *Histor.*, lib. I; — Hygin, *Fabul.*, cxciv; — Plu-

consécration et souvenir de ce fait que cet animal eut l'honneur de figurer au nombre des constellations. — D'autres fois c'est par jeux et simple amitié qu'il s'offre à transporter des gens sur son dos (1) ; ou par reconnaissance de la nourriture qu'on lui offre. Sous l'empire d'Auguste, racontent plusieurs auteurs, un Dauphin qui était entré dans le lac Lucrin se prit d'une vive affection pour l'enfant d'un pauvre homme. Celui-ci se rendait chaque jour de Baïes à Pouzzoles pour aller à l'école et s'arrêtait ordinairement sur le bord du lac pour lui jeter du pain en l'appelant *Simon*. Bientôt à sa voix le Dauphin accourait du fond de l'onde, et après avoir été régalé par l'enfant, le recevait sur son dos, le conduisait vers Pouzzoles et le ramenait le soir de la même façon. Cela dura, dit-on, plusieurs années ; lorsque l'enfant étant venu à mourir, le Dauphin en conçut un tel chagrin qu'il en mourut aussi (2).

Mais les anciens ne se sont pas seulement plu à faire du Dauphin un admirateur de la musique ou un simple ami de l'homme, ils l'ont encore célébré comme auxiliaire de pêche.

Pline (3) raconte que : « Dans la province Narbonnaise

TARQUE, *Banquet des sept sages* ; — PLINE, *Natur. hist.*, lib. IX, cap. VIII ; — AULU-GELLE, *Nuits attiques*, liv. XVI, ch. XIX ; — OPPIEN, *Halieutiques*, liv. V, v. 450 et suiv. ; — SOLIN, *Polyhistor.*, cap. VII, etc.

(1) PLUTARQUE, *De solert. animal.* ; — PLINE, *Ibid.* ; — PLINE LE JEUNE, *Lettre* XXXIII à Cavinius ; — ATHÉNÉE, *Banquet des savants*, liv. III ; — OPPIEN, *Ibid.* ; — SOLIN, *Id.*, cap. XII.

(2) PLINE, *Ibid.* ; — AULU-GELLE, *Id.*, liv. VII, chap. VIII ; — ÉLIEN, *De naturâ animal.*, lib. VI, cap. XV ; — SOLIN, *Ibid.*

(3) PLINE, *Ibid.*, lib. IX, cap. IX.

au territoire de Nîmes se trouve un étang appelé La-
téra (1), où les Dauphins s'associent à l'homme pour pêcher d'innombrables quantités de Muges. A certaines
époques de l'année où ces Poissons profitent des hautes
marées pour gagner la mer par l'étroite embouchure
de l'étang, le peuple accourt et fait retentir au loin
l'appel de « *Simon* ». Aussitôt, les Dauphins arrivent
comme une véritable armée et prennent position dans
l'endroit où l'action va s'engager. Ils ferment la mer aux
Muges qui dans leur épouvante se rejettent sur les bas-

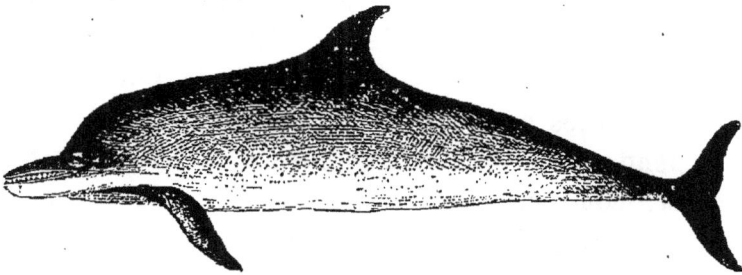

Fig. 213. — Le Dauphin ordinaire. Longueur 2ᵐ,30.

fonds où les pêcheurs ont étendu leurs filets. Ceux qui
tentent d'échapper sont saisis par les Dauphins qui se
contentent de les tuer, attendant pour les dévorer la fin
du combat. La pêche étant finie, ils mangent les morts ;
mais convaincus que le salaire d'un seul jour n'a pas
acquitté leur service, ils reviennent encore le lendemain
et se rassasient non seulement de Poissons qu'on leur
jette, mais aussi de pain trempé dans du vin que leur

(1) Cet étang salé tirait son nom d'un ancien château de Pomponius
Méla construit sur ses bords, et sur l'emplacement duquel se trouve
aujourd'hui le village de Lattes (Hérault).

offre la foule. » — Plus loin (1) il raconte encore d'après Mucianus, que, dans le golfe d'Iassus, les Dauphins se joignent aux pêcheurs sans qu'on les appelle, et que chaque barque est accompagnée par un des leurs, quoique la pêche se fasse de nuit et aux flambeaux. — Oppien (2), Élien (3), Albert le Grand (4), Rondelet (5), et plusieurs autres, racontent aussi pareilles choses se passant sur les côtes de l'Eubée, d'Italie ou d'Espagne.

Nos anciens auteurs vantent encore ses mœurs et disent la sollicitude des mères pour leurs jeunes et avec quels soins les adultes recueillent et entourent ceux des leurs qui sont blessés. — Ces derniers faits, plus vraisemblables, sont très sujets à caution, car le Dauphin, qui comme tous les animaux protège et défend ses jeunes, est cependant un animal très vorace, qui souvent entoure ses confrères blessés non pour les soigner, mais pour les dévorer dès que les forces les abandonnent assez pour ne pouvoir plus se défendre.

Quoi qu'il en soit, ils ont été assez célèbres dans l'antiquité pour que plusieurs villes les aient pris pour emblème et que de nombreuses médailles aient été frappées à leur effigie.

Ce sont du reste des animaux de formes assez élégantes, gracieux dans leurs mouvements et compagnons agréables des marins dont ils charment les loisirs par leurs évolutions autour des navires, à la recherche de tous les débris qu'on en jette et qui deviennent leur

---

(1) PLINE, *Natur. histor.*, lib. IX, cap. x.
(2) OPPIEN, *Halieutiques*, liv X, v. 425.
(3) ÉLIEN, *De natura animal.*, lib. II, cap. viii.
(4) ALBERT LE GRAND, *De anim.*, lib. XXIV.
(5) RONDELET, *De Piscibus*, lib. XVI.

proie ; mais ne faisant pas de mal à l'homme qui vivant est un trop gros morceau pour eux. Il n'en est
sans doute pas de même des gens noyés, qui doivent
subir le sort des Dauphins malades ou blessés.

Il est commun dans toutes nos mers et sur toutes nos
côtes, où il vit par petites troupes de six à dix ou douze
individus semblant constamment jouer entre eux, par
suite de leur genre de natation, que nous avons expliqué
plus haut, et qui, en dehors de tout autre mouvement,
leur fait toujours décrire sous nos yeux une série de
lignes inversement courbes dans le sens de la verticale.

Ces animaux atteignent une longueur moyenne de
2 mètres à 2^m,30 ; ils sont armés de *dents* cylindro-
coniques, aiguës, variant entre 39, 40, 42, 50 et jusqu'à
53 paires aux différentes mâchoires ; soit environ un total
de 160 à 206 dents. — Les moyennes de longueur des
nageoires *pectorales* sont de 0^m,31 ; de la hauteur de la
nageoire *dorsale* de 0^m,22 et de la largeur de la *queue*
0^m,44. On peut ordinairement dire que la pectorale
atteint comme largeur $\frac{1}{7}$ de la dimension totale du
corps ; que la caudale est égale à $\frac{1}{5}$ et que la dorsale a
son bord antérieur situé soit juste au milieu, soit plus
souvent un peu en avant du milieu du corps.

Leur couleur est ordinairement noire en dessus, grise
sur les côtés pour passer au blanc pur sous le ventre.
Quelquefois ils sont marqués de diverses taches de ces
nuances, mais souvent aussi, affectent d'autres colorations assez régulières, parmi leurs diverses petites
troupes, pour sembler avoir formé plusieurs races ou
variétés, qu'ont décrites quelques auteurs et en particulier (pour le golfe de Gascogne) M. Lafont de Bor-

deaux, dont le mémoire a été publié après sa mort, par son ami M. Fischer.

Nous en reproduisons ci-dessous les diagnoses et les figures, ainsi que l'auteur a bien voulu nous y autoriser.

Var. 1. — **Le Dauphin fuseau,** *Delphinus fusus,* Lafont. — Une large tache jaunâtre sur les côtés du

Fig. 214. — Le Dauphin fuseau.

corps, s'étendant depuis l'œil jusqu'au niveau de l'aileron dorsal ; une tache grisâtre lui faisant suite sur les côtés de la queue ; une bande jaunâtre allant de la pectorale à la lèvre inférieure.

Var. 2. — **Le Dauphin de Souverbie,** *Delphinus*

Fig. 215. — Le Dauphin de Souverbie.

Souverbianus, Lafont. — Diffère du précédent par sa tache jaunâtre plus étroite, par la coloration noire de la bande qui se porte de la pectorale à la lèvre inférieure, et par la teinte noire du rostre en dessus et en dessous.

Var. 3. — **Le Dauphin varié,** *Delphinus variegatus*, LAFONT. — Coloration générale analogue au premier; il s'en distingue par la présence d'une bande noire oblique située sur les côtés de la partie postérieure et inférieure du corps, et se dirigeant depuis le niveau de la dorsale jusqu'à la racine de la queue ; une deuxième

Fig. 216. — Le Dauphin varié.

bande noire, plus étroite, se dirige d'avant en arrière, jusqu'au voisinage de l'anus.

Var. 4. — **Le Dauphin baudrier,** *Delphinus baltea-tus*, LAFONT. — Diffère du précédent par l'absence de la petite bande préanale. La bande noire oblique du côté de la partie postérieure du corps est moins marquée et interrompue à sa partie moyenne.

Var. 5. — **Le Dauphin musqué,** *Delphinus mos-chatus*, LAFONT. — Une large tache grise sur les côtés du corps.

Ces variétés, ajoute l'auteur, pourraient être réduites à deux. Les variétés 3 et 4 diffèrent à peine entre elles ; les variétés 1 et 2 ne se distinguent également que par

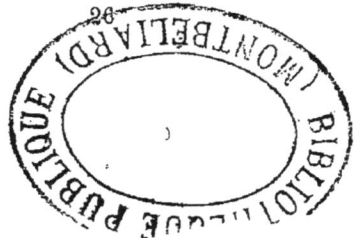

de faibles caractères, et quand on compare les numéros 1 et 2 avec 3 et 4 on ne trouve d'autres différences
que la présence d'une ou deux bandes supplémentaires.

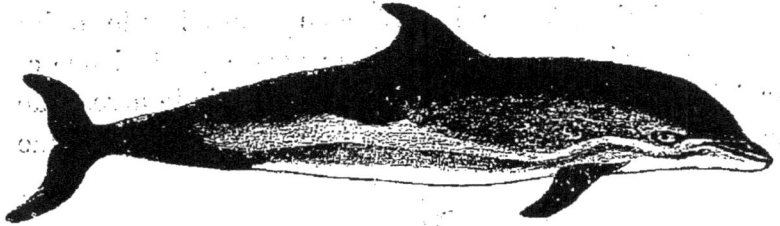

Fig. 217. — Le Dauphin musqué, mâle.

Les différences ostéologiques des dents et des os
n'ont pas paru meilleures.

Fig. 218. — Le Dauphin musqué, femelle.

Il faut ajouter aussi que la comparaison n'a pas toujours été faite entre individus du même sexe et du même
âge, la mort ayant interrompu l'auteur au milieu de ses
recherches. Quoi qu'il en soit nous avons ici un exemple
du peu d'importance de la coloration comme caractéristique des espèces.

Le Dauphin majeur, *Delphinus major*, GRAY.

NOMS VULGAIRES. — N'est pas distingué du précédent.

Cette espèce établie par Gray sur un crâne d'une provenance inconnue se rapproche bien du Dauphin vulgaire. Il a le palais canaliculé comme lui et une formule dentaire analogue, mais il dépasse $0^m,53$ de longueur, tandis que la moyenne de nos crânes d'adultes n'est que de $0^m,45$. Il représente donc un animal de taille bien plus grande. Un crâne trouvé sur nos côtes du Finistère et déposé au musée de Stokholm a été identifié à cette espèce par M. Malm.

C'est donc une de nos espèces océaniques ; mais peut-être aussi cela peut n'être qu'un *Delphinus delphis* de taille énorme. De nouvelles captures et la conservation de l'animal entier, peuvent seules nous fixer définitivement à cet égard.

Le Dauphin de la Méditerranée, *Delphinus mediterraneus*, LOCHE.

NOMS VULGAIRES. — Comme le *Dauphin vulgaire*.

Cette espèce a été établie par Loche d'après une femelle longue de $1^m,54$, capturée à Alger le 1ᵉʳ mai 1860. Sa coloration toute spéciale la distingue bien du *Dauphin ordinaire* et la rapprocherait du *Dauphin à bandes* que nous verrons tout à l'heure, mais son palais canaliculé la sépare bien de ce dernier.

Ses *dents* sont au nombre de 82 et 81, soit un total de 163 dents.

Entièrement noire en dessus, cette teinte foncée s'affaiblit en se rapprochant des flancs, où, d'un gris clair, elle passe au blanc pur sous le corps. L'*œil* est entouré d'un cercle noir, la nageoire pectorale noire en grande partie, et une ligne étroite et noire part de l'œil pour descendre un peu obliquement sur le corps, et se diriger vers la queue en s'élargissant et s'affaiblissant de teinte. Trois ou quatre autres petites lignes parallèles se remarquent dans l'espace situé entre l'œil et la nageoire pectorale.

Fig. 219. — Le Dauphin de la Méditerranée. Longueur 1ᵐ,54.

Sa nageoire *dorsale* avait 0ᵐ,13 de hauteur et la *caudale* 0ᵐ,32 de large.

Sa *chair* noire et un peu coriace n'avait pas de goût désagréable.

Il n'a encore été authentiquement capturé que sur les côtes d'Algérie, mais ne peut manquer de l'être un jour ou l'autre sur nos côtes méditerranéennes où il a sans doute déjà été pris souvent, mais sans fixer l'attention des naturalistes.

Le Dauphin d'Algérie, *Delphinus Algeriensis*, Loche.

NOMS VULGAIRES. — Comme le *Dauphin vulgaire*.

Ce Dauphin capturé aussi sur les côtes d'Algérie rappelle la coloration du précédent ainsi que celle du suivant ; mais son crâne n'ayant pas été décrit on ne sait pas s'il est canaliculé ou non. C'est une femelle d'assez grande taille ayant 2ᵐ,47 de longueur, 49 paires de dents à la mâchoire supérieure et 45 en bas ; soit en tout 188.

Noire intense et luisante en dessus, cette teinte s'éteint sur les flancs, pour passer au blanc inférieurement. Comme le précédent, il est aussi marqué d'une

Fig. 220. — Le Dauphin d'Algérie. Longueur 2ᵐ,47.

ligne noire se dirigeant de l'œil jusque vers la queue. Deux taches noires ornent sa *mâchoire* inférieure dont la commissure est jointe par une ligne noire avec la base de la nageoire *pectorale* entièrement noire si ce n'est à sa partie antérieure qui est grisâtre.

La nageoire *dorsale* très étroite avait 0ᵐ,25 de hauteur et la *caudale* mesurait 0ᵐ,40.

Il fut capturé le 15 juillet 1859 en rade d'Alger et portait un fœtus.

Sa peau montée comme celle des précédents figure au musée d'Alger.

Le Dauphin à bandes, *Delphinus marginatus*, Du vernoy.

Noms vulgaires. — Comme le *Dauphin vulgaire.*

Cette espèce, ainsi que les suivantes (rattachée au genre *Clymène* de certains auteurs par suite de l'absence de rainures sur les parties latérales de son palais), a été plusieurs fois observée sur nos côtes. En 1854 un grand nombre vinrent échouer près de Dieppe, et le

Fig. 221. — Le Dauphin à bandes. — Longueur 2ᵐ,10.

Dʳ Guitton en envoya quatre individus au Muséum de Paris. Depuis lors elle a encore été capturée près de la Rochelle, et un exemplaire y est conservé dans son musée par M. Beltrémieux.

Ses formes, sa taille et sa dentition sont à peu près celles du Dauphin ordinaire, mais sa coloration en diffère assez, et son caractère anatomique du palais l'en distingue absolument.

Noir sur les parties supérieures, il est plus clair sur les côtés qui sont bien délimités des parties inférieures blanches, par une étroite bande noire partant des commissures des lèvres, entourant l'œil et s'étendant jusque vers la queue, en détachant une bande de même couleur, mais plus large entre les organes génitaux et l'anus. Une autre ligne noire s'étend de l'œil aux nageoires pectorales qui sont noires aussi. La gorge est blanche, mais laisse toute noire l'extrémité inférieure du museau.

47 paires de *dents* arment sa mâchoire supérieure et 43 à 45 sa mâchoire inférieure ; soit 180 à 184 dents.

Le bord antérieur de la nageoire *dorsale* s'insère un peu en avant de la moitié du corps ; ses nageoires *pectorales* mesurent à peu près $1/_7$ de sa longueur totale, et la largeur de la *queue* égale environ $1/_5$ de cette longueur.

Plusieurs exemplaires ont donné une dimension variant entre 2 mètres et $2^m,20$.

Le Dauphin de Téthys, *Delphinus Tethyos*, GERVAIS.

NOMS VULGAIRES. — Comme le *Dauphin vulgaire.*

Cette espèce, un peu supérieure au Dauphin vulgaire comme taille, n'est aussi connue, que par la capture d'un individu échoué en décembre 1852 à l'embouchure de l'Orb (Hérault) et qui n'a pu être conservé ; mais son crâne, qui fait partie des collections du Dr Pinchenat a été bien décrit et figuré par le professeur Gervais ; il a $0^m,43$ de longueur et $91 + 83$ *dents*, soit en tout 174, qui se présentent un peu plus fortes que dans notre espèce commune.

Peut-être par la suite sera-t-il identifié avec l'une des

deux espèces de Loche dont on connaît bien les peaux, mais dont les crânes et le palais n'ont pas été étudiés.

Le Dauphin douteux, *Delphinus dubius*, F. Cuvier.

NOMS VULGAIRES. — Comme le *Dauphin vulgaire.*

Cette espèce, aujourd'hui bien certaine, a d'abord laissé quelques doutes à son auteur, de là le nom qu'elle en a reçu.

Sa dentition composée de *dents* petites, lisses et aiguës est très variable ; de 36 à 40 paires de dents ordinairement à chaque mâchoire, elle arrive parfois jusqu'à 51 paires.

Ses formes sont plus légères et sa taille moindre que celle des espèces précédentes.

Elle a été capturée sur nos côtes de Bretagne, mais est bien plus répandue dans les parties chaudes de l'Atlantique et particulièrement dans les parages de l'archipel du cap Vert, où nous avons capturé en 1867 une femelle portant un fœtus.

Tous les Dauphins voyagent ordinairement par petites troupes de huit, dix et douze individus, et charment souvent les loisirs des navigateurs par leurs évolutions autour des navires en marche ; mais loin d'être l'animal à mœurs douces et charitables comme nous le montrent la fable et la mythologie, c'est au contraire un carnassier redoutable qui poursuit avec acharnement les Poissons les plus rapides tels que les Maquereaux, les Harengs, les Thons, les Bonites et autres Pélamides.

Lorsqu'ils entourent un des leurs un peu grièvement blessé, ce n'est pas pour le secourir, comme on le croyait autrefois, mais bien pour le dévorer.

Ils sont très redoutés des pêcheurs parce qu'ils effraient les bancs de Poissons, au milieu desquels ils se précipitent et détruisent aussi les filets dans lesquels ils s'engagent souvent à leur suite.

Nous avons dit qu'ils voyagent ordinairement par petites troupes, mais quelquefois leur nombre est bien plus considérable. Duhamel raconte que « en février 1779, « il en passa sur les côtes de La Hogue (Manche) une « immense quantité ayant de 5 à 6 pieds de long ; et « qu'on en captura un nombre de 600 à 700. Sous la « peau se trouvait une couche de graisse ayant environ « un pouce d'épaisseur ; la chair était ferme, presque « comme celle du Cochon.

« On en tira de l'*huile* pour la plupart ; plusieurs en « fournirent neuf pintes. Quelques-uns pesaient jusqu'à « 200 livres. »

Il ajoute que la chair avait un goût désagréable. — Notre expérience personnelle ne nous range pas à cette opinion. La *chair* du Dauphin vulgaire, celle des femelles et des jeunes au moins, n'est pas mauvaise, quoique d'un goût accentué et se laisse facilement manger. Elle est très noire et fort nourrissante. Nous croyons cependant que celle du mâle au temps du rut surtout acquiert une saveur trop prononcée.

Autrefois, à l'époque du carême, leur chair et leur *graisse* étaient très employées et Bélon (1) nous apprend

(1) Naturaliste français du XVIᵉ siècle qui mourut en 1564, assassiné par des voleurs dans le bois de Boulogne où il habitait.

que l'on en servait sur la table de François Ier. On consommait aussi leur *foie*, leurs *poumons*, et surtout leur *cervelle*, qui, n'ayant pas comme leur chair le goût d'huile de Poisson, est, paraît-il, un mets délicat. Depuis lors l'usage s'en est perdu bien à tort.

Actuellement, beaucoup de pêcheurs les tuent lorsqu'ils les rencontrent, à cause des dégâts qu'ils peuvent faire dans leurs filets, et laissent perdre leurs dépouilles. On pourrait tout au moins tirer grand avantage de leur *huile* qui n'étant pas siccative est très bonne pour le graissage des machines, l'éclairage, la fabrication des savons, l'assouplissement des cuirs, etc. De la *peau* et des *nageoires* on ferait aussi une excellente colle forte.

Genre SOUFFLEUR, *Tursiops*

Ce genre réuni autrefois au précédent en a été séparé pour des animaux, assez analogues aux Dauphins, mais un peu plus grands, de forme plus trapue, ayant un *rostre* un peu moins long, garni de *dents* fortes et coniques dont le nombre est toujours inférieur à soixante paires (120 dents).

Comme quelques Dauphins (les *Clymènes*), ils n'ont pas le palais canaliculé.

Ce genre ne renferme chez nous qu'une espèce.

Le Souffleur Nézarnack, *Tursiops tursio* (Fabricius).

Noms vulgaires. — *Souffleur, Dauphin grand souffleur* (Normandie). — *Souffleur* (Gard). — *Coudin, Coudrieu, Caudue, Doufin-boufaïre, Grand soufflur* (Provence). — *Soufflur, Capidoglio* (Alpes-Maritimes).

Ce grand et fort animal répandu sur toutes nos côtes était assez connu autrefois sous le nom d'*Oudre*. Il atteint de 3 à 4 mètres et quelquefois plus, dit-on. Son *corps* assez épais est presque entièrement noir à l'exception d'une tache grisâtre au-dessus des yeux et du ventre qui est gris blanchâtre chez le mâle et blanc chez la femelle. Son *museau*, plus large, plus court et plus déprimé que celui du Dauphin ordinaire, présente une mâchoire inférieure dépassant un peu la supérieure. Sa nageoire *pectorale* assez détachée du corps vers la

FIG. 222. — Le Souffleur Nézarnack. Longueur 4 mètres.

base atteint environ $\frac{1}{7}$ de la longueur du corps et sa queue $\frac{1}{5}$. La *dorsale* présente son bord antérieur un peu en avant du milieu du corps.

C'est un animal qui nage rapidement et qui est bien connu des marins par les évolutions qu'il fait autour des steamers malgré leur marche rapide. Il est trop connu aussi sur nos côtes par les dégâts qu'il fait dans les filets en s'y engageant à la suite des Poissons auxquels il fait la chasse ; aussi sa destruction ou sa capture a toujours été une cause de joie pour nos pêcheurs. — Autrefois à Nice sa prise donnait lieu à des réjouissances. On l'ornait de fleurs et on le promenait triomphalement dans les rues, l'arrêtant devant la demeure des personnes riches, qui étaient dans l'habitude de déposer quelque offrande pour compenser les pertes de Poissons et les dégâts de filets que sa capture avait dû causer.

C'est surtout à l'automne qu'il visite nos côtes méditerrannéenes. Ses *dents*, souvent usées horizontalement, semblent indiquer qu'il ajoute beaucoup de Crustacés à sa nourriture ordinaire de Poissons.

Groupe des Marsouins

Les animaux de ce groupe diffèrent de celui des *Dauphins*, par l'absence du *rostre*, le museau se confondant avec la tête qui se renfle directement au-dessus de l'extrémité des mâchoires.

Leurs *dents* petites, nombreuses, comprimées et dilatées en palettes, occupent les deux mâchoires où elles sont moins régulièrement disposées que chez les précédents.

Leur nageoire *dorsale* est peu élevée et les *pectorales* assez étroites s'insèrent un peu plus haut sur les côtés que chez les Dauphins.

Ce sont les plus petits de nos DELPHINIDÉS ; ils ne forment qu'un seul genre.

Genre MARSOUIN, *Phocœna*

Ses caractères sont ceux du groupe.

Une seule espèce les représente sur nos côtes.

Le Marsouin commun, *Phocæna communis*, Cuvier.

Noms vulgaires. — *Cochon de mer* (Somme). — *Porpoise* (1), *Ouette, Souffleur, Taupe, Taupe de mer* (Normandie). *Môr-houc'h* (Bretagne). — *Moro'h* (Morbihan). — *Taupe, Taupe de mer* (Loire-Inférieure et une grande partie des côtes océaniques). — *Pourquet* (Gironde). — *Itxas'urdia* (Basses-Pyrénées). — *Porc marin, Tounin* (Provence).

Ce Cétacé le plus commun de nos côtes vit aussi par petites troupes de quatre à dix individus ; assez souvent

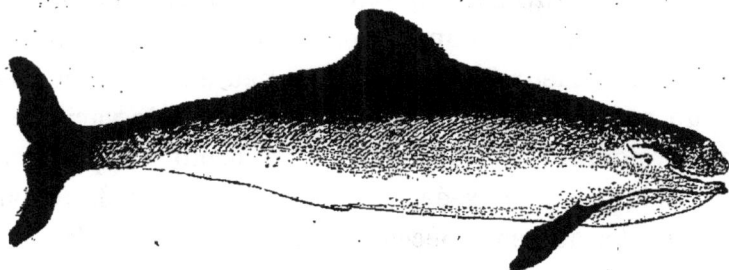

Fig. 223. — Le Marsouin commun, mâle. Longueur 1ᵐ,60.

il entre dans nos ports et remonte même quelquefois nos rivières à la suite d'émigration de divers Poissons. Il n'est pas rare d'en voir à Bordeaux, à Nantes et jusqu'à Rouen. Desmarest (2) nous cite même une capture de cet animal faite dans Paris vers 1800. Il est cepen-

(1) C'est le nom anglais, qu'ont adopté certains pêcheurs de la Manche.
(2) *Mammalogie*, p. 517, sp. 770.

dant peu commun dans la Méditerranée ; aussi quelques auteurs vont-ils jusqu'à y nier son existence.

Un peu plus petits que les Dauphins, ils sont aussi moins voraces, ou plutôt se contentent de plus petits Poissons, tels que les Sardines, les Harengs, les Maquereaux, les Pélamides et les petits Thons dont ils poursuivent constamment les bancs.

, Le Marsouin a le dessus du *corps* d'un beau noir bleuâtre, fondu sur .les côtés et passant au blanc argenté sur le ventre. Ses nageoires *pectorales* oblongues et obtuses à leur sommet ont à peu près $^{1}/_{8}$ de la longueur du corps et sont brunes quoique naissant déjà dans la couleur blanche des flancs.

Sa nageoire *dorsale*, quoique n'ayant comme toutes celles des Cétacés aucun os pour la soutenir, présente à son bord antérieur (qui s'insère un peu en avant du milieu du corps), une série de tubérosités très variables comme nombre et lui donnant en profil l'apparence d'une scie très émoussée, tandis que ce même bord est lisse chez les autres espèces (1). La nageoire *caudale* de

(1) Bien qu'il n'y ait pas de doute sur la Δελφις des Grecs et le DELPHINUS des Latins, qui est bien notre *Dauphin* actuel, n'est-il pas à croire que Pline ait voulu parler du *Marsouin* et non du *Dauphin*, lorsqu'il nous a donné l'histoire de l'écolier de Pouzzoles que nous avons citée plus haut. Il écrit en effet, « PASTUSQUE E MANU PRÆBAT ASCENSURO DORSUM, PINNÆ ACULEOS VELUT VAGINA CONDENS » ; *ayant reçu sa nourriture, il présentait son dos, rentrant ses pointes comme dans un fourreau.* — Ce détail n'était-il qu'une figure pour ajouter au merveilleux de l'histoire; ou bien Pline a-t-il attribué, par confusion, au Dauphin ce caractère du Marsouin ; ou encore, est-ce par erreur qu'il s'est servi du nom de Dauphin tout en voulant parler du Marsouin? — C'est ce qui sera difficile de jamais élucider!

Quoi qu'il en soit, et sans reconnaître les fables antérieures racontées sur ces animaux, nous ne pensons pas ce dernier fait impossible,

la forme de celle des autres Cétacés atteint en largeur à ses extrémités $^1/_4$ de la longueur totale de l'animal.

Ils atteignent $1^m,40$ à $1^m,80$, qu'ils dépassent rarement et présentent à chaque mâchoire 23 à 28 paires de *dents*, soit un nombre total variant entre 92 et 112.

La *chair* de cet animal sans être très délicate est loin d'être assez mauvaise pour être rejetée de la consommation. Jusqu'à nos jours, elle a souvent été très employée

Fig. 224. — Le Marsouin commun, femelle. Longueur $1^m,70$.

et quelquefois même très estimée. Les Romains, dit-on, la servaient hachée et sous forme de saucisses (1). Au moyen âge elle était très recherchée comme viande de jours maigres ou de carême. Dès un temps assez reculé et jusqu'aux siècles derniers de grandes pêcheries de cet animal existaient sur nos côtes normandes, où il était

car, soit l'une, soit l'autre espèce sont peu sauvages et pourraient se priver facilement. — Les anciens du reste savaient, infiniment mieux que nous, tirer parti des animaux et les priver ; et beaucoup d'espèces ne sont devenues *sauvages*, dans l'acception vulgaire du mot, que par le fait même de l'homme actuel, qui sans besoins et pour le seul plaisir de détruire, les poursuit tous, toujours et partout.

(1) Était-ce bien du Marsouin, qui, rare de nos jours dans la Méditerranée, devait aussi l'être autrefois ? — Dans ce cas, ce devrait être au Dauphin vulgaire, dont la chair est pourtant moins bonne, qu'il faudrait attribuer ces préparations romaines !

assez abondant et connu sous le nom d'*Ouette* (1). On la
transportait jusqu'à Paris et même jusqu'en Angleterre,
où sa chair était assez appréciée pour figurer souvent
sur la table des lords et même sur la table royale. Le
commerce de sa chair comme celui de son *lard* était
considérable ; on les salait et on les fumait tous les
deux pour les transporter plus au loin. L'*huile* qu'on
en tirait, bien plus fine et de meilleur goût que celle
de Baleine, servait à tous les usages domestiques et
aussi à l'entretien des lampes d'églises (2) ; aussi plusieurs couvents ont-ils entretenu autrefois de petites
flottilles pour la pêche de cet animal (3), qui fournissait
à la fois et aux besoins de leur consommation directe et
à celui du culte.

Duhamel (4) nous apprend que dans le pays de Caux,
sa chair servait encore au siècle dernier à faire des saucissons assez estimés. — Actuellement elle est encore
très utilisée par la population pauvre de nos côtes et par
la marine à voile qui trouve ainsi un moyen de s'appro-
visionner de viande fraîche ; mais elle passe à tort pour
être coriace et de mauvaise odeur, ce qui n'est que le
fait des vieux mâles, tandis que les femelles et les jeunes
sont très mangeables et ordinairement tendres. Nos pêcheurs de Terre-Neuve préparaient aussi autrefois d'assez bonnes andouilles avec ses *intestins*.

(1) C'est sous le nom de *Craspois* que M. G. Lennier signale l'importance de ses pêches et de son commerce au moyen âge, dans le
très remarquable travail : *l'Estuaire de la Seine*, 2 vol. in-fol. et
atlas. Le Hâvre, 1885, p. 128.

(2) Mabillon, *Annales Ordinis S. Benedicti*, tome I, p. 432.

(3) *Ex Cartulario Abbatiæ Sancti Stephani de Cadomo*, fol. 54.

(4) Duhamel. du Monceau, *Traité général des Pêches*, 1769-1782.

Son *huile*, de bonne qualité, comme celle du Dauphin et un peu jaune citron, peut aussi être employée aux usages domestiques, mais se prête facilement à tous les emplois industriels. C'est de cette huile que M. Chevreul a tiré la substance grasse connue sous le nom de *phocénine* et qui se retrouve dans la plupart des huiles de Cétacés. — Dans l'extrême nord, où la température nécessite des aliments plus comburants que chez nous, la chair grasse du Marsouin est très recherchée (comme celle de beaucoup d'autres Cétacés du reste) et son

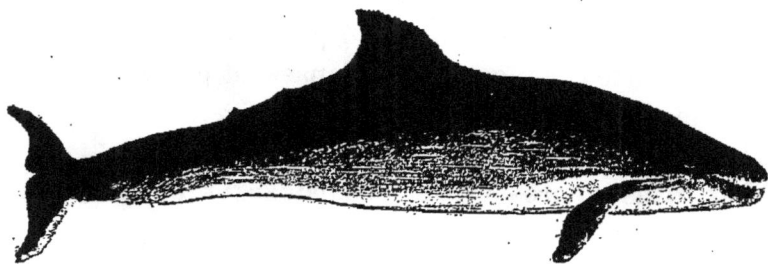

Fig. 225. — Le Marsouin commun, vieille femelle. Longueur 1ᵐ,80.

huile est trouvée d'assez bon goût, pour être bue avec autant d'utilité et de plaisir qu'un verre de vin par la masse du public chez nous.

Sa *peau* tannée et corroyée fait aussi, dit-on, d'assez bons cuirs pour être employés à bien des usages. Par la cuisson, elle se transforme en excellente colle forte.

Malgré ces diverses utilités, cet animal est cependant redouté des pêcheurs parce que souvent il fait fuir le Poisson, mais quelquefois il leur sert en les effrayant et les faisant se jeter plus rapidement dans leurs filets ; s'il y vient à leur suite, il fait moins de dégâts que

27

le Dauphin, car son museau obtus s'engage moins facilement dans les mailles. Dans le cas où il s'embarrasse dans quelques filets de fond, il est très vite noyé, car il a un besoin fréquent de venir respirer à la surface.

Groupe des Orcins

Les animaux qui composent ce groupe ont une grosse *tête*, plus raccourcie encore que celle des Marsoins dans sa partie maxillaire, et plus ou moins renflée au-dessus des yeux. Ils sont armés de *dents* peu nombreuses, mais grosses, fortes, coniques et ne dépassant pas ordinairement le chiffre de 52 ; quelques-uns même n'en possèdent qu'à la mâchoire inférieure.

Les trois genres ORQUE, GLOBICÉPALE et GRAMPUS forment ce groupe.

Genre ORQUE, *Orca*

Ce genre est caractérisé par une *tête* arrondie terminée par les mâchoires sans aucune apparence de bec ; une nageoire *dorsale* assez haute ; des nageoires *pectorales* larges et ovales ; un *corps* court et trapu ; des *dents* fortes, coniques, un peu recourbées et obtuses à leur sommet, au nombre de 11 à 12 paires à chaque mâchoire.

Ce sont les plus gros de nos Delphinidés ; les auteurs n'indiquent qu'une seule espèce sur nos côtes.

L'Orque épaulard, *Orca Duhameli*, (LACÉPÈDE).

NOMS VULGAIRES. — *Grand Souffleur, Espaulard* (Côtes océaniques).

Cet animal, qui atteint jusqu'à 10 mètres de long, est noir luisant en dessus et sur les côtés, mais avec la gorge et l'abdomen blancs, ainsi qu'une tache en croissant au-dessus de l'œil. Le bord antérieur de sa nageoire *dorsale*, qui est assez haute, est situé en avant

FIG. 226. — L'Orque épaulard. Longueur 10 mètres.

du milieu du corps de l'animal, et ses *pectorales*, larges et ovales mesurent environ $\frac{1}{6}$ de sa longueur totale.

Il se tient dans la haute mer, vit solitairement et semble avoir été plus commun autrefois dans la Méditerranée que de nos jours.

Actuellement il est heureusement rare, car c'est un grand destructeur d'animaux de toutes sortes pour subvenir à son vorace appétit. Quelquefois il aborde nos côtes et entre même dans nos fleuves, entraîné par son ardeur à la poursuite des animaux qui constituent ses proies ordinaires. — Eschricht, l'anatomiste Danois, cite la capture d'un Orque de Duhamel étouffé par un Phoque qui lui était resté dans l'œsophage, et dans l'estomac duquel il trouva les restes de 13 Marsouins et de 14 Phoques. — Anderson assure même qu'il poursuit la Baleine pour lui dévorer la langue (?).

Sa *dentition* ordinaire de 22 à 24 dents à chaque mâchoire, varie quelquefois entre 20 et 26, mais accidentellement et sur l'une des mâchoires seulement.

Les baleiniers le recherchent à cause de la grande quantité d'*huile* qu'ils en tirent ; mais redoutant sa force et sa vivacité, car c'est un carnassier terrible, ils l'attaquent plus souvent avec des balles explosibles qu'avec les harpons dont ils se servent ordinairement pour capturer les Baleines.

Les différentes dépouilles que l'on en possède à Paris, à Boulogne, à Vannes et à Bordeaux ne semblent pas appartenir à la même espèce. Nous posséderions donc peut-être encore l'*Orca gladiator*, *O. Schlegeli* ou *O. latirostris;* mais toutes sont des espèces voisines relativement peu connues et d'une assez rare apparition sur nos côtes.

Ils paraissent moins sociables que les autres DELPHINIDÉS, car ils n'ont jamais été rencontrés qu'isolés, ce qui est sans doute une conséquence de leur voracité.

Genre GLOBICÉPHALE, *Globicephalus*

Ce genre est caractérisé par une *tête* très arrondie, en boule, laissant sortir en saillie, comme une sorte de petite visière, un *museau* très court. Il a une *dorsale* allongée, mais très basse ; des nageoires *pectorales* minces, longues et pointues, des *dents* moins fortes que celles des Orques et au nombre de 10 à 12 paires sur chaque mâchoire.

Deux espèces semblent se montrer sur nos côtes.

Le Globicéphale noir, *Globicephalus melas*, (TRAILL).

NOMS VULGAIRES. -- *Dauphin à tête ronde, Grinde, Grindre, Chaudon, Chaudron, Grand Souffleur*, sur les côtes de la Manche et de l'Océan. — *Capidoglio* (Alpes-Maritimes).

Cet animal de l'Atlantique, bien connu sous le nom de *Grindre* aux îles Fœroë, où il est assez commun, est moins grand que l'Orque, mais atteint encore facilement une taille de 6 à 7 mètres. Ses mœurs sont douces et sociables ; il se nourrit surtout de petits Poissons, de Crustacés et de Céphalopodes (Poulpes, Calmars, Seiches, etc...) et voyage en grande troupe sous la conduite d'un vieux mâle qu'ils suivent aveuglément jusque sur le rivage même où il va s'échouer. — Duhamel (1) nous en cite plusieurs échouages dans le siècle passé ; mais le plus connu est celui de 72 individus vivants qui « vinrent se jeter à la côte de Paimpol (côte du Nord) après que les pêcheurs du lieu eurent poussé le guide au rivage, où il beuglait comme un Taureau (2) ». Sur ce nombre il n'y avait que sept mâles et douze petits encore à la mamelle, mais mesurant déjà 2 mètres et 2^m,50, le reste étaient des femelles dont l'une mesurant 6^m,17,

(1) *Loc. cit.*, partie II, section 10.
(2) LE MAOUT, *Rapport sur l'échouement de Paimpol*, 1812.

avait des nageoires pectorales de 1ᵐ,68, une dorsale ayant 0ᵐ,97 de large à sa base, et la caudale 1ᵐ,38 d'une pointe à l'autre.

La *dorsale* présente toujours son bord antérieur bien avant le milieu du corps, les *pectorales* varient un peu comme taille entre le tiers et le quart de la longueur de l'animal, et la *caudale* est un peu moins large que le quart de sa taille.

Le nombre de leurs *dents* sur chaque mâchoire varie entre 18 et 26.

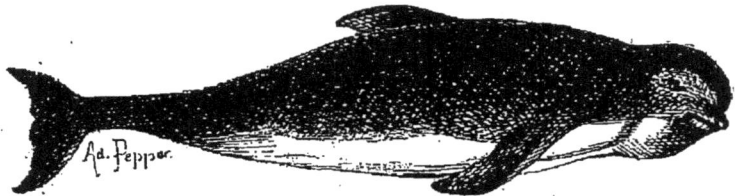

Fig. 227. — Le Globicéphale noir. Longueur 7 mètres.

D'autres captures ont eu lieu dans le golfe de Gascogne en 1846, et au Havre en 1856. Le squelette de l'un de ces derniers se trouve à Paris.

Autrefois ils étaient connus sous le nom de *Chaudron*, sans doute à cause de la forme de leur tête, et P. Bélon (3) raconte que sous François de Valois, deux de ces animaux furent apportés à Paris; le plus petit fut présenté au roi à Saint-Germain-en-Laye, et distribué aux gardes suisses, l'autre pesant 900 livres fut distribué au peuple.

(3) *La nature et la diversité des Poissons*, p. 6 (1555).

? Le Globicéphale Fères, *Globicephalus feres*, (Bonn.).

Noms vulgaires. — *Soufflur* (Var).

Cet animal nommé *Fères* par Bonnaterre, à cause du même nom que lui ont donné les matelots Provençaux est voisin du précédent, et a été signalé dès 1787 dans une relation d'un habitant de San-Tropez (Var) où il est dit que le 22 juin un navire venant de Malte fut entouré par une troupe de ces animaux, qui se dirigèrent ensuite vers le golfe de Grimaud où l'on en prit une centaine qui se laissèrent tuer sans aucune défense. On n'en tira aucun parti, quoiqu'ils fussent chargés de beaucoup de graisse. Leur *chair* était rougeâtre comme celle du Bœuf (1). Ils avaient, paraît-il, une taille moyenne de 5 mètres, et quelques-uns plus petits se trouvaient avec eux. Leur *corps*, ajoute encore Bonnaterre, est recouvert d'une peau fine et noirâtre. Les mâchoires sont égales et couvertes chacune de vingt *dents*, comprenant autant de grosses que de petites ; mais ce qui les rend remarquables, c'est qu'elles sont « comme divisées en 2 lobes par une rainure qui règne sur toute leur longueur ». Ce dernier caractère qui pourrait s'appliquer à l'Orque, alors que tous les autres s'appliquent à un Globicéphale en font une espèce distincte de celui de l'Océan. Risso (2), qui ne lui donne pas d'autre nom que celui de *Globiceps*, nom porté aussi par le précédent, dit : qu'il fréquente le voisinage de Nice en avril et en mai, sans trop s'approcher des côtes.

(1) Bonnaterre, *Cétologie*, pp. 27-28 (1889).
(2) *Histoire naturelle de l'Europe méridionale* (1825-26).

Quelques auteurs ont voulu identifier cette espèce avec l'Orque, mais ce ne peut être lui, dont les mœurs sont solitaires et qui ne vit jamais en troupe. C'est du reste un animal très carnassier dont la capture est toujours difficile et dangereuse. D'autres auteurs ont voulu ne voir en lui que l'espèce précédente, mais cette dernière est entièrement noire tandis que celle-ci est marquée de bandes grisâtres aux parties inférieures. De plus les dents sont gravées d'un sillon longitudinal qui n'existe pas chez le *Globicéphale noir*. C'est donc bien une espèce distincte.

Une nouvelle étude de cet animal et de sa tête surtout serait, dans tous les cas, bien utile pour nous fixer définitivement sur son identification, ce qui doit être facile, puisque Bonnaterre nous apprend en même temps que l'on conserve le squelette d'un de ces animaux, long de quatorze pieds, dans le cabinet d'histoire naturelle du séminaire de Fréjus, où probablement il doit être encore.

Le naturaliste Graba, qui a assisté aux îles Fœroë à une capture de quatre-vingts Globicéphales noirs, espèce qui s'y fait rencontre assez communement, écrivait : « Cet animal est d'une très grande utilité pour ce pays. Chacun d'eux fournit de l'*huile* pour une valeur moyenne de 45 à 50 francs. Sa *chair* et sa *graisse* se mangent fraîches, salées ou fumées. Fraîche, cette chair est excellente et j'en ai mangé avec plaisir, elle rappelle le goût de la viande de Bœuf. Sa graisse m'a paru fort désagréable, mais elle est appréciée des gens du pays. »

« Avec la *peau* des nageoires, on fabrique des courroies, et l'*estomac* est employé en guise d'outre pour conserver l'huile. Les *os* sont utilisés de diverses façons. Les *intestins*, qui se putréfient rapidement, sont chargés sur des canots et jetés à la mer ; car on n'a pas le temps de s'occuper d'eux dans ces moments-là. »

Avec le genre suivant nous terminons cette famille un peu disparate des DELPHINIDÉS. Pas plus que le genre précédent, il n'en a l'apparence ni les mœurs ; mais plus que lui encore, il s'en éloigne, par la diminution de sa dentition qui ne se présente plus que sur la mâchoire inférieure, caractère que nous retrouverons dans les familles suivantes.

Genre GRAMPUS, *Grampus*

Ce genre est caractérisé par une *tête* arrondie sensiblement renflée sur le front ; une nageoire *dorsale* élevée ; des nageoires *pectorales* pointues, minces, longues, falciformes et insérées fort bas ; un *corps* mince et allongé ; des *dents* sur la mâchoire inférieure seulement où elles varient de 2 à 12.

Une seule espèce se montre sur nos côtes.

Le Grampus gris, *Grampus griseus* (LESSON).

NOMS VULGAIRES. — *Grand Souffleur* (Manche et Côtes océaniques).

Ces animaux qui atteignent une dimension de 3^m,50 et peut-être plus, sont noir bleuâtre en dessous et passent insensiblement au gris ou blanc sale en dessous.

Les côtés de la tête assez foncés sont masqués de taches blanchâtres. La nageoire *dorsale* présente son bord antérieur un peu en avant du milieu de l'animal ; les *pectorales* varient comme dimensions entre $^1/_6$ et $^1/_4$ de sa longueur totale, et la *caudale* atteint environ $^1/_5$ de la même mesure.

Les différents individus capturés sur nos côtes de la Manche ou de l'Océan, à Saint-Brieuc, Pléneuf, Brest, Concarneau, Aiguillon, Arcachon et Cazeaux n'ont jamais présenté que 4, 6, 7 ou 8 dents réparties sur la mâchoire inférieure.

Fig. 228. — Le Grampus gris. — Longueur 3 m. 50.

Quelques individus plus clairs et présentant 5 ou 6 paires de dents, ayant été plusieurs fois rencontrés sur nos côtes Méditerranéennes, on a cru à l'existence d'une seconde espèce propre à cette mer. On la nomma GRAMPUS DE RISSO, *Grampus Rissoanus ;* mais des observations nouvelles ne confirment pas la fixité de ces caractères et montrent la variabilité de la teinte et du nombre des dents.

Risso qui l'a figuré, et Lesson qui le reproduit d'après lui, en donnent une figure bien différente du Grampus gris ; mais nous persistons à croire qu'il ne forme qu'une seule et même espèce.

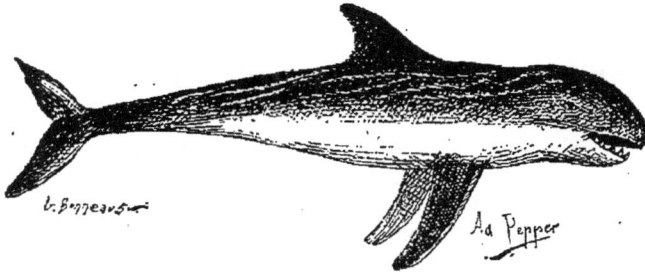

FIG. 229. — Le Grampus de Risso (d'après Risso). — Longueur 3 mètres.

Récemment (le 22 août 1890), une femelle et un jeune furent capturés à Saint-Raphaël-du-Var, et envoyés au Museum. Là femelle mesurait $3^v,40$, le jeune $1^m,20$, et tous deux n'avaient que 3 paires de dents. Comme ceux de l'Océan, ils présentaient des vergetures de lignes blanchâtres droites ou fluxueuses et plus accusées chez le sujet adulte.

Ces animaux ont des mœurs douces ; vivent en troupes plus ou moins nombreuses ; se nourrissent surtout de Céphalopodes, Poulpes et Calmars, et se présentent sur nos côtes plutôt au printemps ou en été.

Ils fournissent beaucoup d'*huile* de bonne qualité comme tous les Cétacés précédents, et viennent, par leur système dentaire, établir la transition avec la famille suivante.

En résumé tous nos DELPHINIDÉS, qui sont d'agréables et joyeux compagnons de route pour les navigateurs, par les distractions qu'ils procurent au milieu de la mo-

notonie des traversées, sont aussi pour la plupart, de
terribles concurrents pour nous, comme consommateurs.
Pour quelques bancs de Poissons dont ils facilitent la
capture par l'effroi qu'ils leur causent, et qui les fait
se précipiter en masse dans les filets pour essayer de
leur échapper, ils en dispersent et font fuir un bien plus
grand nombre et souvent encore viennent dévorer leur
proie jusque dans les filets mêmes des pêcheurs qu'ils
endommagent, bouleversent et saccagent.

Dans le premier cas, ils ne sont d'aucun avantage
réel, car la trop grande abondance momentanée de Poissons, nuit à son cours d'achat premier et n'est utile que
pour le spéculateur sans que le pêcheur ou le public en
profite. Ils facilitent trop aussi la destruction déjà trop
grande de certaines espèces et nuisent ainsi pour l'avenir aux pêcheurs comme aux consommateurs mêmes.

Dans le second cas en éloignant le Poisson, ils aug-
mentent les peines et les fatigues des pêcheurs pour
s'en procurer, le raréfient sur le marché, et font élever
son cours au préjudice de tous.

Les Delphinidés, créés d'abord comme éliminateurs
et pour équilibrer les forces vives de la nature, dans nos
mers, comme le sont les Carnivores sur terre, n'ont
donc plus de rôle utile à remplir sur les côtes des pays
populeux, et ne servent plus qu'à faciliter la spécula-
tion sachant profiter de l'abondance comme de la disette
pour exploiter le pêcheur et maintenir ou élever les
cours aux dépens du consommateur, c'est-à-dire de tout
le monde et au plus grand préjudice encore de la classe
pauvre qui devrait pouvoir trouver dans le Poisson l'a-
limentation de chair qui lui est nécessaire, et que sa

bourse ne lui permet pas toujours de trouver dans la viande de nos animaux de boucherie. — Ils doivent donc être détruits.

On peut du reste tirer un profit avantageux de ces animaux, soit par leur *chair* pour l'alimentation des gens et des bêtes, ou aussi comme engrais, soit par leur *huile*, soit même par leur *peau* ou cuir, soit encore par leurs *intestins*, qui, comme ceux du Porc et de tous les animaux à lard, se prêtent facilement à diverses préparations culinaires ; mais l'habitude où l'on est de ne plus guère les manger, aussi bien que la difficulté de tirer parti de leur lard lorsque l'on n'est pas organisé pour en extraire l'huile, joints aux dégâts que leur capture peut occasionner à des filets qui ne sont pas préparés pour eux, font que les pêcheurs, au lieu de chercher à les capturer, s'efforcent au contraire de les éloigner, ou s'en éloignent eux-mêmes.

Pourquoi le Gouvernement qui fait de grands frais pour le réempoissonnement de nos côtes ne viendrait-il pas aider à arrêter leur dépopulation (ce qui serait plus pratique et moins coûteux), par des subventions dans chaque canton de pêche à un bateau chargé surtout de la prise des Cétacés, ou par des primes de capture aux pêcheurs. Alors s'installeraient facilement des huileries et fabriques de colles fortes qui n'osent s'organiser aujourd'hui par suite du prix élevé qu'elles devraient payer aux pêcheurs pour les tenter, et du nombre relativement restreint des Delphinidés qu'elles auraient à utiliser.

On vaincrait ainsi la routine qui ne tend qu'à éloigner momentanément ces animaux (pour les voir revenir plus nombreux après), alors que l'on ne doit chercher au contraire qu'à les détruire tout en utilisant le plus avantageusement possible leurs dépouilles (1).

FAMILLE DES ZIPHIDÉS

Composée d'un petit nombre d'espèces, cette famille renferme des animaux ayant encore quelques apparences de DELPHINIDÉS de grandes tailles. Ils se rapprochent comme forme des *Delphinorhynques*, mais leur *tête* est plus ou moins bombée et leur nageoire *dorsale* plus rapprochée de la queue que de la tête.

C'est surtout par la *mâchoire* qu'ils en diffèrent, car en dehors de quelques dents rudimentaires peu connues, ils n'ont réellement qu'une paire de *dents* à la mâchoire

---

(1) Un commissaire de marine de La Seyne (Var) a préconisé l'an dernier l'emploi en bouteille de verre d'un pétard de son invention, qui, jeté par les pêcheurs au milieu des Dauphins, doit blesser mortellement les uns par les éclats du verre, et faire fuir les autres par les cris des premiers. — C'est, il faut l'avouer, un bien triste procédé, qui peut être cause de fréquents accidents pour les gens qui l'emploient, et de dégâts pour les filets, sans atteindre toujours son but vis-à-vis des Dauphins. Et, l'atteindrait-il encore, que ce procédé ne nous paraîtrait pas moins mauvais, car il expose à un danger, cause une dépense, fait perdre le profit que l'on pourrait tirer des animaux atteints, et s'il effraye assez les autres pour les éloigner momentanément (ce qui n'arrive pas toujours), il ne les empêchera jamais de multiplier comme par le passé, de se retrouver plus nombreux quelque temps après, de continuer à se nourrir de Poissons, à les chercher, les poursuivre, et les dévorer partout où ils les trouveront. — Le seul résultat certain qu'il peut avoir (en faisant abstraction de ses dangers et inconvénients), c'est de rendre ces animaux plus sauvages, de leur faire fuir l'approche de l'homme, et de rendre pour l'avenir leur *capture* plus difficile si ce n'est impossible, juste enfin le contraire de ce que l'on doit désirer et chercher.

inférieure, et quelquefois une seconde paire beaucoup plus petite.

Ce sont des animaux de haute mer, connus par un petit nombre d'individus jetés sur nos côtes, morts ou vivants, par quelques tempêtes.

Cette famille comprend cinq espèces, souvent divisées en quatre genres, mais que nous réduirons aux trois plus importants, pour ne pas trop multiplier dans cette *faune* les genres déjà bien nombreux. Ce sont : les DIO-PLODON, ZIPHIUS et HYPÉROODON.

Genre DIOPLODON, *Dioplodon*

Il est bien caractérisé par la présence de deux fortes *dents* seulement, situées chacune vers le milieu de la mâchoire inférieure, et présente deux espèces.

Le Dioplodon d'Europe, *Dioplodon europæus*, GERVAIS.

NOMS VULGAIRES. — .... ?

Cette espèce d'environ 4 mètres de longueur n'est connue que par un exemplaire harponné dans la Manche, et dont on n'a conservé que le crâne, qui est déposé dans les collections de la Faculté des sciences de Caen.

FIG. 230.— Maxillaire droit du Dioplodon d'Europe. — Longueur de l'animal, 4 mètres environ.

La figure ci-jointe montre la disposition du côté droit de l'os maxillaire inférieur qui se termine en pointe, presque comme un soc de charrue et qui est surmonté vers son tiers antérieur par une assez forte dent qui se répète de la même façon sur le côté gauche.

Le Dioplodon de Sowerby, *Dioplodon Sowerbiensis* (Blainville).

Noms vulgaires. — ..... ?

Dans cette espèce, pour laquelle Gervais a créé le genre *Mesoplodon*, le rostre est long, presque droit, plus large que haut (ce qui est le contraire du genre

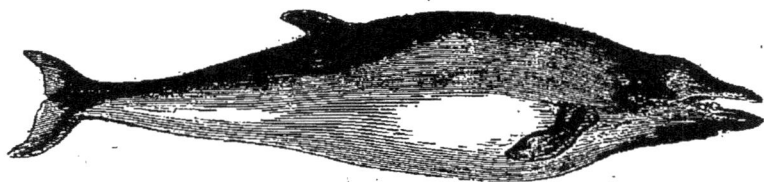

Fig. 231. — Le Dioplodon de Sowerby. — Longueur 6 mètres.

précédent), et la mâchoire inférieure présente de chaque côté vers son milieu une forte *dent*, accompagnée, chez le jeune, de deux ou trois autres petites caduques, ne subsistant plus chez l'adulte.

Cette espèce qui atteint 5 à 6 mètres de taille, est de couleur noire en dessus, se fondant en gris sale aux parties inférieures. Ses nageoires *pectorales* sont petites et la *dorsale* est située en arrière du milieu de la longueur de l'animal.

Elle a échoué plusieurs fois sur les côtes de la Manche.

en Angleterre, en Belgique et deux fois en France, au Havre et sur les côtes du Calvados.

Genre ZIPHIUS, *Ziphius*

Il est bien caractérisé, comme le genre précédent, par la présence de deux fortes *dents* seulement, mais situées chacune tout à l'extrémité antérieure de la mâchoire inférieure, et faisant même quelquefois saillie en avant.

Le Ziphius cavirostre, *Ziphius cavirostris*, Cuvier.

Noms vulgaires. — *Grand souffleur* (Manche et côtes océaniques). — *Grand soufflur* (Côtes de la Méditerranée).

Cette espèce qui atteint de 5 mètres à 6ᵐ,50 a été d'abord décrite par Cuvier, sur un crâne que l'on avait

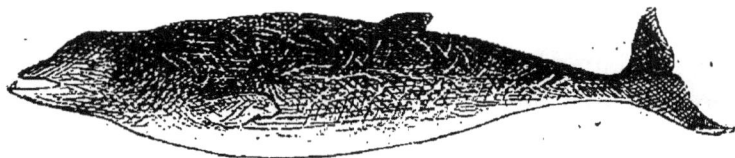

Fig. 232. — Le Ziphius cavirostre. — Longueur 6 m. 50.

cru fossile, puis a été retrouvé sur nos diverses côtes recevant chaque fois de nouveaux noms, et quelquefois aussi des figures fantaisistes, ce qui n'a pas peu contribué à en embrouiller l'histoire. Cela du reste ne lui est pas particulier, car la plupart des espèces que nous venons d'indiquer, et celles qui nous restent à voir, ont souvent été dans ce cas.

28

Sa couleur générale sur le dos et les flancs est gris
d'acier rayé sans régularité d'une multitude de lignes
ou traits blancs comme des éraillures ; le ventre est
blanchâtre. La *mâchoire inférieure* dépasse la mâchoire
supérieure, et ses *dents* coniques sont un peu arquées en
dedans. Ses nageoires *pectorales* sont petites ; la *dorsale*
peu élevée, couchée sur le dos, est située au-delà du milieu de l'animal ; les pectorales n'atteignent guère que
$1/_{10}$ de la longueur du corps ; la *caudale* en mesure à
peu près le quart entre ses deux pointes.

On l'a trouvé à la fois dans l'Atlantique et la Méditerrannée, à Arcachon (Gironde), au Port-de-Bouc
(Bouches-du-Rhône), à Nice (Alpes-Maritimes) et sur
les côtes de la Corse.

? Le Ziphius de Gervais, *Ziphius Gervaisii* (DUVERN.).

NOMS VULGAIRES. — Comme le précédent.

Tout voisin du précédent, ce Ziphius qui n'a encore été
trouvé (1) que sur la plage des Aresquiers (Hérault) a
été d'abord confondu avec le précédent et décrit par
M. Gervais comme tel, mais M. Duvernoy (2) a cru
devoir le distinguer précisément sous le nom du savant
professeur. Ses caractères distinctifs résident surtout
(car on n'en possède guère que le crâne plus ou moins
entier) dans des modifications importantes de la voûte
palatine. M. Fischer, qui rétablit en même temps la

(1) Il est bien entendu que nous ne parlons toujours ici que des
captures faites sur nos côtes françaises.
(2) *Annales des sciences naturelles*, 1851, XV, 67.

synonymie des deux espèces (1), indique pour le précédent « un rostre pourvu supérieurement d'une tubérosité vomérienne très prononcée » et pour celui-ci « un rostre simplement canaliculé, l'absence de la fosse prénasale, recouverte par les intermaxillaires, et l'étroitesse de l'excavation des narines ».

Genre HYPÉROODON, *Hyperoodon*

Ce genre que nous aurions voulu laisser réuni au précédent par suite de son système dentaire semblable, en diffère trop à un autre point de vue pour ne pas l'en séparer. C'est par la présence d'une lamelle osseuse verticale s'élevant sur le bord externe des maxillaires supérieures, et venant déjà donner à son crâne quelques apparences du seul représentant de la famille suivante.

Il ne renferme aussi qu'une seule espèce.

L'Hypéroodon Butzkopf, *Hyperoodon Butzkopfii*, LACÉPÈDE.

NOMS VULGAIRES. — *Grand souffleur à 2 dents*, sur nos côtes de la Manche et de l'Océan. — *Grand soufflur*, sur les côtes de la Méditerranée.

Ce cétacé des mers du nord, long de 7 à 9 mètres a été capturé un peu sur toutes nos côtes, mais bien davantage sur celles de la Manche et de l'Océan que dans la Méditerranée.

Il est caractérisé, par deux fortes *dents* terminales

(1) *Loc. cit.*, p. 115.

à sa mâchoire inférieure, et en possède quelquefois deux autres plus petites situées immédiatement en arrière; quelquefois on peut en trouver encore d'autres, mais elles sont rudimentaires et caduques. Il est aussi bien distingué par le renflement de la peau de son front et de la tête, soutenue par les crêtes osseuses dont nous avons parlé, et qui renferme une grande quantité de substance huileuse et de *sperma ceti*, ce qui le rapproche de la famille suivante.

Le corps brun plus ou moins gris passe au blanchâtre sous le ventre. Le *front* très renflé se termine par

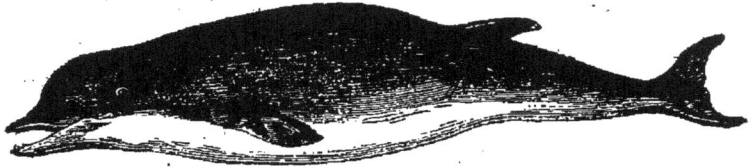

Fig. 233. — L'Hypéroodon de Butzkopf. — Longueur 9 mètres.

une sorte de bec plat arrondi, qui l'ont quelquefois fait comparer à une tête de Canard. L'*évent* en forme de croissant, situé au sommet de la tête, a ses pointes dirigées vers l'arrière. La nageoire *caudale* développe à peu près d'une de ses pointes à l'autre $^1/_4$ de la dimension de l'animal ; les *pectorales* n'en atteignent que $^1/_7$ chez le mâle et $^1/_{12}$ chez la femelle et les jeunes. La *dorsale* est petite et couchée en arrière.

Son estomac n'était toujours rempli que de petites proies, et surtout de débris de Céphalopodes, Poulpes, Calmars ou Loligos, ce qui fait supposer que ce doit aussi être la nourriture ordinaire des autres espèces de cette famille.

Les deux dernières captures sur nos côtes eurent lieu en août 1886 près de Saint-Vaast-la-Hougue (Manche). C'étaient deux femelles d'environ 8 mètres de longueur chacune, dont les squelettes sont conservés au Muséum. L'une d'elle portait un fœtus.

Tous les Ziphidés sont assez recherchés du commerce par suite de l'excellente qualité de leur *huile*, et aussi par la quantité qu'ils fournissent, car ils sont ordinairement couverts d'une couche de lard variant de $0^m,12$ à $0^m,14$ d'épaisseur. Les premières espèces sont trop rares pour faire l'objet d'une pêche suivie, mais la dernière qui vit en bandes assez nombreuses et séjourne tout l'été dans les mers du nord, y est l'objet d'une pêche régulière.

Nous ne savons rien de la qualité de leur *chair*, mais d'après leur alimentation, nous la supposons supérieure à la chair des Delphinidés.

Famille des PHYSÉTÉRIDÉS

Cette famille avec laquelle se termine le sous-ordre des Denticètes ou Cétodontes renferme des animaux gigantesques comme ceux du sous-ordre suivant.

Ils sont caractérisés par l'énorme masse de la partie antérieure de leur tête qui est cylindrique et dépasse l'extrémité de leur gueule.

Leur mâchoire inférieure est seule pourvue de *dents*

fortes et persistantes, celles de la mâchoire supérieure étant rudimentaires et caduques dès le jeune âge.

Seuls de leur sous-ordre aussi, leur narine se termine en un *évent* longitudinal.

Un seul genre est représenté sur nos côtes.

Genre CACHALOT, *Physeter*

Ses caractères sont ceux donnés ci-dessus.

Malgré — et peut-être même à cause — des importantes différences que présentent les nombreux ossements de ces animaux déposés dans nos collections, on croit généralement qu'ils varient beaucoup suivant l'âge et le sexe, mais qu'il n'en existe que deux espèces : l'une des mers du Sud, l'autre des mers chaudes et tempérées, qui est aussi celle qui visite nos côtes (1).

(1) La difficulté de se procurer des squelettes complets de ces animaux par suite de l'importante valeur commerciale de leur graisse et huile, qui fait que l'on brise tout pour en tirer davantage et plus facilement les produits réalisables; la difficulté de leur transport, par suite de leur énorme taille et de la puanteur que développeraient leurs ossements non encore préparés; les frais considérables qu'ils entraîneraient; le peu de soucis que nos directeurs de Musées ont de s'encombrer de masses pareilles alors que la place leur fait souvent défaut, joint aux budgets restreints dont ils disposent le plus ordinairement, font que les squelettes entiers sont bien rares dans nos collections. Ces animaux n'ont donc souvent pu être étudiés que sur des pièces séparées, appartenant à des sexes et des âges indéterminés.

Quant aux animaux en chair, forcément absents de nos Musées, ils ont été également tous mal observés malgré leur grand nombre, mais aussi à cause de leur masse même, soit qu'ils fussent dans l'eau, ou suspendus aux flancs d'un baleinier, ou encore étendus sur une grève. — Dans le premier cas, une bien petite partie du corps restait seule visible, la presque totalité étant dissimulée dans l'eau; dans le second cas, il se trouvait très déformé par son propre poids le faisant

Le Cachalot commun, *Physeter macrocephalus*, LINNÉ

NOMS VULGAIRES. — *Sénedette* (Saintonge). — *Mular, Murar, Mucrar* (Provence). — *Peis mular* (Languedoc). — *Capidoglio* (Alpes-Maritimes).

Ce cétacé à forme étrange, atteint et dépasse 25 à 28 mètres de longueur. Il est noir ou bleu ardoisé foncé sur le dos, plus clair sur les flancs et pâle ou blanchâtre sous le ventre, mais avec les faces inférieures de la queue

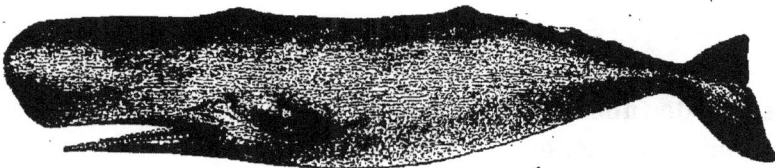

FIG. 234. — Le Cachalot à grosse tête. — Longueur 25 mètres.

et des pectorales noires. Plus ou moins cylindrique à ses deux tiers antérieurs, il devient conique à son dernier tiers jusqu'à la base de la queue.

énormément fléchir entre ses points de suspension, qui exagéraient ses saillies. Sur terre enfin, c'était aussi une masse informe se moulant sur le sol, s'affaissant de toutes parts, par suite de la petite proportion de son squelette comparé à ses masses huileuses et intestinales.

Aussi au commencement du siècle, soit d'après l'étude du squelette, soit d'après des figures de l'animal faites par des gens dignes de foi, croyait-on à l'existence d'environ neuf espèces réparties en trois genres. C'est même cette multiplicité d'espèces qui tendant à s'accroître encore a été cause d'une réaction peut-être excessive en les réduisant à deux, ou plutôt en réduisant à *une seule, les sept espèces* des mers chaudes ou tempérées. — Peut-être, aussi n'est-ce pas le dernier mot de la science, et les sujets antérieurement connus sous le nom de *Trompo*, et dans lesquels nos Cétologues actuels ne voient que des individus malades et amaigris, redeviendront-ils un jour une espèce distincte?

Sa *tête*, étroite en avant, dépasse fortement sa mâchoire et s'élève au-dessus d'elle de toute la hauteur de son corps. Un seul *évent* longitudinal et déjeté sur le côté gauche en garnit le sommet antérieur. Sa mâchoire inférieure, très étroite, pointue et dépourvue de lèvres, est garnie de 25 à 26 paires de grosses *dents* coniques, qui viennent se loger dans des fossettes de la mâchoire supérieure (privée de dents), lorsque la gueule est fermée.

La réunion de la tête et du corps, qui se trouve au premier tiers de l'animal, est marquée sur le dos par une élévation, qui se renouvelle au second tiers en une sorte de tubérosité remplaçant la nageoire *dorsale* des animaux précédents. Entre ces deux espaces, le corps est à peu près cylindrique. C'est à partir de ce point que le corps diminue et devient conique jusqu'à la base de la queue, tout en montrant encore quelqu'autres tubérosités sur la ligne dorsale.

Les nageoires *pectorales*, élargies dans leur milieu, varient comme taille entre $^1/_{12}$ et $^1/_{16}$ de la longueur de l'animal et sa *caudale* qui en atteint environ le quart est divisée en deux lobes bien séparés et qui chevauchent légèrement l'un sur l'autre.

Le *crâne* qui soutient son immense tête est bien différent de la forme de celle-ci et n'en occupe qu'une faible partie. Représenté en avant par les seules pointes osseuses des mâchoires, il s'élève en arrière, mais est très excavé et ressemble à une sorte de cirque ouvert sur la face et fermé au fond et sur les côtés par le redressement en carène de la moitié supérieure des maxillaires et des os frontaux ; ce que le professeur Gervais a très heureusement comparé comme forme aux anciens chars de triomphe des Romains.

C'est dans le vaste espace contenu sous la peau de sa tête, soutenue par ces crêtes osseuses que se trouve une sorte d'huile qui à l'air se prend en une masse neigeuse et solide, connue dans le commerce sous le bizarre nom de *sperma ceti* ou de *blanc de baleine*. Elle représente le principal profit de la pêche de cet animal, car il n'a que peu de lard et par conséquent peu d'huile véritable. Cette substance, qui n'est pas sa cervelle comme quelques personnes le pensent, se retrouve encore au milieu de son lard, peu épais, rempli de filaments et comme cartilagineux, ainsi que dans un long tube cellulaire courant le long du dos, et au milieu de sa graisse où elle occupe des cellules ou cavités plus ou moins grandes et nombreuses.

La *cervelle*, réduite à un très petit volume est entièrement enfermée dans la boîte crânienne qui se trouve située à la partie inférieure et postérieure de cette forte masse représentant la tête.

La *chair* de ces animaux, plus ou moins rouge suivant son genre de mort, par échouage ou par blessure lui ayant fait perdre son sang est, dit-on, dure et indigeste ; elle est néanmoins un régal pour les Groënlandais qui la fument et la salent pour s'en nourrir les jours de fêtes.

— Celle des jeunes, quoique peu estimée encore est quelquefois mangée soit fraîche, soit salée par les équipages des baleiniers, qui la dégraissent le plus possible pour lui enlever un peu de son goût d'huile.

Sa *langue* passe auprès de tout le monde pour un morceau délicat, et son *foie* comme celui de la plupart des cétacés jouit d'une certaine réputation.

Les Groënlandais mangent encore son *lard* et apprécient particulièrement ses *intestins.*

Le lard fournit une moins grande quantité d'*huile* que celui de la Baleine, mais d'une qualité supérieure ; aussi peut-elle être employée à tous les usages industriels ; elle brûle encore parfaitement et sans aucune odeur.

Les *tendons* et *aponévroses* fournissent une abondante gélatine ; la *peau* une bonne colle forte.

Le *spermà ceti* ou mieux la *cétine*, nom que lui a substitué le chimiste Chevreul, est une matière grasse, solide, d'un blanc éclatant, presque inodore, douce et onctueuse au toucher. Elle était très employée autrefois en médecine, où on lui attribuait des vertus curatives extraordinaires dont on est tout à fait revenu. Pendant longtemps aussi on s'en est servi sous le nom de *bougie de Saint-Côme*, pour s'éclairer dans les opérations chirurgicales, car fondant à une température de 44° elle ne produisait pas en coulant sur la peau les brûlures qu'aurait occasionnées le suif fondu. Actuellement on l'emploie encore en Pharmacie et en Parfumerie pour préparer certaines pommades, cérats, onguents ou cosmétiques, le *cold-cream* en particulier. On l'utilise également dans les apprêts de certaines étoffes fines et pour la composition des perles artificielles. Mais sa principale application consiste dans la fabrication des bougies diaphanes, pour lesquelles on la mêle à un peu de cire afin de la rendre moins cassante ; on la colore aussi de différentes façons. Elle donne une belle flamme blanche d'un pouvoir plus éclairant que la bougie ordinaire.

Un autre produit du Cachalot est l'*ambre gris*, substance grasse et aromatique, donnant un parfum analogue au musc, très recherchée par la Parfumerie qui la fait entrer dans une foule de ses préparations, et quelque peu par la Médecine, qui l'emploie comme excitant et aphrodisiaque ; mais c'est une substance rare dépassant une valeur de 1,000 francs par kilo (1). Il semble être une concrétion formée dans les intestins du Cachalot ; quelquefois en effet il renferme dans sa masse des débris de Poissons, mais surtout des becs de Céphalopodes, qui forment la principale nourriture du Cachalot. On le rencontre soit dans les intestins de ces Cétacés, soit flottant en masse plus ou moins considérable sur la mer, ou échoué sur les plages. — Bien avant nous les Japonais connaissaient l'origine de cette substance, et lui donnaient, dans leur langue, le nom de « produit de Cétacé ».

Les *dents* du Cachalot, lourdes, compactes, faciles à travailler et prenant un beau poli sont aussi employées comme ivoire, mais assez rares dans le commerce.

Les *os*, lourds et compacts chez les adultes, et particulièrement ceux de la mâchoire inférieure dont le tissu est très serré, sont recherchés des tabletiers pour les ouvrages de grandes dimensions, et employés comme faux ivoire.

Ces animaux, rares dans la Méditerranée, vivent dans toutes les mers chaudes et tempérées. Leur pêche, quoique beaucoup moins abondante qu'autrefois, occupe néanmoins encore un certain nombre de navires améri-

---

(1) Ses droits de douane seuls s'élèvent à 65 fr. par kilogramme.

cains et de nombreux marins recueillis un peu partout,
même parmi les nègres des côtes d'Afrique et de Malaisie. Leur capture assez fructueuse par la qualité des
produits qu'elle donne, est plus périlleuse que celle des
espèces suivantes, car, lorsque l'animal est blessé il
se retourne quelquefois contre ses adversaires et peut
broyer leurs embarcations avec sa tête, sa queue et
même avec ses dents.

D'assez nombreuses captures ont eu lieu sur toutes
nos côtes à différentes époques (1). En une seule fois,
le 14 mars 1784, il en est échoué à Audierne (Finistère) 32 individus de diverses tailles ; mais on a négligé
d'en conserver aucun squelette entier.

(1) Des os ont été conservés, des dessins faits, des mesures prises ;
mais le tout n'a pas toujours été d'une grande utilité, parce que : les
os ont souvent été mêlés sans indication de sexes ; les dessins ont été
plus ou moins fantaisistes (des deux dessins faits d'un Cachalot
capturé à Bayonne, l'un indique une nageoire en avant de l'anus,
l'autre en arrière ; or l'animal n'a certainement eu ni l'une ni l'autre) ;
et les mesures ont été prises sans méthode et sans points de repères
suffisamment indiqués.

Nous croyons donc utile, dans le cas où un de nos lecteurs se trouverait en présence d'un échouement de Cachalot ou de *Cétacés quel-
conques*, d'indiquer ci-dessous les observations ou mesures bonnes
à prendre. Non seulement elles serviraient à faire connaître exactement le sujet, mais permettront même (en l'absence de tout dessin)
d'en reconstituer assez exactement la figure par suite de la sorte de
triangulation qu'elles formeront sur l'animal.
Longueur totale de l'animal ;
Largeur, longueur et forme *de*, ou *des* évents ;
Distance du bord antérieur de l'évent au bord saillant du museau ;
Forme et apparence de la tête et de la bouche ;
Longueur de l'œil d'un angle à l'autre des paupières ;
Distance du bord antérieur de l'œil au bout de la mâchoire inférieure ;
—   —   —   — au bord saillant du museau ;
—   —   —   — au bord postérieur de l'évent ;
—   —   —   — à la commissure des lèvres ;

Tout récemment, le 28 janvier 1890, un mâle de 13ᵐ,20 de longueur, mort depuis assez longtemps, est venu

Distance du bord postérieur de l'œil à la base postérieure de la nageoire pectorale ;
— — — — à l'ouverture de l'anus ;
— — — —· au milieu de la queue (réunion des deux lobes) ;
— ✒ — - - à la base antérieure de la tubérosité ou nageoire dorsale ;
Longueur, largeur et forme des nageoires pectorales ;
Circonférence à leur base ;
Hauteur, largeur à sa base et forme de la nageoire ou tubérosité dorsale ;
Longueur du bord antérieur de la dorsale ;
Grand diamètre et forme de la queue ;
Distance entre la commissure des lèvres et la base postérieure de la nageoire pectorale ;
Circonférence de l'animal à la hauteur des nageoires pectorales ;
— — à la base antérieure de la dorsale ;
— — — de la caudale ;
Distance entre la base antérieure de la dorsale et le milieu de la queue
— — — postérieure de la pectorale et de l'anus ;
— — l'anus et le milieu de la queue ;
— (dorsale) entre la base des nageoires pectorales ;
—·· entre le bord postérieur de l'évent et le bord antérieur de la nageoire dorsale ;
Nombre, forme, hauteur et situation des dents aux diverses mâchoires ;
Nombre, forme, hauteur moyenne et couleur des fanons ;
Coloration générale et disposition des lignes ou taches ;
Sexe et forme des organes.

Un bon dessin du tout, si c'est possible, auquel on peut joindre les observations que l'initiative individuelle, ainsi que les conditions de l'échouement ou de capture et la position de l'animal peuvent suggérer.

Il serait bon aussi de reconnaître le contenu de l'estomac ; de recueillir les *Coronules* ou *Crustacés* qui peuvent se trouver sur sa peau : ainsi que les *Entozoaires* ou parasites divers qui peuvent se trouver dans l'épaisseur de ses muscles et surtout dans ses intestins.

Toutes ces mesures ne seront pas toujours faciles à prendre ; quelques-unes même ne pourront l'être (pour les grosses pièces) par suite de la position de l'animal ; mais la disposition même d'une partie de celles qui auront été prises, permettra d'en déduire facilement plusieurs autres. C'est pour cela que nous en avons indiqué un si grand nombre.

échouer sur la côte ouest de l'île de Ré, au lieu dit Gros-Jonc, commune de Bois. Son squelette, recueilli par le Docteur Beauregard, figure au Muséum.

Les Cachalots, qui nous fournissent après leur mort divers produits fort utiles, nous rendent aussi d'importants services durant leur vie. Ce sont eux qui, dans l'harmonie générale de la nature, sont chargés de modérer la production des grands Céphalopodes (pieuvres du public) qui, heureusement, vivent surtout par d'assez grandes profondeurs, mais dont l'abondance dans nos eaux, et la présence sur nos côtes serait plus terrible que celle des Requins, puisqu'avec les nombreuses ventouses de leurs grands bras, ils ont la possibilité non seulement de s'attaquer aux gens, mais même aux embarcations qu'ils peuvent faire chavirer et couler (1).

(1) Ces animaux, redoutés de tout temps des Scandinaves sous le nom de KRAKEN, étaient déjà connus des anciens et même d'Aristote qui les appelait τεῦθος. Ils ont passé longtemps pour *fabuleux* chez nous, mais des faits récents sont venus prouver la réalité de leur existence.

Les naturalistes Péron, Rang, Quoy et Gaimard citent chacun des Céphalopodes plus gros que des barils, qu'ils ont rencontrés dans diverses parties de leurs voyages de circumnavigation. Pennaut en observa un dont le corps avait 4 mètres de diamètre et dont les bras atteignaient 18 mètres de long.

Révoil cite le fait d'un capitaine américain qui, près des îles Lucayes, perdit deux hommes enlevés de son bord par les bras d'un Poulpe gigantesque. Un tronçon de bras du même animal, coupé sur le navire même, et conservé au Musée-Barnum de New-York, présentait le diamètre d'un homme. Denys de Montfort a aussi cité autrefois pareille aventure arrivée à bord d'un navire de Dunkerque.

Tous les journaux ont rapporté en son temps la rencontre d'un monstre semblable, faite le 30 novembre 1861, dans le voisinage de Ténériffe, par notre aviso de guerre l'ALECTON, capitaine Bouyer.

Plus près de nous encore, en 1873, des pêcheurs de Terre-Neuve rapportèrent de la baie de la Conception, un tronçon de 8 mètres coupé sur le bras d'un animal qui mesurait 12 mètres de longueur.

Tous les DENTICÈTES que nous venons de passer en revue présentent un fait assez curieux dans leur organisation ostéologique : c'est une différence de symétrie (asymétrie) fréquente entre la dentition de chaque côté des mâchoires, et une différence de symétrie constante dans l'égalité des fosses nasales (osseuses) à leur orifice supérieur. Peu marquée chez les jeunes, cette dernière différence s'accentue avec l'âge ; peu apparente chez les Marsouins, elle est le plus accentuée chez les Cachalots, mais se montre sur tous.

Tous sont plus ou moins carnassiers ; quelques-uns peuvent nous rendre des services, comme les Cachalots, mais la plupart sont de terribles concurrents pour la pêche, et, à ce titre, doivent être détruits. Ils peuvent aussi l'être d'autant plus avantageusement que toutes leurs dépouilles sont utilisables et susceptibles de procurer d'importants bénéfices.

La destruction des Dauphins et Marsouins, qui sont nos espèces les plus communes, s'impose donc sur nos côtes, où elle aurait encore l'avantage d'en faciliter le réempoissonnement pour lequel l'État fait d'assez grandes dépenses. De là bientôt, économie pour le budget, avantage pour le consommateur, diminution de fatigue et accroissement de profit pour les pêcheurs, dont les fatigues et les dangers sont souvent considérables.

Sous-ordre des MYSTICÈTES

Il comprend tous les Cétacés dont la bouche est garnie à sa mâchoire supérieure de lames cornées, falciformes

et plus ou moins grandes, appelées *fanons* et composés de fibres longitudinaux fortement agglutinés entre
eux, mais qui s'effilent sur leur bord interne alors qu'ils
sont très unis sur leurs deux faces ainsi que sur leur
bord externe. — Ils sont entièrement privés de dents,
après en avoir cependant eu des rudiments durant leur
vie embryonnaire.

Tous possèdent deux *events* à la partie supérieure de
la tête.

La plupart portent, soit libres, soit adhérents sur leur
peau, quelques parasites de diverses sortes, mais différents pour chaque espèce ; aussi servent-ils quelquefois
même à les distinguer entre elles.

Ce sont des animaux timides et inoffensifs, qui fuient
à la moindre apparence de danger lorsqu'ils sont seuls,
mais qui, quoique blessés déjà, n'abandonnent jamais
ni leur femelle ni leur jeune.

Deux familles composent ce sous-ordre, avec lequel
se termine la série de nos Mammifères, ce sont les Baleinoptéridés et les Baleinidés.

Famille des BALEINOPTÉRIDÉS

Les Baleinoptéridés se distinguent des Baleinidés
par la présence d'une sorte de nageoire *dorsale*, et de
plis ou rides profonds et longitudinaux s'étendant sous
la gorge et jusqu'au ventre. Ils ont aussi une *tête* moins
grosse, moins arquée, des *fanons* moins grands et une
forme générale bien plus élancée. Leur mâchoire infé-

rieure lippue déborde en un gros bourrelet sur la mâchoire supérieure lorsque la bouche est fermée.

Ce sont des animaux plus agiles et farouches qne les Baleinidés, fournissant relativement peu d'huile et coulant à fond une fois tués ; aussi les difficultés de leur capture et le peu de profit qu'elle procurait, a fait délaisser leur chasse jusqu'à ces derniers temps, où la rareté des vraies Baleines presqu'exterminées, a obligé les baleiniers à se rejeter à nouveau sur eux.

Nous conserverons sous un même nom de genre les cinq espèces relativement voisines de formes, qui abordent nos côtes, quoique quelques auteurs en aient fait trois et même cinq genres.

Genre BALEINOPTÈRE, *Balaenoptera*

Ce genre est appelé indifféremment RORQUAL ou BALEINOPTÈRE par divers auteurs. Nous lui conserverons ici, avec intention, la seconde dénomination, qui rappelle mieux pour nous ses affinités ou ressemblances avec le genre BALEINE.

Ses caractères se confondent avec ceux de la famille donnés ci-dessus.

Il se compose, comme nous l'avons vu, de cinq espèces, qui sont des animaux de haute mer, à natation rapide et par conséquent cosmopolites.

Le Baleinoptère à museau pointu, *Balænoptera rostrata* (MULLER).

NOMS VULGAIRES.— *Baleine* (Côtes de la Manche et de l'Océan).

29

— *Baleno* (Côtes de la Méditerranée). — *Finbach, Fin-whale* des baleiniers.

C'est le nain du genre, car sa taille ne dépasse pas 8 à 9 mètres.

Douze à quatorze captures sont connues sur nos côtes océaniques ; une seule est certaine dans la Méditerranée et date de février 1878, à Villefranche, près de Nice.

Il est, comme nous le voyons, caractérisé par des *formes* assez élancées ; un aileron *dorsal*, petit, aigu et situé au tiers postérieur de l'animal, un *museau* pointu ;

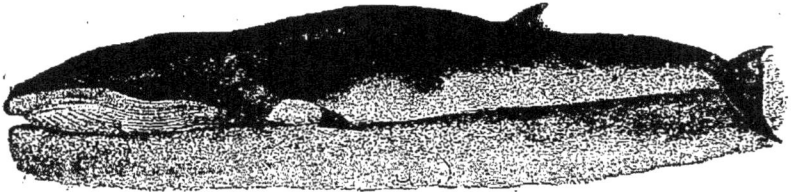

Fig. 235. — Le Baleinoptère à museau pointu. — Longueur 9 mètres.

une *mâchoire* inférieure lippue et dépassant la mâchoire supérieure ; un *corps* noir en dessus, blanc en dessous, quelquefois teinté de rose ; des nageoires *pectorales* pointues et ornées vers leur base d'un large anneau de la teinte du ventre. La nageoire *caudale* atteint en longueur à peu près le quart de la longueur de l'animal.

Il vit ordinairement isolé ou par paire et paraît peu sauvage.

Les habitants du Nord ne dédaignent pas sa *chair*, qu'ils prétendent même savoureuse. Sa *graisse* passe pour assez bonne et se conserve très longtemps salée.

Son huile moins odorante que la plupart des autres huiles de Rorquales est assez estimée.

Ses fanons blanc jaunâtre ou blonds ne dépassent pas 0^m,16 à 0^m,18 de longueur.

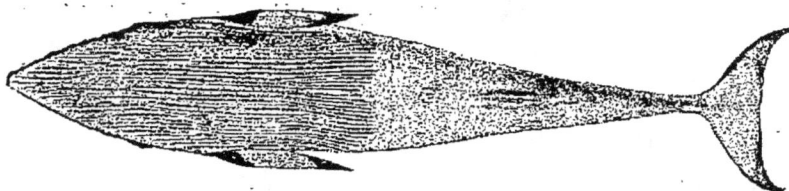

FIG. 236. — Le même vu en dessous pour montrer les plis longitudinaux de la gorge et de la poitrine.

Le sujet figuré ci-joint, vu en dessous et en profil, est un jeune d'environ 3 mètres de longueur, capturé en février 1861 sur les côtes de Bretagne et arrivé en chair au Muséum d'histoire naturelle de Paris (1).

Le Baleinoptère du Nord, Balænoptera borealis CUVIER.

NOMS VULGAIRES. — Comme le précédent.

Cette espèce qui atteint 10 à 12 mètres de longeur est beaucoup plus rare sur nos côtes que la précédente. On n'est bien fixé que sur la seule capture d'un jeune mâle, qui eut lieu le 29 juillet 1874, entre Bidart et Biarritz (Basses-Pyrénées). Il atteignait 7^m,83 de long. Son squelette est conservé au Musée de Bayonne.

(1) Ces deux gravures sont la reproduction des beaux vélins du Muséum exécutés d'après nature par M. Bocourt, notre ami et compagnon de voyage dans l'*Exploration Scientifique du Mexique et de l'Amérique centrale*.

Un squelette appartenant au musée de Bologne, et pêché dans l'Adriatique prouve qu'accidentellement il peut aussi pénétrer dans la Méditerrannée ; mais plus que les autres c'est une espèce qui reste ordinairement dans les mers froides.

Il possède 54 à 56 vertèbres, tandis que le précédent n'en a que 47 ou 48.

Noir en dessus et blanc en dessous comme le précédent, il diffère surtout de lui, par un *museau* beaucoup moins pointu ; des nageoires *pectorales* toutes noires,

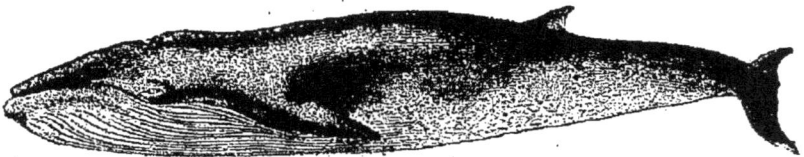

Fig. 237. — Le Baleinoptère du Nord. — Longueur 12 mètres.

non plus en forme de cône allongé mais en forme de fer de lance, et une *mâchoire* inférieure infléchie en bas vers sa partie antérieure.

Ses *fanons* sont noirs marbrés de gris avec les barbelures blanchâtres.

Le Baleinoptère des anciens, *Balænoptera musculus* (LINNÉ).

NOMS VULGAIRES. — *Finback, Finwhale* des baleiniers. — *Baleine* (Côtes de la Manche et de l'Océan). — *Baleno* (Côtes de la Méditerranée).

Cette grande espèce, connue des baleiniers sous le nom de *Finback* ou *Finwhale*, atteint une taille de 30 à 35 mètres (1). Elle se montre assez fréquemment sur toutes nos côtes, où plus de quarante captures ou échouages ont été constatés dans le cours du siècle.

C'est le plus svelte, le plus agile, et aussi le plus agressif et le plus courageux des MYSTICÈTES. Comme il a peu de *lard*, et que ses petits *fanons* n'ont presque pas de valeur, on ne le pêche dans nos mers que par occasion, et sans le rechercher ; mais dans les mers du Nord où il est assez abondant, sa pêche se fait régulièrement.

Ses coups de queue sur l'eau, où il aime à jouer et à bondir, s'entendent au loin comme des coups de canon.

Fig. 238. — Le Baleinoptère des anciens. — Longueur de 30 à 35 mètres.

Il nage très rapidement, vit solitaire et semble quelquefois se nourrir de divers petits poissons, Harengs, Sardines, etc. ; plus souvent on n'a trouvé dans son estomac que des débris de Méduses et d'Entomostracés.

Ses parties supérieures sont fortement teintées de noirâtre ardoisé plus ou moins foncé. Cette coloration s'étend aussi sur les parties externes de ses nageoires

(1) Un exemplaire échoué il y a quelques années sur les côtes de l'Amérique du nord, à l'embouchure de la Columbia, mesurait 34 mètres 60 centimètres.

pectorales, qui en dessous et de chaque côté sont blanches comme les parties inférieures de l'animal.

Les *plis* de la gorge s'étendent au-delà du milieu du ventre. L'*œil* est petit et l'ouverture des paupières ne dépasse guère $0^m,10$ à $0^m,12$. La *mâchoire* inférieure est proéminente. L'aileron *dorsal* est petit et situé au tiers postérieur de l'animal. Les nageoires *pectorales* trois fois plus longues que larges atteignent à peu près $^1/_{10}$ de sa longueur, et l'intervalle entre les deux pointes de sa *queue* n'en dépasse pas $^1/_6$.

Jusqu'à la taille de 14 à 18 mètres les jeunes conservent un crâne assez aplati et des mandibules peu arquées (1). Le nombre de leurs vertèbres varie entre 60 et 65.

Les *fanons* au nombre d'environ 300 à chaque mâchoire sont jaune pâle ou blanchâtres en avant et grisâtres en arrière. Ils atteignent $0^m,60$ chez les adultes.

Le Baleinoptère de Sibbald, *Balænoptera Sibbaldi*, Gray.

Noms vulgaires. — *Baleine* (Côtes de la Manche et de l'Océan). — *Baleno* (Côtes de la Méditerranée).

Cette espèce, cosmopolite comme les autres, atteint la taille de la précédente, car les exemplaires de 30 à 35 mètres ne sont pas rares dans les pêcheries actuelles de Cétacés établies sur les côtes de Laponie ; mais ses apparitions sur nos côtes sont beaucoup moins fréquentes. Trois échouages authentiques ont seulement

---

(1) Fischer, *loc. cit.*, p. 73.

été signalés chez nous depuis 1827 ; le dernier, qui eut lieu à Dunkerque en avril 1863, était celui d'un sujet de 30 mètres (1).

Elle présente à peu près le même nombre de vertèbres que la précédente avec qui elle peut seule être confondue lorsqu'elle est adulte ; mais elle en diffère bien par une coloration uniformément noire ou foncée, brune ou gris ardoisé, une *mâchoire* inférieure plus épaisse, plus longue et plus relevée sur la supérieure et un aileron *dorsal* placé plus près de la queue, aux $^4/_5$ de la longueur de l'animal au lieu des deux tiers, et enfin un *œil* beaucoup plus grand.

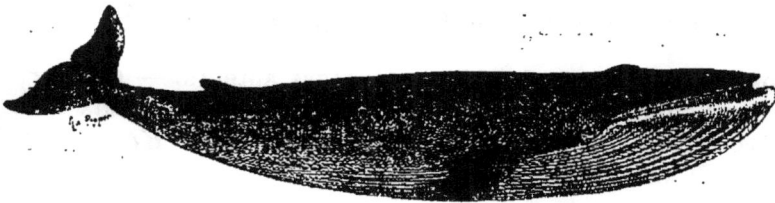

Fɪɢ. 239. — Le Baleinoptère de Sibbald. — Longueur de 30 à 35 mètres.

Les jeunes, à leur naissance, atteignent environ 7 mètres de longueur.

On la pêche assez communément sur les côtes de la Norwège, et l'on tire jusqu'à 80 tonnes d'*huile* de la fonte de son *lard*.

Ses *fanons* d'un beau noir très foncé, sont au nombre d'environ 370 à chaque mâchoire, et dépassent un peu

(1) Un exemplaire capturé sur les côtes d'Ostende en 1827 accusait 31 mètres de longueur. — Un des squelettes exposés récemment dans les galeries du Muséum est celui d'un sujet de 29 mètres.

0^m,60 en hauteur avec un diamètre de 0^m,22 à la base.

Notre ami H. Gervais, fils de l'éminent professeur, nous apprend que les Fuégiens (1) estiment le *lard* de cette espèce qui échoue fréquemment sur leurs côtes, poursuivie par des Orques ; que ces mêmes naturels utilisent les côtes et surtout les *os des mâchoires* pour en faire des harpons et divers instruments, et qu'ils recherchent beaucoup les *fanons* pour les employer comme liens, leur servant dans un grand nombre de travaux et surtout pour réunir entre eux les morceaux d'écorce d'arbres avec lesquels ils confectionnent leurs canots.

Le Baleinoptère jubarte, *Balænoptera boops*, Fabric.

Noms vulgaires — La *Mégaptère* des auteurs. — *Gibbar* des Saintongeois. — *Jubarte, Gubarte, Gubbartas* des Basques. — Le *Humpback* des baleiniers. — *Keporkak* des Groënlandais.

Ce Baleinoptère dont la taille reste toujours au-dessous de 20 mètres est bien distinct des précédents par des formes beaucoup plus massives, et surtout des nageoires *pectorales* dont la longueur atteint près du quart de la taille de l'animal; de là, le nom de **Mégaptère** (μέγας, grand ; πτερόν, aile, nageoire) que lui a donné Gray. La largeur de la *caudale* dépasse aussi un tiers de la longueur totale du corps, et l'aileron *dorsal* peu proéminent est comme couché sur le dos ; c'est une protubérance ou bosse plutôt qu'une nageoire, de là le

---

(1) Mémoire sur deux squelettes de Baleinoptères rapportés par la *Mission française au cap Horn*, pp. 7 et 8.

nom de *Humpback* (dos à bosse) donné par les baleiniers.

C'est une espèce cosmopolite, quoique plus commune
dans les régions froides où sa pêche est assez active.
Moins agile, malgré ses grandes nageoires que les Baleinoptères précédents ou VRAIS BALEINOPTÈRES, elle se
laisse plus facilement harponner. Comme elle coule à
fond dès sa mort, on ne la chasse guère que dans les
baies peu profondes où l'on a chance de la retrouver
dès qu'elle remonte à la surface. Elle donne une quan-

FIG. 240.— Le Baleinoptère jubarte ou Mégaptère.— Longueur de 15 à 18 mètres

tité assez abondante de *lard* produisant d'assez bonne
huile, presqu'égale de qualité à celle du Cachalot, et
variant de 3 à 4,000 litres comme quantité.

Sa *mâchoire* supérieure et l'extrémité de sa mâchoire
inférieure sont toujours ornées de tubercules ou sorte
de grosses verrues, garnies chacune dans leur centre
d'un crin gros et court. Un peu au-dessous se remarque
une calosité mentonnière qui n'existe chez aucun autre
Baleinoptère. Les *plis* de la gorge sont aussi moins
nombreux que chez les espèces précédentes. Les nageoires *pectorales* présentent toujours de fortes tubéro-

sités à leur bord antérieur. La *caudale* est aussi toujours déchiquetée sur son bord postérieur.

Noir brunâtre en dessus, il est gris sur les flancs et blanc en dessous. Ses pectorales blanches à leur face interne et sur les côtés, le sont aussi quelquefois sur la face externe.

Jusqu'à ces derniers temps nous ne connaissions qu'un échouement sur nos côtes : celui du 6 janvier 1877 à la Barre-de-Monts (Vendée) où une tempête rejeta le cadavre d'un individu dans un état de décomposition assez avancée, et que l'administration de la marine vendit 40 francs à un industriel qui en retira 10 barriques d'huile, — Son squelette ne fut malheureusement pas conservé (malgré le désir qu'avait de l'acquérir le directeur du musée de Nantes), par suite des prétentions exagérées de son propriétaire.

Une capture plus récente sur nos côtes méditerranéennes est heureusement venue combler son vide dans nos collections nationales. Mais ce n'est qu'un très jeune individu de 6^m,80 de long, qui s'est fait capturer à Brusques, près Saint-Nazaire (Var), le 23 novembre 1885.

On trouve assez fréquemment quelques parasites sur les Cétacés et particulièrement sur les C. MYSTICÈTES, mais cette espèce-ci (*B. boops*) en est plus particulièrement affectée. En dehors des petites espèces errantes sur la peau, elle présente encore d'assez grosses espèces fixes. Ce sont des animaux que la science actuelle classe parmi les Crustacés à cause de leur organisation anatomique ; mais qui sont pourvus de plaques calcaires et que l'on avait longtemps pris pour des Mollusques multivalves (*Coronula diadema*, LAMARCK). Ils s'installent en assez grand nombre surtout dans les sillons de la gorge, mais peuvent aussi se rencontrer sur toute autre partie de l'animal.

On les remarque sur les jeunes presque dès leur naissance, ce qui fait croire aux pêcheurs groënlandais qu'ils naissent avec eux (1). N'habitant que sur cet animal, ils sont caractéristiques de son identité, c'est pour cela que nous le faisons figurer ici. Quelquefois

FIG. 241. — Groupe de Coronules diadèmes. — Crustacés à enveloppe calcaire parasite du Baleinoptère jubarte. — Largeur moyenne, 0 m. 04 à 0 m. 05 chaque.

ils sont encore pourvus eux-mêmes d'un autre parasite fixe d'assez grande taille.

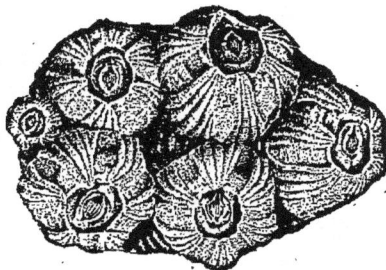

Tous les BALEINOPTÈRES ou *Rorquals* produisent une *huile* plus estimée que celle de la Baleine, mais donnent beaucoup moins de profit aux pêcheurs, car ces animaux sont, ou plus petits ou beaucoup moins gras qu'elle. Leur pêche est aussi plus difficile et plus dangereuse que celle de la Baleine, car ils sont plus agiles que celle-là, sont plus difficiles à approcher, et parfois attaquent et font chavirer les chaloupes qui les poursuivent. Comme ils coulent à fond généralement dès leur mort on ne peut se servir de balles explosibles pour les tuer, mais l'emploi des *bombes lances* est venu remédier à cet inconvénient.

(1) VAN BENEDEN, *les Cétacés, leurs commensaux et leurs parasites* (in *Bull. de l'Acad. roy. de Belgique*, 1870, p. 355).

Leur *chair* à l'exception de celle des jeunes et du *B. à museau pointu* ne paraît guère appréciée que par les Esquimaux et les Fuégiens, qui ont besoin d'une alimentation très carbonique pour parer aux rigueurs de leur climat.

Leur *cuir* est quelquefois utilisé, mais rarement.

Les *membranes intestinales* servent à faire des cloisons, des vitres, des enveloppes et des vêtements imperméables.

Leurs *os* sont utilisés comme carènes de pirogues, instruments divers et harpons.

Enfin les *fanons* bien inférieurs à ceux des Baleines, par leur contexture grossière et leur tendance à se voiler, ce qui en limite beaucoup l'emploi dans l'industrie, sont néanmoins très utilisés par la

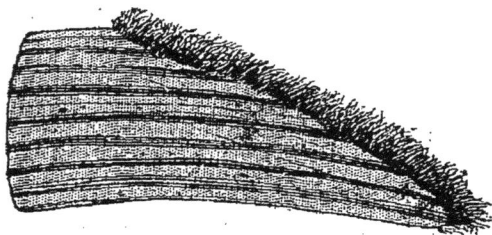

Fig. 242. — Fanon de Baleinoptère. — Longueur de 0 m. 15 à 0 m. 60.

chapellerie (comme cerceaux de casquettes de livrée et d'uniforme) et par les fabricants de guêtres. Les Fuégiens, par leur emploi en liens dans l'eau (où ils ne se contournent plus comme à l'air), nous ont certainement indiqué la voie dans laquelle l'industrie doit surtout chercher à les employer.

Leur râclure qui se frise fortement, soit seule, soit mêlée à des crins animaux ou végétaux, est utilisée pour garnir des sièges, et meilleure encore pour des couchettes de berceau, car elle peut subir sans inconvénient de nombreux lavages et se sèche rapidement. — Elle forme aussi un engrais assez puissant quoique tardif, mais de longue durée.

Famille des BALEINIDÉS

Les Baleinidés se distinguent des Baleinoptéridés par l'absence de nageoire *dorsale* et de *plis* ou rides sous la gorge et le ventre. Ils ont aussi une tête beaucoup plus grosse, une *mâchoire* très arquée verticalement, des *fanons* très grands, qui peuvent atteindre jusqu'à 4 et 5 mètres de long, et des *formes* beaucoup plus massives, en même temps qu'une coloration toujours entièrement noire.

Un seul genre représente la famille.

Genre BALEINE, *Balaena*

Ses caractères sont ceux de la famille.

Toutes les espèces habitent les mers froides où elles restent même pendant l'hiver. Une seule, devenue bien rare, descend à cette époque dans les mers tempérées et se présente encore accidentellement sur nos côtes après y avoir été très commune autrefois.

La Baleine des Basques, *Balæna biscayensis*, Eschricht.

Noms vulgaires. — *Baleine*, nom général sur les côtes de la Manche et de l'Océan. — *Sletbag, Sletbak, Nordkaper*

- des baleiniers. — *Môrwarc'h* (Bretagne). — *Balum,* *Balenn* (Finistère). — *Bália, Bálea* (Basses-Pyrénées). — *Baleno* (Provence).

Sa masse et sa forme est relativement petite et élancée comparée à la *Baleine franche* du Nord. Sa *tête* plus petite, représente à peu près le cinquième de la longueur du corps, au lieu du tiers ; elle montre toujours une sorte de bosse en avant du cou, et une mâchoire inférieure beaucoup plus arquée, en même temps qu'une mâchoire supérieure plus courte.

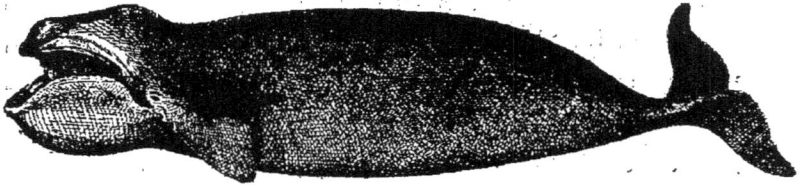

FIG. 243. — La Baleine des Basques. — Longueur de 18 à 25 mètres.

Ses *fanons* sont aussi plus courts, plus épais et moins noirs. Sa *peau* semble plus bleuâtre, moins rugueuse et plus épaisse ; elle présente constamment un *parasite* à enveloppe calcaire qui manque dans l'espèce suivante. Ses *jeunes* atteignent six mètres à leur naissance au lieu de quatre seulement. Elle émigre davantage, passant l'été dans les régions polaires qu'elle quitte un peu durant l'hiver. Ses mouvements et ses allures sont plus rapides, ce qui en rend la chasse ou capture plus difficile.

Telle est du moins l'opinion générale des baleiniers

et des marins, car dans l'état actuel de la science la discussion reste difficile pour nos savants, les sujets et squelettes de cette espèce faisant encore défaut à nos collections, quelqu'importantes qu'elles soient devenues depuis quelques années (1).

Les nageoires *pectorales* de formes lourdes et massives s'insèrent très bas vers la gorge et la *caudale* très développée atteint le tiers de la longueur de l'animal.

Rondelet, célèbre médecin et naturaliste de la Renaissance, professeur à l'Université de Montpellier en 1545, nous a laissé sur cette Baleine et les coutumes auxquelles donnait lieu sa pêche, les fort intéressants détails qui suivent. Il parle d'abord de l'emploi des côtes de l'animal.

« Ceux de la coste de Baione en font closture en leurs iardins, principalement de Biarris, de Capreton é saint Jehan de Lus, ou se prenent les Balenes en certain tems sus l'hyuer de la sorte que s'ensuit. Les mariniers é pescheurs font le guet es lieux hauts pour uoir les Balenes venir ; quand ils les uoient, ils sonnent le tabourin pour signe ; lors tous accourêt garnis de ce qui est

(1) Eu 1869, nous avons assisté, à bord d'un baleinier américain, près de l'île de Fogo (une des îles de l'archipel du Cap-Vert), à la capture d'un animal de cette espèce, et à la fonte de son lard. Ignorant alors l'intérêt scientifique que présentait cette Baleine, et pensant que des animaux de cette taille devaient forcément être connus de nos savants, nous n'y attachâmes d'autre importance qu'un simple intérêt de curiosité pour les procédés de capture, de préparation et d'emmagasinage de ses produits. — Les *fanons* qui dépassaient la taille d'un homme, et la présence d'une vraie Baleine dans ces parages que ne fréquentent jamais les Baleines franches du Nord, ne peut nous laisser de doute sur l'identification de cet animal avec la très intéressante espèce de notre faune. — Sa longueur était d'environ 20 à 22 mètres.

nécessaire. Ils ont plusieurs nasselles, en chacune dix
homes forts pour bien ramer, plusieurs autres dedans
avec dards, lesquelz de toute leur force ils iettent

Fig. 245. — Attaque d'une Baleine par des baleiniers.

sur la Baleine é laschent les chordes attachées aux dits
dards, iusques à ce qu'elles aient perdu le sang é la vie.
Lors, ils tirent la Balene en terre, é la partissent, cha-

cun aiant sa part selon la quantité de dards qu'il aure
ietté, quilz reconnaissent à leurs marques. On prend
les masles plus malaisément, les femelles plus aisément,
principalement si elles sont suiuies de leurs petits, car
cependant qu'elles s'amusent a les sauuer, perdent l'occasion de fuir. De mesme façon on prend les autres
grandes bestes marines, comme le Gibbar, l'Espaular,
le Mular (1)... »

Cette Baleine, beaucoup plus commune autrefois sur
nos côtes, passait la belle saison dans le nord de l'Is-
lande où elle était connue sous le nom de *Sletbag*, et
se répandait assez abondamment en hiver sur nos côtes
pour faire l'objet d'une pêche régulière et abondante
dans le golfe de Gascogne où elle est devenue rare,
car on ne connaît que trois captures faites depuis le
commencement de ce siècle, en 1811, 1852 et 1854 ; il
est vrai qu'elle y a été aperçue bien plus souvent.

La capture de ces Cétacés par les Basques, d'abord
commencée sur leurs côtes et dont l'histoire garde des
traces jusqu'au IXe siècle, fut par la suite continuée par
eux en pleine mer, et eut pour conséquence leur arrivée à Terre-Neuve et sur les côtes voisines d'Amérique
plus d'un siècle avant la découverte *officielle* qu'en fit
Christophe Colomb le 8 octobre 1492 (2) ; mais alors les
intérêts du commerce et de la navigation étaient de gar-

(1) RONDELET, *Histoire entière des Poissons.* Lyon, 1568, p. 353.
(2) Cinq siècles auparavant, en 982, l'Islandais Eric le Rouge avait
découvert le Groënland, dont la Norwège prenait possession en 999.
L'an 1000, Leif, fils d'Eric, abordait le Continent, où il retournait avec
son frère Thorwald en 1002, et fondait une colonie qui restait en
rapport avec le Groënland ; mais en 1347 une sorte de peste fit périr
presque tous les habitants de ce dernier pays, et les relations cessèren

der secrètes les découvertes que chacun faisait pour s'en réserver le bénéfice de l'exploitation.

Malgré quelques anciennes captures signalées dans la Méditerranée et paraissant devoir être attribuées à cette espèce, on prétendait jusqu'à ces derniers temps que la Baleine des Basques ne pénétrait jamais dans cette mer, lorsque le 18 février 1879 une jeune femelle de 12 mètres de long se fit capturer dans le golfe de Tarente. — Plus récemment, le 25 janvier 1888, un individu plus jeune encore, long d'environ 8 à 10 mètres, qui s'était embarrassé et étouffé dans des filets à Thons près de la côte d'Alger, fut amené dans ce port et exposé quelques jours sur un chaland ; mais sa décomposition avancée obligea bientôt de le jeter à la mer. Sur la demande du Muséum, on réussit à en repêcher quelques os qui lui furent adressés. C'est une photographie de sa tête déjà très décomposée et des mesures provenant du Baleineau de Saint-Sébastien qui nous ont permis de reconstituer la figure que nous donnons plus haut de cet animal encore très imparfaitement connu et non moins mal figuré.

avec la mère-patrie. L'Amérique s'oublia. — Ce fut peu après qu'y abordèrent les Basques.

Plus tard, les Dieppois qui faisaient depuis longtemps le commerce d'ivoire et d'épices sur les côtes occidentales d'Afrique, découvrirent l'Amérique du Sud. Ce fut le capitaine Jean Cousin qui le premier y aborda vers l'embouchure de l'Amazone en 1488 (quatre ans avant le premier voyage de Christophe Colomb) ; il avait alors comme lieutenant le castillan Vincent Pinçon, qu'il fut obligé de chasser à son retour pour indiscipline et malversation. Ce fut ce même Pinçon que Christophe Colomb s'attacha comme capitaine de l'un de ses navires, mais qui l'abandonna à son second voyage pour retourner au Brésil qu'il avait entrevu déjà avec Jean Cousin.

On ne voit guère actuellement que des jeunes de cette espèce et ceux qui semblent adultes restent bien inférieurs à la taille de 30 mètres de long qu'elle paraît atteindre. Leur rendement d'huile arrive à peine au tiers de ce que peut fournir l'espèce suivante de même taille, et leurs fanons ne dépassent pas 3 mètres, alors que cette dernière en a fourni de près de 5 mètres.

Dans le nord on utilise encore son lard et même sa *chair*, qui a un goût fort, il faut l'avouer ; chez nous on laisse perdre cette dernière. On ne se sert que de son huile et de ses fanons, qui représentent du reste un beau chiffre, car on reconnaît en général, qu'une Baleine de cette espèce peut fournir environ 12 à 15,000 kilogrammes d'huile et près de 800 kilos de fanons.

Au XVIᵉ siècle, sa chair était mangée par bien des gens, mais son *lard*, plus estimé encore, se salait et était recherché sur nos marchés de l'Ouest de la France, ainsi que nous l'apprennent divers mémoires et chroniques de l'époque. Sa *langue*, beaucoup plus délicate, était ordinairement prélevée comme « dîme » par les évêques et couvents et figurait aussi sur les tables de la noblesse. Sa *queue* avait aussi une certaine réputation. L'animal enfin fournissait des mets dont usaient les *gastrolâtres* ou gourmands, ainsi que nous l'apprend Rabelais (2).

Les *intestins* des Baleines, négligés chez nous, étaient et sont encore estimés au Japon, où, après avoir été marinés, ils figurent, soit cuits, soit rôtis, sur les meilleures tables.

(1) RABELAIS, *Œuvres*, Amsterdam, 1711, t. IV, liv. IV, chap. XL, p. 254.

Son *huile* varie de couleur et qualité suivant la cuisson et l'état du lard d'où on la tire ; mais elle a toujours une odeur forte qui fait qu'on ne l'emploie qu'aux usages industriels, pour l'éclairage, le graissage des machines, la fabrication du gaz d'éclairage, du savon et spécialement du savon noir, ainsi que pour la préparation des cuirs, pour enduire les bordages et gréements de navires ou embarcations, préparer diverses peintures ou enduits, ainsi que certaines compositions ou ciments, pour le graissage des chaussures destinées à aller à l'eau, telles que les bottes d'égoutier en particulier, ou les chaussures de marais. Elle protège également beaucoup les chaussures de montagnes ou d'hiver exposées à de longs trajets dans la neige. — On en retire encore une petite quantité de cétine, et quelquefois on l'emploie aussi à falsifier l'huile de foie de morue.

Ses *fanons* vulgairement appelés *Baleines* ont un

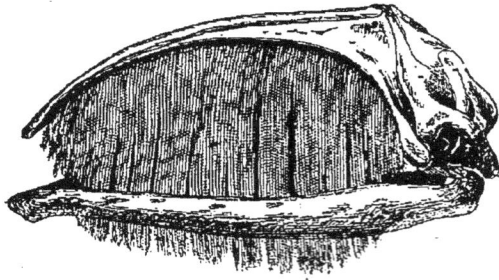

Fig. 245.— Tête osseuse de Baleine garnie de ses fanons.

grand emploi dans l'industrie. Ils servent à faire des buscs de corsets, des éventails, des montures de parapluie, de cannes, des marteaux de commissaires-priseurs, des baguettes de fusils, des bouts de fouets, des

cravaches, des cannes ou masses d'huissiers, des baguettes de chefs d'orchestre, des manches de couteaux,
de nombreux instruments de chirurgie, des crochets de
photographes, des scions et grelots de pêcheurs à la
ligne, etc. etc. On a même tenté d'en employer les fibres
à la confection d'une sorte de tissu pour jupons. Décolorés et reteints de diverses nuances on en a fabriqué plusieurs ouvrages de fantaisie, et aussi des fleurs artificielles. Chauffés dans de l'huile ou de l'eau, les fanons se
ramollissent et peuvent alors se mouler comme de la
corne ou de l'écaille ; mais ils prennent difficilement un
aussi beau poli que cette dernière ; leurs râclures mêlées

Fig. 246. — Fanons de Baleine des Basques. — Longueur de 2 à 3 mètres.

à des crins entrent dans la composition de quelques
matelas, sommiers ou coussins, et tous les déchets sont
encore utilisés comme engrais.

Le prix des fanons, très variable suivant la demande
et surtout l'abondance de la récolte, ainsi que suivant
leur longueur, oscille entre 800 et 2,000 francs les
100 kilos pour être revendus sur le pied de 35 francs le
kilogramme.

Son *cuir* épais, mais trop spongieux n'a aucun emploi et est abandonné par les matelots, qui le jette, ou
bien encore s'en servent, ainsi que d'une partie des
chairs, des débris gras et des résidus de la fonte du lard

pour alimenter le feu des chaudières dans lesquelles ils préparent leurs huiles (1).

La pêche de ce Cétacé était autrefois d'un grand profit pour les pêcheurs basques ainsi que nous l'avons dit. Une note du célèbre chirurgien Ambroise Paré, écrite lors de son séjour à Bayonne (1564) accompagnant le roi Charles IX vient aussi le confirmer.

« La *chair* des Baleines n'est rien estimée, mais la *langue* pour ce qu'elle est molle et délicieuse, les Basques la salent; semblablement le *lard*, lequel ils distribuent en beaucoup de provinces, qu'on mange en carême aux pois; ils gardent la *graisse* pour brûler et frotter leurs bateaux, laquelle étant fondue ne congèle jamais. Des *lames* qui sortent de la bouche, on en fait des vertugales, buscs pour les femmes, et manches de couteaux et plusieurs autres choses; et quant aux *os*, ceux du pays en font des clôtures de jardins; et des *vertèbres* des marches et selles (chaises) à se seoir en leurs maisons (2). »

Au moyen âge on ornait aussi de ses *maxillaires* énormes les porches des églises, et les *bouts* de ses fanons, plus estimés encore qu'aujourd'hui, servaient à faire des panaches ou aigrettes de casques, comme

---

(1) Procédé découvert par le basque François Souplte de Sibourre (Basses-Pyrénées) vers 1630 alors que les Anglais et les Hollandais empêchaient nos baleiniers d'aborder au Groënland ou au Spitzberg pour y fondre leur lard. Il eut pour résultat de nous faire produire des huiles de qualité supérieure en faisant une fonte immédiate sur les navires mêmes, alors que les autres baleiniers attendaient d'avoir un chargement pour aller opérer à terre la fonte de leur lard devenu déjà rance.

(2) AMBROISE PARÉ, *Œuvres complètes*, liv. XXV, p. MLXXIX.

l'atteste un poète de l'époque, Guillaume le Breton, à propos du casque que le comte de Boulogne portait à la bataille de Bouvines.

Sous le nom de *poudre de pierre de tiburon*, on employait aussi autrefois contre les hémorragies, les coliques, les douleurs néphrétiques et une foule d'affections diverses, son os de l'oreille ou caisse tympanique pulvérisée.

Il y a peu d'années, avant que Biarritz ne fût devenu une plage à la mode, et n'ait été reconstruit, on voyait encore de vieilles maisons ou ses maxillaires servaient de poutres ou solives, et un petit pont sur un ravin soutenu avec les mêmes os.

Comme la *Jubarte* ou *Mégaptère*, notre Baleine donne

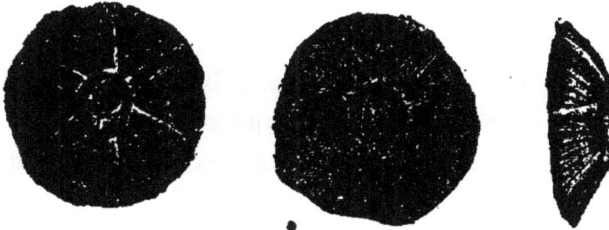

Coronula balænaris, parasite de la Baleine des Basques.
FIG. 247. — Vue par   FIG. 248. — Vue par   FIG. 249. — Vue de
sa face supérieure.   sa face inférieure.   profil.

toujours asile à des parasites calcaires, ce qui la distingue bien de la suivante qui en est privée. C'est la *Coronula balænaris* de Lamarck, qui se loge un peu partout sur ses parties supérieures. Déjà figurées par Chemnintz (1), elles l'ont encore été par Dufresne et dans di-

(1) CHEMNITZ, *Conchylien Cabinet.* Vol. VIII; p. 325; pl. xcix fig. 845, 846.

vers recueils plus récents (1). — En dehors de ces parasites d'assez forte taille, elle nourrit encore comme la Baleine franche de petits Crustacés du genre *Cyame*, mais d'espèces différentes.

Peut-être devra-t-on plus tard réunir à cette espèce, des Baleines australiennes bien voisines de la nôtre, et pour lesquelles cependant on a créé le genre *Macleayus*. Il n'y aurait rien d'étonnant en effet à ce que, comme certains Baleinoptères, la *B. des Basques* ne fut répandue sur tout le globe, puisque les mers chaudes ne sont pas une frontière pour elle, comme nous l'avons constaté et comme on le croyait jusqu'à présent.

Quoique aucune capture bien authentique de la *Baleine franche* ou *du nord* n'ait été prouvée sur nos rivages, nous l'indiquerons cependant ici à la suite de la *B. des Basques*, car malgré ses habitudes stationnaires dans les mers froides, il est impossible qu'au temps où ces animaux étaient très communs, et où la pêche en détruisait plusieurs milliers par an (2), il n'y ait pas eu quelques-uns d'entre eux malades ou blessés qui, entraînés par les courants descendants du Gulf-stream, ne soient venus échouer sur nos côtes. — Plusieurs baleiniers et marins ont du reste prétendu autrefois l'avoir reconnue parmi les sujets capturés dans nos eaux.—

(1) DUFRESNE, *Annales du Muséum*. Vol. I; p. 473; pl. xxx. fig. 2 à 4.

CHENU, *Illustrations Conchyliologiques*, G. Coronula, pl. 3, etc.

(2) Des documents officiels portent à 57,560 baleines, le nombre des individus capturés par les baleiniers hollandais seulement entre 1669 et 1778, et avoués à leurs armateurs.

Quoi qu'il en soit, quelques mots sur elle et une figure ne peuvent qu'éclairer par comparaison l'étude même de notre espèce bien française, la *B. des Basques.*

La Baleine franche ou du Nord, *Balæna mysticetus,* Linné.

Noms vulgaires. — *Nordwhale, Nordwal* des baleiniers. — *Baleine du Groënland,* ou *B. de grande Baïe* des anciens Basques.

Cette espèce, la plus importante parmi celles qui

Fig. 260. — La Baleine franche ou du Nord. — Longueur 30 mètres.

habitent le nord de notre hémisphère est plus grande et plus massive que la précédente, et atteint fréquemment 30 mètres de long. Sa *tête* plus grande aussi occupe le tiers de sa longueur totale. Sa *bouche* est moins arquée et moins surélevée. Les *fanons* sont plus grands, plus lisses, plus noirs et atteignent jusqu'à 5 mètres. Sa *peau* plus noire aussi est plus rugueuse, mais plus mince et ne se couvre jamais de Coronules. Ses jeunes naissent plus petits. Enfin elle reste plus constamment au milieu des glaces boréales où elle vit en troupes plus ou moins nombreuses, émigre peu dans nos parages et moins encore dans les mers chaudes.

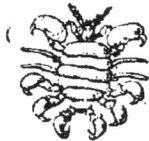

Un petit Cyame analogue, mais non semblable à celui de la *B. des Basques*, vit en parasite sur elle, et peut aussi servir à la faire reconnaître. C'est le *Cyamus mysticeti*, DALL, dont nous figurons ci-joint une femelle.

Fig. 251. — Le Cyame de mysticète (*Cyamus mysticeti*), parasite de la Baleine franche.

Comme nous l'avons vu à propos de l'espèce précédente, le rendement d'*huile* et de *fanons* est très considérable chez les Baleines et procure de grands profits. Malheureusement même dans le nord, sa véritable patrie, cette espèce a beaucoup diminué et tend à disparaître bientôt. Mais c'est encore une ressource considérable pour beaucoup de populations de ces régions désolées, dont le palais est moins blasé que le nôtre, et qui non seulement mangent sa *chair*, mais se régalent de son *lard*, de sa *langue*, de sa peau et de ses nageoires, et boivent encore son *huile*. Ils se servent de ses *côtes* pour la construction de leurs huttes (le bois leur fait défaut) et de leurs *maxillaires* et des *côtes* ils construisent des canots qu'ils recouvrent de peaux de Phoques ; enfin avec leurs *boyaux* fendus et séchés à plat ils se font des sortes de vitres, et des vêtements de mer pour remplacer les *capots* de nos marins. Ils transforment les *nerfs* et *tendons* en fils pour la fabrication de leurs filets et la confection de leurs vêtements, et avec les fibres des *fanons* ils préparent de bonnes lignes de pêche.

Toutes les Baleines, quoique craintives et inoffensives, peuvent faire courir de grands dangers aux marins qui les poursuivent par les grands déplacements d'eau qu'elles produisent au milieu des vagues, soit en plongeant, soit en remontant à la surface de la mer, ainsi que par les mouvements brusques et rapides de leur queue, qui peuvent briser et faire sombrer les embarcations.

Quoiqu'immenses, ces animaux ne se nourrissent que de très petites proies, Mollusques ptéropodes, petits Crustacés et Méduses, et autres petits animaux, qui dans certains parages, sont fort abondants, vivent en bancs épais et couvrent littéralement la mer.

Les *huiles* de Cétacés étaient autrefois la base d'un immense commerce, dont l'état actuel ne peut donner qu'une bien faible idée. Suivant leur provenance ou leur fabrication, elles sont plus ou moins claires et odorantes; mais toutes ont un grand pouvoir éclairant (1) et sont excellentes pour la fabrication des savons, le graissage des machines, l'apprêt des cuirs et une foule d'autres usages. Toutes laissent par le refroidissement déposer des cristaux de *cétine* en plus ou moins grande quantité. Souvent elles sont utilisées seules dans le commerce, mais très souvent aussi additionnées d'huile

(1) Elles étaient seules employées autrefois à l'éclairage des phares avant l'emploi du pétrole.

végétale pour atténuer leur couleur et leur odeur, quoique l'on puisse assez facilement les décolorer et aussi les désinfecter.

L'importance de leur production est difficile à établir, car suivant les pays et même les ports d'attache des navires qui se livrent à la pêche des Cétacés, on se sert pour les renfermer de barils qui varient de 26 à 166 litres et de barriques variant de 182 à 1,250 litres. Leur addition, sous ces deux titres, est donc tout à fait illusoire. Mais ce commerce, quoique bien réduit comme nous l'avons vu, représente encore de nombreux millions. La France n'y prend qu'une très faible part comme production, tout en conservant une consommation assez importante. C'est l'Amérique du Nord et surtout la Norwège qui centralisent actuellement cette industrie, et qui préparent avec le *lard* de ces animaux des huiles blanches, blondes, jaunes, rouges ou brunes. Avec la *peau*, les *tendons* et les *boyaux :* elles font des colles fortes de diverses qualités ; elles pulvérisent les *os* transformés en phosphate de chaux ; dessèchent les *chairs* pour en faire des farines alimentaires pour les Animaux domestiques et torréfient tous les *débris* qu'ils transforment en un excellent guano.

Tous ces produits, que nous usons en certaine quantité, sont fournis en plus grande abondance par les Cétacés Mysticètes, rares chez nous, mais peuvent l'être aussi par les C. Denticètes ou Cétodontes dont quelques-uns abondent sur nos côtes. Pourquoi donc ne demanderions-nous pas à notre industrie (comme nous l'avons déjà dit à propos des *Dauphins*) de produire chez nous, sur nos côtes, ce que nous allons acquérir plus ou moins chèrement à l'étranger. Cela contribuerait doublement à accroître la richesse nationale, en évitant la sortie de notre argent et en facilitant le repeuplement de nos côtes par la diminution de ces grands destructeurs de nos pêches. — L'abondance des Poissons qui en serait la conséquence aiderait à l'alimentation publique, en les rendant plus accessibles aux petites bourses, tout en accroissant le gain de nos intéressantes populations de pêcheurs, dont il faciliterait la tâche en les obligeant moins à sortir par tous les temps et être aussi souvent victimes qu'ils le sont, des tempêtes et de leur désir bien naturel de gagner quelqu'argent pour élever leur famille.

Fig. 252. — Canots de pêche côtière.

ADDENDA

Depuis l'impression des premières feuilles de ce volume, nous avons appris l'existence *certaine* en France du

Nyctinome de Ceston, *Nyctinomus Cestonii* (Savi)

présence que tout démontrait probable (Voir genre *Nyctinome*, pages 24 et 25).

Une note de M. Siépi, insérée au compte rendu du Congrès zoologique de l'Exposition de 1889 (paru depuis peu), signale en effet les captures récentes de quatre ou cinq de ces curieux Cheiroptères dans le Var, les Bouches-du-Rhône, et jusque dans la ville même de Marseille.

GLOSSAIRE

___

A

Abajoues. — Sorte de poches intérieures situées aux deux côtés de la bouche chez quelques animaux, et qui leur servent de réservoirs pour emmagasiner d'un coup les aliments qui vont servir à un de leurs repas, ou pour transporter dans leur magasin les provisions qu'ils viennent de récolter.

Affinité. — En Chimie, c'est la tendance qu'ont certains corps à se combiner ensemble. — En Zoologie on emploie quelquefois ce mot pour indiquer les rapports de ressemblance qui existent entre deux ou plusieurs familles, groupes, genres ou espèces.

Aire (de dispersion). — On appelle ainsi, en Zoologie, toute l'étendue de territoire ou pays dans laquelle se rencontre une espèce déterminée. — D'une façon plus restreinte, et comme séjour régulier et ordinaire, cela devient l'*habitat*.

Alaires (membranes). — Même signification que les mots, membranes *aliformes* (voir ce mot).

Albinisme. — Etat d'un individu dont la peau et ses productions (poils, plumes, écailles) se trouvent décolorées par l'absence de *pigment*. Alors, les yeux sont rouges. C'est une anomalie. — Dans le cas de blancheur naturelle, c'est au contraire un pigment blanc qui colore ainsi, et les yeux ne sont plus rouges. — L'albinisme entier (et quelquefois partiel) est assez fréquent chez les nègres.

Album græoum. — Sorte d'excréments de chiens d'une nature blanche et d'une consistance rapidement friable provenant d'une alimentation presqu'exclusivement osseuse. Ce n'est, en définitive, que le phosphate de chaux des os, dépouillé de toute matière organique par l'acte de la digestion. On l'employait beaucoup autrefois dans la médecine.

Albumine. — Cette substance constitue la presque totalité du blanc d'œuf et aussi du sérum du sang (partie liquide qui se sépare du sang lorsqu'il se forme en caillots). — Les cheveux, les poils, les ongles, les durillons de toutes sortes, les cornes, écailles et les sabots des animaux, ainsi que l'épiderme même, sont en majeure partie composés d'albumine concrétée. Elle se retrouve encore dans les sucs de nombreux végétaux, dans la matière cérébrale et la plupart des liquides et tissus animaux. — Elle forme des composés insolubles avec plusieurs sels métalliques, et particulièrement avec le vert-de-gris et le sublimé corrosif; aussi est-elle l'antidote de ces poisons. — Mêlée avec de l'alun en poudre, de l'eau blanche ou battue avec de l'huile, elle est un bon remède pour les brûlures récentes. — Elle sert à clarifier les sirops ou coler les vins et vinaigres, car la chaleur, l'alcool et le tannin la coagulent, et elle entraîne toutes les impuretés avec elle en tombant dans le fond des vases. — Elle donne de la blancheur et de la légèreté aux pâtes fines; sert à coller la porcelaine, le verre, à préparer des plaques photographiques, etc.

Alevin. — Nom donné aux jeunes Poissons destinés à repeupler les étangs ou cours d'eaux.

Aliformes (membranes). — Ce sont les membranes qui réunissent au corps des Chauves-Souris, les phalanges de leurs membres antérieurs et s'étendent aux membres postérieurs; ce que l'on nomme vulgairement leurs *ailes*.

Allure. — C'est la manière dont un animal marche ou porte son corps en marchant. — Chez le Cheval on distingue quatre sortes d'allures : le *pas*, l'*amble*, le *trot* et le *galop*.

Amble. — C'est une sorte d'allure intermédiaire entre le pas et le trot, mais qui peut être assez rapide néanmoins, et dans laquelle l'animal fait mouvoir simultanément les deux membres du même côté. — L'Ours, la Girafe et quelques Equidés marchent naturellement l'amble ; c'est aussi assez souvent l'allure du Poulain ; mais souvent chez le Cheval c'est un effet de l'éducation, et on y façonne aussi l'Ane et le Mulet. Probablement plus fatigant que le trot pour ces animaux, c'est au contraire extrêmement doux pour le cavalier qui est comme bercé. — Cette allure était très recherchée autrefois pour les montures d'abbés, de dames et de médecins. — Tous les Chevaux mexicains et la plus grande partie de ceux de l'Amérique du Sud marchent l'amble.

Ambre gris. — Sorte de concrétion grasse ou onctueuse et aromatique, très recherchée en parfumerie, et qui semble se former dans les intestins du Cachalot. — On la rencontre en petites masses flottantes sur les côtes et les mers fréquentées par ces animaux.

Amulette. — On nomme ainsi les objets auxquels la superstition ou la crédulité populaire attache le pouvoir d'écarter le démon, conjurer les sorts, prévenir ou guérir les maladies, etc., et que l'on doit porter directement sur soi, attachés en bracelets ou colliers, ou enfermés dans une poche. Les nègres de l'Afrique les appellent des *gris-gris*.

Andouilles, andouillettes. — Sortes de mets en forme de saucisse, préparés avec les intestins des Porcs. Quelques villes, telles que Troyes et plusieurs autres, ont acquis de la réputation pour leurs préparations. — Les intestins des Sangliers et de bien d'autres animaux, surtout ceux à couche de lard ou graisse, pourraient être utilisés de la sorte. — Les Lapons et divers autres peuples de l'extrême Nord mangent avec délices les intestins de Cétacés.

Andouillers. — On nomme ainsi les branches qui poussent

31

le long de la tige principale des bois des Cervidés. — On appelle *maître andouiller* ou *andouiller basilaire*, le premier andouiller placé à la base du bois et dirigé en avant. C'est l'arme principale du cerf et ses coups sont quelquefois mortels. — Le second andouiller, qui est dirigé sur le côté prend le nom de *sur-andouiller*, etc...

Anglaise (monter à l'). — C'est la façon de se soulever en cadence sur sa selle ou plutôt sur ses étriers et avec le concours des genoux, à chaque mouvement complet des quatre pieds du Cheval, afin d'éviter dans les reins la réaction trop dure de son trot.

Anomalie. — État d'une chose qui s'écarte de la règle commune des lois naturelles. — Les animaux peuvent présenter non seulement des anomalies de conformation, mais aussi de coloration. Tels sont par exemple : l'*albinisme*, le *mélanisme*, etc.

Appâter. — C'est présenter à un animal un appât, lui offrir un mets dont il est friand, non pour le nourrir, mais pour l'attirer dans un piège. — Ordinairement l'appât est dans le piège même. — Pour le Poisson on le jette quelquefois simplement dans la partie des eaux où l'on veut venir pêcher. — Le sang ou la graisse de Loutre et de Héron, qui sont des animaux *piscivores* par excellence, passent à tort pour être irrésistibles auprès des Poissons.

Armes blanches. — Ce sont les sabres et épées, par opposition aux *armes à feu* ; mais par extension dans le langage usuel, on entend sous le nom de blessures par armes blanches, toutes celles faites par un instrument *tranchant*.

Astragale. — C'est l'un des os du talon.

Auxiliaires. — Nous appelons ainsi les animaux qui facilitent nos travaux et nous rendent des services : certains animaux domestiques comme le Cheval, le Bœuf, le Chien, le Chat, etc. ; puis aussi, tous les animaux sauvages qui, pour leur alimentation, détruisent les ennemis de nos récoltes, ou nous sont d'une utilité quelconque, autre qu'alimentaire.

Avaloire. — Partie des harnais d'un Cheval lui garnissant la croupe et les cuisses, et servant d'appui pour faire reculer le véhicule auquel il est attelé.

Axonge. — Nom provenant des mots, axis; *essieu*, ongere, *oindre*, et donné à la *graisse de Porc*, ou *saindoux*, parce que primitivement elle ne servait qu'à graisser les roues. — Actuellement ce terme n'est guère employé qu'en Pharmacie et en Parfumerie, où cette substance sert de base à presque toutes les pommades.

B

Banquise. — Amas flottant de glace, qui se détache des régions polaires, et peut arriver jusque dans nos mers, entraîné par quelque courant. — Quelquefois des Phoques du Nord, qui aiment à s'y reposer, sont amenés de la sorte jusque près de nos côtes.

Banquistes ou **forains.** — Noms que se donnent eux-mêmes les charlatans, saltimbanques, montreurs de curiosités de toutes sortes, directeurs de théâtre, de cirque ou d'animaux savants, qui vont de ville en ville avec leurs voitures et matériel donner des représentations sur les places publiques.

Barre. — Nom donné à l'espace vide existant sur les maxillaires de beaucoup d'animaux entre deux sortes de dents les molaires et les canines, ou directement entre les molaires et les incisives. — C'est sur la barre du Cheval, que se place le mors.

Basane. — Peau de Mouton, Bélier ou Brebis, passée au tan, et employée sous toutes formes, soit entière, soit refendue. — Dans l'usage courant on donne souvent aussi ce nom à l'objet même fabriqué avec cette peau, quand elle y est en grande partie contenue, tels que : un tablier, les garnitures des pantalons de la cavalerie, etc.

Basilaire (andouiller). — On donne ce nom à l'andouiller placé immédiatement au-dessus de la couronne, à la base même du bois des Cervidés. On l'appelle aussi le *maître andouiller.*

Bassin. — On appelle ainsi, en Anatomie, la sorte de demi-boîte osseuse qui termine inférieurement le tronc et sur laquelle s'insèrent les membres inférieurs. — Chez les Cétacés, qui sont dépourvus de membres inférieurs, le bassin, n'étant plus utile pour cette insertion, est réduit à un état rudimentaire. — (Voir *figure*, page 383.)

Bât. — Nom de la sorte de selle ou panier que l'on place sur le dos des animaux qui doivent porter des fardeaux. — Les *bêtes de bât* sont donc les animaux qui portent des fardeaux.

Bateleurs. — Nom donné autrefois aux banquistes, alors qu'ils n'avaient que des installations très sommaires, qu'ils transportaient le plus ordinairement sur leur dos.

Batterie. — En terme de Physique on appelle ainsi la réunion des piles destinées à produire un courant électrique d'une certaine intensité.

Battue. — Nom que l'on donne à l'opération par laquelle, avec le concours de plusieurs individus, on parcourt les bois et taillis pour en faire sortir les Loups, Sangliers, Renards ou autres animaux que l'on veut tuer soit en chasse régulière, soit autrement.

Bauge. — C'est le gîte que le Sanglier se choisit ordinairement dans des lieux écartés et fangeux ; on l'appelle encore *souille.* — On donne aussi quelquefois le nom de *bauge* au nid de l'Écureuil.

Bidet. — Dans diverses races de Chevaux, telles que les races normande, bretonne, percheronne et auvergnate, on donnait autrefois plus particulièrement le nom de bidet, à des chevaux de petite taille, trapus et surtout bons pour le service de la poste.

Bique. — Nom appliqué dans certains pays à la Chèvre.

Blaireau. — Nom donné à certains pinceaux fabriqués spécialement avec les poils de l'animal du même nom.

Blanc de baleine. — C'est aussi le nom du *sperma ceti*, ou de la *cétine*, produit que l'on rencontre abondamment dans le Cachalot.

Blason. — Science qui traite de la connaissance et de l'explication des armoiries.

Bois. — Nom donné aux cornes plus ou moins rameuses, qui ornent les têtes des Cerfs, Daims et Chevreuils ; ce sont des prolongements de l'os frontal. — Les mâles seuls en sont pourvus ; ils tombent tous les ans.

Bol alimentaire. — Du grec βῶλος, *masse arrondie, boule.* — Les Physiologistes appellent ainsi la petite masse d'aliment mâchée, humectée de salive, et prête à être avalée. — Chez les Cétacés Mysticètes où les deux premières opérations n'ont pas lieu, ce sera simplement la masse de petits animaux réunis dans l'arrière-bouche par les mouvements de la langue et prêts à subir la déglutition.

Boyaux, Boyauderie. — Dans l'Industrie, on désigne plus particulièrement sous ce nom les intestins de Bœufs, Chevaux, Moutons, etc., avec lesquels on prépare les enveloppes de saucissons, de saucisses, les baudruches, les cordes harmoniques et de tous genres, etc. — Les ateliers où on les prépare, et l'industrie qu'ils représentent, s'appellent *boyauderie.*

Branchies. — Organes respiratoires des animaux qui vivent dans l'eau, et qui y puisent l'air nécessaire à l'entretien de leur vie. — Elles remplacent les poumons des animaux qui vivent dans l'air, et affectent des formes et des dispositions spéciales suivant les animaux auxquels elles appartiennent.

Bulbes. — Sorte de bourgeons plus ou moins souterrains appelés aussi oignons et particuliers à certaines plantes ; ils affectent des formes et des dispositions particulières dont les principaux types sont : le lys, la jacinthe, l'ail, la tulipe, l'oignon, le safran, le glaïeul, etc.

Bulbeuses (plantes). — Ce sont les plantes dont les racines sont immédiatement surmontées d'une sorte de bulbe ou oignon.

C

Caducs, caduques. — Ce sont certains organes de l'animal qui ne sont destinés à exister que temporairement. Quelquefois c'est pour être remplacés par d'autres analogues, mais plus robustes (la première dentition dite de *lait*) ; ou se renouveler périodiquement (les bois des Cerfs, Chevreuils et Daims) ; d'autres fois ils n'existent qu'un court espace de temps et dans le jeune âge (dents rudimentaires de certains Cétacés et même Baleines) ; quelquefois aussi leur évolution est encore plus rapide et se fait tout entière durant la vie fœtale (dents de certains animaux). — Dans ce dernier cas surtout, la science n'est pas encore arrivée à expliquer leur cause ou utilité.

Caillette. — C'est le nom du quatrième estomac des Ruminants, qui correspond du reste à l'unique estomac des autres animaux ; les trois premiers n'étant que des sortes de magasins renfermant les aliments, en leur faisant subir la préparation préalable à leur véritable digestion. Chez les jeunes animaux qui tètent encore, c'est le seul estomac qui soit développé. C'est lui qui renferme la *présure*.

Calcanéum. — Os du talon qui, cubique et allongé chez l'homme, soutient le poids du corps dans la station et la marche. — Chez les Chauves-Souris on appelle ainsi un os mince et très allongé, sorte de prolongement du pied, placé comme un éperon et servant à soutenir et à tendre dans son voisinage la membrane *interfémorale*. — C'est également l'os du jarret du Cheval.

Calmar. — Espèce de Céphalopode (groupes des Poulpes ou Pieuvres) qui, comme les Seiches, possède une vessie renfermant une sorte de liquide noir, que l'on dessèche et emploie en lavis sous le nom de *Sépia*.

Canaliculé. — Qui renferme une sorte de gouttière ou canal, formant une rainure plus ou moins profonde ; c'est le cas du palais osseux de la plupart des Cétacés de la famille des Dauphins.

Caniformes (incisives). — Dents incisives ayant la forme ou l'apparence de *canines*.

Canines. — Dents situées entre les incisives et les fausses molaires. Elles ont des formes un peu différentes suivant les animaux auxquels elles appartiennent. Leur nom vient de ce que c'est parmi les carnassiers et les *Chiens* qu'elles sont le plus développées.

Cantharide. — Insecte vésicant de couleur verte, vivant surtout sur les frênes et servant à confectionner les vésicatoires. — L'ingestion d'un seul de ces insectes produit des désordres graves chez l'homme, et la plupart des animaux. Il suffirait d'un très petit nombre pour causer rapidement la mort. — Le Hérisson, paraît-il, peut en consommer impunément.

Carbonique (alimentation). — Elle est fournie par les aliments respiratoires ou *comburants* (voir ce mot).

Carnivores. — C'est le nom d'un de nos ordres de Mammifères, qui sert à désigner particulièrement leur genre d'alimentation par les chairs, de même qu'*insectivore* signifie aussi mangeur d'insectes. On se sert encore des termes d'*herbivore*, pour dire mangeur d'herbe ; *fructivore*, mangeur de fruits ; *piscivore*, mangeur de Poissons ; etc.

Caviar. — Sorte de salaison que l'on peut préparer avec les œufs de divers Poissons, mais qui est particulièrement connue et renommée en Russie, où elle est préparée avec des œufs d'Esturgeon.

Cellier. — Lieu bas et frais où, à la campagne, on conserve le vin et les autres provisions.

Céréales. — Nom donné généralement aux plantes culti-vées, dont la graine sert, ou peut servir, à la nourriture de l'Homme. Elles appartiennent généralement à la famille des GRAMINÉES. Ce sont : le *blé*, le *seigle*, l'*avoine*, l'*orge*, le *riz*, le *maïs*, le *sarrasin*, le *sorgho*, le *millet*, l'*apiste*, etc..

Cétine. — Nom substitué par M. Chevreul au *sperma ceti* ou blanc de baleine.

Cétologues. — Nom attribué aux personnes qui s'occupent de l'étude des Cétacés. — L'étude même de ces animaux prend le nom de **Cétologie.**

Chabins. — On donne ce nom et quelquefois aussi celui de *Chabris* aux produits du Bouc et de la Brebis, ou inverse-ment à ceux du Bélier et de la Chèvre. — Quelques régions chaudes de l'Amérique passent pour avoir des sujets remar-quables comme taille, qualité de chair et toison.

Chagrin. — Nom d'une espèce de cuir grenu, couvert de papilles rondes, serrées et solides, provenant d'une sorte de poisson appelé *Roussette* ou Chien de mer; mais que l'on imite artificiellement avec des peaux de croupe de Chevaux, Anes et Mulets. C'est même devenu pour beau-coup de gens le véritable chagrin; l'imitation consistant dans l'emploi de peaux de Chèvres et de Moutons.

Chamoisé. — Sortes de peaux, peu épaisses, préparées à la chaux et à l'huile, mais sans tan, et destinées à rester souple pour divers usages.

Charbon animal. — Charbon obtenu par la calcination en vase clos de tous les produits animaux; on en obtient diverses sortes suivant son origine, chair ou os, et on l'emploie à différents usages, principalement à décolorer les sucres et sirops et à la préparation des couleurs, des encres noires d'impression, des cirages, etc...

Châtaignes. — En Zoologie on appelle ainsi des sortes de verrues cornées d'assez fortes tailles qui se rencontrent à la face interne des jambes des EQUIDÉS. L'Ane n'en possède qu'aux jambes antérieures ; mais le Cheval en a une à chaque membre.

Chyle. — De Χυλός, *suc*. — C'est le suc ou liquide qui forme le sang et qui est pompé à la surface de l'intestin grêle par les vaisseaux dits *chylifères*.

Clapier. — Nom donné aux cages ou enclos dans lesquels on élève les Lapins domestiques.

Combles. — Réduits sous les toits des maisons ou édifices.

Comburants (aliments). — Ce sont les aliments appelés aussi *respiratoires* et qui, chargés de carbone, entretiennent et activent la chaleur animale. Ils fournissent le combustible brûlé par l'oxygène de l'air dans l'acte de la *respiration* et de l'*hématose*. — Ce sont les sucres, les fécules, les alcools et particulièrement toutes les matières grasses. — Ils doivent donc prédominer dans l'alimentation des pays froids, ou par les temps froids et inversement.

Commissures. — Nom donné en Anatomie au point de rencontre de deux parties semblables. On dira donc les commissures des lèvres, des paupières, du bec, etc.

Commutateur. — Instrument au moyen duquel on peut établir le courant électrique entre les deux pôles d'une pile ou d'une batterie, tout en s'en isolant soi-même.

Coriace. — État de chairs dures et résistantes sous la dent comme du cuir.

Cornes. — On nomme ainsi l'étui corné de forme variable

qui recouvre une excroissance osseuse, sorte de prolongement de l'os frontal chez certains ruminants : Bœuf, Vache,
Bouc, Chèvre, Bélier, Bouquetin et Chamois. — Elles sont
persistantes, et ne se remplacent pas tous les ans comme
les *bois* des *Cervidés*.

Cosmétique. — Ce mot, qui nous vient du grec et signifie
embellir, ne s'emploie pas seulement, comme quelques personnes le supposent, pour désigner une sorte de bâton de
pommade durcie employée pour les cheveux, mais signifie
d'une façon générale toute espèce de préparation *liquide*
ou *solide* destinée à conserver ou accroître la beauté. —
C'est ainsi que du lait employé comme bain pour adoucir
et blanchir la peau peut être appelé un *cosmétique*.

Crins. — Leur composition est analogue à celle de la corne,
des ongles et des sabots. Ils sont une des formes des poils,
et poussent sur le cou, et à la queue d'un petit nombre
de Mammifères de l'ordre des Jumentés.

Croupe. — Partie qui s'étend depuis la région lombaire jusqu'à l'origine de la queue chez le Cheval, l'Ane et le Mulet ;
mais que, par analogie, on étend aussi à la plupart des
grands Ruminants. C'est en d'autres termes, la partie saillante dominant les membres postérieurs, comme le *garrot*
domine les membres antérieurs.

Cuir cru. — On appelle ainsi la peau des animaux séchée à
l'ombre sans aucune autre préparation que d'être bien ten-
due. Elle acquiert ainsi une solidité très grande et une ri-
gidité assez forte pour lui permettre de remplir divers emplois assez variés. — On donne le nom de *cuir vert* à la
peau qui vient d'être retirée de dessus un animal, ou qui,
simplement salée n'a subi aucune autre préparation.

Cutané. — Qui a l'apparence de la peau, ou est de la peau
même. — Une *nageoire* seulement *cutanée*, est une nageoire qui ne renferme aucune partie osseuse. La *queue*
des Cétacés est aussi dans ce cas.

D

Dansk. — Nom d'un produit analogue à la *Margarine* (Voir ce mot).

Débâcle. — C'est le nom que l'on donne à la désagrégation des glaces, au moment où, sous l'influence des premières chaleurs, elles se séparent entre elles et sont entraînées par un courant fluvial ou marin.

Dense. — Se dit du poids comparatif d'un objet sous un même volume ; ainsi quand nous avons dit que le lait de Chèvre était plus dense que celui de Vache, cela voulait dire qu'un litre de lait de Chèvre, par exemple, pesait davantage qu'un litre de lait de Vache.

Déterminer. — Déterminer un animal, une plante, une roche, signifie, en histoire naturelle, reconnaître ses caractères distinctifs, et *lui donner exactement son nom.*

Diagnose. — C'est une description abrégée d'un objet, animal, plante ou roche, signalant ses caractères principaux et distinctifs.

Digité. — Se dit d'une chose ou d'un objet qui porte des apparences de doigts, ou qui est découpé en forme de doigts ; exemple : une *feuille digitée*, une *empaumure* (de Daim) *digitée.*

Digitigrades. — Etat de certains animaux qui n'appliquent pas le talon à terre en marchant, mais qui marchent sur l'extrémité des doigts, comme le Chat, le Chien, la Fouine, la Belette, etc. — C'est dans l'ordre des CARNASSIERS que cette désignation a été adoptée par Cuvier en opposition à *plantigrade.* (Voir ce mot.)

Diptères. — Nombreuse famille d'insecte caractérisée par la présence de deux ailes membraneuses seulement, et qui est représentée surtout par les *Mouches,* les *Taons,* les *Cousins,* les *Moustiques,* etc.

Diurétiques. — Qualification des médicaments qui ont la propriété d'augmenter les sécrétions de la vessie, tels que : le salpêtre ou nitre, les racines de chiendent, de fraisier, de guimauve, etc.

Domesticité. — En Zootechnie, on entend ainsi la condition des animaux qui vivent soumis à l'homme.

Drains. — Sorte de petits tubes en terre cuite ayant environ de 0ᵐ,30 à 0ᵐ,40 de longueur, sur 0ᵐ,04 à 0ᵐ,05 de diamètre interne et destinés à faire écouler les eaux souterraines.

Dunes.— Amas ou collines de sable que les vents accumulent sur les bords de la mer, et plus ou moins avant dans l'intérieur des terres.

E

Écailles. — Au pluriel, on désigne sous ce nom les plaques cornées qui recouvrent la peau de la plupart des Poissons, ainsi que celle des Reptiles. — Comme les poils, les ongles, les cornes et les sabots, elles sont composées en majeure partie d'albumine concrétée. — Au singulier, ce mot sert plus particulièrement à désigner les plaques cornées translucides qui recouvrent certaines tortues et qu'emploient de diverses façons les arts et l'industrie.

Élytres. — Ce mot dérivé du grec, ἔλυθρον (*étui*), sert à désigner les deux pièces cornées qui protègent le dos des insectes Coléoptères et Orthoptères, comme une sorte d'enveloppe ou étui, et qui garantissent les véritables ailes plissées et cachées au dessous.

Empaumure. — Partie un peu aplatie située vers le haut du merrain, ou tige principale du bois de cerf, qui représente très grossièrement la forme d'une main, d'où sortent trois, quatre ou cinq petits andouillers figurant les doigts, et auxquels on donne souvent le nom d'*épois.*

Suivant la disposition de ces petits andouillers, on dit la tête, *fourchue*, en *trochure*, en *nid de pie* ou *paumée*.
Chez les *Daims* le développement des épois se fait sur une empaumure mieux caractérisée et sur un seul plan ; ils deviennent quelquefois très nombreux.

Entomostracés. — Sortes de Crustacés inférieurs et de très petite taille, qui vivent en très grande abondance dans certaines eaux. Les uns sont marins, les autres vivent dans l'eau douce. — Avec les Méduses, plusieurs forment le fond de la nourriture de nos plus grands CÉTACÉS.

Entozoaires. — (De ἐντός, *dans, dedans ;* ζῶον, *animal*).— Ce sont d'une façon générale les petits êtres qui vivent dans le corps d'animaux plus grands et particulièrement les *Vers intestinaux.*

Envergure. — En Zoologie, c'est la plus grande distance comprise entre les deux extrémités des ailes déployées d'un Oiseau. Par analogie on l'entend aussi pour la longueur que développent les membranes aliformes des Chauves-souris bien étendues ; et par extension encore, pour la distance comprise entre les extrémités des deux bras de l'homme étendus en croix.

Epitoge. — Sorte d'ornement qui s'attache sur l'épaule et retombe sur la poitrine et le dos des robes de cérémonie de la magistrature, du clergé et de l'enseignement. Il se termine suivant le grade universitaire (licencié, agrégé ou docteur) par un, deux ou trois rangs de petites bandes de peau d'Hermine.

Equipage. — En terme de Marine, c'est l'ensemble de tout les hommes embarqués pour le service d'un navire, depuis le capitaine ou commandant jusqu'au dernier des mousses. — En terme de Vénerie, c'est l'ensemble de ce qui sert à la chasse à courre, le personnel (piqueurs, valets de Chiens, etc.), la meute et les Chevaux.

F

Faciès. — Ce terme qui signifie exactement face, visage, est plus particulièrement employé en Histoire naturelle pour signifier d'une façon générale, *forme* ou *apparence.*

Falciforme. — Provenant du mot *falx, falcis* (faux). — Ce terme s'emploie en Zoologie et en Botanique pour désigner un organe, plan, légèrement recourbé et ressemblant quelque peu, comme forme, au fer d'une faux.

Fanon. — Ce mot a reçu plusieurs acceptions en histoire naturelle. On l'emploie surtout pour désigner les grandes lames flexibles qui descendent sous forme de peigne de chaque côté de la mâchoire des Baleines et Baleinoptères. Débités en morceaux, ils sont employés dans la fabrication des parapluies, des corsets de femmes, etc., on les appelle aussi *baleines.*

On appelle encore *fanon* le repli de la peau qui pend sous la gorge des bœufs et de certaines races de moutons; la sorte de crinière renversée formée sous le cou par les grands poils du Cerf ; et aussi les touffes de crin qui croissent en arrière et au-dessus du sabot des Chevaux.

Faune. — En Zoologie, on entend par faune l'ensemble des animaux d'un pays. — La *Faune* est aux animaux ce qu'est la *Flore* par rapport aux végétaux.

Feutre. — Etoffe confectionnée avec les poils de divers animaux (surtout des Lièvres et Lapins), par la simple action du foulage et sans filage ni tissage.

Tous les poils de nos animaux domestiques, ayant subi un chaulage dans les tanneries, et connus alors sous le nom de *bourre*, sont aussi devenus de la sorte aptes à se feutrer plus ou moins grossièrement.

Flair. — On nomme ainsi, en terme de Chasse, la faculté qu'a le Chien et quelques autres animaux de pouvoir reconnaître et suivre, à l'odorat, sur le terrain, le passage d'un autre animal.

Flèche (des arbres verts). — C'est le nom qu'on donne au bourgeon terminal de la tige centrale de ces arbres et par lequel se fait sa pousse en hauteur. Lorsque cette flèche a disparu pour une cause quelconque, on dit l'arbre *étété*, et il ne grandit plus, à moins qu'une des tiges latérales ne se redresse et ne vienne prendre sa place.

Foos. — Nom des petites voiles triangulaires très allongées qui se placent au-dessus du mât de BEAUPRÉ (celui qui est couché à l'avant du navire ou embarcation).

Foliacé. — En forme de feuille. Vient du latin *folium,* feuille.

Fourrure. — On appelle ainsi les peaux d'un certain nombre de Mammifères et d'Oiseaux garnies de leurs poils ou de leurs plumes, et préparées ou confectionnées pour être utilisées comme vêtements ou ornements.

Antérieurement à leurs apprêts ou préparations, elles portent le nom de *pelleteries.*

Frai. — On désigne sous ce nom les œufs de Poissons et de Batraciens.

Frugivores. — Ce sont les animaux qui se nourrissent le plus particulièrement de *fruits.*

Fruitière. — Nom donné en Suisse et dans l'Est de la France aux fromageries publiques dans lesquelles on fabrique les fromages dits de *gruyères*, ou qui lui ressemblent. — L'individu chargé de cette fabrication s'appelle *fruitier.*

Fumet. — Nom donné tout à la fois et aux émanations qui se dégagent du corps des animaux, ainsi qu'au goût et à l'odeur qu'exhalent leurs viandes apprêtées.

Fusiforme. — Se dit en Zoologie de tout ce qui a, de près ou de loin, une apparence de fuseau, c'est-à-dire renflé au milieu et aminci à ses deux extrémités, tels que les corps des *Phoques* et des *Cétacés.*

G

Gagnage. — Terme de Chasse qui indique le pâturage de certains animaux. Ainsi le Cerf, le Daim, le Chevreuil ne vont pas pâturer, mais vont au gagnage. Ce même mot sert aussi à indiquer le champ ou lieu, où ces animaux vont se nourrir. — Par extension on dit encore que le Castor, le Lièvre, le Lapin et même le Faisan vont au gagnage.

Gainiers. — On donne ce nom (provenant du latin et signifiant fabricant de *gaines*) aux ouvriers travaillant le cuir, maroquin, chagrin, etc., pour en faire des étuis, des écrins, des portefeuilles, des porte-monnaie, etc. — La **Gainerie** est l'industrie des gainiers.

Galeries. — Noms donnés aux petits chemins creusés sous terre par divers petits animaux Insectivores ou Rongeurs : Taupes, Campagnols, Mulots, etc...

Galetas. — Réduits inhabités laissés entre les appartements et la toiture d'une maison.

Gamme. — En terme de grande Pêche, on appelle ainsi l'ensemble d'une troupe de Cétacés voyageant réunis, ordinairement sous la conduite d'un vieux mâle.

Garenne. — C'est le nom que l'on donne aux terriers dans lesquels habitent les Lapins sauvages, et par extension on l'étend au terrain, clos ou non, dans lequel se trouve ces terriers. — Le Lapin même qui y habite s'appelle *Lapin de garenne.* — Ce n'est pas dans le terrier commun que la Lapine dépose ses jeunes, mais dans un petit terrier voisin qu'elle creuse à cette intention et qu'on appelle *rabouillère.* Chaque fois qu'elle s'absente pour manger, elle en ferme l'entrée avec soin.

Garrot. — C'est, chez les Jumentés et les grands Ruminants, la saillie située au-dessus des épaules, dominant les membres antérieurs, comme la *croupe* domine les membres postérieurs. — C'est par la hauteur au garrot que l'on indique ordinairement la taille des grands Quadrupèdes.

Gerbe. — Faisceau ou brassée de tiges de blé, d'avoine ou d'autres céréales, coupées et liées ensemble. — Réunies en un grand tas disposé de certaine façon, elles constituent une *meule.* — Le foin se réunit aussi en meule, mais les faisceaux ou brassées qui la constituent prennent le nom de *bottes ;* nom que reprennent aussi les faisceaux de paille des diverses céréales lorsqu'elles ont été débarrassées de leurs grains.

Gestation. — Etat de la femelle avant la naissance de ses jeunes.

Gibelotte. — Espèce de fricassée de Lapin.

Godille. — Aviron ou rame qui, placé entre les mains d'un homme tout à l'arrière d'une petite embarcation la fait avancer et la dirige ainsi en imitant avec elle les mouvements de la queue d'un Poisson ; c'est ce qu'on appelle *godiller.* — A ce propos faisons remarquer que, contrairement aux idées reçues jusqu'à ce jour, et à ce que nous montrent souvent les Cyprins que nous conservons vivants dans de petits aquariums, où ils ont du reste peu de place à leur disposition c'est le plus souvent avec la queue seule que nagent les Poissons, et surtout les espèces à allure rapide tels que les Pélamides dans la mer, et les Truites dans nos eaux douces, qui se servent alors de leurs nageoires pectorales pour s'élever ou descendre en inclinant plus ou moins leur surface avec le plan horizontal. La queue est donc alors une rame, une godille, un moyen de propulsion, tandis que ce sont les nageoires latérales qui servent de gouvernail pour monter ou descendre et les nageoires placées sur la ligne centrale du corps qui aident à se diriger à droite ou à gauche, en agissant comme des focs ou surtout des voiles de goëlette prenant le vent au plus près, en même temps qu'elles servent aussi comme la quille des bateaux pour maintenir la stabilité du corps. — Tout du reste chez ces animaux concourt simultanément à la propulsion et à la direction ; mais le

32

principal rôle de chaque organe (et dans la natation rapide surtout) se trouve renversé par rapport aux idées généralement reçues jusqu'à ce jour.

Quelques Mammifères à mœurs aquatiques tels que le Desman, la Musaraigne d'eau et le Castor ont une queue aplatie en forme de palette soit directement, soit par la direction ou la longueur de certains poils, ce qui leur permet aussi de godiller pour avancer dans l'eau.

Graisses. — Corps gras formés dans le corps des animaux, et qui prennent différents noms suivant leurs provenances et quelquefois leurs emplois : *graisse, suif, lard, panne, saindoux, axonge, huile, blanc de baleine, sperma ceti* ou *cétine.*

Granivores. — Ce sont les animaux qui se nourrissent particulièrement de grains ou graines de toutes sortes.

Grelotière. — Courroie à laquelle sont attachés des grelots et fixée sur diverses parties de l'animal ou de ses harnais.

Groin. — On appelle ainsi l'extrémité du museau du Cochon, du Sanglier et par extension de la Taupe et de tous les animaux qui ont cette extrémité légèrement épanouie.

Guano. — Substance formée par une longue accumulation des excréments de Chauves-souris ou d'Oiseaux, au-dessous d'une de leur résidence habituelle. — C'est un engrais puissant, qui est une des causes de richesse du Chili, qui en exporte des quantités considérables. — Nos dépôts n'ont malheureusement que très peu d'importance et ne sont pas toujours situés dans des endroits d'une exploitation facile.

H

Habitat. — On appelle en Zoologie habitat d'une espèce, l'espace ordinaire dans lequel se meut ou séjourne cette espèce. — L'espace limité par les excursions de cette même espèce prend le nom d'*aire de dispersion.*

Happer. — Se dit d'un animal qui saisit sa proie vivement au passage et avec sa gueule.

Haridelle. — Nom que l'on donne au Cheval épuisé par les travaux et les privations, n'ayant par conséquent plus que la peau et les os, et incapable de faire un service régulier.

Hématose. — De αἷμα, *sang*. C'est la double opération par laquelle le *chyle* se transforme en sang, et le sang veineux en sang artériel. C'est par le moyen des poumons qu'elle s'opère; l'oxygène de l'air absorbé brûle le carbone contenu dans le sang et revient au dehors sous forme d'acide carbonique. — C'est de cette opération même que résulte la chaleur animale qui peut être aussi entretenue et accrue par tous les mouvements musculaires.

Hémostatiques. — C'est le nom des moyens, substances, ou médicaments employés pour arrêter les hémorragies.

Herbivores. — Ce sont les animaux qui se nourrissent ordinairement de substances végétales et particulièrement d'herbes ou de foin, mais aussi de mousses, de lichen, et de jeunes pousses d'arbres ou arbrisseaux.

Hère. — Nom que porte le jeune du Cerf depuis le moment où il perd sa livrée tachetée (vers six mois environ), jusqu'à l'âge d'un an, lorsque ses bois (dagues) commencent à se montrer.

Hiberner, hibernant, hibernation. — Se dit tout particulièrement à propos de la torpeur ou sommeil léthargique dans lequel certains animaux sont plongés pendant la période de froid (l'hiver), époque où ils trouveraient difficilement leur nourriture. On emploie au contraire les mots *hiverner, hivernant, hivernation* pour indiquer le séjour de vie active, que des hommes ou des animaux font dans un autre lieu que leur résidence ordinaire. — Exemple : la Marmotte *hiberne* dans son terrier, et l'Hirondelle *hiverne* dans les pays chauds.

Hybridation. — Résultat des croisements de deux espèces. On peut opposer ce mot à celui de *métissage* dans lequel il n'y a croisement que de deux races.

I

Incisives. — Ce sont les dents antérieures des animaux qui leur servent à trancher, à couper. Chez les Rongeurs leur nombre diminue, mais leurs dimensions et leur tranchant s'accentuent. Elles repoussent continuellement par la base, afin de remédier à l'usure considérable occasionnée par l'emploi qu'ils en font souvent contre des substances ou matières dures.

Inguinal. — Se dit de ce qui appartient à l'aine, ou qui est situé dans l'aine.

Inter-fémorales (membranes). — Ce sont les membranes qui réunissent les deux cuisses (l'os de la cuisse s'appelle *fémur*) chez les Chauves-souris, et qui enveloppent plus ou moins complètement la queue.

J

Jarre. — Les fourreurs nomment ainsi les poils longs et grossiers qui, chez quelques animaux tels que la Loutre, le Castor, et bien d'autres encore recouvrent un duvet fin et moelleux. — On l'arrache afin de donner à la fourrure toute sa douceur et sa beauté.

L

Lard. — C'est la partie de la graisse de certains animaux (Porcins, Amphibies, Siréniens et Cétacés) renfermée entre cuir et chair.

Larmier. — Sorte de sac membraneux, sécrétant une humeur épaisse, situé dans une fossette osseuse sous l'orbite de l'œil chez les Cervins, et qui varie de dimensions avec les espèces.

Larves. — Premier état des Insectes après leur sortie de

l'œuf, et sous lequel ils prennent tout leur développement. Ils subissent sous cette forme de nombreuses mues,
et causent souvent beaucoup de dégâts partout où ils se
trouvent.

Les Batraciens, quelques Poissons et Crustacés passent
également par une sorte d'*état larvaire*.

C'est aussi l'état par lequel passent la plupart des animaux inférieurs, qui se transforment plus ou moins avant de
devenir adultes et de pouvoir se reproduire ; mais un certain
nombre se reproduisent sous divers états, ils sont alors
appelés *polymorphes* (à plusieurs formes). Certains de
nos Vers intestinaux sont dans ce cas, et la Méduse en est
un exemple plus frappant encore. Elle ne revient, en effet,
à sa forme première, qu'après quatre générations successives et après avoir revêtu des formes assez différentes,
pour avoir longtemps été classées dans des familles fort
éloignées les unes des autres.

Laxatifs. — Nom des médicaments ou aliments légèrement
purgatifs, mais qui ne causent pas d'irritation, tels que :
la manne, la casse, le tamarin, les pruneaux, le miel, le
bouillon aux herbes, le bouillon de jarret de Veau, etc.

Légumineuses. — Immense famille de plantes, composées
non pas seulement de *légumes* comme son nom porterait
à le croire, mais de plantes ayant des fleurs à formes
papilionnaires et des graines contenues dans une *gousse*.
Elle renferme des plantes potagères et fourragères, telles
que : haricots, fèves, pois, lentilles, lupins, vesces, gesses,
luzernes, sainfoins, trèfles, mélilots, etc. ; des plantes et
arbustes médicinaux, les sénés, casses, baguenaudiers,
tamarins ; celles qui produisent les baumes de tolu, des
gommes, arabiques et adragantes, etc. ; des plantes et
arbres tinctoriaux, indigotier, bois de campêche, de Fer-
nambouc, etc. ; des arbres d'ornement, acacia, mimosa,
arbre de Judée, etc. etc.

Lobe calcanéen. — C'est la très petite portion de peau qui,
dans quelques Chauves-souris, continue extérieurement au
calcaneum, leur membrane inter-fémorale.

Loligo. — Nom latin donné au Calmar et qui a souvent été francisé.

Luthiers. — On appelait ainsi autrefois les fabricants de *luth* (ancien instrument de musique à cordes) et le nom en est resté à nos fabricants actuels d'instruments à cordes, tels que lyre, mandoline, guitare, cythare, viole, violon, altos, basse, contrebasse, vielle, etc..., et même de pianos.

M

Mammalogie. — Partie de la Zoologie qui traite de l'étude des MAMMIFÈRES.

Mandibules. — C'est le nom qu'on donne ordinairement aux pièces cornées qui se meuvent latéralement au-dessous de la lèvre supérieure des Insectes. — Souvent en Ornithologie (Science qui traite des Oiseaux) on donne ce nom à chacune des deux pièces cornées recouvrant le bec des Oiseaux. — Par extension, quelques auteurs en ont étendu l'emploi en Mammalogie au maxillaire inférieur de certains animaux (Fischer, etc.).

Margarine. — Ce produit, connu depuis peu d'années sous le nom de *beurre artificiel*, est sain et peut remplacer le beurre dans la cuisine, lorsqu'il est pur et bien fabriqué, ce qui n'est pas partout le cas.

On l'obtient en fondant, à une température moyenne, du suif de Bœuf que l'on soumet, après l'avoir laissé resolidifier, à une forte pression dans des sacs de coton et à la température d'environ 27 degrés. Le liquide qui s'écoule est additionné de lait aigri, d'un peu de bicarbonate de soude, et de roucou pour le colorer ; puis, battu dans une baratte d'où il sort sous sa forme ordinaire et prêt à être livré au commerce.

Un produit analogue se vend à côté d'elle depuis quelque temps, c'est le *Dansk* que l'on dit composé de lait et de graisse de Veau.

Maroquin. — Peaux de Boucs ou de Chèvres tannées au

sumac et mises en couleur. On *maroquine* aussi le Veau
et le Mouton, c'est-à-dire on les travaille à la façon des
vrais maroquins.

Matières premières. — On appelle ainsi, l'ensemble de
tout ce que la Nature nous offre directement dans les produits de ses trois règnes ANIMAL, VÉGÉTAL et MINÉRAL, avant
que l'industrie ne l'ait transformé de toutes façons pour nos
besoins, notre bien-être ou notre luxe — Pour ne parler
que des premiers, citons : les *cuirs*, les *fourrures*, les
poils, les *crins*, les *laines*, les *plumes*, les *duvets*, les
soies, les *byssus*, l'*ivoire*, l'*écaille*, les *cornes*, les *sabots*
ou *onglons*, les *bois d'animaux*, les *nacres*, les *perles*,
les *os*, les *vessies*, les *boyaux*, les *baudruches*, les
graisses, les *huiles*, etc. etc... et même les *chairs*. Nous
en laissons perdre des quantités considérables, et souvent
nous allons acquérir chèrement à l'étranger ce que nous
négligeons de récolter chez nous, faute d'en connaître l'utilité ou de savoir les recueillir et en tirer parti.

Dans l'état de civilisation où nous sommes, avec l'accroissement de la population, ses besoins constants, la nécessité
où l'on se trouve d'aller de l'avant pour ne pas se laisser
distancer par les voisins, c'est dans une étude plus complète de nos ressources, de ce que la Nature nous offre gratuitement, dans une élaboration plus parfaite de ses produits, ainsi que par l'industrie qui les transforme, que nous
pourrons accroître la richesse générale de notre pays, en
même temps que le bien-être de la masse travailleuse.

Étudions-les donc, sous toutes leurs formes, surtout ce qui
ne coûte rien, ce que nous laissions souvent perdre, ce que
nous n'avons qu'à ramasser pour l'utiliser et le transformer en valeur par l'industrie. — Nous pouvons de la sorte
tous devenir capitalistes, puisque le capital n'est qu'une
sorte de *matière première* des intérêts ou des bénéfices.

C'est à l'instituteur surtout que doit être dévolue la tâche
de cet enseignement qui intéresse davantage les classes
laborieuses que la classe aisée ; et c'est plus encore celui
des campagnes que celui des villes qui peut le rendre profitable, parce que c'est là, plus qu'ailleurs qu'il se perd

constamment et par masse de petites fractions de bien plus grandes richesses et qu'elles sont aussi plus faciles à récolter. Et c'est pour cela que dans ce volume, qui leur est destiné à tous, nous appelons encore leur attention sur les MATIÈRES PREMIÈRES et *leur rôle dans l'économie générale*. — Elles sont en nombre considérable et par quantité immense. Celles que nous fournissent les Mammifères, nombreuses déjà, ne constituent qu'une bien faible portion de celles que la nature met à notre disposition, et dont nous sommes loin de tirer tout le profit possible.

Maxillaires. — On appelle ainsi les os qui forment la mâchoire. Ils sont dits, suivant leur position, *supérieurs* ou *inférieurs*.

Méduses. — Ce sont de petits animaux marins qui fourmillent dans certaines mers, et dont le corps, semblable à une masse de gelée, est souvent phosphorescent et brille pendant la nuit.

Elles subissent de nombreuses transformations (Voir le mot *Larve*), et sont avec certains Entomostracés la base de la nourriture des CÉTACÉS MYSTICÈTES, les plus grands animaux de la création.

Mégissée (peau). — Ce sont des peaux, nues ou avec leurs poils, qui, au lieu d'être tannées sont préparées avec une pâte de farine mêlée d'alun et de sel, afin de les rendre plus souples et moelleuses.

Mélanisme. — Coloration anormale de la peau, produite par une affection du *pigment* qui la teint non seulement en noire, mais colore aussi de cette nuance les poils, plumes, duvets ou écailles qui la couvrent. Cette coloration peut aussi ne s'étendre qu'aux produits même de la peau.

Métamorphoses. — On entend par là, les changements de formes et de structures par lesquels passent certains animaux, depuis leur sortie de l'œuf jusqu'à leurs formes définitives (voyez le mot *Larve*).

Métissage. — Résultat du croisement de deux races, ce qui est beaucoup plus fréquent et facile que l'*hybridation*, résultat du croisement de deux espèces.

Mitaines ou gants-mitaines. — Ce sont des sortes de gros gants, faits souvent avec des peaux d'animaux couvertes de leurs poils, et dans lesquels le pouce seul est séparé des autres doigts.

Molaires. — Grosses dents qui servent à broyer les aliments ; elles occupent le fond de la bouche chez l'homme comme chez tous les animaux. Suivant la nature des aliments qu'elles sont destinées à broyer, elles sont aiguës, tranchantes, tuberculeuses, mousses, mamelonnées ou plates.

Morille. — Sorte d'excellent champignon comestible qui éclot sous les feuilles mortes dans nos bois dès le mois de mars après les premières pluies. Il n'est pas couvert d'une large coiffe comme les autres, mais offre à son extrémité supérieure une sorte de gros gland percé de profondes alvéoles. C'est une espèce très parfumée, qui nous échapperait souvent sans le concours de Porcs ou de Chiens dont le flair nous la fait découvrir.

Mules. — On donne ce nom à des sortes de pantoufles à talons, mais sans quartiers en arrière. — C'est aussi le nom de la chaussure portée par le pape dans les cérémonies, et qu'il donne à baiser aux gens qui lui sont présentés.

N

Nageoires. — Organes locomoteurs et surtout de direction chez les Poissons. — Elles sont formées d'un nombre variable d'os disposés en rayons.

Les membres de quelques Mammifères marins sont aussi transformés en nageoires ; les os sont alors recouverts de muscles et d'une peau de même nature que celle du corps. Quelques-uns ont aussi sur le dos une nageoire purement cutanée et sans axe osseux. Leur queue est dans le même cas. Ce sont nos *Cétacés*.

Naturalistes. — Noms que reçoivent à la fois ceux qui étudient ou professent les sciences naturelles, ceux qui empaillent ou préparent des Animaux, et ceux aussi qui, sans s'inquiéter de savoir ce qu'ils sont et à quoi ils servent, piquent et repiquent des Insectes et Papillons dans des cartons, amassent des Plantes dans des rames de papier, ou entassent des Coquilles ou des Pierres dans des boîtes.

O

Omnivores. — Ce sont les animaux qui, comme l'homme, se nourrissent à peu près indifféremment de substances animales ou végétales.

Oreillon. — Petite pièce cartilagineuse de forme très variable, qui se trouve dans le milieu de l'oreille des Animaux et se développe surtout chez les Chauves-Souris. Les naturalistes l'appellent encore *tragus*.

Orthopédie. — Partie de la Médecine qui consiste à conserver les formes naturelles du corps humain et à les rétablir lorsqu'elles sont viciées.

Ouette. — Nom que portaient autrefois, dans le pays de Caux, les jeunes des Marsouins communs, qui servaient à l'alimentation.

Ovipares. — Nom commun donné à tous les animaux qui pondent des œufs.

Ovovivipare. — Nom donné aux animaux chez lesquels l'œuf éclot dans le sein de la mère avant ou au moment de la naissance du jeune.

P

Palatins (Plis). — Plis formés par les muqueuses sur la voûte du palais. Leur nombre, leur continuité transversale, ou leur séparation et disposition peuvent servir de bons caractères pour la distinction des espèces, parmi les Rongeurs surtout.

Palmaire (Face). — C'est la partie intérieure de la main ou de la patte antérieure.

Parchemin. — Peau préparée sans tannage, mais successivement nettoyée, épilée, écharnée, égalisée, polie à la pierre ponce, dressée et desséchée à la craie. Suivant l'usage auquel il est destiné (écriture, impression, couverture, tambour, etc.), on emploie pour le préparer des animaux à peau plus ou moins épaisse ou compacte.

Passe-montagne. — Sorte de casquette se rabattant sur la nuque et les oreilles pour les garantir du froid.

Pédiculaire (Affection). — Cette affection nommée aussi *Phthiriase* consiste dans l'invasion du corps ou d'une partie du corps par la vermine, les Poux. Elle est ainsi appelée de leur nom latin de *pediculus* et de leur nom grec, φθείρ, φθειρος.

Pelage. — Ce terme s'emploie pour indiquer la nature et la couleur des poils d'une peau d'animal.

Pelleteries. — Nom que portent les fourrures avant leur préparation ou confection en vêtements, ornements, garnitures ou tapis.

Péricarde. — Espèce de sac membraneux enveloppant le cœur et les troncs artériels qui en sortent ou s'y rendent.

Phalange. — Ce sont les petits os allongés qui concourent à former les doigts et les orteils, ou qui soutiennent les membranes aliformes des Chauves-souris et les nageoires pectorales des Cétacés.

Pharmacopée. — Ce mot qui est un synonyme de *Formulaire* et de *Codex* qu'on emploie davantage aujourd'hui, désigne le recueil des formules ou recettes suivant lesquelles les médicaments doivent être préparés, ainsi que leur emploi général.

Pigment. — Matière particulière donnant à la peau et à ses produits (poils, plumes, cornes, écailles, etc.), leur couleur spéciale.

Piqueur. — C'est le nom qui est donné, en terme de Vénerie, à l'individu à cheval qui est chargé dans une chasse à courre de *piquer*, c'est-à-dire relever les traces du gibier et de suivre de près les Chiens pour leur porter secours ou les diriger sur les bonnes pistes. Il est muni d'un *cor*, qui lui permet, au moyen de sonneries diverses, de renseigner au loin les gens qui suivent la chasse sur les différentes phases par lesquelles elle passe. — Les sonneries lui servent aussi à effrayer un peu les Cerfs et Sangliers pour leur empêcher de faire immédiatement tête aux Chiens.

Pisciforme. — (De *piscis*, poisson.) Qui a la forme ou l'apparence de *Poisson*.

Piscivores. — Ce sont les animaux qui font leur nourriture ordinaire de Poissons.

Plantaire (Face). — C'est la partie inférieure du pied. — Chez les Rongeurs, Rats, Souris, etc..., les callosités plantaires sont donc les callosités situées sous la surface des pieds ou pattes postérieures.

Plantigrades. — Animaux qui pour marcher appuient par terre toute la plante des pieds jusqu'au talon, tels que les Ours et Blaireaux.

Plume. — Trope ou figure de Rhétorique par laquelle on désigne parfois la partie pour le tout. Elle est employée par les chasseurs pour indiquer les porteurs de plumes, c'est-à-dire les *Oiseaux*, le *gibier oiseau*.

Poils. — Ce sont des productions de la peau qui couvrent généralement les Mammifères et qui, suivant leur nature et leur état de douceur, de souplesse, de longueur et de flexibilité, prennent tour à tour les noms de *duvet*, de *laine*, de *poils* proprement dits, de *soie*, de *crins*, et même d'*épines* ou de *piquants* (chez le Hérisson).
Même figure encore que ci-dessus (à propos du mot

plume) et qui signifie ici les porteurs de poils, les *Mammifères*, le *gibier à poils*.

Portée. — En Zoologie, ce mot désigne le nombre de petits que mettent bas les femelles des Mammifères et la durée de leur *gestation*. — Quelques animaux ont des portées très nombreuses, tels que les Rongeurs et les Porcins.

Ces animaux ont, heureusement pour nous, une foule de causes de destruction, ou d'arrêt dans leur multiplication, car on a calculé que pour le Porc seulement un couple de ces animaux en pourrait produire un milliard à la seizième génération, et que dès la vingtième (au bout de dix ans), la terre ne serait plus suffisante pour les contenir, si, sans aucune cause de destruction, ils s'étaient tous et régulièrement multipliés tout ce temps-là.

Poulpes. — Ce nom, par lequel on entend ordinairement l'ensemble des *Céphalopodes* (caractérisés par les organes de locomotion s'insérant soit sur la tête soit autour de la bouche), s'applique plus particulièrement au genre *octopus*, dont la *pieuvre* du vulgaire est le type.

Poumons. — Organes de respiration directe chez l'Homme et les animaux les plus supérieurs. Ils sont contenus dans la poitrine et entourent en grande partie le cœur.

Précocité. — En Zootechnie, on se sert de ce terme pour désigner souvent des animaux aptes à s'engraisser de bonne heure. Le *Bœuf Durham*, par exemple, qui s'engraisse facilement à quatre ans, tandis que chez d'autres races cela ne peut se faire avec quelque facilité qu'à six ou huit ans et quelquefois plus. — En Zoologie, la précocité est l'aptitude à pouvoir se reproduire de bonne heure.

Présure. — C'est à proprement parler la liqueur acide qui se trouve dans le quatrième estomac ou caillette des jeunes Ruminants qui sont encore nourris de lait, et que l'on emploie pour faire cailler le lait dans la préparation des fromages ; mais on appelle encore par extension *présure*, soit les morceaux de l'estomac lui-même, soit les liquides que l'on prépare avec lui pour l'usage ci-dessus indiqué.

Prolifique. — Se dit des animaux dont la reproduction est considérable.

Pupille. — Appelée aussi *prunelle*. C'est l'ouverture située au milieu de la membrane de l'iris, et qui se contracte ou se dilate sous l'influence d'une plus ou moins grande quantité de lumière. — Elle est ronde chez l'homme et un grand nombre de Mammifères, ovale transversalement chez les Ruminants, les Jumentés et les Cétacés, et ovale verticalement chez les Chats, Renards et quelques autres Carnassiers.

Q

Quartier. — Dans l'armée on appelle ainsi tout lieu occupé par un corps de troupe, soit en garnison, soit en campagne. — Souvent ce mot est synonyme de *caserne*.

R

Rabougrie. — On nomme ainsi l'état des plantes qui, par suite d'accidents, de morsures de bétail, de gelées ou de manque de sol, ne peuvent prendre leur développement normal tout en donnant cependant une certaine frondaison.

Rage. — Maladie terrible qui peut se développer spontanément chez le Chien, le Loup, le Chat et le Renard, et qu'ils peuvent transmettre par la morsure à l'Homme ou aux autres animaux. Presque toujours mortelle jusqu'à ces derniers temps, elle est devenue assez facilement curable par suite des belles découvertes de notre illustre compatriote Pasteur.

Rapporter (une loi). — C'est la révoquer, l'annuler.

Réaction (d'un Cheval). — En terme d'Équitation on appelle ainsi la secousse plus ou moins vive que ressent le cavalier à chaque battue de fer du Cheval. — Ces secousses ou réactions, très dures chez le Cheval anglais, ont amené cette mode très disgracieuse de monter, dite « à l'anglaise ».

Rétractile.— Se dit de tout ce qui peut se réduire de longueur en lui-même ; mais particulièrement des ongles de tous les animaux du genre Chat, qui, par suite d'un mécanisme et jeu de muscles particuliers, peuvent être très saillants ou rentrer presqu'entièrement dans la peau de la patte, à la volonté de l'animal.

Robe. — Ce terme sert souvent à désigner le pelage d'un animal, et plus particulièrement lorsque l'on parle de sa couleur. — Toute une savante série de termes conventionnels ont été adoptés pour décrire la couleur, ainsi que la forme, la disposition et la place des taches sur les robes des Chevaux.

Rostre. — Dans les vaisseaux de guerre des anciens on nommait rostre (*rostrum*) une très forte pointe de fer ou d'airain fixée tout à l'avant et destinée à pénétrer dans les flancs des vaisseaux ennemis. C'est l'*éperon* de nos cuirassés actuels. — En Histoire naturelle on a conservé ce nom à toute saillie aiguë, dure ou cornée dépassant très sensiblement la tête, en avant de l'ouverture buccale, soit au dessus, soit au dessous.

Le bec des Oiseaux sera donc une rostre, et par extension aussi le museau dur et en quelque sorte corné des *Dauphins* et animaux voisins, de même que la partie du test ou carapace qui prolonge la tête chez les Crustacés des genres Crevette et voisins.

Rumination. — Fonctions par laquelle certains animaux herbivores peuvent faire revenir à la bouche et remâcher une seconde fois les aliments déjà ingérés.

S

Sabot. — On nomme ainsi l'ongle des Quadrupèdes lorsqu'il enveloppe de toute part la dernière phalange des doigts. — Les Equidés n'en ont qu'un seul à chaque pied ; les Ruminants en ont deux égaux ; les Porcins en ont deux grands et deux petits.

Dans le commerce de la *corne,* le sabot seul du Cheval garde ce nom, ceux de tous les Ruminants prennent le nom d'*onglons.*

Saindoux. — On appelle ainsi la graisse du Porc (qui entoure les intestins) fondue et préparée pour la cuisine. — C'est la même qui, sous le nom d'*axonge,* est plus particulièrement utilisée par la Pharmacie et la Parfumerie.

Seiche ou Sèche. — Mollusque nu de la famille des Céphalopodes, d'une chair un peu coriace et d'assez difficile digestion, mais qui se mange beaucoup sur les côtes de la Méditerranée et particulièrement en Italie. On trouve dans son corps une poche pleine d'une *liqueur* noirâtre, dont on fabrique la *sépia,* et l'*os* de Sèche que l'on suspend dans les volières pour que les Oiseaux puissent y frotter ou aiguiser leur bec.

Siccatives. — On donne ce nom aux huiles qui sèchent rapidement et sont bonnes pour les enduits ; les autres, non siccatives, sont tout particulièrement recherchées pour le graissage des machines, la préparation des cuirs, etc.

Soies (au pluriel). — En Zoologie, on appelle ainsi les poils durs et raides qui croissent sur le corps de certains animaux comme le Porc et le Sanglier, et sont particulièrement employés pour faire des pinceaux, brosses et balais.

Somme. — Ce mot d'origine latine dans la plupart de ses nombreuses acceptions, provient dans le cas qui nous occupe ici, d'une transformation italienne qui lui attribue le sens de *poids, charge, fardeau* (de là aussi le mot *assommer*). — On appelle donc *bêtes de somme,* les animaux porteurs de charges ou fardeaux.

Sperma ceti. — Nom ridicule donné primitivement à la *cétine,* plus communément connue sous le nom de *blanc-de-baleine* et qui, comme nous l'avons vu, se recueille surtout dans la tête du Cachalot.

Stabulation. — On appelle ainsi du mot latin *stabulatus*

(qui est dans l'étable) le séjour que les animaux font dans
leur écurie ou étable. Ce séjour peut être permanent, tem-
poraire ou simplement nocturne. — C'est aussi le même
nom qui est employé pour indiquer le séjour des gens dans
les étables, et que la médecine conseillait dans certaines
affections, la phtisie en particulier.

Suif. — Nom général sous lequel on distingue les graisses
fondues des animaux Ruminants, dont l'industrie fait surtout usage pour la fabrication de la margarine, des chandelles et des bougies stéariques. Le suif brut, tel qu'il entoure les intestins et en morceaux plus ou moins gros prend
le nom de *suif en branches*.

T

Tabletterie. — C'est une industrie mixte qui tient à la fois
de l'art de l'ébénisterie et de ceux du tourneur et du mar-
queteur. Elle comprend une foule de petits objets tels que :
dominos, jetons, fiches, billes de billard, dés à jouer, pièces
d'échiquier, de damier, de trictrac, tabatières, peignes,
chausse-pieds, étuis, couteaux à papier, bois d'éventails,
brosses en tous genres, etc., que l'on fabrique en bois,
écaille, corne, ivoire, os ou nacre. — On appelle *tabletier*
l'ouvrier en tabletterie.

Tapiré. — Se dit en Histoire naturelle à propos d'une espèce
animale à couleur uniforme et qui se trouve accidentellement marbrée ou maculée d'une autre nuance. — Elle est
tapirée de cette nuance.

Taupiers. — Ce sont les gens qui font métier de chasser et
détruire les Taupes.

Terriers. — On nomme ainsi, d'une façon générale, les retraites souterraines que se creusent certains Mammifères,
tels que : Blaireaux, Lapins, Taupes, etc.

Tétard. — Nom donné à la première forme ou forme larvaire sous laquelle éclosent et se développent les œufs

des Batraciens : Grenouilles, Crapauds, Tritons, Salamandres, etc. — Ils sont tous aquatiques.

Tétière. — C'est une des parties du harnais que le Cheval porte sur la tête.

Tic. — Manie particulière que contracte quelquefois l'Homme ou les Animaux. Le Cheval, par exemple, a quelquefois le *tic rongeur ;* dans ce cas il mordille constamment soit sa mangeoire, soit la chaîne ou la corde de son licol, ce qui use prématurément ses dents, et fait croire quelquefois à son âge plus avancé. — Les tics peuvent revêtir toutes les formes possibles.

Timbales. — Instrument à percussion figurant dans les orchestres et formé de deux bassins demi-sphériques en cuivre, sur lesquels sont tendus des parchemins solides en peau d'Ane, Cheval ou Mulet. — On les tend aussi quelquefois sur de simples cercles métalliques.

Toison. — C'est la masse de laine produite par un Mouton, soit encore sur sa peau, soit déjà tondue.

Torréfaction. — Opération qui consiste à exposer *à sec* sur une plaque ou dans un vase, et à l'action du feu, une substance molle ou solide mais divisée, soit pour la dessécher ou en extraire les principes volatils, soit pour y développer un principe nouveau, soit pour l'oxyder, etc. — C'est une sorte de *grillade.*

Toxique. — Nom que l'on donne aux substances qui agissent comme *poison.* — Quelques substances animales servant ordinairement à l'alimentation peuvent dans certains cas devenir toxiques : par suite de maladies particulières dont les animaux qui les fournissent sont atteints (les *moules*); par suite d'une sorte de décomposition qui s'opère dans leur masse (le *sang de boudin,* certaines *conserves* et surtout celles *de poissons et de homards*).

Trachée ou Trachée-artère. — On appelle ainsi chez les animaux supérieurs la première partie du canal aérien commençant au larynx et continuant le long du cou pour rejoindre les poumons, leur transmettre et ramener au dehors l'air respiré par la bouche ou les narines. — Une pression sur la trachée est une cause de suffocation et peut amener la mort par asphyxie.

Tragus (de Τράγος. bouc). — Petite membrane cartilagineuse et arrondie qui s'avance au-devant et au milieu de l'oreille. Chez certains vieillards elle se couvre d'assez longs poils, de là lui est venu son nom. — Chez beaucoup de Chauves-souris cette membrane s'allonge énormément et acquière des formes différentes qui servent à distinguer les espèces.

Trait. — C'est une sorte de lien ou de large et solide courroie faisant partie du harnachement des animaux et les maintenant fixés au véhicule qu'ils doivent traîner. Par extension on appelle *animal de trait*, tout animal qui s'attelle (avec ou sans traits).

Trochisqué. — Se dit en Pharmacie des pâtes ou poudres agglutinées et séchées en diverses formes de pastilles ou de troschisques (petits cônes). — Parmi les substances tirées des Mammifères et que l'on trochisque souvent se trouvent le carbonate de chaux, le noir animal, la poudre de corne de cerf, etc.

Troglodyte. — De Τρώγλη, *trou, caverne*, et δύνω, *habiter.* — Nom donné par les anciens aux gens ou animaux qui habitaient dans des demeures souterraines.

Truffe. — Sorte de champignon souterrain recherché pour sa saveur et son parfum. — Celles du Périgord sont particulièrement estimées, et acquièrent parfois à Paris une valeur de 35 francs le kilogramme. Poussant sous terre à une certaine profondeur, leur recherche serait très difficile si l'on n'avait pas comme auxiliaire pour les découvrir le flair des Porcs ou même des Chiens, qui se dressent parfaitement à cette recherche lorsqu'ils en ont eu d'introduites en petite quantité dans leur nourriture pendant quelques jours.

Tubercule. — On appelle particulièrement ainsi en bota-

nique les plantes qui présentent des renflements plus ou
moins volumineux de leur portion souterraine. Beaucoup
sont alimentaires. — Parmi elles figurent : la *pomme de
terre*, la *truffe*, la *patate*, l'*igname*, le *topinambour*, etc.

U

Urtication. — État d'irritation locale causé à la peau par
la présence de corps étrangers finement déliés, tels que
les petits poils piquants des orties, qui pénètrent facilement
dans les pores de la peau.

V

Varices. — Dilatation permanente des veines affectant les
jambes surtout et pouvant amener des accidents que l'on
prévient par l'emploi de bas spéciaux.

Véhicule. — Ce mot s'emploie au propre comme au figuré
pour tout ce qui sert à transporter ou transmettre quelque
chose d'un endroit à un autre. Depuis un *vagon* de chemin
de fer, jusqu'à *l'eau*, *l'air* ou le *vent*, qui peuvent servir
à transporter des *Microbes* ou principes contagieux.

Venaison. — Ce nom s'applique ordinairement à la chair
des Cerfs, Daims, Chevreuils et Sangliers ainsi qu'à celles
de leurs femelles et jeunes. — Par extension on dit quelquefois que ces animaux sont en *venaison*, quand ils sont
gras et en bon état pour être tués.

Vénerie. — Ce terme s'employait autrefois comme synonyme de *chasse* ; actuellement il ne s'emploie plus que
pour signifier la *chasse à courre* et tout ce qui s'y rattache : chevaux, chiens, valets, piqueur, etc...

Venin. — Les venins se rencontrent chez nous, dans différentes classes d'animaux, les Vipères, les Scorpions, Sco-
lopendres, Frelons, Guêpes, Abeilles, Cousins, Puces, etc.

Leur activité est plus ou moins grande, suivant l'animal qu
le produit ; il peut n'occasionner qu'une démangeaison, mais
peut aussi amener la mort. Celui de la Vipère est dans ce
dernier cas, et c'est le seul qui nous occupe ici. — Il est
produit par un organe glandulaire spécial, dans lequel il se
forme, et communiquant avec des dents creuses fort aiguës
(appelées *crochets*) par lesquelles il s'écoule et se dépose
au fond de la plaie qu'elles forment. Très dangereux pour
beaucoup d'Animaux ainsi que pour l'Homme, il est inoffensif pour le Hérisson. — Pourquoi ?

Ver-blanc. — C'est le nom de la larve des Hannetons, qui
opère ses diverses transformations sous terre. Les dégâts
seuls que nous cause cet insecte se chiffrent par de nombreux millions chaque année. Il n'est pas rare de voir des
propriétaires un peu importants accuser à eux seuls des
pertes de 5, 10, 15, et 20,000 francs par son fait seulement.
C'est surtout dans les jeunes pépinières que ses ravages
sont les plus terribles ; aussi devons-nous une grande protection à tous les Animaux ou Oiseaux qui recherchent
cette larve pour s'en nourrir, ainsi que l'insecte qu'elle
produit, le Hanneton.

Vertugales. — Cerceaux et lames en *fanons de baleine*,
employés au xvie siècle pour tenir droites et bouffantes les
jupes des vêtements de cour et de cérémonie.

Vessie. — C'est l'organe qui sert de réservoir à l'urine ҂
depuis le moment de sa production jusqu'à son expulsion.
Chez la plupart des animaux destinés à l'alimentation, mais
particulièrement chez les Rongeurs et les Carnassiers, il
est nécessaire d'en opérer le vide par une pression enten-
due pour que leur chair ne contracte pas un goût fort désagréable, par la résorption de ce liquide.

Toutes les vessies peuvent être utilisées pour le capsu-
lage des flacons, bocaux ou bouteilles. Celles des grands
Ruminants sont quelquefois employées comme flotteurs
pour soutenir l'Homme ou des corps étrangers sur l'eau.
Celles des Porcs, assez épaisses, servent souvent à renfermer du beurre ou des graisses.

Vivipares. — On donne ce nom, en Zoologie, aux animaux qui produisent leurs petits vivants, par opposition aux *ovipares* qui pondent des œufs.

Z

Zoologie. — Sous ce nom qui vient de ζῶον, *animal* et γόλὸς, *discours*, on entend l'étude de tout ce qui concerne le règne animal. — On appelle *Zoologiste* celui qui s'occupe de *Zoologie*.

Zoonésie. — Terme nouveau tiré du grec, comme ses voisins (Ζῶον, *animal;* ὄνησις, *utilité, avantage procuré par*) et que nous créons pour exprimer en un seul mot l'étude qui traite de l'utilité de la Zoologie, de l'emploi des Animaux et de toutes leurs applications, choses que le français n'indiquait encore que d'une façon moins exacte et plus longue par les doubles mots de *Zoologie pratique* ou de *Zoologie appliquée*.

Zoophile. — Les deux mots grecs Ζῶον, *animal* et φιλος, *ami*, indiquent suffisamment la signification de ce nom. — La *Zoophilie* est donc la qualité d'aimer les animaux; mais elle doit être intelligemment pratiquée, et ne pas agir à la façon de l'Ours de la fable, comme pour la fameuse Ordonnance des 27 mai 1845, qui fait étrangler les Chiens pour leur éviter un harnais, ou éreinter de pauvres enfants à leur place.

Zootechnie. — Ce mot de même origine, (Ζῶον, *animal;* τέχνη, *art, industrie*) dont l'acception devrait être très étendue, a été absorbé par les AGRONOMES pour désigner une simple section des *Sciences agricoles*. — C'est la science du Bétail (SAMSON). — C'est l'art de confectionner, de modeler les races, suivant un but proposé (RICHARD DU CANTAL).

TABLE ALPHABÉTIQUE

DES

NOMS FRANÇAIS

Pour fixer de suite le lecteur sur la nature des noms de la table nous avons fait figurer ici :

les noms d'Ordres et sous-ordres en ANTIQUES;

les noms de Tribus en GRANDES CAPITALES;

les noms de Familles en PETITES CAPITALES;

les noms de Groupes en CAPITALES ITALIQUES;

les noms de Genres en caractères Égyptiens;

les noms de Sous-genres en Italiques ordinaires;

et tous les autres noms en caractères Romains.

TABLE ALPHABÉTIQUE

DES

NOMS LATINS

34

TABLE ALPHABÉTIQUE

DES NOMS

LOCAUX, VULGAIRES OU PATOIS

Tours, imp. Deslis Frères, 6, rue Gambetta.

TABLE GÉOGRAPHIQUE FRANÇAISE

G

H

Saint-Omer : — Lapins de garenne, variétés, 206.

Saint-Raphael du Var : — Grampus gris, 427.

Saint-Tropez (Var) : — Globicéphale fères (capture d'une centaine), 423.

Saint-Waast la Hougue (Manche): — Hypéroodon, 437.

Sainte-Menehould : — Porc, charcuterie, 356.

Saintonge : — Chien, 37 ; — Bœuf, 268 ; — Delphinorhynque de Saintonge, 391.

Salers (Cantal): — Bœuf, 268.

Saône (région de la) : — Campagnol de Musignan, 138.

Saône-et-Loire : — Cheval, bidet, 223 ; — Bœuf, 260, 264.

Sarlat (Dordogne): — Bœuf sans cornes, 255.

Sarthe: — Bœuf Durham, 260 ; B. manceau, 266.

Sassenage (Isère): — Chèvre, fromage, 290 ; — Mouton, fromage, 309.

Saverne (Alsace) : — Campagnols, 148.

Savigny : — Porc supplicié, 345.

Savoie : — Blaireau, commerce, 92 ; — Marmotte, 180 ; — Ane, 245 ; — Chèvre, 288.

Sedan : — Castor (castorine), 188.

Seine : — Chien crevé, 45 ; — Hermine, 79 ; — Bœuf normand, 262 ; B. flamand, 263.

Seine (Bassin de la). — Mouton mérinos, 302.

Seine-Inférieure : — Cheval, 219 ; — Bœuf Durham, 260 ; B. normand, 262 ; fromage, beurre, 263.

Seine-et-Marne : — Genette, 69.

Seine-et-Oise : — Bœuf normand, 262, B. flamand, 263.

Septmoncel (Jura) : — Bœuf, fromage, 264 ; — Chèvre, fromage, 290 ; — Mouton, fromage, 309.

Sèvres (Deux-) : — Voir **Deux-Sèvres.**

Seyne, la (Var) : — Dauphins, 430.

Soissonnais : — Mouton mérinos, 302 ; toison, 303.

Sologne : — Mouton, 303, 304 ; — Porc, 344, 345.

Solutré (Saône-et-Loire) : — Cheval (restes du), 232.

Somme : — Cheval, 219 ; — Bœuf, 260, 263 ; — Mouton, 300.

TABLE GÉOGRAPHIQUE ÉTRANGÈRE

A

36

Brésil : — Cochon d'Inde, 190; — Mulet français, 249; Sa découverte par les Dieppois, 466.

C

Canada : — Chien comestible, 43. — Castor, 183, 187; — Phoque, 377

Canaries (archipel des) : — Dugong, 379, 380.

Cap Horn : — Baleinoptère de Sibbald, 456.

Cap-Vert (archipel du) : — Dauphin douteux, 408; — Capture de Baleine des Basques, 463.

Capitole (Rome) : — Chien, 42.

Cheshire (Angleterre): — Porc, 350.

Chili : — Mulet français, 249; -- Guano, 498.

Chine : — Chien comestible, 43; fourrure, 44; — Loutre pêcheuse, 87; Souris chanteuse, 159; — Ane, colle-forte, 248; — Porc, 343.

Cochinchine : — Porc, 351.

Cologne : — Colle forte, 280.

Columbia (embouchure de la) : — Baleinoptère des anciens, 453.

Conception (baie de la) : — Grand Céphalopode, 446.

Constantinople : — Hérisson baromètre, 102.

Copenhague : — Sirénien, 381.

Cotteswold (Angleterre) : — Mouton, 299.

D

Dishley (Angleterre) : — Mouton, 299.

Durham (Angleterre) : — Bœuf, 258, 259, 260; croisements, 260, 266; précocité de la race, 509.

E

Ecosse : — Castors protégés, 186; — Porc de trait et de labour, 353.

Égypte. — Chauve-souris, 26; -- Chat, 59, 62; Ch. divinisés, 60; — Rat d'Alexandrie, 155; — Bœufs sacrés, 256.

Espagne. — Nyctinome, 25; — Epagneul, 35; — Chien, 35; — Chat, 62; — Lynx d'Espagne, 66; — Genette, peau, 69; — Furet, 82; — Hérisson comestible, 103; — Desman, 112; — Ane, 243, 245; — Mulet français, 249, 250; — Bœuf, course de Taureaux, 279; outre, 280; — Bouquetin, 285, 286; -- Chèvre, outre, 293; — Mouton mérinos, 301; — Porc, 349; outre, 358.

M

N

Nubie : — Chat ganté, 59.

O

Océan Indien : — Delphinorhynque plombé, 393.

Océan Pacifique : — Phoque, *Castor des Indes*, 376.

Orient : — Vespérien abrame, 17 ; — Rat noir, 157 ; — Porc, 343.

Ostende : — Baleinoptère de Sibbald, 455.

Oxford (Angleterre) ; — Homme marin, 381.

P

Palestine : — Porc, 343.

Panama : — Porcs guérisseurs du choléra, 352.

Patagonie : — Chien, 42.

Pays chauds : — Chauves-Souris, 2 ; — Grands ruminants, grands carnivores, 29.

Péluse (Égypte) : — Chat sacré, 60.

Perse : — Ane, 245.

Pompéi : — Outre en peau de Vache, 280.

Pouzolles (Italie) : — Dauphin de l'écolier, 396, 414.

R

Rome : — Chien de guerre, 42 ; — Chien comestible, 43 ; — Loup, superstition, 49 ; — Renard rôti, 54 ; — Loir comestible, 170 ; — Bœuf, Vache, outre, 280 ; — Mouton mérinos, 301 ; suint employé en toilette, 313 ; — Porc, 356 ; — Marsouin, saucisses, 415.

Russie : — Lièvre (chair méprisée) expédié à Paris, 196, 309 ; — Lagomys, 211 ; — Chevaux du Poitou et Ardennais, 221 ; — Porc, soies, 357 ; — Caviar, 488.

S

Saint-Laurent (fleuve) : — Phoques massacrés, 377.

Saint-Pétersbourg : — Ours, saucisson, 95.

Saint-Sébastien : — Baleine des Basques, 466.

Sardaigne : — Lynx d'Espagne, 66 ; — Mouflon, 296, 327 ; — Cerf de Corse, 326, 327.

TABLE DES NOMS OU AUTEURS

CITÉS DANS LE TEXTE

ERRATA

Page 300,	ligne 6 :	*Vernandois* lire *Vermandois*
— 301,	— 13 :	**Southown** *lire* **South-down**
— 310,	— 25 :	refendus *lire* refendues
— 310,	— 27 :	porte-monnaies *lire* porte-monnaie
— 312,	— 6 :	debris *lire* débris
— 313,	— 2 :	*note*, déjà été *lire* a déjà été
— 325,	— 5 :	chèreté *lire* cherté
— 327,	— 11 :	Pline le Jeune *lire* Pline l'Ancien
— 329,	— 3 :	des Alpes, du Dauphiné *lire* des Alpes du Dauphiné
— 329,	— 14 :	entre-coupés *lire* entrecoupés
— 329,	— 16 :	acquiert *lire* acquière
— 334,	— 23 :	dégâts deviendraient *lire* dégâts qui deviendraient
— 337.	— 6 :	faines *lire* faînes
— 341,	— 15 :	gros traits *lire* gros trait
— 341,	— 19 :	quelques *lire* quels que
— 342,	— 27 :	tou *lire* tout
— 345,	— 2 :	*note*, Meulon *lire* Meulan
— 345,	— 10 :	quelques fois *lire* quelquefois
— 374,	— 15 :	M. Valencienne, *lire* M. Valenciennes.
— 390,	— 18 :	*Marsoin* lire *Marsouin*
— 403,	— 11 :	Stokholm, *lire* Stockholm
— 421,	— 23 :	(Côte-du-Nord) *lire* (Côtes-du-Nord)
— 422,	*figure* :	le ventre doit être noir presque comme le dos
— 426,	ligne 10 :	Cazeaux *lire* Cazau
— 429,	— 14 :	joints *lire* jointes
— 451,	— 3 :	Rorquales *lire* Rorquals
— 457,	— 20 :	calosité *lire* callosité
— 459,	— 25 :	celle-là *lire* celle-ci
— 464,	*sous la figure* :	Fɪɢ. 245 *lire* Fɪɢ. 244
— 465,	ligne 7 :	*note*, cessèren *lire* cessèrent
— 469,	— 24 :	qui le jette *lire* qui le jettent
— 470,	— 1 :	*note*, Sibourre *lire* Ciboure
— 480,	— 24 :	coler *lire* coller
— 489,	— 23 :	predominer *lire* prédominer
— 492,	— 17 :	au pluriel *lire* en général
— 501,	— 33 :	campêche *lire* Campêche
— 502,	— 8 :	altos *lire* alto
— 512,	— 32 :	blanc-de-baleine *lire* blanc de baleine
— 513,	— 19 :	tric trac *lire* trictrac
— 513,	— 20 :	chausse-pieds *lire* chausse-pied
— 515,	— 11 :	acquière, *lire* acquiert
— 518,	— 30 :	Samson *lire* Sanson
— 522,	colonne 2, ligne 24 :	*omis*, Écureuil alpin......... 176
— 524,	— 2, — 19 :	*omis*, de South-down........ 301
— 524,	— 1, — 23 :	Vernandois, lire Vermandois
— 525,	— 1, — 2 :	Mʏᴏxɪᴅᴇ́ *lire* Mʏᴏxɪᴅᴇ́s
— 525,	— 2, — 36 :	francomtoise *lire* franc-comtoise
— 531,	— 2, — 24 :	Plutorius *lire* Putorius

TOURS, IMP. DESLIS FRÈRES.